U0298359

装备科技译著出版基金

# 激波中的高温现象

## High Temperature Phenomena in Shock Waves

[法] Raymond Brun　编

李益文 郭善广 肖良华 王卫民　译

国防工业出版社

·北京·

著作权合同登记　图字:军－2015－088号

**图书在版编目(CIP)数据**

激波中的高温现象／(法)雷蒙德·布伦
(Raymond Brun)编;李益文等译. — 北京:国防工业
出版社,2021.2
书名原文:High Temperature Phenomena in Shock
Waves　ISBN 978－7－118－12249－7

Ⅰ.①激…　Ⅱ.①雷…②李…　Ⅲ.①激波温度–研
究　Ⅳ.①O521

中国版本图书馆 CIP 数据核字(2021)第 017065 号

Translation from English language edition:
High Temperature Phenomena in Shock Waves
by Raymond Brun
Copyright © 2012 Springer Berlin Heidelberg
Springer Berlin Heidelberg is a part of Springer Science + Business Media
All Rights Reserved

本书简体中文版由 Springer 授权国防工业出版社独家出版发行。
版权所有,侵权必究。

※

国防工业出版社出版发行
(北京市海淀区紫竹院南路23号　邮政编码100048)
三河市腾飞印务有限公司印刷
新华书店经售
*
开本 710×1000　1/16　插页7　印张 19½　字数 352 千字
2021 年 2 月第 1 版第 1 次印刷　印数 1—1500 册　定价 99.00 元

**(本书如有印装错误,我社负责调换)**

国防书店:(010)88540777　　书店传真:(010)88540776
发行业务:(010)88540717　　发行传真:(010)88540762

# 目 录

# 绪　　论

　　激波的一个重要特性是使气体温度升高,它是将动能转化为热能的最好方法之一。其最重要的结果是高温带来的一系列物理与化学现象,如分子的转动、振动激发、离解、电离、各种化学反应以及辐射。另外一个基本特征来自于这样一个事实,即在连续碰撞区域激波可看成一个间断面,因此温升基本是瞬时的。因为物理和化学现象发展演化所需要的特征时间是不可忽略的,这些与基本粒子的碰撞相关,所以激波后的气体介质处于热力学与化学非平衡态。

　　这些关键问题有助于理解高温气体流动的基本原理,特别是有助于从实验和理论方面理解上述现象的动力学特性。此外,在空天飞行器研制、热核聚变或燃烧研究等相关应用领域中的超声速流动、等离子体产生或推进系统中存在这些特性。

　　如果没有其他扰动,流体粒子经过激波后,将趋向于物理和化学平衡态,这些平衡态与气压和温度条件相关,可采用适当的内能(或焓)表达式,通过流体运动守恒方程(欧拉(Euler)或纳维 – 斯托克斯(Navier – Stokes)方程)和边界条件求解。在平衡条件下,这个变量作为压力和温度的函数可以通过统计力学的方法被先验地计算出来,这方法包含配分函数和传输截面的计算,这是计算高温气体中热力学和传输特性的关键点。这些计算的详细内容将在第 1 章阐述,重点是流经强激波后所产生的空气等离子体特性的计算。

　　例如,正激波就是一个简单的示例,其下游平衡流的参量来自于雨贡组(Rankine – Hugoniot)关系式。图 1 给出了在纯氧气中传播的正激波前后平衡温度比 $T_2/T_1$ 与密度比率 $\rho_2/\rho_1$ 随激波马赫数的变化[1]。同样地,作为高温下发生的化学反应的示例,图 2 描述了平衡态空气成分随温度的变化关系[2-3]。

　　在达到平衡态之前,气体刚过激波时可看作处于与其波前化学态相一致的"冻结"态,然后不同的反应通常以不同的特征时间开始发生。化学反应和振动分布的动力学特性将在第 2 章详细描述,其给出了"state – to – state"状态演化法和更加全面的弛豫模型,包括非平衡态的输运特性计算。第 2 章还列举了空气与二氧化碳动力学特性的一些示例。

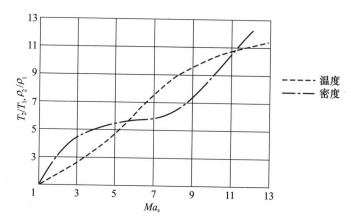

图 1   正激波前后平衡温度比与密度比

（氧气，$T_1 = 300K$，$p_1 = 10^3 Pa$）

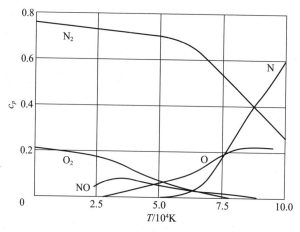

图 2   平衡态空气组分

（质量分数，$p_1 = 10^7 Pa$）

第 3 章给出了激波后振动弛豫和化学动力学的许多实验数据,这归功于在激波管中采用各种不同的光学和光谱诊断方法对弛豫时间和化学反应速率常数进行了大量的测量[1,4-5]。作为简单示例,图 3 表示了激波后一氧化碳振动分布在实验中的演化过程[6],图 4 显示了氧气离解速率常数的试验值随温度的变化规律[4]。

这些不同反应过程与激波后流体参量的相互作用,使得非平衡区域产生一些宏观参量的变化。图 5 中给出了氮气中正激波后平动 – 转动温度、振动温度和密度变化的一个示例。图 6 和图 7 分别给出了空气中强正激波后温度和气体

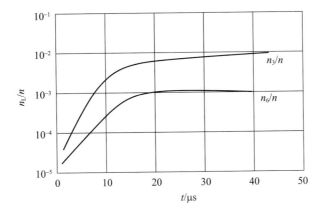

图 3 正激波后第 3 和第 6 个振动能级相对分布的演化过程

（一氧化碳,$Ma_s = 5.60, T_1 = 293K, p_1 = 196Pa$）

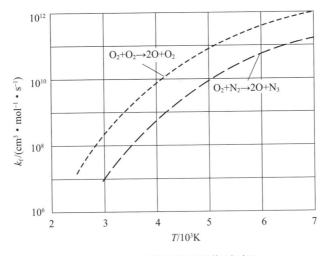

图 4 离解速率常数的测量值(氧气)

组分浓度的变化情况[6]。

各种化学过程之间的耦合也非常重要,图 8 表示了氮气离解速率常数的演化过程,曲线 $A$、$B$ 分别表示忽略和不忽略振动弛豫的影响[6]。需注意的是,离解过程和非平衡现象的相互作用可能会导致一些复杂的甚至是"反常"的现象[7]。

当马赫数变得足够大时,基本粒子之间的碰撞更加剧烈,电离现象变得重要。因而,第 4 章主要描述各种促进离子和电子产生的碰撞过程,包括带电粒子的反应。第 4 章还给出了包括辐射过程的激波管中空气等离子体相关应用。作

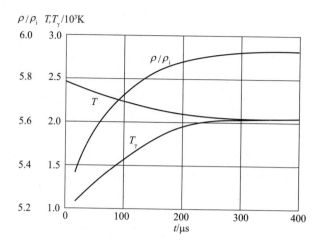

图5 正激波后温度和密度比率的演化过程

（氮气，$Ma_s = 6.12, p_i = 3947Pa, T_i = 295K$）

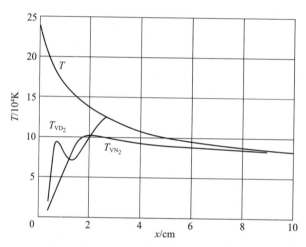

图6 空气中正激波后温度的空间变化

（$Ma_s = 25, p_i = 8.5Pa, T_1 = 205K$）

为一个简单示例，图9中给出了正激波后各电离成分的空间变化情况。

当然，不可能将第1章到第4章描述的物理与化学过程和与这些过程相关的固有辐射完全分离。第5章主要描述在热空气中特别是非平衡状态下各种辐射机制。举了几个例子表明超声速飞行中辐射通量的重要性，强调了辐射与气动热力学之间的耦合关系。图10给出了一个简单示例，它表示在"土卫六"模拟大气[8]（92% $N_2$、3% $CH_4$、5% Ar）中，强激波后CN的电子跃迁 $B^2\Sigma^+ \leftrightarrow X^2\Sigma^+$ 在 $\Delta v = 0$ 带内自发辐射的演化过程。

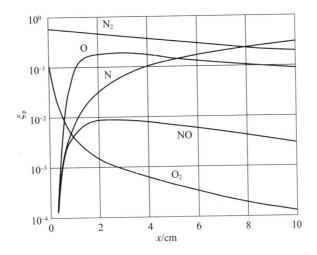

图 7　空气中正激波后组分浓度的空间变化(条件与图 6 一致)

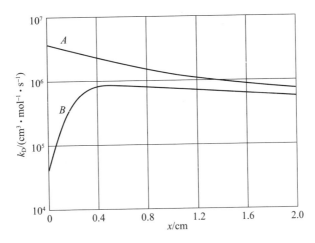

图 8　空气中正激波后氮气的离解速率常数
($Ma_s = 25, p_i = 8.5\,\text{Pa}, T_1 = 205\text{K}$)

　　从图 10 可以推算出不同时刻谱线的强度分布随波长的变化情况(图 11)。同样可以确定不同谱线的强度分布随时间的变化关系(图 12),可以清楚地看见强的非平衡辐射的强过冲现象,从这些结果可以推算出振动分布、组分浓度和温度值。

　　综上所述,在连续流区,激波可以表示为一个间断区,但实际上气体经过激波从上游状态到下游状态(冻结态)的行程中存在粒子之间的一些碰撞,因此激波的厚度处于几个自由程的量级:在该区域,气体处于强平动和转动非平衡态。

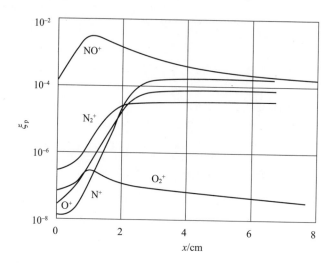

图9 空气中正激波后电离成分的空间变化(条件与图6一致)

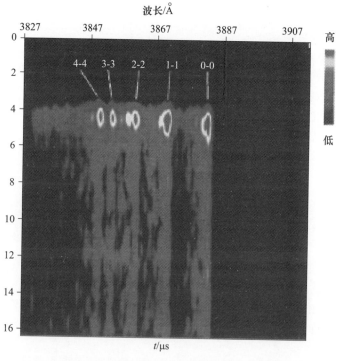

图10 正激波后条纹扫描图像示例(见彩图)
($\Delta v = 0$,"土卫六"混合气体 $CH_4 / N_2 / Ar$ 的 CN 谱段)$U_s = 5560 m/s, p_1 = 220 Pa$

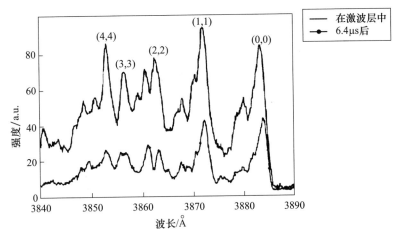

图 11　激波后在两个时刻上 CN 的 $\Delta v = 0$ 谱段的实验光谱(与图 10 条件一致)

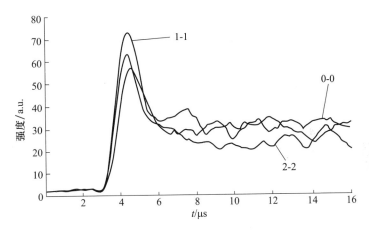

图 12　$0 - 0$、$1 - 1$、$2 - 2$ 振动谱带的时间演化(与图 10 条件一致)

　　因而,第 6 章主要论述激波本身的一些研究方法,这时欧拉或纳维 – 斯托克斯方程已经失效。这些研究方法从本质上说就是直接求解玻耳兹曼方程,然后可以求得激波内分布函数和宏观变量的分布曲线,第 6 章中给出了纯净的单原子和双原子气体及混合气体中的解,获得了非单调的温度分布曲线。作为一个示例,图 13 给出了通过直接蒙特卡罗(DSMC)法得到的 He/Ar 混合气中温度分布曲线[9]。

　　当气体变得“稀薄”时,平均自由程增长,此时激波不能再看作间断面,厚度不可忽略,于是非平衡现象变得尤为重要。这是第 7 章的研究内容:不同的流场区可定义在连续区和自由分子区之间,它们可以通过修正的 Navier – Stokes 方

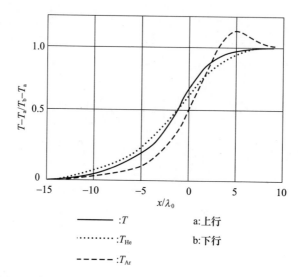

图 13　激波前后的温度分布曲线$\left[Ma_s = 8, (n_{Ar}/n_{He})_a = 0.1\right]$

程(滑移流)或纯粹的数值方法(DSMC)来分析;同时,在本章中还给出了一些特定的试验诊断方法。

第 8 章给出了特定非平衡流场的具体实例,即自由活塞激波风洞(HEG 哥达根)试验段中的圆柱体离解空气绕流,给出了静压、热通量、脱体距离等测量结果;另外,还给出了非平衡条件下辐射热通量的不同计算模型,最后计算了"惠更斯"探测器进入到"土卫"6 大气中所承受的峰值热通量。

最后,我们认为激波带来的燃烧现象也应该包含在本书中,然而,由于这个问题具有一定的特殊性,同时一些重要研究进展已经超出了单独一章的内容构架,这应该是另一本书的内容。

总之,本书给出了与激波中高温现象相关的主要问题,至少是这方面的最新知识,当然这些仍然是目前研究的热点问题。

## 参考文献

[1] Gaydon, A. G., Hurle, I. R.: The Shock Tube in High Temperature Research. Chapman and Hall, London(1963).

[2] Park, C.: Nonequilibrium Hypersonic Aerothermodynamics. J. Wiley, New-York(1990).

[3] Vincenti, W. G., Krüger, C. H.: Introduction to Physical Gas Dynamics. R. G. Krieger, Florida (1965).

[4] Stupochenko, Y. V., Losev, S. A., Osipov, A. I.: Relaxation in Shock Waves. Springer, Berlin

（1967）.

[5] Oertel,H. :Stossrohre. Springer,Wien(1966).

[6] Brun,R. :Introduction to Reactive Gas Dynamics. Oxford Univ. Press,Oxford(2009).

[7] Belouaggadia,N. ,Armenise,I. ,Capitelli,M. ,Esposito,F. ,Brun,R. :J. Therm. Heat Transf. 24 (4),684(2010).

[8] Ramjaun,D. ,Dumitrescu,M. P. ,Brun,R. :J. Therm. Heat Transf. 13(2),219(1999).

[9] Bird,G. A. :Rarefied Gas Dynamics,vol. 175. Tokyo Univ. Press,Tokyo(1984).

# 第 1 章

## 激波后气体的热力学特性

## 1.1 引　　言

　　近年来,针对高能激波的研究引起了核爆、高超声速流动和激光等离子等研究领域的广泛关注。在相互作用的过程中形成的高温、高压等离子体可以归为热等离子体,其特征是各自由度(包括化学自由度和内部自由度)之间呈现平衡状态。热等离子体可以通过化学平衡热力学描述,可利用统计热力学获取其输入信息(如单组分熵、焓和比热容)。热等离子体的一般特征为其内部各成分温度相同,包括各激发态间的振动态、转动态和电子分布,这些成分的特征为离解平衡和电离平衡。另外,相关文献也提出了非热等离子体这一概念,不同温度表征对应的能量,温度一定时其内部仍呈玻耳兹曼分布。化学平衡热力学仍可表征非热等离子体特性,但使用过程中需保证热等离子体温度为 $5000 \sim 50000\mathrm{K}$,压力为 $10^{-2} \sim 10^3\mathrm{atm}(1\mathrm{atm} = 1.013 \times 10^5\mathrm{Pa})$,电离度需大于 $10^{-5}$。

　　可通过 NS(Navier-Stokes)方程求得热等离子体流的特征,求解时若流场局部平衡,则其热力学将为 CFD(Computational Fluid Dynamics)软件包提供不同成分的计算参数。

　　另外,利用 NS 方程求解时需要等离子体的输运特征参数(热导率、扩散系数、黏度与电导率),这些参数决定了等离子体–材料相互作用时被加热区域中等离子体向固态物质输运的热通量。

　　很难利用实验法测量电离气体的热力学特性和输运特性,故需要理论方法计算这些参量。一般而言,统计热力学用于计算高温气体组分的热力学特性,而统计力学则基于玻耳兹曼方程采用 Chapman-Enskog 算法计算输运特征参量[1-2]。

　　计算特征量的关键问题是求解原子、分子的配分函数及相互作用时的输运截面(碰撞积分)。事实上,配分函数是计算单一组分物质和混合物热力学特征的基础,输运截面是计算系统输运特性的重要参数。基于以上考虑,本章提出了这两个参量的简化算法和精确算法。

针对原子组分的配分函数,本章将提出两种计算方法:一种是以包含全部能级的配分函数为基础,选择适当的截止准则以避免发散,该方法插入了数千个电子能级,同时配分函数须采用CFD软件包在数学网格中求解,属于数值计算;另一种是基于可重现多能级系统热力学特征的特定分组理论,如氮原子可简化为三能级系统,包括基态($^4$S)、第二能级(由低激发态$^2$P、$^2$D以能量和其他特征合并而来)、第三能级(即大量电子激发态)。

原子–原子、原子–离子相互作用的黏性碰撞积分可以由两级精度表示。事实上,精确的输运截面可以通过求取碰撞过程中大量势能的平均贡献得到。如两个基态氮原子可以在四个状态$^{1,3,5,7}\Sigma$中相互作用,输运截面可以选择合适的权重对不同的贡献求取加权平均得到。若相互作用的势能未知(如不同电子激发态的相互作用),则这种方法将不可用。对此,一个替代方法是使用平均势能,此时可通过唯象势获得输运截面的精确值。事实上,该种方法是Lennard–Jones法的改进。

原子–母体–离子的相互作用较为复杂,此时扩散型输运截面由共振电荷交换过程决定。反之,这些截面可通过大量相互作用的基态–偶态(g–u)电位求得(如对N($^4$S)–N$^+$($^3$P),必须考虑分子、离子的g–u电子对$^{2,4,6}\Sigma_{gu}$、$^{2,4,6}\Pi_{gu}$)。另外,也可以采用渐进理论来求解这些数据,从而避免相关势的量子力学推导。

作为计算等离子体特征的重要参量,配分函数在等离子体热力学和传输特性推导时常会出现问题,尤其是计算热等离子体的热力学特征时,上面提及的截止准则对配分函数的自洽计算有显著影响。计算输运特征系数时也出现了类似的问题,即电子激发态对等离子体输运特性有一定影响。

本章将分节对这些概念加以分析:1.2节利用全能级集、三能级方法计算原子组分的配分函数;1.3节介绍双原子组分配分函数的计算;1.4节利用多能级和唯象法计算原子间相互作用时的输运截面,并讨论离子–母体–原子碰撞中扩散型碰撞积分的非弹性校正;1.5节介绍了热等离子体热力学特征的案例,给出了截止准则对计算结果的影响规律;1.6节分析双温度等离子体热力学和输运特性;1.7节讨论电子激发态对热等离子体输运特性的影响。

## 1.2 原子能级的配分函数以及全能级与有限能级方法

单个原子的配分函数是平动作用和内部作用的乘积:

$$Q_a = Q^{tr} \cdot Q^{int} \tag{1.1}$$

平动配分函数的形式为

$$Q^{\text{tr}} = \left[ \frac{2\pi mkT}{h^2} \right]^{\frac{3}{2}} V \tag{1.2}$$

内部配分函数为

$$Q^{\text{int}} = \sum_n g_n \, e^{-\frac{E_n}{kT}} \tag{1.3}$$

式中:$g_n$ 和 $E_n$ 分别为第 $n$ 能级的简并度和能量。

针对氢原子,对主量子数求和,记

$$E_n = I_{\text{H}} \left[ 1 - \frac{1}{n^2} \right], g_n = 2n^2 \tag{1.4}$$

上述式中导致了配分函数的发散。事实上,若指数因子收敛于 $e^{-I_{\text{H}}/kT}$,则系数 $g_n$ 发散为 $n^2$。因此,对原子的电子配分函数的截断,需要一个合适的截止条件,这将在 1.5 节详细讨论。

一般情况下,式(1.3)中的求和项包括数千个能级,因此在实际的计算过程中,基于电子能级分组准则,相关研究人员提出了有限能级法。下面将针对基准原子系统介绍该方法。

利用两能级方法研究氢原子时,基态可表征为 $E_{\text{H},0} = 0, g_{\text{H},0} = 2$,大量电子激发态简化为一个集总能级,其简并度等于所有简并之和,总能量等于所有激发态簇中能量的平均:

$$E_{\text{H},1} = (g_{\text{H},1}) \sum_{n=2}^{n_{\text{H}}^m} g_{\text{H},1} E_{\text{H},n}, g_{\text{H},1} = \sum_{n=2}^{n_{\text{H}}^m} g_{\text{H},1} \tag{1.5}$$

求和运算的最大能级数为 $n_{\text{N}}^m$,显然,能量及其简并度因子都取决于 $n_{\text{N}}^m$ 的选取。

以氮原子为例研究三能级系统。其基态构型是 $^4S_{3/2}$,统计权重 $g_n = 4$,另外两个相同的 $2s^2 2p^3$ 基态电子能级为 $^2D_{5/2,3/2}$($E_N = 2.3839\text{eV}, g_N = 10$)和 $^2P_{3/2,1/2}$($E_N = 3.5756\text{eV}, g_N = 6$),它们组成三能级模型的第一激发能级,其能量 $E_{\text{N},1} = 2.8308\text{eV}$,统计权重为 $g_{\text{N},1} = 16$。所有其他能级组成第三能级,其能量和简并度可利式(1.5)求解,从 $n=3$ 开始至最大能级数 $n_{\text{N}}^m$ 求和。激发态能量可采用类氢近似值计算,也可以根据里兹·里德伯(Ritz – Rydberg)级数扩展现有数据。

图 1.1 给出了包含不同最大能级数的三能级氮原子系统中内部比热容的计算值。需要指出的是,$n_{\text{H}}^m = 2$ 的曲线对应忽略第三能级的情形,在 $T \approx 15000\text{K}$ 时有最大值。当高集总能级中激发态数量的增加时,会出现短暂双峰现象;当第三能级简并度极高时,第一能级最大值消失。图 1.1 的结果采用式(1.6)的能量与电子激发态简并度表达式计算给出:

$$E_n \approx I_{\mathrm{H}} - \frac{Ry}{n^2}, g_n = g_{\mathrm{core}} \cdot 2n^2 = 9 \cdot 2n^2 \tag{1.6}$$

式中:$Ry$ 为里德伯(Rydberg)常数。

式(1.6)考虑的能级为主量子数 $n$ 的函数,但忽略了它们与 LS(Russell Saunders)耦合之间的依赖关系。主量子数主要来自于氮原子核($^3$P)与跃迁到 3s、3p、3d、4s、4p、4d、4f 等电子态与光电子之间的相互作用。

文献[3-4]表明,两能级与三能级模型的精度可通过包含数千个能级的配分函数之间的相互对比来验证。

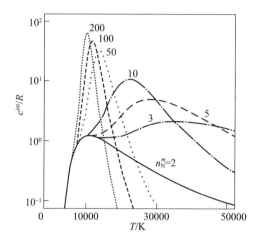

图 1.1　包含不同的能级数的最高集总能级氮原子内部比热容随温度的变化关系

## 1.3　双原子分子的配分函数

若区分不同的自由度,则可得到振动和转动配分函数的封闭形式。必须注意的是,对振动和转动阶梯求和,本质上就是在研究能量超过解离极限的能级。考虑最普通的情况,若通过势能曲线描述电子态,则在接近最小值的微小区域可将其近似为简谐振子,故惯性动量取决于振动态。此外,根据转动状态,势能曲线的修正应加上离心力的贡献,必须增加由转动态决定的离心力修正势能曲线。基于此,振动态和转动态是严格相关的,不能对二者进行分开处理,因此需要使用振动能级描述分子核的相对运动。此时,第 $s$ 个双原子分子的内部能级取决于电子态 $n$、振动量子数 $v$ 和转动量子数 $j$,此时配分函数可写为

$$Q^{\mathrm{int}} = \frac{1}{\sigma} \sum_{n=0}^{n_s^m} \sum_{v=0}^{v_s^m} \sum_{j=0}^{j_s^m(nv)} g_{s,n}(2j+1)\, \mathrm{e}^{-\frac{\varepsilon_{s,nvj}}{kT}} \tag{1.7}$$

由式(1.7)可见:振动能量不仅取决于振动量子数,还取决于电子态;转动能量则与电子态和振动态有关。在有效扩展电子态上求和时,极限值$v_s^m$和$j_s^m$分别代表最大振动、转动量子数,最大总能量应低于对应电子态的解离极限。与原子系统类似,该方法不能获得配分函数和热力学参量封闭形式,必须直接对能级求和。

可通过半经验公式计算振动能级的能量,其计算系数由分子谱确定[5]。对双原子分子的处理,可按照 Drellishak 等[6-7]和 Stupochenko 等[8]提出的方法:将分子状态的能量分为电子激发态、振动能量和转动能量三部分,即

$$\varepsilon_{s,nvj} = \varepsilon_{s,nv}^{el} + \varepsilon_{s,nv}^{vib} + \varepsilon_{s,nvj}^{rot} \tag{1.8}$$

双原子分子第 $n$ 个电子态的第 $v$ 个振动能级的振动能量为基电子态,可表示为解析形式,即

$$\frac{\varepsilon_{s,v}^{vib}}{hc} = \omega_0 v - \omega_0 x_0 v^2 + \omega_0 y_0 v^3 + \omega_0 z_0 v^4 + \omega_0 k_0 v^5 \tag{1.9}$$

对非刚性转子,与给定电子态各振动能级相关的转动能量可表示为

$$\frac{\varepsilon_{s,nvj}^{rot}}{hc} = B_{s,nv} j(j+1) - D_{s,nv} j^2 (j+1)^2 \tag{1.10}$$

使用式(1.8)~式(1.10)计算时所需数据可于文献[9-12]中查询。式(1.9)可用于计算各电子态的最大振动量子数。但各振动能级的最大转动量子数可采用另一种方法计算。

以上方法已广泛用于计算行星大气中双原子分子能量。图1.2(a)、(b)分别给出了 $N_2$、$N_2^+$ 和 $O_2$、$O_2^+$ 的计算结果,并给出了内部配分函数 $Q^{int}$、折合内能 $E^{int}/(RT)$、折合比热容 $c_p^{int}/R$ 与温度的关系。后两个参量可写为内部配分函数的对数导数函数形式:

$$\frac{E_{int}}{RT} = \frac{d\ln Q^{int}}{d\ln T} \tag{1.11}$$

$$\frac{c_p^{int}}{R} = 2\left[\frac{d\ln Q^{int}}{d\ln T}\right] + T^2\left[\frac{d^2\ln Q^{int}}{d T^2}\right] \tag{1.12}$$

需要指出的是,以上两个参量的计算值采用了简谐振子(ho)和刚性振子(rr)近似,基于这两个近似,双原子分子的折合能量在极低温度下(转动自由度激发)假设值为1,且逐渐达到2(转动、振动自由度同时激发),并在给定高温下为常数。若进行定量分析,则折合内部比热容也有同样的规律。

验证采取更为复杂的计算方法获得的数据,可以得到这些数据的精确值。由图1.2(a)中的 $E^{int}/R$,可得到折合内能在极低温度下趋近于1,高温下逐渐达到2。$T > 10000K$ 时,内能达到峰值,随后降至0附近(图中未给出)。折合比热

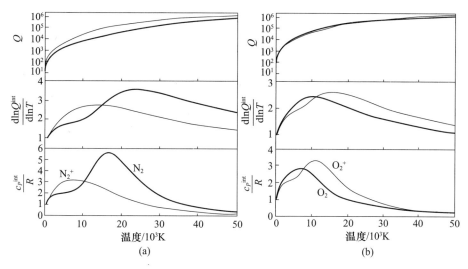

图1.2　大气压下双原子分子的配分函数、一阶对数微分和比热容与温度关系
(a)氮气；(b)氧气。

容也有相同的变化趋势,即在一个较强的峰值后快速收敛至 0。因此在低温、中等温度下(该温度区间对转动和振动自由度的激发非常重要)$E^{\mathrm{int}}/R$ 和 $c_p^{\mathrm{int}}/R$ 的变化规律可由 ho−hr 近似表示,但 $T>10000\mathrm{K}$ 时差异较大,尤其是图 1.2(a)、(b)中的极大峰值与 $E^{\mathrm{int}}/RT$、$c_p^{\mathrm{int}}/R$ 值的急剧降低,以上现象均未在 ho−hr 近似中出现。原因是 ho−hr 近似忽略了内部配分函数包含的电子激发态。另外,配分函数中的转动、振动电子态数目是有限的,但 ho−hr 近似中,其数目是无限的。

图 1.2(a)、(b)的结果也定性地显示了类似趋势,即内能和比热容的最大值有较大差异,这是由相关配分函数中不同的电子态数目导致的[9−12]。与现有结果和其他高温星际(地球、火星、土星)大气中双原子和多原子的类似结果相比,这些文献中给出的结果参考价值较高。

## 1.4　输运截面与碰撞积分

Chapman−Enskog 理论的核心是碰撞动力学的微观假设,即假定碰撞为二元、弹性的,且具有各向同性的相互作用势。"碰撞积分"包含的动态信息可通过经典三重积分法求解[2],即对粒子间距 $r$ 求积分,从而得到折射角度 $\vartheta$,对碰撞参数 $b$ 求积分可以得到输运截面 $Q^l$,最后,对折合能量 $\gamma^2=E/kT$ 求积分,可得

$$\vartheta_{(b,E)} = \pi - 2b\int_{r_c}^{\infty} \left[ 1 - \frac{b^2}{r^2} - \frac{\varphi(r)}{E} \right]^{-1/2} r^{-2}\mathrm{d}r \tag{1.13}$$

$$Q^l(E) = 2\pi\int_{0}^{\infty} \left[ 1 - \cos^l(\vartheta) \right] b\mathrm{d}b \tag{1.14}$$

$$\Omega^{(l,s)}(T) = \sqrt{\frac{kT}{2\pi\mu}} \int_{0}^{\infty} Q^l \mathrm{e}^{-\gamma^2} \gamma^{2s+3}\mathrm{d}\gamma \tag{1.15}$$

式中：$r_c$ 为最短路径；$\varphi(r)$ 为球对称势能；$(l,s)$ 表示与动能 $l$ 相关的输运截面碰撞积分阶数（阶数 $(1,1)$、$(1,2)$ 分别与扩散碰撞与黏性碰撞积分对应）。

其他文献也提出了一系列模型来描述这一问题，如负幂模型[13]、极化电势模型、指数排斥模型[14-15]、莫尔斯（Morse）电势模型[16]、伦纳德 - 琼斯势（Lennard - Jones）模型[17]、改进的白金汉（Buckingham）模型[18]、Hulburt - Hirschfelder 模型[19]、Tang&Toennies 模型[20]。这些势能模型的参数可由理论或实验方法估算，大致包括近距排斥项、远距吸引项和吸引阱，其深度与化学键强度相关。为从物理层面表示实际值和刚性球之间的偏差，研究者针对势能模型，提出了无量纲折合碰撞积分：

$$\Omega^{(l,s)*} = \frac{\Omega^{(l,s)}}{\Omega_{rs}^{(l,s)}} = \sqrt{\frac{kT}{2\pi\mu}} \int_{0}^{\infty} Q^l \mathrm{e}^{-\gamma^2} \gamma^{2s+3}\mathrm{d}\gamma \tag{1.16}$$

事实上，由于存在大量的分子态、束缚态和排斥态，开壳层化学组分之间的相互作用很少能用单一势描述，它在确定量子态上的碰撞种类接近过程中产生，可通过不同耦合方案中的动量添加准则来预测。

碰撞积分由各状态的加权平均获得，统计平均值是自旋多重性 $(2s+1)$ 和由轨道角动量的轴向投影导致的多重性的乘积。双原子分子电子项为 $\Sigma$ 态时值为 1，所有其他对称态（$\Pi$、$\Delta$、$\Phi$）时为 2。

$$\Omega_{av}^{(\lambda,s)*} = \frac{\sum_n \omega_n \Omega_n^{(\lambda,s)*}}{\sum_n \omega_n} \tag{1.17}$$

### 1.4.1 未知碰撞系统的唯象法

虽然理论化学发展迅速，但对相互作用势的认识仍有较大局限性，然而唯象势能可以对相互作用做较准确的描述。作为 Lennard - Jones 势的改进方法，研究人员对 Pirani 等[21-22]提出的势能函数产生了极大的兴趣，该势能函数可以计算诸多系统中（中性粒子 - 中性粒子、中性粒子 - 离子）分子间的相互作用。计算时需要代入系统的作用特征参数，如结合能和平衡距离，其值由参与碰撞成分物理特征(极化、电荷、极化有效电子数)的关联公式给出[23-26]。本节介绍的模拟平均相互作用全范围唯象势函数可对不同大气成分中碰撞积分的内部相容完备集进行直接估算。针对基准系统,通过将采用模型势函数获得的结果与采用更为精确方法计算的结果进行比较,验证了该方法的有效性[28-31]。

相互作用势能的模型函数为

$$\varphi(r) = \varphi_0 \left[ \frac{m}{n-m} \left( \frac{r_e}{r} \right)^n - \frac{n}{n-m} \left( \frac{r_e}{r} \right)^m \right] \tag{1.18}$$

式中:$n = \beta + 4(r/r_e)^2$;参数 $m$ 由相互作用的本质区别决定,如中性粒子 – 离子作用时其值为4,中性粒子 – 中性粒子作用时其值为6。

参数 $\beta$ 由相互作用的电子分布密度硬度决定,其值取 $4 \sim 6$,由经验公式估算:

$$\beta = 6 + \frac{5}{s_1 + s_2} \tag{1.19}$$

式中:$s_1$、$s_2$ 分别为参与碰撞的两种不同组分的极化率立方根。

同时也必须考虑开壳原子和离子的基态自旋多重性的乘法系数。文献[32]给出了实用性极高的二元拟合关系,温度和拟合参数不同时,任意碰撞的折合碰撞积分的估算可至(4,4)阶。

文献[33]给出了另一种方法,建立了 Lennard – Jones 势平均作用模型,并估算了非对称相互作用参数$(\sigma, \varphi_0)$。该方法即为碰撞直径的数学方法和势阱深度的几何方法:

$$\begin{cases} \sigma_{ij} = \dfrac{1}{2} (\sigma_{ii} + \sigma_{jj}) \\ (\varphi_0)_{ij} = \left[ (\varphi_0)_{ii} (\varphi_0)_{jj} \right]^{1/2} \end{cases} \tag{1.20}$$

### 1.4.2 共振电荷转移

上面完全忽略了非弹性通道,事实上非弹性过程(内能转移、化学过程等)的截面在低温范围内通常很小,故其作用微弱[34-35]。但若考虑中性粒子 – 本体 – 离子作用中电荷转移和相关激发态中同种作用的原子的激发 – 转移过程(共振过程),由于其主要特征为具有较高的截面,故这种情况下不应接受小截面假设。共振电荷转移过程的最简单理论处理方法由两态近似决定,即原子和它的本体离子沿核交换的不同宇称的两个可能分子态相互作用,即奇宇称和偶宇称。如果在相互作用过程中出现较高数量的$(g-u)$电子态,那么截面应取各种对的统计平均。

从量子力学角度出发,可以推导出关于奇宇称和偶宇称电子项的相移电荷输运截面表达式,即

$$\sigma_{ex}(E) = \frac{\pi}{\kappa^2} \sum_n (2n + 1) \sin^2(\eta_n^g - \eta_n^u) \tag{1.21}$$

扩散截面定义为

$$Q^{(1)} = \frac{4\pi}{\kappa^2} \sum_n^{even} (n + 1) \sin^2(\eta_{n+1}^g - \eta_n^u) + \frac{4\pi}{\kappa^2} \sum_n^{odd} (n + 1) \sin^2(\eta_{n+1}^u - \eta_n^g) \tag{1.22}$$

此外,Firsov 等[36] 提出了另一种计算方法,即渐进法,并由 Nikitin、Smirnov[37] 进行改进。在准经典碰撞参数方法框架中,共振电荷转移过程的截面可写为

$$\sigma_{ex} = 2\pi \int_0^\infty P_{ex}(b) b\mathrm{d}b = 2\pi \int_0^\infty b\mathrm{d}b \sin^2 \int_{-\infty}^{+\infty} \frac{\Delta(R)}{2h} \mathrm{d}t \tag{1.23}$$

式中:$P_{ex}$ 为电荷交换概率;$\Delta(R)$ 为交换作用势,即 $g - u$ 能量分割,有

$$\Delta(R) = |\varphi_u - \varphi_g| \tag{1.24}$$

在渐近方法框架中,一般利用两个离子核之间转换的价电子径向波函数的渐近过程来描述参数交换相互作用势:

$$R(r) = Ar^{(1/\gamma - 1)} \mathrm{e}^{-\gamma r} \tag{1.25}$$

$-\gamma^2/2$ 为电子结合能;$A$ 为归一化系数。可调整子波函数长距离渐近表达式与采用 ab − initio Hartree − Fock 法[36-37]获得的精确结果间的偏差。

$g - u$ 分割随粒子间距离增长呈指数规律下降,由分子态与相同的解离极限相关而产生退化,故式(1.24)中积分项可分为两部分,即碰撞参数 $b$ 小于临界值 $b^*$ 的区域和高相位 $\xi$ 区域,此处概率值在 $0 \sim 1$ 之间快速振荡,可用其平均值 1/2 代替。但是,在第二区,$b$ 值较大,概率降至零:

$$\sigma_{ex} = \frac{1}{2} \pi (b^*)^2 + 2\pi \int_{b^*}^\infty P_{ex}(b) b\mathrm{d}b \approx \frac{1}{2} \pi (b^*)^2 \tag{1.26}$$

于是截面计算简化为临界碰撞参数估计。

输运截面会受弹性散射和非弹性散射的影响,可以证明,共振电荷转移过程会影响其偶阶次序[38]。

若忽略弹性作用,则表达式可简化为[38]

$$Q_{in} = 2\sigma_{ex} \tag{1.27}$$

假设电荷转移截面与相对速度存在依赖关系,则它对奇数阶碰撞积分的非弹性贡献形式是闭合的[39]。

扩散型有效碰撞积分可定义为

$$\Omega_{eff}^{(1,1)*} = \sqrt{(\Omega_{in}^{(1,1)*})^2 + (\Omega_{el}^{(1,1)*})^2} \tag{1.28}$$

### 1.4.3 中性粒子 – 中性粒子相互作用

在氢 – 空气等离子体基态相互作用的精确多势能处理方面,确实存在大量文献。$O(^3P) - O(^3P)$ 即为一个具有代表性的案例。原子电子项的动量耦合来自 18 个分子态($2^{1,5}\Sigma_g^+$、$^{1,5}\Sigma_u^-$、$2^3\Sigma_u^+$、$^3\Sigma_g^-$、$^{1,3,5}\Pi_{gu}$、$^{1,5}\Delta_g$、$^3\Delta_u$),碰撞积分定义为各项的统计平均(式(1.17))。1962 年,结合精确的热力学定律,Yun、Mason[41] 提出了相关研究成果,同时 $O_2$ 分子电子结构的理论研究进展也大大提高了相关碰撞积分的计算精度。目前,较常用的方法为利用势能模型对原始数据进行拟合,文献[42]也采用量子力学理论对此进行了研究。总的来说,有两种方法可以改进计算:一种是对 Morse 衰减与指数衰减的对应边界态和排斥态进行严格区分;另一种是应用重新评估的 ab – initio 势能曲线。

表 1.1 给出了文献[33,41 – 44]获得的基态氧 – 氧相互作用过程中的扩散碰撞、黏性碰撞积分理论值,并考虑了 LTE 等离子体中存在原子氧的温度区间。可以发现,文献[33 – 34]给出的结果一致性较优,以上结果均基于解析拟合和 Levin[42] 提出的采用量子力学推导而来的表面势能拟合,两结果在全温度区间内偏差小于 4%。然而,文献[44]中运用与文献[43]相同的方法,并采用最新的相互作用势理论,最终得到的碰撞积分在低温度区偏差在 20% 以内。相对误差随温度的升高而下降,20000K 时达到误差达到 10%。需要注意的是,相较于 Yun 和 Mason[41] 的原始计算值的相对距离,不同结果集中的数值非常接近($T = 2000K$ 时为 10%),这种一致性是由来自 18 条势能曲线之间的补偿效应导致的。传统方法在研究 $O(^3P) - O(^3P)$ 相互作用时,有临界点存在,即全体电子项的势能曲线存在可用区间。最近研究人员提出了一种唯象学方法,通过采用描述平均相互作用的修正 Lennard – Jones 势解决了这一问题,且通过分析基准系统研究了该方法的实用性,如 $N(^4S) - N(^4S)$ 相互作用系统。根据 Withmer – Wigner 准则,相互作用会沿着与 $^1\Sigma_g^+$、$^3\Sigma_u^+$、$^5\Sigma_g^+$、$^7\Sigma_u^+$ 电子项相关的势能曲线产生。价电子互斥理论可解释具有自旋多重电子态无束缚特性的增加,故若单一态具有强化学键,则七重态表现互斥能,如图 1.3(a)的相关势能曲线所示。

表 1.1　$O(^3P)-O(^3P)$ 相互作用时的扩散、黏性碰撞积分

（文献［33］中结果为采取拟合公式求得）

| $T/K$ | $\sigma_{rs}^2\Omega^{(1,1)*}$ | | | | | $\sigma_{rs}^2\Omega^{(2,2)*}$ | | | |
|---|---|---|---|---|---|---|---|---|---|
| | 41 | 43 | 42 | 33 | 44 | 43 | 42 | 33 | 44 |
| 2000 | 5.27 | 4.69 | 4.84 | 4.81 | 6.01 | 5.45 | 5.58 | 5.57 | 6.97 |
| 4000 | 4.39 | 3.98 | 4.00 | 4.07 | 4.88 | 4.66 | 4.67 | 4.74 | 5.74 |
| 6000 | 3.90 | 3.58 | 3.57 | 3.63 | 4.26 | 4.21 | 4.20 | 4.26 | 5.06 |
| 8000 | 3.58 | 3.30 | 3.27 | 3.33 | 3.84 | 3.90 | 3.88 | 3.94 | 4.59 |
| 10000 | 3.34 | 3.09 | 3.05 | 3.11 | 3.53 | 3.67 | 3.64 | 3.69 | 4.24 |
| 12000 | 3.15 | 2.93 | 2.87 | 2.94 | 3.28 | 3.49 | 3.44 | 3.50 | 3.97 |
| 14000 | 3.00 | 2.79 | 2.72 | 2.79 | 3.08 | 3.34 | 3.28 | 3.34 | 3.74 |
| 16000 | | 2.68 | 2.59 | 2.67 | 2.91 | 3.21 | 3.14 | 3.20 | 3.55 |
| 18000 | | 2.58 | 2.48 | 2.56 | 2.77 | 3.10 | 3.02 | 3.08 | 3.38 |
| 20000 | | 2.49 | 2.38 | 2.47 | 2.64 | 3.00 | 2.91 | 2.98 | 3.24 |

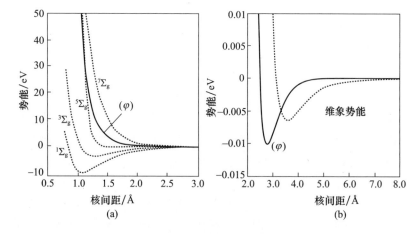

图 1.3　$N_2$ 系统中相互作用势

（a）$N(^4S)-N(^4S)$ 相互作用是电子态势能曲线；（b）平均势能（实线）和唯象势能（虚线）。

在图 1.3 中 $<\varphi>$ 为四种势能的统计平均值 $<\varphi>$，统计平均是为强调排斥态在平滑化学键中吸引部分的作用。图 1.3（b）对 $N_2$ 系统的曲线 $<\varphi>$ 与采用唯象学方法得到的结果进行了比较，结果表明其势阱极相似，其深度比单一基态势阱低 3 个数量级，且约在相同内核间距范围内。

表 1.2 给出了基于平均势能和唯象学势对经典折射角进行积分而得到的扩

散型碰撞积分。同时对文献[42,46]中结果进行了比较,其计算结果采用标准计算方法求得,即在绝热条件下对来自四个不同态的贡献进行平均。特别地,Capitelli 等[46]在碰撞积分的计算中对界态势能曲线的实验结果采用了 Morse 拟合,并利用指数排斥函数对 Heitler – London 七重态计算进行了复现,在低温度区($T < 1000K$)则采用 Lennard – Jones 势进行计算。另外,Levin 等[42]的结果基于精确 ab – initio 方法。以上数据是基本吻合的。若比较文献中数据与采用唯象学势能方法求得的碰撞积分,其一致性较优,两者之间的偏差随温度升高而增加,在 15000K 以下偏差不超过 20%。以上表明,唯象学方法主要在低温区域精确描述势阱。

表 1.2　$N(^4S) – N(^4S)$ 相互作用的扩散型碰撞积分($Å^2$)

| T/K | $\sigma_{rs}^2 \Omega^{(1,1)*}$ | | | |
| --- | --- | --- | --- | --- |
| | 27 | $<\varphi>$ | 46 | 42 |
| 500 | 7.34 | 5.54 | 7.76 | 7.03 |
| 1000 | 6.30 | 4.82 | 6.79 | 5.96 |
| 2000 | 5.42 | 4.25 | 5.25 | 5.15 |
| 4000 | 4.64 | 3.74 | 4.50 | 4.39 |
| 5000 | 4.40 | 3.58 | 4.27 | 4.14 |
| 6000 | 4.21 | 3.45 | 4.09 | 3.94 |
| 8000 | 3.93 | 3.26 | 3.79 | 3.61 |
| 10000 | 3.72 | 3.11 | 3.55 | 3.37 |
| 15000 | 3.36 | 2.84 | 3.12 | 2.92 |
| 20000 | 3.13 | 2.66 | 2.82 | 2.62 |

上面讨论的模型主要针对碰撞成分之间的各向同性作用,该方法在某种程度上仅对原子 – 原子和原子 – 离子碰撞有效,事实上原子 – 双原子动力学已朝多维表面方向发展,必须考虑相关通道中的相互作用势。一些研究人员已采用考虑各向异性势的经典轨道计算方法计算涉及分子碰撞的 ab – initio 表面[34-35]。在考虑快速旋转的小分子时,假定其具有各向异性势,Stallcop 等[30]对 ab – initio 多参数组态相互作用进行了计算,并得到了输运截面 $O(^3P) – O_2$($X^3\Sigma_g^-$)和 $N(^4S) – N_2$($X^1\Sigma_g^+$)所需的角度平均有效势能,故可将该问题简化为单维问题。可以发现,文献[30]中结果与文献[32]中采用唯象学势模型一致性较好,但在高温区域($T > 20000K$)下偏差较大。

### 1.4.4 中性粒子－离子相互作用

中性粒子－离子相互作用的弹性碰撞积分估算方法与中性粒子－中性粒子相互作用的方法基本相同,因而与之相比也有同样的缺陷。此外,在原子－母离子碰撞中,必须估算共振电荷转移通道对奇次项的贡献。以基准系统为例[27],对与 12 个相关电子态$^{2,4,6}\Sigma_{gu}$、$^{2,4,6}\Pi_{gu}$相互作用的 N($^4$S) – N$^+$($^3$P) 系统,经验证唯象法可用于扩散型碰撞积分的黏性、弹性贡献的计算。

表 1.3 给出了采用唯象势的计算结果及文献[29,46 – 47]中结果,可以发现黏性碰撞积分不受电荷转移过程的影响。由唯象势计算的碰撞积分与 Stall-cop 等[29]和 Capitelli 等[46]中结果具有一致性,特别是 N 和 N$^+$为主要碰撞成分时($T$ 为 5000 ~ 20000K)。文献[47]中结果其值较高,最大的相对偏差约为 35%。

表 1.3　原子－母离子相互作用的黏性碰撞积分($\overset{\circ}{A}^2$)

| $T/K$ | N($^4$S) – N$^+$($^3$P) | | | | O($^3$P) – O $+$($^4$S) | | |
|---|---|---|---|---|---|---|---|
| | $\sigma_{rs}^2\Omega^{(2,2)*}$ | | | | $\sigma_{rs}^2\Omega^{(2,2)*}$ | | |
| | 47 | 29 | 46 | 27 | 29 | 46 | 27 |
| 500 | | 16. 41 | 13. 25 | 18. 54 | 14. 78 | 10. 19 | 15. 22 |
| 1000 | | 13. 27 | 11. 32 | 11. 65 | 11. 14 | 8. 73 | 9. 58 |
| 2000 | | 10. 50 | 9. 55 | 7. 88 | 8. 72 | 7. 40 | 6. 50 |
| 4000 | | 8. 33 | 7. 85 | 6. 09 | 6. 94 | 6. 09 | 5. 05 |
| 5000 | 9. 32 | 7. 74 | 7. 32 | 5. 72 | 6. 39 | 5. 65 | 4. 74 |
| 6000 | 8. 64 | 7. 26 | 6. 90 | 5. 45 | 5. 95 | 5. 29 | 4. 53 |
| 8000 | 7. 67 | 6. 48 | 6. 26 | 5. 09 | 5. 26 | 4. 73 | 4. 23 |
| 10000 | 6. 99 | 5. 84 | 5. 79 | 4. 83 | 4. 75 | 4. 31 | 4. 02 |
| 15000 | 5. 91 | 4. 66 | 4. 99 | 4. 41 | 3. 92 | 3. 61 | 3. 67 |
| 20000 | 5. 25 | 3. 87 | 4. 46 | 4. 13 | 3. 41 | 3. 18 | 3. 45 |

在一定温度区域,采用唯象学获得的数据与基于各相互作用通道 ab – initio 势得到的精确值的绝对误差变化与文献[31]中图 1.1 基本一致,文献[31]中 Levin 采用 Tang&Toennies 有效势相比唯象学势更为复杂。要注意的是,文献[31]中结合能和平衡间距这两个基本势参数是为采取上面提及的数据获得。对于 O($^3$P) – O$^+$($^4$S)碰撞,可采用同一方法进行计算。同时,表 1.3 中的黏性碰撞积分与文献中数据相比,其一致性较好,尤其是在 $T$ 为 5000 ~ 20000K 时,其一致性更优秀[29,46]。由此可以推知,有效势与不同电子态相互作用系统中的

详细情形并无直接联系,故可用于输运截面的预测。

高温区域的有效奇次碰撞积分主要由非弹性碰撞主导,这种计算方法在研究共振电核输运截面时贯穿始终。共振过程对传输特性的影响较大,研究人员对诸多系统的共振过程进行了理论和试验研究,此处仅考虑 $N(^4S)-N^+(^3P)$ 的相互作用。Stallcop 和 Partridge 得到了基于分子、离子 $N_2^+$ 在 CASSCF 层级计算的精确 ab-initio 势能曲线[29],并采用移相法计算了共振电核转移理论截面,这两个数据均参考了渐近理论计算结果。Eletskii 也扩展到高激发态的处理[48],Kosarim 对此数据进行了重新估算[49],并选择了基于分级相互作用的耦合动量方案,也考虑了低激发态。需要指出的是,Belyaev 的试验结果也表明采取不同方法得到的结果其一致性较好[50]。

上述结论均在表1.4中有所体现。与 Stallcop 基于文献[48]中渐近截面计算的碰撞积分相比,偏差在15%以内[29];与 Kosarim 的计算结果相比误差较大,为18%[51]。表1.4也给出了 Capitelli 的计算结果[46,52-53],其结果一致性较佳。但在文献[52-53]中,采用分子离子相关态 g-u 分裂法得到的积分截面推导 $\sigma_{rs}^2 \Omega_{in}^{(1,1)*}$,其结果的一致性与其他相比较差。由于不同碰撞对的 g-u 分裂是在原子-离子核间分离的范围内进行估算,分子离子的平衡距离过小,远离电荷交换过程的相关区域,从而对截面值有所低估,所以出现差异是合理的。

表1.4　$N(^4S)-N+(^3P)$ 相互作用时的非弹性扩散型碰撞积分($\text{Å}^2$)

| $T/K$ | $\sigma_{rs}^2 \Omega_{in}^{(1,1)*}$ | | | | | |
|---|---|---|---|---|---|---|
| | 52 | 53 | 29 | 46 | 48 | 49 |
| 500 | | | 38.17 | 40.6 | 38.88 | 40.61 |
| 1000 | | | 34.27 | 37.5 | 36.52 | 38.17 |
| 2000 | | | 31.39 | 34.5 | 34.24 | 35.81 |
| 3000 | | | 29.95 | 32.8 | 32.94 | 34.46 |
| 4000 | | | 29.00 | 31.6 | 32.03 | 33.52 |
| 5000 | 14.5 | | 28.30 | 30.7 | 31.34 | 32.80 |
| 6000 | 14.2 | | 27.73 | 30.0 | 30.78 | 32.22 |
| 7000 | 13.9 | | 27.26 | 29.4 | 30.31 | 31.73 |
| 8000 | 13.8 | | 26.86 | 28.9 | 29.90 | 31.31 |
| 9000 | 13.6 | | 26.50 | 28.5 | 29.55 | 30.94 |
| 10000 | 13.4 | 16.3 | 26.19 | 28.1 | 29.23 | 30.61 |
| 12000 | | 16 | 25.65 | 27.4 | 28.69 | 30.05 |
| 14000 | | 15.8 | 25.20 | 26.8 | 28.23 | 29.58 |

（续）

| T/K | $\sigma_{rs}^2 \Omega_{in}^{(1,1)*}$ | | | | | |
|---|---|---|---|---|---|---|
| | 52 | 53 | 29 | 46 | 48 | 49 |
| 15000 | | 15.7 | 25.00 | 26.5 | 28.03 | 29.37 |
| 16000 | | 15.6 | 24.82 | 26.3 | 27.84 | 28.82 |
| 18000 | | 15.3 | 24.48 | 25.9 | 27.50 | 28.50 |
| 20000 | 12.5 | 15.2 | 24.18 | 25.5 | 27.19 | 28.50 |
| 30000 | | | 23.05 | 24.0 | 26.04 | 27.30 |
| 40000 | | | 22.28 | 23.0 | 25.23 | 26.46 |
| 50000 | | | 21.70 | 22.3 | 24.61 | 25.82 |

### 1.4.5 电荷－电荷相互作用

带电粒子间相互作用,离子－离子、电子－离子碰撞对微粒,可表示为屏蔽库仑势模型:

$$\varphi(r) + \frac{z_i z_j}{r} e^{-r/\lambda_D} \tag{1.29}$$

式中:$z_i$、$z_j$为$i$、$j$离子的电核;$e$为电子电荷;$\lambda_D$为德拜长度。

该势的碰撞积分可用解析式[54]或查表[55]获得。Mason对计算得到的碰撞积分的精确值[56]拟合为[57]

$$\ln[\Omega^{(l,s)*}] = \sum_{j=0}^{6} c_j \ln^j(T^*) \tag{1.30}$$

### 1.4.6 电子－中性粒子相互作用

为考虑量子效应的影响,通常对差分弹性电子散射截面的理论或试验数值进行积分,以计算电子－中性粒子相互作用的碰撞积分。

最具代表性的计算实例为氩原子的电子弹性散射,它表现为低能量 Ramsauer 最小值。若将低能量区域理论结果[58]与弹性差分截面测量值相结合[59-61],可以研究更宽的能量区域,从而可精确计算输运截面和高阶碰撞积分,如图1.4(a)所示。

然而,在计算差分截面时仍然存在问题,由于只能获得少数碰撞能量值,且缺少极限散射角度,故而很难求得所有相互作用的精确理论值。一些系统的积分输运截面、弹性项 $Q^{(0)}$ 和动量传输项 $Q^{(1)}$ 相关文献均有报道,可以利用这些数据直接推导扩散型碰撞积分。高阶黏性碰撞积分的 $Q^{(2)}$ 暂无报道,若采用其他方法从基本模型或附加信息估算该值,便可解决这一问题。假定模型角度向取决于差分截面模型,则 $Q^{(1)}/Q^{(1)}$ 可由已知的 $Q^{(1)}/Q^{(0)}$ 推知[62]。对电子–$CO_2$ 相互作用的研究验证了该方法,图 1.4(b)中弹性、动量输运截面数据取自文献[63],其结果与文献[64]中建议数据相比具有较好的一致性。

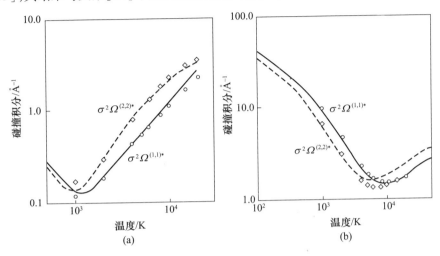

图 1.4 电子–中性粒子相互作用的扩散(实线)、黏性(虚线)
碰撞积分与文献[64]建议数据对比
(a)e–Ar;(b)e–$CO_2$。

## 1.5 热等离子体的热力学特性:截止准则

本节将阐述在推导配分函数及其一阶、二阶对数导数和单原子、等离子体混合物的热力学特性时电子激发态起到的重要作用,还将讨论截止准则的选取对最终计算结果的影响,并与采用基态方法(仅将原子的基电子态插入电子配分函数)得到的结果进行比较。诸多文献讨论了该问题,并指出计算热等离子体的热力学特性时存在的补偿效应,某些情况下这些补偿掩盖了原子的电子激发对热等离子体热力学特性的影响。此外,本节还将对讨论宽温度区间(500 ~ 100000K)和宽压力区间(1 ~ 1000bar,1bar = $10^5$Pa)的空气等离子体,可作为其他系统的典型代表。

### 1.5.1 截止准则

选取合适的截止准则可防止原子(包括中性粒子和离子)电子配分函数的发散。本部分主要讨论基态(GS)方法、Debye Hückel 准则、Fermi 准则。可以推测,这几个准则之间的差距较大,特别是在计算中使用全部电子能级时差距更大

（包括已知能级和未知能级）。

1. 基态方法

当配分函数仅包括基态时，即

$$Q_{ej} = g_{e0} \tag{1.31}$$

且其一阶、二阶对数导数为零，即

$$Q'_{ej} = Q''_{ej} = 0 \tag{1.32}$$

在这种情况下，可完全忽略电子激发态。

2. Debye Hückel 准则

若依据 Debye Hückel 准则，有两种解决方案：一种由 Griem[65] 提出（G 方案）；另一种由 Margenau、Lewis[66] 提出（ML 方案）。根据 G 方案，可将第 $j$ 个成分的电子配分函数写为

$$Q_{ej} = \sum_0^{E_{nj\max}} g_{nj} e^{-E_{nj}/kT} \tag{1.33}$$

式中：$E_{nj}$、$g_{nj}$ 分别为第 $j$ 个成分的第 $n$ 个能级的能量和统计权重。

对所包含所有能级的表达式进行求和运算，可达到最大值为

$$E_{nj\max} = I_j - \Delta I_{j,j+1} \tag{1.34}$$

于是，电离能减小值 $\Delta I_{j,j+1}$ 可表示为

$$\Delta I_{j,j+1} = \frac{e^3}{\pi \zeta^{3/2}} \left( \frac{\pi}{kT} \right)^{1/2} \left( \sum_{i=1}^n z_i^2 n_i \right)^{1/2} (z_j + 1) \tag{1.35}$$

需要注意，第 $n$ 个能级并非以主量子数为参考依据，根据 ML 方案，电子配分函数可写为

$$Q_{ej} = \sum_0^{n_{\max}} g_{nj} e^{-E_{nj}/kT} \tag{1.36}$$

式中：$n_{\max}$ 为插入的配分函数的最大主量子数。

故可假定经典玻尔（Bohr）半径不超过德拜长度 $\lambda_D$，求得：

$$\frac{a_0 n_{\max}^2}{Z_{eff}} = \lambda_D \tag{1.37}$$

式中：$Z_{eff} = z + 1$，以电子激发态作参考可视作有效电荷（$z$ 为原子与离子电核比，$z = 0$ 对应中性）；$a_0$ 为玻尔半径。

当使用类氢能级时，则两个公式是一致的；当考虑能级对角动量和自旋动量的影响及其耦合，则两者差异较大，采用 ML 方案计算的配分函数和相关特性超过了对应 G 值[67-68]。在比较由 Drellishak 等[69] 提出的基于 ML 方案的配分函数得到的数据和采用 G 方案得到的数据进行比较时，必须考虑这种影响。

### 3. Fermi 准则

由 Fermi 准则[70]，若一个电子态的玻尔半径不超过粒子间距，则受静止约束，该电子态将被包含于配分函数。可得

$$\frac{a_0 n_{max}^2}{Z_{eff}} = \frac{1}{n^{1/3}} \Rightarrow n_{max} = \sqrt{\frac{Z_{eff}}{a_0 n^{1/3}}} \tag{1.38}$$

式中：$n$ 为粒子密度（不应与主量子数混淆），离子密度与气压相关，即

$$p = nkT \tag{1.39}$$

由式（1.39）可知，电子配分函数取决于气压，随气压增加，$n_{max}$ 降低。

### 1.5.2 基于薛定谔方程的截止准则

可通过求解原子系统，特别是求解氢气的薛定谔方程来解释前面提及的结果的合理性，求解径向薛定谔方程可获得氢原子的能级和简并度，即

$$-\frac{h^2}{8\pi^2\mu r^2}\frac{\mathrm{d}}{\mathrm{d}r}\left(r^2\frac{\mathrm{d}\mathfrak{R}}{\mathrm{d}r}\right) + \left[V(r) + \frac{h^2}{8\pi^2\mu}\frac{l(l+1)}{r^2}\right]\mathfrak{R} = E\mathfrak{R} \tag{1.40}$$

式中：$E$ 为能量；$h$ 为普朗克常数；$l$ 为角量子数，$l = 0,1,2,3,\cdots$；$r$ 为径向坐标；$V(r)$ 为势能；$\mu$ 为电子–质子系统的约化质量。

由式（1.4）推导出的能级为式（1.41）库仑势表达式的特性值：

$$V(r) = -\frac{e^2}{r} \tag{1.41}$$

本节将不考虑孤立原子，而是考虑半径为 $\delta$ 的封闭球状盒子中的原子，即求解氢原子薛定鄂方程的径向部分。考虑如下边界条件[71]：

$$R(r = \delta) = 0 \tag{1.42}$$

该边界条件与薛定鄂方程解析求解时的表达形式（$R(r = \infty) = 0$）不同。文献[71]给出了 $\delta/a_0 = 10^3$ 与 $\delta/a_0 = 10^4$ 时的计算结果，设 $l = 0$，即有 $ns$ 个能级。图 1.5 详细描述了 $\delta/a_0 = 10^3$ 时无量纲能级值与格点数目的关系：

$$\alpha = \frac{E_n}{I_H} \tag{1.43}$$

图 1.5 也给出了折合能级的解析值，即 $\alpha = E_n/I_H = -1/n^2$（Bohr），并显示了能级向 $\alpha = 0$ 能级的渐变趋势。结果表明，计算值与解析解非常接近，从 $n = 28$ 开始转变为正值，这说明存在两种能级，即趋近于界态的负能级和代表离散化连续区的正能级。

当 $n$ 趋近在单元模型的粒子中获得的解析能级，已存在能级的能量增加，这个过程可以通过下面方程描述：

$$E_n = \frac{h^2}{8m_e\delta^2}n^2 \tag{1.44}$$

式中:$m_e$为电子质量(图 1.5)。

$$\alpha_n = \frac{E_n}{I_H} = \left(\frac{\pi n}{\delta/a_0}\right)^2 \tag{1.45}$$

当 $\delta/a_0 = 10^4$时,可以得到相似的结果:当 $n = 89$ 时,数值解与解析解基本相同;当 $n > 89$ 时,其值突变为正值。类似地,正能级逐渐趋向于盒子值中的对应粒子。

以上结果有两点需要注意:一是由于正能级的能量随着 $n^2$ 而增加,氢原子的配分函数(包括界态和正能级)收敛,因此对于限定在封闭盒子中的氢原子,薛定谔方程的解可看作配分函数的自然截止准则;二是突然出现的正能级主量子数与采用 Fermi 准则截止准则获得的值是一致的,在 $\delta/a_0 = 10^3$,$\delta/a_0 = 10^4$ 条件下,$n_{max}$ 分别为 40 和 120[71]。最后需要注意,可以在物理图像中用界限、连续能级间的平衡来恢复化学图像中的沙哈(Saha)方程。以上数值均可通过 $ns$ 各能级获得,若 $ns$ 下能级不可用,则可通过具有不同 $l$ 值的能级计算。若 $\delta/a_0 = 10^3$,则能级径向量子数的变化仅在 $n > 15$ 时才开始受到 $l$ 的影响,若 $\delta/a_0$ 极小,则 $l$ 的影响显著。

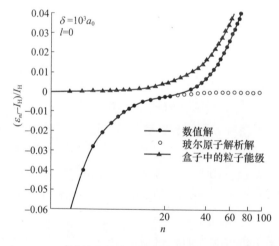

图 1.5   由 $\delta/a_0 = 10^3$ 计算的折合能级与薛定谔方程的玻尔原子解析解、由数值方法与解析方法计算的盒子中的粒子能级

以上已给出考虑盒子中库仑势时薛定鄂方程的计算结果。现针对德拜势[72-74]求解同一问题:

$$V(r) = -\frac{e}{r^2}\mathrm{e}^{-r/\lambda_D} \tag{1.46}$$

图 1.6 给出了对一个 $\delta/a_0 = 10^3$ 的盒子,德拜长度为 $\delta/a_0 = 10^2$,$\delta/a_0 = 10^3$ 时的能级,同时给出了能级的玻尔结果和该盒子中粒子数量。

图 1.6 表明,当 $\lambda_D/a_0 = 10^2$,$\lambda_D/a_0 = 10^8$ 时,从边界到连续能级的跃迁分别为 $n_{max} = 11$,$n_{max} = 29$,库仑势存在时后者与库仑势时的对应值一致,即德拜长度值太大,影响了计算结果。在这两种情况下,正能级渐近趋向于盒中粒子,而能级界与玻尔值非常接近。另外,$\lambda_D/a_0 < 10^2$ 时,德拜长度强烈影响能级。需要注意,当 $\lambda_D/a_0 = 10$,$\lambda_D/a_0 = 10^3$ 时,正、负能量值的跃迁发生于 $n_{max} = 3$,即德拜势控制了盒子限制行为。在以上三种情况下,由 ML 截断准则[66]得到的 $n_{max}$ 分别为 3、10 和 $10^4$;而数值计算结果分别为 3、11 和 29。前两种情况下 ML 截断准则结果与数值结果相一致,原因在于 ML 截断准则结果为 Ecker、Weizel 在考虑德拜势时通过求解薛定鄂方程得到的能级。在第三种情况下 $\lambda_D/a_0 = 10^8$ 时的不一致,是由于德拜长度较大时德拜势对能级的影响大大减小所导致。

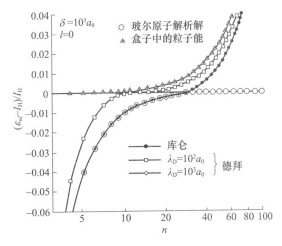

图 1.6 库仑势的屏蔽影响因素及其对氢原子能级的限制($l=0$,$\delta/a_0 = 10^3$)

### 1.5.3 例:空气等离子体

考虑一空气等离子体,其主要成分为 $O_2$、$O$、$O^+$、$O^{2+}$、$O^{3+}$、$O^{4+}$、$N_2$、$N$、$N^+$、$N^{2+}$、$N^{3+}$、$N^{4+}$ 以及 $N_2^+$、$O_2^+$、$O_2^-$、$NO$、$NO^+$、$O^-$。首先可写出与电中性条件相关的一系列平衡常数与总气压相关的配分函数,基于统计热力学计算的平衡常数取决于相关配分函数,对于原子系统,在 Griem 准则下其值取决于电子、离子的密度和温度,在 Fermi 准则下取决于气压和温度。另外,基态方法的配分函数仅取决于基态的简并度。若应用截止准则实现收敛，则需要不同的迭代步骤。还需注意，对原子系统，须使用全集能级，须使用已知、未知的全集能级，一般采取基于 Ritz 和 Ritz – Rydberg 方程的半经验方法。

通过求解平衡问题得到不同组分的数密度 $n_i$（或得到每克包含的粒子数 $N_i = n_i/\rho$），即可计算不同的热力学特征。为深入理解电子激发态的作用，给出混合气体的熵、焓和比热容（冻结比热容和总比热容）的计算公式：

$$
\begin{aligned}
S &= -\left(\frac{\partial A}{\partial T}\right)_{V,N_i} = -\left(\frac{\partial G}{\partial T}\right)_{p,N_i} \\
&= k\sum_i\left[N_i\ln\left(\frac{Q_i}{N_i}\right) + 1 + \left(\frac{\partial\ln Q_i}{\partial\ln T}\right)_{V,N_i}\right] \\
&= k\sum_i\left[N_i\ln\left(\frac{Q_i}{N_i}\right) + \left(\frac{\partial\ln Q_i}{\partial\ln T}\right)_{p,N_i}\right] \\
&= \sum_i N_i S_i = \sum_i N_i S_i^{tr} + \sum_i N_i
\end{aligned}
\tag{1.47}
$$

此处熵已被分解为平动分量和内部分量。

$$
\begin{aligned}
H &= G + TS = kT\sum_i\left[N_i\left(\frac{\partial\ln Q_i}{\partial\ln T}\right)_{p,N_i}\right] + \sum_i N_i\varepsilon_i \\
&= \sum_i N_i H_i = \frac{5}{2}kT\sum_i N_i + \sum_i\left[N_i\left(\frac{\partial\ln Q_i^{int}}{\partial\ln T}\right)_{p,N_i}\right] + \sum_i N_i\varepsilon_i
\end{aligned}
\tag{1.48}
$$

$$
c_{pf} = \left(\frac{\partial H}{\partial T}\right)_{p,N_i} = k\sum_i\left[N_i\left(\frac{\partial\ln Q_i}{\partial\ln T}\right) + \sum_i N_i\left(\frac{\partial^2\ln Q_i}{\partial\ln T^2}\right)_{p,N_i}\right] = \sum_i N_i c_{pi}
\tag{1.49}
$$

$$
c_p = \left(\frac{\partial H}{\partial T}\right)_p = c_{pf} + kT\sum_i\left[\left(\frac{\partial\ln Q_i}{\partial\ln T}\right)_{p,N_i}\left(\frac{\partial N_i}{\partial T}\right)_p + \sum_i\varepsilon_i\left(\frac{\partial N_i}{\partial T}\right)_p\right] = c_{pf} + c_{pr}
\tag{1.50}
$$

进而，冻结比热容也可分解为平动分量和内部分量，即

$$
\begin{aligned}
c_{pf} &= \left(\frac{\partial H}{\partial T}\right)_{p,N_i} = k\sum_i\left[N_i\left(\frac{\partial\ln Q_i^{int}}{\partial\ln T}\right)_{p,N_i} + \sum_i N_i\left(\frac{\partial^2\ln Q_i^{int}}{\partial\ln T^2}\right)_{p,N_i}\right] + \frac{5}{2}k\sum_i N_i \\
&= c_p^{int} + c_p^{tr}
\end{aligned}
\tag{1.51}
$$

下面开始研究采用 Griem、Fermi 准则获得的单一原子成分特性。这些数据应当与 O、$O^+$、$O^{2+}$ 在 $T > 2000K$ 条件下获得的基态值进行比较，其值如下：

$$
Q[O(^3P)] = 9, Q'_{int}[O(^3P)] = Q''_{int}[O(^3P)] = 0
$$
$$
Q[O^+(^4S)] = 4, Q'_{int}[O^+(^4S)] = Q''_{int}[O^+(^4S)] = 0
$$
$$
Q[O^{2+}(^2P)] = 6, Q'_{int}[O^{2+}(^2P)] = Q''_{int}[O^{2+}(^2P)] = 0
$$

基态氮的组分值可在文献[75]中查得。

在图 1.7 和图 1.8 中给出了根据 Griem、Fermi 截止准则计算的不同气压下

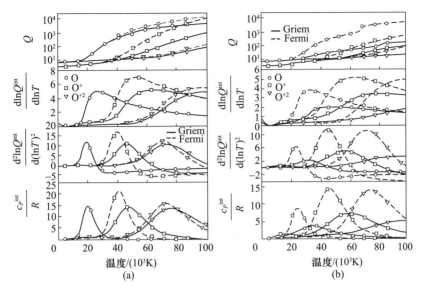

图 1.7 氧组分的配分函数、一阶和二阶对数导数、比热容随温度的变化曲线

（a）$p = 1 \text{bar}$；（b）$p = 100 \text{bar}$。

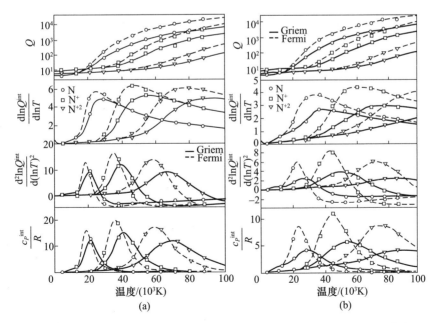

图 1.8 氮组分的配分函数、一阶和二阶对数导数、比热容随温度的变化曲线

（a）$p = 1 \text{bar}$；（b）$p = 100 \text{bar}$。

氧($O$、$O^+$和$O^{2+}$)、氮($N$、$N^+$和$N^{2+}$)三种组分的电子配分函数及其一阶、二阶对数导数与内部比热容随温度的变化。在这两种情况下,使用两种介质准则会得出不同的配分函数值,这些偏差在一阶、二阶对数导数和比热容中传递。特别地,与 Griem 准则相比,Fermi 准则在配分函数中引入了更多能级,从而提高了配分函数值。还须注意的是,由于电子能级能量范围各异,不同组分的配分函数在清晰可辨的无重叠的温度范围内均出现急促上升,一阶、二阶对数导数也证实了这一特性,且出现明显极点。另外,二阶对数导数根据 Fermi 准则计算的结果超过由对应 Griem 准则得到的计算值,存在最大值,在下降区域则出现则相反。这种特性也会反映在单一组分的比热容上,任何情况比热容都表示有限数量激发能级系统的特征趋势,即经过最大值后内部比热容逐渐趋于 0(见 1.1 节)。基态对应值为 0,且与温度无关,对比热的平动贡献为 5/2,如此就很容易理解电子激发为何对比热容有较大影响。

图 1.9 给出了不同气压下采用基态法(平动作用)、Fermi 和 Griem 准则(平动和电子激发作用)计算的氧气组分($O$、$O^+$)的熵随温度的变化关系。这三种方法的差别反映了电子配分函数和对应的一阶对数导数的对应变化趋势。若 $G$、$F$ 值与采用基态方法计算的对应值偏离,则更加凸显电子态对计算值的影

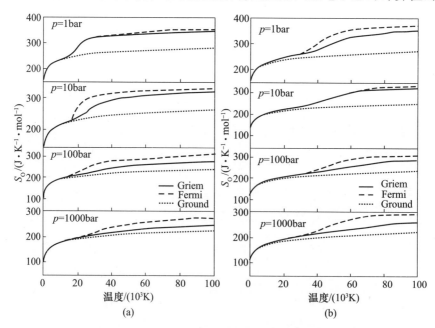

图 1.9　不同气压下氧气组分的熵与温度的关系

(a)氧原子;(b)氧离子。

响。任意情况下,从基态到 Griem、Fermi 方法,各组分的熵随着电子作用的增加而单调增加。

在开始研究总热力学特性与截止准则的依赖关系前,必须给出空气等离子体主要成分摩尔分数的相应依赖关系。图 1.10 给出了不同气压下特定组分的摩尔分数与温度的依赖关系,可以看出摩尔分数与截止准则的依赖虽不可忽略,但影响非常小。

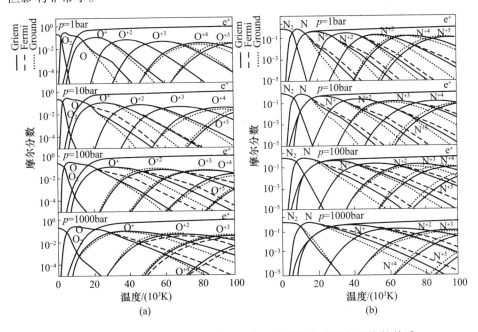

图 1.10　气压和截止准则不同时,空气组分的摩尔分数与温度的关系
(a)氧气;(b)氮气。

图 1.11 给出了不同气压下采用三种方法计算的总熵随温度的变化,总体而言,相较于采用 G、GS 方法获得的数据,采用 Fermin 准则计算的熵值较大,但它们之间的差值不超过 6% 。

图 1.12 给出了在不同气压下冻结比热容和总比热容随温度的变化。这三种方法的计算值之间的差值可达到 Fermin 准则计算值,在高气压下其因子大于 2,在任何情况下都比采用 G、GS 方法的计算值大。需要注意,基态方法仅包含平动自由度,考虑化学反应对其贡献,情况会更复杂。图 1.10 中结果证实,解离区域不受配分函数截止准则影响,但电离区域所受影响较大。仅在解离区域、第一电离区域会出现 F、G 和 GS 方法之间的相互抵消现象,随气压的增大,第二、三、四电离反应之间的差别变大。气压为 1000bar 时,三种方法之间的差别最大。

由于冻结比热容与反应比热容间的不完全抵消,G、F 方法计算的总比热容值的差值降低。另外,在基态值比较时,抵消作用趋于消失。仅在 1bar 时,基态计算值与其他两种方法的计算值完全一致的;在高气压下,它们之间的偏差显著增加。

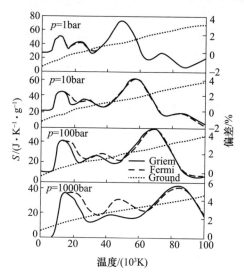

图 1.11　采用基态截断准则时,不同气压下空气等离子体的总熵与温度的关系

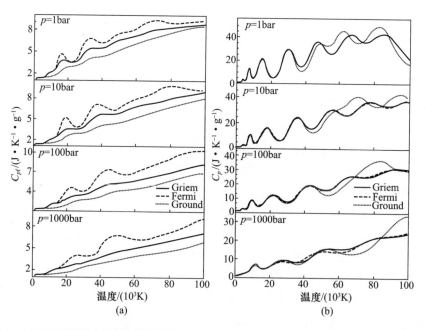

图 1.12　不同气压和不同的截断准则下空气等离子体的比热容、冻结热、总热与温度关系

图 1.13 给出了采用这三种方法计算的空气等离子体的冻结等熵系数和总等熵系数,并再次证实了电子激发对冻结系数的作用。任意情况下对于总等熵系数而言,其作用也是很可观的。须注意,基态方法的冷冻等熵系数在电离区达到 1.67,为一常值[76]。Sing 等[77]给出了氢气、氢气 – 氩气等离子体的结果,也证实了证实上述现象。

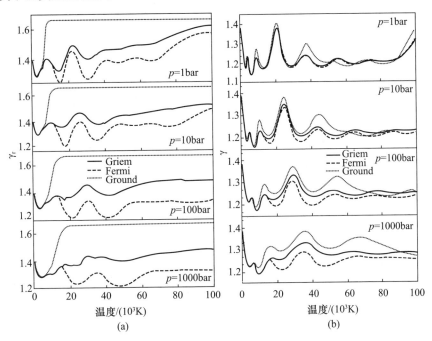

图 1.13 在不同气压、截止准则下空气等离子体冻结总等熵系数随温度的变化曲线

本节并未给出许多文献中使用的原子(中性、电离)组分电子配分函数的计算方法。值得注意的是,许多研究人员在计算配分函数时仅代入已观测到的能级,避免使用截止准则,该方法和其他类似方法仅将基态上有限能级代入配分函数,严重低估了电子对热等离子体热力学特性的贡献,这些结果与采用基态方法获得的对应值相差不大。Gurvich 表[80]仅在分组函数中包含来自对价电子进行重排的电子能级,即一些仅位于底端的激发态,如可通过插入基态 $^3P$、$^1D$、$^1S$ 亚稳态获得单个氧原子的配分函数。另外,极具开创性的 JANAF 表和 Gordon & McBridge[81]包含了能级 $I – kT$,此处 $I$ 为组分的电离势,同样地电子配分函数也被严重低估。

# 1.6 双温等离子体的输运

多温等离子体的一般方程已在不同文献中讨论过,一般采用简化公式计算相关输运系数[82-84],计算结果与输运方程有关,还与多温等离子体组分和选取的热力学模型有关。事实上,根据平衡判据(最小化吉布斯势、最大化熵)和等离子体不同温度的定义[85-86],得到一系列 Saha 方程。

考虑以解离、电离反应为特征的氢气等离子体:

$$H_2 \Leftrightarrow 2H$$
$$H \Leftrightarrow H^+ + e \tag{1.52}$$

可在不同约束条件的最小化吉布斯势、最大化熵推导电离常数:

(1) 约束条件为 $T_h = T_{el} \neq T_e$ 时,由最小化吉布斯势可得

$$\left[\frac{n_{H^+}}{n_H}\right]^\vartheta n_e = \frac{(2\pi m_e k T_e)^{3/2}}{h^3} Q_e \left[\frac{Q_{H^+}(T_h)}{Q_H(T_h)}\right]^\vartheta e^{-l_H/kT_e} \tag{1.53}$$

(2) 约束条件为 $T_h \neq T_{el} = T_e$ 时,由最小化吉布斯势可得

$$\left[\frac{n_{H^+}}{n_H}\right]^\vartheta n_e = \frac{(2\pi m_e k T_e)^{3/2}}{h^3} Q_e \left[\frac{Q_{H^+}(T_e)}{Q_H(T_e)}\right]^\vartheta e^{-l_H/kT_e} \tag{1.54}$$

(3) 约束条件为 $T_h \neq T_{el} = T_e$ 时,由最大化熵可得

$$\left[\frac{n_{H^+}}{n_H}\right] n_e = \frac{(2\pi m_e k T_e)^{3/2}}{h^3} Q_e \left[\frac{Q_{H^+}(T_e)}{Q_H(T_e)}\right]^\vartheta e^{-l_H/kT_e} \tag{1.55}$$

(4) 约束条件为 $T_h = T_{el} \neq T_e$ 时,由最大化熵可得

$$\left[\frac{n_{H^+}}{n_H}\right]^\vartheta n_e = \frac{(2\pi m_e k T_e)^{3/2}}{h^3} Q_e \left[\frac{Q_{H^+}(T_h)}{Q_H(T_h)}\right]^\vartheta e^{-l_H/kT_e} \tag{1.56}$$

在特定情况下,若 $Q_e = 2, Q_{H^+}(T_h) = Q_{H^+}(T_e) = 2$,则以上公式可进一步简化。以 $H_2$ 等离子体例,比较不同的平衡方程可以看出指数因子 $\vartheta = T_h/T_e$ 存在差异,但在根据最大化熵最大化推导的方程中差异消失;温度不同时,在配分函数和指数项中又出现了这种差异。需要注意,除式(1.56)包含重粒子温度外,所有指数项均包含电子温度。这种差异对相关计算结果会产生非常大的影响。另外,基于动力学计算双温等离子体时式(1.55)应用最为广泛,计算时认为电子是导致电离平衡和激发平衡,结合了热力学和动力学概念,但其正确性尚存争议。文献[87]中结果为:当 $T_e = 10000K$ 时,$\vartheta$ 是 $T_h$ 的函数,其范围为 2500 ~ 10000K;当 $T_h = 8000K$ 时,$\vartheta$ 是 $T_e$ 的函数,其范围为 8000 ~ 30000K,这表明取点不同时 $1/\vartheta$ 也不同其值不固定。第一种情况下选择不同方程会严重影响电子密度,但氢原子和氢分子密度不受影响。任何情况下,电子密度和离子密度与氢

原子和氢分子对应($T_h = T_e = 10000K$ 时,电子密度为原子密度的 1/100)。故平衡常数的选择将会严重影响依赖于电子密度(总热导率 $\lambda$、电导率 $\sigma$)的输运系数。

事实上,图 1.14(a)给出了 $T_e = 10000K$ 时大气中氢气等离子体的温度和 $T_h$ 的关系,分别将式(1.53)~式(1.56)分量代入输运方程。代入式(1.53)和式(1.54)时变化不显著,但代入式(1.55)时电导率增加迅速。另外,采用式(1.56)将会严重低估电导率从而导致计算根据 $T_h$ 计算时存在指数因子(详见式(1.56))。所有曲线都将收敛于单一温度($T_h = T_e = 10000K$)对应值。考虑 $T_h = 80000K$ 时计算结果与 $T_e$ 的关系,当 $T_e \geqslant T_h$ 时(从 15000K 开始),$T_e$ 才开始对结果有重要影响,即如图 1.14(b)所描述。通过以上分析可知,式(1.53)和式(1.54)的结果本质上相同,但是若使用由最大化熵得到的式(1.55)会出现显著变化。还需注意使用式(1.56)时不应出现电离反应,得到的结果为氢原子作用的总热导率。最后需要强调,双温等离子体的传输系数主要由选取的 Saha 方程决定,诸多研究人员在该领域已取得一系列成果[88-91],但这一问题有待进一步研究。

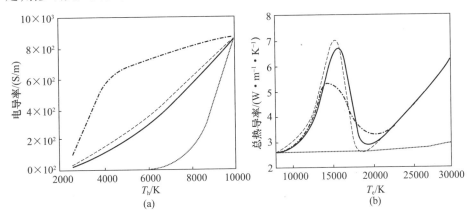

图 1.14 对应不同的 Saha 方程的 $H_2$ 等离子体

(a)$T_e = 10000K$ 时电导率与气体平动温度的关系;(b)$T_h = 8000K$ 时热导率和电子温度的关系。

实线——式(1.53);虚线——式(1.54);点画线——式(1.55);点线——式(1.56)。

## 1.7 电子激发态在等离子体传输特性中的作用

由于化学组分量子态对碰撞积分的影响尚不明确,故激发态在等离子体中的作用目前仍有争议。文献[92-93]给出了电子激发态对平衡氢原子等离子体传输特性的影响,所研究的等离子体为 $H(n)$、$H^+$ 和电子的混合体,其中 $n$ 为激发态氢原子的主量子数,即电子激发态可视为一个具有各自输运截面的独立成分。电子激发态截面随 $n$ 的增大而急剧增加。表 1.5 给出了推导等离子体中发生的与激发原子 $H(n)(n \leqslant 12)$ 有关的各碰撞积分所采用的方法。$H(n)$ – $H^+$ 相互作用时,扩散型碰撞积分由非弹性作用主导,在共振电荷传输过程的影响下,其值随 $n$(介于 $n^3 \sim n^4$)的增大而急剧增加[94]。但 $n$ 对 $H(n) – H(n)$、$H(n) – e$ 作用系统的影响较弱。若考虑激发原子间的碰撞,在估算非对称碰撞($m \neq n$)的扩散型碰撞积分时,则应考虑由共振激发传输作用产生的非弹性通道[92]。

表 1.5 氢等离子体中与激发态相互作用相关的碰撞积分

| 反应 | 碰撞积分 | 方法 |
|---|---|---|
| $H(n) – H^+$ | $\sigma^2 \Omega_{el}^{(1.1)} * \sigma^2 \Omega_{el}^{(2.2)} *$ | 极化模型 |
| | $\sigma^2 \Omega_{in}^{(1.1)} *$ | $N \leqslant 5$ 时精确共振电荷传输碰撞积分的外推公式[94] |
| $H(n) – e$ | $\sigma^2 \Omega^{(1.1)} *$ | 交叉部分动量传输积分[95] |
| $H(n) – H(n)$ | $\sigma^2 \Omega^{(1.1)} * \sigma^2 \Omega^{(2.2)} *$ | $N \leqslant 5$ 时精确碰撞积分的外推公式[96] |
| $H(n) – H(m)$ | $\sigma^2 \Omega_{el}^{(1.1)} * \sigma^2 \Omega_{el}^{(2.2)} *$ | 对称反应的平均值 |
| | $\sigma^2 \Omega_{in}^{(1.1)} *$ | $N \leqslant 3$ 时碰撞积分精确共振激振交换的标度[92] |

图 1.15 给出了总热导率的各种影响因素,以及采用反常截面和普通截面(基态近似)计算的各因素对其贡献之比。假设最后一个例子中激发态碰撞积分与基态碰撞积分相等。

图 1.15(a)给出了在不同气压下采用反常截面 $\lambda_h^a$ 和普通截面 $\lambda_h^u$ 计算的平动热导率值之比与温度的关系。当 $T < 10^4 K$ 时,激发态不影响计算结果。图 1.15(a)结果表明,随气压升高,$\lambda_h^a / \lambda_h^u$ 偏差急剧增加。定义相误差为 $100 \, |\lambda_h^a / \lambda_h^u| / \lambda_h^a$,当气压为 1atm、10atm、100atm 时,最大误差分别为 7%、40% 和 240%。需要注意,1atm 时所受影响较小,原因是在较重组分平动热导率行列式中的对角线项与非对角线项之间的补偿作用,若仅考虑对角线项,则该补偿作用消失[97]。高气压下电离平衡向激发态所占比例较大的温度区域移动,故对角线项和非对角线项之间的补偿作用将会消失。图 1.15(a)的结果考虑了全部 12 种激发态。然而在 100atm 时,激发态数量减少为 7,比率间偏差急剧降低(图 1.15(a)中点画线),此时相对误差会达到 42%。

电子激发态仅通过 $H(n)$ 的电子间相互作用影响自由电子的平动热导率。图 1.15(b)表明,随气压上升,激发态的影响增加。文献[97]深入分析了化学反应热导率的作用,比率的变化情况如图 1.15(c)所示,主要结论与已给出的平动组分实例一致。图 1.15(d)给出了总热导率比率的变化情况,变相热导率和电子热导率的变化情况与重粒子平动热导率和电子平动热导率类似[93]。以上

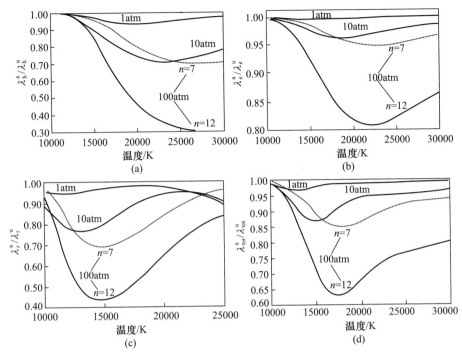

图 1.15 不同气压下不同数量原子能级，采用反常截面和正常截面
碰撞积分计算的传输系数之比

(a)重粒子的平动热导率；(b)电子的平动热导率；(c)相对热导率；(d)总热导率。

结果均通过参数化激发获得，然而该条件可通过自洽计算低温等离子体(LTE)的平衡组分解决，其结果为氢原子的电子配分函数所采用的截止准则对输运系数具有强影响[98-99]。需要注意，输运系数的形式并不唯一，可分开估算其内部成分和化学反应成分及它们之间的相互作用和形成的补偿作用[98]。

# 1.8  空气等离子体

对于低温空气原子等离子体激发态原子相互作用的碰撞积分的研究还未结束。文献[43,52,100-101]开创性的工作试图精确计算涉及基态氮、氧原子(N($^2$P,$^2$D)、O($^1$D,$^1$S))及其离子(N$^+$($^1$D$^1$S)、O$^+$($^2$P,$^2$D))和低级激发态(基态电子配置相同)相互作用时的扩散型和黏性碰撞积分。文献[44]基于精确的价态 ab-initio 相互作用势对氧气系统之前的结果进行了完全修正；文献[48-49,51]在不同动量耦合方案的渐近理论框架中重新计算了对应截面，并估算了原子-母体-离子碰撞中的共振电荷交换所引起的奇次碰撞积分的非弹性贡献；

Sourd 等[102]发现低温氮气等离子体中激发态的作用,但只对中性粒子 – 原子相互作用的解离区域有效。

以上文献中碰撞积分由传统多势法获得,故需要对大量电子项有精确认识,这增加了碰撞对象的量子态。在 $N^2$、$N_2^+$ 激发系统中,ab – initio 计算或光谱数据模型中只能提供极有限的电子项,这限制了激发态的理论和试验研究。基于此,唯象法作为一种极具价值的应用,可推导出完整且内部一致的碰撞积分集合[103]。计算低级激发态时所采用的势能函数与计算基态组分互相作用的势能函数相同,低级激发态物理特性与基态非常相似,能量间隔小。对高能级激发组分间的相互作用,文献[103]提出了一种不同的能量形式。文献[43 – 44]采用唯象法对全部(62 个价态)多势能的传统法计算结果,与黏型碰撞积分比较可以发现结果总体而言是一致的,而存在的偏差则反映了唯象法的准确性。

文献[48]给出了高能级激发态($n > 2$)的氮原子的原子 – 离子相互作用时扩散型碰撞积分的共振电荷的转移过程,结果表明,它与价原子壳层主量子数之间存在 $n^4 \sim n^5$ 依赖关系。

文献[75]在限制低能级电子激发态作用的情况下,证明了空气等离子体输运系数在计算整个温度区间的内部热导率时有重要作用,从而确认由于输运截面 $n$ 的大幅增加,计算输运系数时需要包含高激发态。类似于建立氢气数据库,下一步工作应研究电子激发态中特定激发态的完整碰撞积分。

# 1.9 结　　论

激波数值模拟需要可靠的等离子体的热力学特性和输运特性。热力学特性的基本参量由平动配分函数和内部配分函数表示,包括完全决定平衡等离子体组分的 Saha 平衡常数和描述化学组分的微观碰撞动力学输运截面。

本章给出了精确的理论计算方法和替代近似方法。若高计算负载限制精确计算或缺乏化学系统的基本 ab – initio 结构信息,则近似替代法是一种极具价值的计算方法。对于原子内部配分函数的少数能级法,采用合适的分类准则或采用碰撞系统的碰撞积分计算平均相互作用的唯象学势,其多面相互作用势时未知。

精确理论热力学方法研究的核心问题是在确定原子组分的内部配分函数截止准则时须保证物理层面是可行的,同时发散会影响截止准则。

目前,采用最先进的方法得到空气的热力学特征值和输运系数的精确值[104]在附录 A 中给出,即使考虑本章已提出的补偿效应,这些数据与 Boulos 等[105]给出的计算值仍高度一致。

与氢原子等离子体类似,通过对电子激发态的输运截面的全面处理,可进一步提升空气等离子体的输运特性。另外,如何在计算中插入电子激发态也是计算多温等离子体输运特性的一个重要问题[106]。

最后需要强调,目前大量结果均在理想等离子体中获得,在高气压、高温区域中,数据的有效性需要进一步考量[107-109]。

# 附录A 空气等离子体的热力学和传输特性

表 A.1 不同气压下空气等离子体密度随温度的变化

| $T/K$ | 密度/( kg/m³) | | | | |
|---|---|---|---|---|---|
| | 压力 $10^{-2}$atm | 压力 $10^{-1}$atm | 压力 1atm | 压力 10atm | 压力 $10^2$atm |
| 100 | 0.03465120 | 0.34651200 | 3.46512000 | 34.6512000 | 346.512000 |
| 200 | 0.01732560 | 0.17325600 | 1.73256000 | 17.3256000 | 173.256000 |
| 300 | 0.01155040 | 0.11550400 | 1.15504000 | 11.5504000 | 115.504000 |
| 400 | 0.00866281 | 0.08662810 | 0.86628100 | 8.66281000 | 86.6281000 |
| 500 | 0.00693025 | 0.06930250 | 0.69302500 | 6.93025000 | 69.3025000 |
| 600 | 0.00577521 | 0.05775200 | 0.57752000 | 5.77520000 | 57.7520000 |
| 700 | 0.00495018 | 0.04950180 | 0.49501800 | 4.95018000 | 49.5018000 |
| 800 | 0.00433140 | 0.04331400 | 0.43314000 | 433140000 | 43.3140000 |
| 900 | 0.00385014 | 0.03850140 | 0.38501400 | 3.85014000 | 38.5014000 |
| 1000 | 0.00346512 | 0.03465120 | 0.34651200 | 3.46512000 | 34.6512000 |
| 1500 | 0.00231006 | 0.02310080 | 0.23100800 | 2.31008000 | 23.1008000 |
| 2000 | 0.00173001 | 0.01731750 | 0.17323100 | 1.73248000 | 17.3254000 |
| 2500 | 0.00134653 | 0.01372700 | 0.13817400 | 1.38468000 | 13.8562000 |
| 3000 | 0.00101631 | 0.01086230 | 0.11295300 | 1.14655000 | 11.5231000 |
| 3500 | 0.00083214 | 0.00859941 | 0.09180140 | 0.96185800 | 9.80484000 |
| 4000 | 0.00071898 | 0.00729257 | 0.07569730 | 0.80757500 | 8.43599000 |
| 4500 | 0.00062014 | 0.00637863 | 0.06527960 | 0.68592900 | 7.29747000 |
| 5000 | 0.00051192 | 0.00555825 | 0.05761850 | 0.59777100 | 635892000 |
| 6000 | 0.00031352 | 0.00380173 | 0.04419050 | 0.47461300 | 5.01336000 |
| 7000 | 0.00024800 | 0.00260883 | 0.03105880 | 0.37068700 | 4.08181000 |
| 8000 | 0.00021184 | 0.00216573 | 0.0229520 | 0.27559000 | 3.29544000 |
| 9000 | 0.00017757 | 0.00187718 | 0.01933550 | 0.21114100 | 2.59484000 |
| 10000 | 0.00014036 | 0.00160975 | 0.01696560 | 0.17719800 | 2.04911000 |

（续）

| T/K | 密度/（kg/m³） | | | | |
|---|---|---|---|---|---|
| | 压力 10⁻²atm | 压力 10⁻¹atm | 压力 1atm | 压力 10atm | 压力 10²atm |
| 11000 | 0. 00010536 | 0. 00133530 | 0. 01489580 | 0. 15616600 | 1. 69664000 |
| 12000 | 0. 00008212 | 0. 00106728 | 0. 01288570 | 0. 13942700 | 1. 47733000 |
| 13000 | 0. 00007001 | 0. 00084792 | 0. 01091190 | 0. 12427700 | 1. 32233000 |
| 14000 | 0. 00006312 | 0. 00070257 | 0. 00908662 | 0. 10986700 | 1. 19611000 |
| 15000 | 0. 00005830 | 0. 00061502 | 0. 00757016 | 0. 09613230 | 1. 08400000 |
| 16000 | 0. 00005440 | 0. 00055905 | 0. 00644765 | 0. 08339210 | 0. 98021800 |
| 17000 | 0. 00005104 | 0. 00051886 | 0. 00567209 | 0. 07220580 | 0. 88296600 |
| 18000 | 0. 00004792 | 0. 00048632 | 0. 00513651 | 0. 06293000 | 0. 79208000 |
| 19000 | 0. 00004477 | 0. 00045856 | 0. 00474947 | 0. 05560990 | 0. 70894000 |
| 20000 | 0. 00004127 | 0. 00043317 | 0. 00444922 | 0. 04999950 | 0. 63478700 |
| 22000 | 0. 00003329 | 0. 00038244 | 0. 00397611 | 0. 04238760 | 0. 51540300 |
| 24000 | 0. 00002692 | 0. 00032463 | 0. 00358058 | 0. 03750020 | 0. 43155300 |
| 26000 | 0. 00002318 | 0. 00026839 | 0. 00317687 | 0. 03387140 | 0. 37389700 |
| 28000 | 0. 00002093 | 0. 0002758 | 0. 00274892 | 0. 03078790 | 0. 33286300 |
| 30000 | 0. 00001922 | 0. 00020155 | 0. 00235249 | 0. 02779030 | 0. 3015500 |
| 35000 | 0. 00001478 | 0. 00016333 | 0. 00173932 | 0. 0205275 | 0. 24163100 |
| 40000 | 0. 00001131 | 0. 00012852 | 0. 00143504 | 0. 01575240 | 0. 18981200 |
| 45000 | 0. 00000954 | 0. 00010172 | 0. 00117183 | 0. 01306980 | 0. 15005200 |
| 50000 | 0. 000000792 | 0. 000008657 | 0. 00094912 | 0. 01103000 | 0. 12422300 |

表 A. 2  不同气压下空气等离子体焓随温度的变化

| T/K | 焓/（kJ/kg） | | | | |
|---|---|---|---|---|---|
| | 压力 10⁻²atm | 压力 10⁻¹atm | 压力 1atm | 压力 10atm | 压力 10²atm |
| 100 | 100. 958 | 100. 958 | 100. 958 | 100. 958 | 100. 958 |
| 200 | 201. 916 | 201. 916 | 201. 916 | 201. 916 | 201. 916 |
| 300 | 303. 240 | 303. 240 | 303. 240 | 303. 240 | 303. 240 |
| 400 | 404. 808 | 404. 808 | 404. 808 | 404. 808 | 404. 808 |
| 500 | 508. 248 | 508. 248 | 508. 248 | 508. 248 | 508. 248 |
| 600 | 612. 579 | 612. 579 | 612. 579 | 612. 579 | 612. 579 |
| 700 | 720. 163 | 720. 163 | 720. 163 | 720. 163 | 720. 163 |
| 800 | 829. 321 | 829. 321 | 829. 321 | 829. 321 | 829. 321 |

（续）

| T/K | 焓/（kJ/kg） | | | | |
|---|---|---|---|---|---|
| | 压力 $10^{-2}$atm | 压力 $10^{-1}$atm | 压力 1atm | 压力 10atm | 压力 $10^2$atm |
| 900 | 941.415 | 941.415 | 941.415 | 941.415 | 941.415 |
| 1000 | 1055.425 | 1055.425 | 1055.425 | 1055.425 | 1055.425 |
| 1500 | 1654.368 | 1654.259 | 1654221 | 1654.213 | 1654.209 |
| 2000 | 2323.130 | 2305.327 | 2299.679 | 2297.896 | 2297.331 |
| 2500 | 3498.021 | 3152.698 | 3036.460 | 2998.996 | 2987.081 |
| 3000 | 6070.441 | 4804.604 | 4094.762 | 3829.926 | 3742.003 |
| 3500 | 7660.H81 | 7023.943 | 5789.172 | 4945.197 | 4608.160 |
| 4000 | 8698.956 | 8340.692 | 7620.688 | 6422.216 | 5646.193 |
| 4500 | 10577.950 | 9510.274 | 8929.649 | 7983.307 | 6863.672 |
| 5000 | 15049.494 | 11475.684 | 10175.724 | 9328.274 | 8174.183 |
| 6000 | 33236.326 | 22160.691 | 14960.316 | 12156.206 | 10731.689 |
| 7000 | 40146.037 | 36908.484 | 26338.112 | 17495.214 | 13731.197 |
| 8000 | 44739.726 | 42579.756 | 38411.294 | 27273.108 | 18496.571 |
| 9000 | 55430.686 | 47098.151 | 44274.573 | 38054.914 | 25983.993 |
| 10000 | 72082.461 | 54698.867 | 48741.888 | 44957.858 | 35217.812 |
| 11000 | 103389.677 | 68354.953 | 54759.995 | 49658.797 | 43303.235 |
| 12000 | 135571.933 | 90261.128 | 64040.455 | 54531.395 | 49186.526 |
| 13000 | 154883.548 | 117569.949 | 77801.211 | 60800.710 | 53985.855 |
| 14000 | 164365.813 | 142041377 | 96334.081 | 69155.888 | 58847.149 |
| 15000 | 169871.874 | 158386225 | 117805.248 | 80237.510 | 64370.794 |
| 16000 | 174122.732 | 168220.181 | 138488.040 | 93874.755 | 71103.168 |
| 17000 | 178361.867 | 174593.747 | 155176.206 | 109816.833 | 79256.961 |
| 18000 | 183959.618 | 179537.520 | 167288.618 | 126631.859 | S8659.677 |
| 19000 | 193464.910 | 184168.340 | 175923.474 | 142712.940 | 99586.806 |
| 20000 | 210984.575 | 189574.536 | 182447.346 | 156853.857 | 111679.341 |
| 22000 | 279812.636 | 209290.177 | 193424.717 | 178182.253 | 137192.225 |
| 24000 | 362905.544 | 254714.026 | 207299.354 | 192937.792 | 161050.705 |
| 26000 | 419073.559 | 324232.491 | 232796.347 | 205756.099 | 181025.090 |
| 28000 | 449704.188 | 390543.029 | 276868.060 | 221105.745 | 197503.079 |
| 30000 | 473912.266 | 436641.372 | 334847.704 | 243944.321 | 212326.863 |

（续）

| $T/K$ | 焓/（kJ/kg） | | | | |
|---|---|---|---|---|---|
| | 压力 $10^{-2}$ atm | 压力 $10^{-1}$ atm | 压力 1atm | 压力 10atm | 压力 $10^2$ atm |
| 35000 | 628974.590 | 509759.647 | 456654276 | 345876.572 | 257609.617 |
| 40000 | 849979.015 | 666287.352 | 533201340 | 456846.869 | 335320.393 |
| 45000 | 975976.574 | 863540.060 | 662213596 | 537790.273 | 431910288 |
| 50000 | 1200753.306 | 994645.516 | 840160.969 | 634877.978 | 518237.917 |

表 A.3　不同气压下空气等离子体的熵随温度的变化

| $T/K$ | 熵/（J/（K·kg）） | | | | |
|---|---|---|---|---|---|
| | 压力 $10^{-2}$ atm | 压力 $10^{-1}$ atm | 压力 1atm | 压力 10atm | 压力 $10^2$ atm |
| 100 | 7319.489 | 6654.542 | 5989594 | 5324.647 | 4659.699 |
| 200 | 7819.896 | 7154.948 | 6490.001 | 5825.053 | 5160.105 |
| 300 | 8230.788 | 7565.841 | 6900.893 | 6235.946 | 5570.998 |
| 400 | 8522.692 | 7857.744 | 7192.797 | 6527.849 | 5862.902 |
| 500 | 8753.887 | 8088.939 | 7423.992 | 6759.944 | 6094.097 |
| 600 | 8943.382 | 8278.434 | 7613.486 | 6948.539 | 6283.591 |
| 700 | 9109.891 | 8444.943 | 7779.995 | 7115.048 | 6450.100 |
| 800 | 9254.838 | 8589.890 | 7924.943 | 7259.995 | 6595.047 |
| 900 | 9387.601 | 8722.654 | 8057.706 | 7392.758 | 6727.811 |
| 1000 | 9506.925 | 8841.977 | 8177.030 | 7512.082 | 6847.135 |
| 1500 | 9991.966 | 9326.934 | 8661.945 | 7996.997 | 7332.050 |
| 2000 | 10374.514 | 9700.062 | 9032.100 | 8366.231 | 7700.949 |
| 2500 | 10890.202 | 10075.241 | 9359.926 | 8678.776 | 8008.679 |
| 3000 | 11823.314 | 10670.855 | 9742.725 | 8980393 | 8283.207 |
| 3500 | 12319.994 | 11357.156 | 10262.768 | 9322.957 | 8549.864 |
| 4000 | 12596.448 | 11710.856 | 10753.000 | 9716.390 | 8826.319 |
| 4500 | 13035.602 | 11985.636 | 11062.363 | 10084.536 | 9112.905 |
| 5000 | 13970.891 | 12397.366 | 11324.373 | 10368.275 | 9388.899 |
| 6000 | 17279.175 | 14313.497 | 12183.588 | 10880.865 | 9855.392 |
| 7000 | 18411.453 | 16602.881 | 13923.622 | 11696.161 | 10315.689 |
| 8000 | 18981.905 | 17367.726 | 15545.002 | 12995.618 | 10948.398 |
| 9000 | 19997.245 | 17897.942 | 16240.095 | 14268.489 | 11827.040 |
| 10000 | 21949.676 | 18693.978 | 16709.937 | 14999.085 | 12799.466 |

（续）

| T/K | 熵/(J/(K·kg)) | | | | |
|---|---|---|---|---|---|
| | 压力 10⁻²atm | 压力 10⁻¹atm | 压力 1atm | 压力 10atm | 压力 10²atm |
| 11000 | 24924.062 | 19988.411 | 17280.850 | 15447.199 | 13571.512 |
| 12000 | 27728.255 | 21886.790 | 18084.003 | 15869.437 | 14083.893 |
| 13000 | 29280.176 | 24066.857 | 19178.810 | 16367.960 | 14466.776 |
| 14000 | 29985.485 | 25880.286 | 20543.958 | 16981.410 | 14824.119 |
| 15000 | 30366.4 | 27009.256 | 22017.125 | 17738.425 | 15199.842 |
| 16000 | 30640.886 | 27644.687 | 23346.350 | 18607.395 | 15627.022 |
| 17000 | 30897.830 | 28032.175 | 24354.951 | 19562.656 | 16111.393 |
| 18000 | 31217.116 | 28314.784 | 25045.605 | 20512.724 | 16634.408 |
| 19000 | 31729.496 | 28565.615 | 25512.308 | 21372.442 | 17209.590 |
| 20000 | 32625.472 | 28842.949 | 25847.377 | 22090.143 | 17813.327 |
| 22000 | 35888.245 | 29775.056 | 26369.722 | 23099.790 | 18995.512 |
| 24000 | 39505.807 | 31739.000 | 26971.198 | 23738.277 | 20006.749 |
| 26000 | 41761.739 | 34514.011 | 27984.194 | 24248.271 | 20788.006 |
| 28000 | 42900.465 | 36971.663 | 29607.500 | 24813.824 | 21386.844 |
| 30000 | 43734.894 | 38564.824 | 31599.371 | 25594.955 | 21889.511 |
| 35000 | 48435.833 | 40818.914 | 35371.510 | 28690.005 | 23256.962 |
| 40000 | 54368.947 | 44955.346 | 37411.486 | 31642.243 | 25282.578 |
| 45000 | 57340.319 | 49613.580 | 40423.931 | 33539.827 | 27513.263 |
| 50000 | 62046.283 | 52378.961 | 44166.135 | 35565.736 | 29303.288 |

表 A.4 不同气压下空气等离子体的比热容随温度的变化

| T/K | 比热容/(J/(K·kg)) | | | | |
|---|---|---|---|---|---|
| | 压力 10⁻²atm | 压力 10⁻¹atm | 压力 1atm | 压力 10atm | 压力 10²atm |
| 100 | 1014.520 | 1007.379 | 999.692 | 991.135 | 980.921 |
| 200 | 1024.986 | 1019.193 | 1012.905 | 1005.712 | 996.771 |
| 300 | 1035.496 | 1031.067 | 1026.177 | 1020358 | 1012.707 |
| 400 | 1046.007 | 1042.975 | 1039.520 | 1035.057 | 1028.671 |
| 500 | 1056.632 | 1055.002 | 1052.987 | 1049.905 | 1044.764 |
| 600 | 1067.303 | 1067.108 | 1066.540 | 1064.828 | 1060.917 |
| 700 | 1078.075 | 1079.354 | 1080.253 | 1079.881 | 1077.178 |
| 800 | 1089.129 | 1091.868 | 1094.242 | 1095.180 | 1093.577 |

（续）

| T/K | 比热容/(J/(K·kg)) | | | | |
|---|---|---|---|---|---|
| | 压力 $10^{-2}$atm | 压力 $10^{-1}$atm | 压力 1atm | 压力 10atm | 压力 $10^2$atm |
| 900 | 1100.460 | 1104.679 | 1108.478 | 1110.624 | 1110.069 |
| 1000 | 1112.283 | 1117.918 | 1123.082 | 1126.371 | 1126.802 |
| 1500 | 1197.811 | 1201.673 | 1207.825 | 1212330 | 1214.302 |
| 2000 | 1576.336 | 1414.532 | 1353.060 | 1326.512 | 1314.418 |
| 2500 | 3852.955 | 2310.936 | 1732.113 | 1523.123 | 1443.388 |
| 3000 | 4780.056 | 4396.216 | 2736.026 | 1926.976 | 1633.423 |
| 3500 | 2224.724 | 3534.237 | 3782.774 | 2627.059 | 1925.484 |
| 4000 | 2521.479 | 2304.186 | 3108.601 | 3128.177 | 2293.618 |
| 4500 | 5381.352 | 2819.383 | 2493.950 | 2877.939 | 2541.829 |
| 5000 | 13324.183 | 5163.011 | 2899.424 | 2605.873 | 2543.750 |
| 6000 | 14199.251 | 16723.042 | 7450.140 | 36S4.367 | 2651560 |
| 7000 | 3986.872 | 9129.795 | 14323.441 | 7355384 | 3674.722 |
| 8000 | 5566.082 | 4161.324 | 8416.463 | 11594.896 | 5921.948 |
| 9000 | 12436.343 | 5550.852 | 4507.565 | 9193.429 | 8779.046 |
| 10000 | 25858.943 | 9990.580 | 4871.495 | 5453.854 | 9341.867 |
| 11000 | 35022.360 | 17849.586 | 7112.580 | 4465.663 | 7153383 |
| 12000 | 25917.821 | 26178.366 | 11059.886 | 5095.517 | 5214.909 |
| 13000 | 12890.191 | 27101.316 | 16452.059 | 6677.107 | 4555560 |
| 14000 | 6447.673 | 19688.604 | 21274.323 | 9130.361 | 4774278 |
| 15000 | 4484.200 | 11760.530 | 22257.378 | 12337.200 | 5541.464 |
| 16000 | 4539.567 | 7201.355 | 18702.803 | 15649.028 | 6758.608 |
| 17000 | 5836.254 | 5381.051 | 13514.762 | 17795.560 | 8396.067 |
| 18000 | 8580.667 | 5132.901 | 9384.078 | 17691.110 | 10338.294 |
| 19000 | 13520.980 | 5895.724 | 6976.605 | 15594.099 | 12268.423 |
| 20000 | 21472.278 | 7616.617 | 5932.350 | 12482.605 | 13669.132 |
| 22000 | 41635.856 | 15119.992 | 6368.178 | 7927.448 | 13373.046 |
| 24000 | 38583.471 | 28861.573 | 9512.442 | 6462.797 | 10341.591 |
| 26000 | 19648.378 | 37528.527 | 16242.392 | 7012.757 | 7963.109 |
| 28000 | 11861.544 | 28695.069 | 25924.269 | 9149.809 | 7124.192 |
| 30000 | 14464.231 | 17113.209 | 31322.438 | 131S8.905 | 7395.310 |

（续）

| T/K | 比热容/(J/(K·kg)) | | | | |
|---|---|---|---|---|---|
| | 压力 $10^{-2}$ atm | 压力 $10^{-1}$ atm | 压力 1atm | 压力 10atm | 压力 $10^2$ atm |
| 35000 | 49705.790 | 18594.428 | 16157.240 | 25600.297 | 11542.517 |
| 40000 | 29666.227 | 42697.574 | 18627.342 | 17641.543 | 19940.416 |
| 45000 | 30732.499 | 31126.417 | 33526.227 | 16552.424 | 18912.212 |
| 50000 | 55626.641 | 26315.412 | 33745.157 | 24246.007 | 15715.859 |

表 A.5 不同气压下空气等离子体的黏度随温度的变化

| T/K | 黏度/($10^4$ kg/(m·s)) | | | | |
|---|---|---|---|---|---|
| | 压力 $10^{-2}$ atm | 压力 $10^{-1}$ atm | 压力 1atm | 压力 10atm | 压力 $10^2$ atm |
| 100 | 0.070478 | 0.070478 | 0.070478 | 0.070478 | 0.070478 |
| 200 | 0.130294 | 0.130294 | 0.130294 | 0.130294 | 0.130294 |
| 300 | 0.180187 | 0.180187 | 0.180187 | 0.180187 | 0.180187 |
| 400 | 0.224078 | 0.224078 | 0.224078 | 0.224078 | 0.224078 |
| 500 | 0.263933 | 0.263933 | 0.263933 | 0.263933 | 0.263933 |
| 600 | 0.300875 | 0.300875 | 0.300875 | 0.300875 | 0.300875 |
| 700 | 0.335592 | 0.335592 | 0.335592 | 0.335592 | 0.335592 |
| 800 | 0.368557 | 0.368557 | 0.368557 | 0.368557 | 0.368557 |
| 900 | 0.400092 | 0.400092 | 0.400092 | 0.400092 | 0.400092 |
| 1000 | 0.430435 | 0.430435 | 0.430435 | 0.430435 | 0.430435 |
| 1500 | 0.569453 | 0.569453 | 0.569447 | 0.569447 | 0.569447 |
| 2000 | 0.695858 | 0.695156 | 0.694933 | 0.694864 | 0.694843 |
| 2500 | 0.836173 | 0.820403 | 0.814916 | 0.813126 | 0.812549 |
| 3000 | 1.037112 | 0.981896 | 0.946145 | 0.931844 | 0.926965 |
| 3500 | 1.198476 | 1.171143 | 1.111411 | 1.064314 | 1.043886 |
| 4000 | 1330414 | 1.319642 | 1.285015 | 1.218951 | 1.170230 |
| 4500 | 1.466503 | 1.450967 | 1.431124 | 1.379692 | 1.308917 |
| 5000 | 1.624842 | 1.587976 | 1.563677 | 1.526672 | 1.454556 |
| 6000 | 1.879189 | 1.903264 | 1.849121 | 1.796698 | 1.735612 |
| 7000 | 2.062503 | 2.106463 | 2.153168 | 2.092230 | 2.007099 |
| 8000 | 2.146783 | 2.280353 | 2.343793 | 2.390949 | 2.301107 |
| 9000 | 1.849861 | 2.346231 | 2.508764 | 2.595010 | 2.604812 |
| 10000 | 1.204350 | 2.115625 | 2.603900 | 2.756634 | 2.850717 |

（续）

| T/K | 黏度/($10^4$kg/(m·s)) | | | | |
|---|---|---|---|---|---|
| | 压力 $10^{-2}$atm | 压力 $10^{-1}$atm | 压力 1atm | 压力 10atm | 压力 $10^2$atm |
| 11000 | 0.606252 | 1.591983 | 2.508539 | 2.891139 | 3.029418 |
| 12000 | 0.260733 | 1.015144 | 2.167383 | 2.935977 | 3.182606 |
| 13000 | 0.118569 | 0.574555 | 1.675900 | 2.828907 | 3.309411 |
| 14000 | 0.070457 | 0.312060 | 1.187453 | 2.553361 | 3.380286 |
| 15000 | 0.056345 | 0.182016 | 0.794995 | 2.161841 | 3.363595 |
| 16000 | 0.053812 | 0.124785 | 0.523175 | 1.736515 | 3.241351 |
| 17000 | 0.056137 | 0.103038 | 0.355312 | 1.349495 | 3.018712 |
| 18000 | 0.059585 | 0.095507 | 0.260472 | 1.033251 | 2.720730 |
| 19000 | 0.060515 | 0.096062 | 0.211367 | 0.794597 | 2.390710 |
| 20000 | 0.055158 | 0.098504 | 0.188537 | 0.625603 | 2.066136 |
| 22000 | 0.033235 | 0.095813 | 0.174879 | 0.438867 | 1.519453 |
| 24000 | 0.019890 | 0.073339 | 0.175703 | 0.367527 | 1.151920 |
| 26000 | 0.014835 | 0.048236 | 0.159413 | 0.345225 | 0.936084 |
| 28000 | 0.013904 | 0.033162 | 0.125436 | 0.337274 | 0.821281 |
| 30000 | 0.014255 | 0.026430 | 0.091633 | 0.313844 | 0.763227 |
| 35000 | 0.011272 | 0.024102 | 0.051352 | 0.194299 | 0.676374 |
| 40000 | 0.007566 | 0.018756 | 0.044750 | 0.121025 | 0.503380 |
| 45000 | 0.007388 | 0.013457 | 0.036925 | 0.097066 | 0.347650 |
| 50000 | 0.006370 | 0.012461 | 0.027489 | 0.083487 | 0.264329 |

表 A.6　不同气压下空气等离子体的总热导率随温度的变化

| T/K | 总热导率/(W/(m·K)) | | | | |
|---|---|---|---|---|---|
| | 压力 $10^{-2}$atm | 压力 $10^{-1}$atm | 压力 1atm | 压力 10atm | 压力 $10^2$atm |
| 100 | 0.010347 | 0.010347 | 0.010347 | 0.010347 | 0.010347 |
| 200 | 0.019126 | 0.019126 | 0.019126 | 0.019126 | 0.019126 |
| 300 | 0.026511 | 0.026511 | 0.026511 | 0.026511 | 0.026511I |
| 400 | 0.033244 | 0.033244 | 0.033244 | 0.033244 | 0.033244 |
| 500 | 0.039759 | 0.039759 | 0.039759 | 0.039759 | 0.039759 |
| 600 | 0.046247 | 0.046247 | 0.046247 | 0.046247 | 0.046247 |
| 700 | 0.052733 | 0.052733 | 0.052733 | 0.052733 | 0.052733 |
| 800 | 0.059184 | 0.059184 | 0.059184 | 0.059184 | 0.059184 |

（续）

| T/K | 总热导率/（W/（m·K）） | | | | |
|---|---|---|---|---|---|
| | 压力 $10^{-2}$ atm | 压力 $10^{-1}$ atm | 压力 1atm | 压力 10atm | 压力 $10^2$ atm |
| 900 | 0.065562 | 0.065562 | 0.065562 | 0.065562 | 0.065562 |
| 1000 | 0.071851 | 0.071851 | 0.071851 | 0.071851 | 0.071851 |
| 1500 | 0.101662 | 0.101453 | 0.101387 | 0.101366 | 0.101360 |
| 2000 | 0.169482 | 0.145464 | 0.137798 | 0.135367 | 0.134598 |
| 2500 | 0.621638 | 0.334716 | 0222197 | 0.184226 | 0.171972 |
| 3000 | 0.774534 | 0.805333 | 0.483524 | 0.299898 | 0.231259 |
| 3500 | 0.347090 | 0.594779 | 0.750142 | 0.511206 | 0.332557 |
| 4000 | 0.550411 | 0.418192 | 0.583697 | 0.667127 | 0.469773 |
| 4500 | 1.475929 | 0.694294 | 0.504607 | 0.618947 | 0.581421 |
| 5000 | 3.575126 | 1.543614 | 0.750090 | 0584469 | 0.620108 |
| 6000 | 3.343822 | 4.654813 | 2.467025 | 1.141813 | 0.723585 |
| 7000 | 0.890515 | 2.361559 | 4356947 | 2.681341 | 1.297034 |
| 8000 | 1.040140 | 1.039848 | 2.423929 | 4.022729 | 2.424558 |
| 9000 | 1.719839 | 1.196090 | 1.317651 | 2.990622 | 3.608618 |
| 10000 | 2.775433 | 1.717283 | 1364111 | 1.847529 | 3.620807 |
| 11000 | 3.267816 | 2.454675 | 1.750623 | 1.657301 | 2.797966 |
| 12000 | 2.388875 | 3.107835 | 2.289554 | 1.927490 | 2.313369 |
| 13000 | 1.473512 | 3.109148 | 2.889072 | 2.389902 | 2.369820 |
| 14000 | 1.119406 | 2.517998 | 3.360348 | 2.943731 | 2.771441 |
| 15000 | 1.062241 | 1.983151 | 3.486108 | 3.519161 | 3.368757 |
| 16000 | 1.116666 | 1.742015 | 3.283431 | 4.029105 | 4.064296 |
| 17000 | 1.224217 | 1.713820 | 3.000136 | 4.380553 | 4.783103 |
| 18000 | 1.357653 | 1.788025 | 2.829727 | 4.549753 | 5.466364 |
| 19000 | 1.504522 | 1.929433 | 2.812017 | 4.598192 | 6.068133 |
| 20000 | 1.654833 | 2.104051 | 2.910924 | 4.628028 | 6.582626 |
| 22000 | 1.934224 | 2.504460 | 3306078 | 4.875871 | 7.447319 |
| 24000 | 2.165996 | 2.914643 | 3.859325 | 5.430368 | 8.318966 |
| 26000 | 2.429127 | 3.282035 | 4.459614 | 6.210712 | 9.371899 |
| 28000 | 2.774950 | 3.610524 | 5.037119 | 7.137552 | 10.663627 |
| 30000 | 3.173694 | 3.987431 | 5.548666 | 8.092531 | 12.161004 |

（续）

| T/K | 总热导率/(W/(m·K)) | | | | |
|---|---|---|---|---|---|
| | 压力 $10^{-2}$ atm | 压力 $10^{-1}$ atm | 压力 1 atm | 压力 10 atm | 压力 $10^2$ atm |
| 35000 | 4.115690 | 5.267572 | 6.849608 | 9.994419 | 15.865971 |
| 40000 | 5.065981 | 6.546212 | 8.650775 | 11.869134 | 18.572724 |
| 45000 | 6.350769 | 7.859838 | 10.488277 | 14.389841 | 21.436432 |
| 50000 | 7.559955 | 9.532709 | 12.282686 | 17.134915 | 25.063154 |

表 A.7　不同气压下空气等离子体的电导率随温度的变化

| T/K | 电导率/(S/m) | | | | |
|---|---|---|---|---|---|
| | 压力 $10^{-2}$ atm | 压力 $10^{-1}$ atm | 压力 1 atm | 压力 10 atm | 压力 $10^2$ atm |
| 500 | 0 | 0 | 0 | 0 | 0 |
| 1000 | $1.0632 \times 10^{-18}$ | $2.9968 \times 10^{-19}$ | $5.4226 \times 10^{-20}$ | $6.1694 \times 10^{-21}$ | $6.2623 \times 10^{-22}$ |
| 2000 | $1.0016 \times 10^{-5}$ | $3.1574 \times 10^{-6}$ | $9.7366 \times 10^{-7}$ | $2.5908 \times 10^{-7}$ | $4.2388 \times 10^{-8}$ |
| 3000 | 0.17 | 0.064 | 0.021 | 0.0063 | 0.0015 |
| 4000 | 8.43 | 4.75 | 2.35 | 0.88 | 0.25 |
| 5000 | 68.54 | 41.46 | 24.39 | 12.66 | 4.73 |
| 6000 | 350.45 | 175.07 | 101.61 | 59.44 | 28.88 |
| 7000 | 1010.99 | 681.92 | 318.76 | 171.88 | 94.12 |
| 8000 | 1631.16 | 1493.24 | 999.82 | 443.79 | 225.25 |
| 9000 | 2199.05 | 2260.52 | 1992.66 | 1182.84 | 496.76 |
| 10000 | 2741.77 | 2986.86 | 2977.39 | 2360.71 | 1134.63 |
| 11000 | 3241.13 | 3685.75 | 3934.26 | 3618.40 | 2309.08 |
| 12000 | 3676.99 | 4345.01 | 4869.85 | 4896.25 | 3821.74 |
| 13000 | 4067.29 | 4940.96 | 5772.02 | 6175.89 | 5454.82 |
| 14000 | 4441.00 | 5468.36 | 6620.13 | 7441.91 | 7155.50 |
| 15000 | 4812.06 | 5949.25 | 7394.90 | 8671.96 | 8903.00 |
| 16000 | 5182.68 | 6408.06 | 8091.58 | 9846.78 | 10668.50 |
| 17000 | 5542.91 | 6857.69 | 8725.14 | 10941.10 | 12421.60 |
| 18000 | 5860.13 | 7301.67 | 9317.21 | 11945.90 | 14141.20 |
| 19000 | 6063.66 | 7729.61 | 9883.90 | 12863.70 | 15790.10 |
| 20000 | 6076.90 | 8115.27 | 10433.60 | 13707.20 | 17347.00 |
| 21000 | 5930.40 | 8408.03 | 10966.20 | 14492.80 | 18802.70 |
| 22000 | 5772.09 | 8545.59 | 11466.30 | 15235.00 | 20153.50 |

（续）

| T/K | 电导率/(S/m) | | | | |
|---|---|---|---|---|---|
| | 压力 $10^{-2}$ atm | 压力 $10^{-1}$ atm | 压力 1atm | 压力 10atm | 压力 $10^2$ atm |
| 23000 | 5708. 86 | 8507. 50 | 11905. 10 | 15942. 50 | 21404. 90 |
| 24000 | 5753. 60 | 8360. 64 | 12241. 80 | 16616. 10 | 22566. 60 |
| 25000 | 5879. 75 | 8215. 79 | 12437. 00 | 17248. 10 | 23650. 10 |
| 26000 | 6061. 33 | 8149. 32 | 12475. 30 | 17821. 60 | 24665. 60 |
| 27000 | 6277. 30 | 8179. 25 | 12391. 80 | 18310. 10 | 25619. 20 |
| 28000 | 6510. 88 | 8293. 27 | 12258. 80 | 18686. 40 | 26514. 50 |
| 29000 | 6747. 01 | 8471. 19 | 12148. 30 | 18930. 50 | 27347. 40 |
| 30000 | 6969. 80 | 8695. 07 | 12104. 40 | 19044. 60 | 28108. 60 |
| 32000 | 7302. 48 | 9210. 38 | 12255. 60 | 18984. 40 | 29367. 60 |
| 34000 | 7418. 15 | 9719. 56 | 12660. 70 | 18836. 10 | 30181. 30 |
| 36000 | 7446. 47 | 10104. 20 | 13211. 00 | 18871. 70 | 30571. 90 |
| 38000 | 7573. 16 | 10296. 50 | 13789. 90 | 19155. 90 | 30683. 90 |
| 40000 | 7828. 16 | 10370. 90 | 14301. 60 | 19649. 30 | 30715. 80 |
| 42000 | 8162. 27 | 10481. 60 | 14670. 50 | 20245. 30 | 30838. 00 |
| 44000 | 8508. 67 | 10704. 70 | 14880. 00 | 20870. 90 | 31125. 30 |
| 46000 | 8798. 67 | 11028. 70 | 15013. 50 | 21448. 80 | 31575. 30 |
| 48000 | 8990. 36 | 11405. 00 | 15176. 30 | 21920. 20 | 32149. 40 |
| 50000 | 9113. 16 | 11776. 20 | 15424. 70 | 22265. 60 | 32795. 80 |

## 参考文献

[ 1 ] Ferziger, J. H. , Kaper, H. G. : Mathematical theory of transport processes in gases. North – Holland, Amsterdam( 1972).

[ 2 ] Hirschfelder, J. , Curtiss, C. , Bird, R. : Molecular theory of gases and liquids, p. 525. Wiley, New York( 1964).

[ 3 ] Colonna, G. , Capitelli, M. : Spectrochimica Acta B 64,863( 2009).

[ 4 ] D'Ammando, G. , Colonna, G. , Pietanza, L. D. , Capitelli, M. : Spectrochimica Acta B 65,603 (2010).

[ 5 ] http://webbook. nist. gov/.

[ 6 ] Drellishak, K. S. , Aeschliman, D. P. , Cambel, A. B. : Tables of thermodynamic properties of argon, nitrogen and oxygen plasmas. Aedc – tdr 64 – 12( 1964).

[7] Drellishak, K. S., Aeschliman, D. P., Cambel, A. B.: Physics of Fluids 8, 1590(1965).

[8] Stupochenko, E. V., Stakhenov, I. P., Samuilov, E. V., Pleshanov, A. S., Rozhdestvenskii, I. B.: American Rocket Society Journal Supplement 30, 98(1960).

[9] Capitelli, M., Colonna, G., Giordano, D., Marraffa, L., Casavola, A., Minelli, P., Pagano, D., Pietanza, L. D., Taccogna, F.: Tables of internal partition functions and thermodynamic properties of high – temperature Mars atmosphere species from 50 to 50000 K. In: Giordano, D., Warmbein, B. (eds.) ESA STR – 246. ESA Publication Division(2005).

[10] Capitelli, M., Colonna, G., Giordano, D., Marraffa, L., Casavola, A., Minelli, P., Pagano, D., Pietanza, L. D., Taccogna, F.: Journal of Spacecrafts and Rockets 42, 980(2005).

[11] Pagano, D., Casavola, A., Pietanza, L. D., Capitelli, M., Colonna, G., Giordano, D., Marraffa, L.: Internal partition functions and thermodynamic properties of hightemperature Jupiter – atmosphere species from 50 to 50 000 K. In: Giordano, D., Fletcher, K. (eds.) ESA STR – 257. ESA Communication Production Office(2009).

[12] Pagano, D., Casavola, A., Pietanza, L. D., Colonna, G., Giordano, D., Capitelli, M.: Journal of Thermophysics and Heat Transfer 22, 434(2008).

[13] Kihara, T., Taylor, M. H., Hirschfelder, J. O.: Physics of Fluids 3, 715(1960).

[14] Monchik, L.: Physics of Fluids 2, 695(1959).

[15] Kalinin, A. P., Dubrovitskii, D. Y.: High Temperature 38, 848(2000).

[16] Smith, F. J., Munn, R. J.: Journal of Chemical Physics 41, 3560(1964).

[17] Neufeld, P. D., Janzen, A. R., Aziz, R. A.: Journal of Chemical Physics 57, 1100(1972).

[18] Mason, E. A.: Journal of Chemical Physics 22, 169(1954).

[19] Rainwater, J., Holland, P., Biolsi, L.: Journal of Chemical Physics 77, 434(1982).

[20] Tang, K. T., Toennies, J. P.: Journal of Chemical Physics 118, 4976(2003).

[21] Pirani, F., Maciel, G., Cappelletti, D., Aquilanti, V.: International Reviews in Physical Chemistry 25, 165(2006).

[22] Pirani, F., Albertí, M., Castro, A., Teixidor, M. M., Cappelletti, D.: Chemical Physics Letters 394, 37(2004).

[23] Liuti, G., Pirani; F.: Chemical Physics Letters 122, 245(1985).

[24] Cambi, R., Cappelletti, D., Liuti, G., Pirani, F.: Journal Chemical Physics 95, 1852(1991).

[25] Cappelletti, D., Liuti, G., Pirani, F.: Chemical Physics Letters 183, 297(1991).

[26] Aquilanti, V., Cappelletti, D., Piran, F.: Chemical Physics 209, 299(1996).

[27] Capitelli, M., Cappelletti, D., Colonna, G., Gorse, C., Laricchiuta, A., Liuti, G., Longo, S., Pirani, F.: Chemical Physics 338, 62(2007).

[28] Stallcop, J., Partridge, H., Pradhan, A., Levin, E.: Journal of Thermophysics and Heat Transfer 14, 480(2000).

[29] Stallcop, J., Partridge, H., Levin, E.: Journal of Chemical Physics 95, 6429(1991).

[30] Stallcop, J., Partridge, H., Levin, E.: Physical Review A 64, 0427221(2001).

[31] Levin,E. ,Wright,M. :Journal of Thermophysics and Heat Transfer 18,143(2004).

[32] Laricchiuta,A. ,Colonna,G. ,Bruno,D. ,Celiberto,R. ,Gorse,C. ,Pirani,F. ,Capitelli,M. :
Chemical Physics Letters 445,133(2007).

[33] André,P. ,Bussiére,W. ,Rochette,D. :Plasma Chemistry and Plasma Processing 27,381
(2007).

[34] Viehland,L. A. ,Dickinson,A. S. ,Maclagan,R. G. A. R. :Chemical Physics 211,1(1996).

[35] Maclagan, R. G. A. R. ,Viehland, L. A. ,Dickinson, A. S. :Journal of Physics B 32,4947
(1999).

[36] Firsov,O. B. :Journal of Experimental and Theoretical Physics 21,1001(1951)(in Russian).

[37] Nikitin,E. E. ,Smirnov,B. M. :Soviet Physics Uspekhi 21,95(1978).

[38] Mason,E. A. ,Vanderslice,J. T. ,Yos,J. M. :Physics of Fluids 2,688(1959).

[39] Devoto,R. S. :Physics of Fluids 10,354(1967).

[40] Murphy,A. B. :Plasma Chemistry and Plasma Processing 15,279(1995).

[41] Yun,K. S. ,Mason,E. A. :Physics of Fluids 5,380(1962).

[42] Levin,E. ,Partridge,H. ,Stallcop,J. R. :Journal of Thermophysics and Heat Transfer 4,469
(1990).

[43] Capitelli,M. ,Ficocelli,E. :Journal of Physics B 5,2066(1972).

[44] Laricchiuta, A. ,Bruno,D. ,Capitelli, M. ,Celiberto,R. ,Gorse, G. ,Pintus, G. :Chemical
Physics 344,13(2008).

[45] Sourd,B. ,Aubreton,J. ,Elchinger,M. F. ,Labrot,M. ,Michon,U. :Journal of Physics D 39,
1105(2006).

[46] Capitelli,M. ,Gorse,C. ,Longo,S. ,Giordano,D. :Journal of Thermophysics and Heat Transfer
14,259(2000).

[47] Gupta,R. N. ,Yos,J. M. ,Thompson,R. A. ,Lee,K. P. :NASA Report RP – 1232(1990).

[48] Eletskii,A. V. ,Capitelli,M. ,Celiberto,R. ,Laricchiuta,A. :Physical Review A 69,042718
(2004).

[49] Kosarim, A. ,Smirnov, B. ,Capitelli, M. ,Celiberto, R. ,Laricchiuta, A. :Physical Review A
74,0627071(2006).

[50] Belyaev,Y. N. ,Brezhnev,B. G. ,Erastov,E. M. :Soviet Physics JEPT 27,924(1968).

[51] Kosarim,A. ,Smirnov,B. :Journal of Experimental and Theoretical Physics 101,611(2005).

[52] Capitelli,M. ,Devoto,R. S. :Physics of Fluids 16,1835(1973).

[53] Capitelli,M. :Journal of Plasma Physics 14,365(1975).

[54] Liboff,R. L. :Physics of Fluids 2,40(1959).

[55] Hahn,H. S. ,Mason,E. A. ,Smith,F. J. :Physics of Fluids 14,278(1971).

[56] Mason,E. A. ,Munn,R. J. ,Smith,F. J. :Physics of Fluids 10,1827(1967).

[57] D'Angola,A. ,Colonna,G. ,Gorse,C. ,Capitelli,M. :European Physical Journal D 46,129
(2008).

[58] Bell,K. L. ,Scott,N. S. ,Lennon,M. A. :Journal of Physics B 17,4757(1984).

[59] Gibson,J. C. ,Gulley,R. J. ,Sullivan,J. P. ,Buckman,S. J. ,Chan,V. ,Burrow,P. D. :Journal of Physics B 29,3177(1996).

[60] Panajotovic,R. ,Filipovic,D. ,Marinkovic,B. ,Pejcev,V. ,Kurepa,M. ,Vuskovic,L. :Journal of Physics B 30,5877(1997).

[61] Nahar,S. N. ,Wadehra,J. M. :Physical Review A 35,2051(1987).

[62] Bruno,D. ,Capitelli,M. ,Catalfamo,C. ,Celiberto,R. ,Colonna,G. ,Diomede,P. ,Gorse,C. , Laricchiuta,A. ,Longo,S. ,Pagano,D. ,Pirani,F. :Transport Properties of High – Temperature Mars Atmosphere Components,ESA STR 256. In:Giordano,D. ,Fletcher,K. ( eds. ). ESA Communication Production Office(2008).

[63] Itikawa,Y. :J. Phys. Chem. Ref. Data 31,749(2002).

[64] Wright,M. J. ,Bose,D. ,Palmer,G. E. ,Levin,E. :AIAA Journal 43,2558(2005).

[65] Griem,H. R. :Physical Review 128,1280(1962).

[66] Margenau,H. ,Lewis,M. :Rev. Modern Physics 31,594(1959).

[67] Capitelli,M. ,Ficocelli,E. V. :Zeitschrift für Naturforschung A 25,977(1970).

[68] Capitelli,M. ,Molinari,E. :Journal of Plasma Physics 4,335(1970).

[69] Drellishak,K. S. ,Knopp,C. F. ,Cambel,A. B. :Physics of Fluids 6,1280(1963).

[70] Drellishak,K. S. ,Knopp,C. F. ,Cambel,A. B. :Partition functions and thermodynamic proper- ties of argon plasmas,Arnold Engineering Development Center,Tullahome,Tennessee,report TDR 63 – 146(1963).

[71] Fermi,E. ,für,Z. :Physik 26,54(1924).

[72] Capitelli,M. ,Giordano,D. :Physical Review A 80,32113(2009).

[73] Ecker,G. ,Weizel,W. :Annalen der Physik 17,126(1956).

[74] Ecker,G. ,Kroll,W. :Zeitschrift für Naturforschung 21A,2012(1966).

[75] Roussel,K. ,O'Connell,R. :Physical Review A 9,52(1974).

[76] Giordano,D. ,Capitelli,M. :Unpublished results.

[77] Capitelli,M. ,Bruno,D. ,Colonna,G. ,Catalfamo,C. ,Laricchiuta,A. :Journal of Physics D 42,194005(2009).

[78] Capitelli,M. ,Giordano,D. ,Colonna,G. :Physics of Plasmas 15,082115(2008).

[79] Sing,K. ,Sing,G. ,Sharma,R. :Physics of Plasmas 17,72309(2010).

[80] Moore,C. E. :Atomic Energy Levels NBS Circular N 467,1949(1958).

[81] http://physics. nist. gov/PhysRefData/ASD/levels_form. html.

[82] Gurvich, L. V. , Veyts, I. V. , Alcock, C. B. :Thermodynamic Properties of Individual Sub- stances. Hemisphere Publishing Corporation,New York(1989).

[83] Gordon, S. , McBride, B. J. :Thermodynamic data to 20000 K for monatomic gases. NASA/ TP – 1999 – 208523(1999).

[84] Aubreton,J. ,Elchinger,M. F. ,Fauchais,P. :Plasma Chemistry and Plasma Processing 18,1

(1998).

[85] Rat, V., André, P., Aubreton, J., Elchinger, M. F., Fauchais, P., Lefort, A.: Physical Review E 64, 026409(2004).

[86] Rat, V., Murphy, A. B., Aubreton, J., Elchinger, M. F., Fauchais, P.: Journal of Physics D 41, 183001(2008).

[87] Giordano, D., Capitelli, M.: Physical Review E 65, 16401(2001).

[88] Capitelli, M., Giordano, D.: Journal of Thermophysics and Heat Transfer 16, 283 – 285 (2002).

[89] Capitelli, M., Colonna, G., Gorse, C., Minelli, P., Pagano, D., Giordano, D.: AIAA paper 2001 – 3018(2001).

[90] Potapov, A.: High Temperature 4, 48(1966).

[91] Chen, X., Han, P.: Journal of Physics D 32, 1711(1999).

[92] Van de Sanden, M. C. M., Schram, P. P. J. M., Peeters, A. G., van der Mullen, J. A. M., Kroesen, G. M. W.: Physical Review A 40, 5273(1989).

[93] Morro, A., Romeo, M.: Journal of Non – Equilibrium Thermodynamics 13, 339(1988).

[94] Capitelli, M., Colonna, G., Gorse, C., Minelli, P., Pagano, D., Giordano, D.: Journal of Thermophysics and Heat Transfer 16, 469(2002).

[95] Capitelli, M., Celiberto, R., Gorse, C., Laricchiuta, A., Pagano, D., Traversa, P.: Physical Review E 69, 26412(2004).

[96] Capitelli, M., Lamanna, U.: Journal of Plasma Physics 12, 71(1974).

[97] Ignjatovic, L., Mihajlov, A. A.: Contributions to Plasma Physics 37, 309(1997).

[98] Celiberto, R., Lamanna, U. T., Capitelli, M.: Physical Review A 58, 2106(1998).

[99] Capitelli, M., Celiberto, R., Gorse, C., Laricchiuta, A., Minelli, P., Pagano, D.: Physical Review E 66, 16403(2002).

[100] Bruno, D., Capitelli, M., Catalfamo, C., Laricchiuta, A.: Physics of Plasmas 14, 072308 (2007).

[101] Bruno, D., Laricchiuta, A., Capitelli, M., Catalfamo, C.: Physics of Plasmas 14, 022303 (2007).

[102] Capitelli, M., Lamanna, U. T., Guidotti, C., Arrighini, G. P.: Chemical Physics 19, 269 (1977).

[103] Nyeland, C., Mason, E. A.: Physics of Fluids 10, 985(1967).

[104] Sourd, B., André, P., Aubreton, J., Elchinger, M. F.: Plasma Chemistry and Plasma Processing 27, 35(2007); ibidem 27, 225(2007).

[105] Laricchiuta, A., Pirani, F., Colonna, G., Bruno, D., Gorse, C., Celiberto, R., Capitelli, M.: Journal of Physical Chemistry A 113, 15250(2009).

[106] D'Angola, A., Colonna, G., Gorse, C., Capitelli, M.: European Physical Journal D 46, 129 (2008).

[107] Boulos, M. I. , Fauchais, P. , Pfender, E. : Thermal plasmas: fundamentals and applications. Plenum Press, New York(1994).

[108] Ghorui, S. , Heberlein, J. V. R. , Pfender, E. : Plasma Chemistry and Plasma Processing 28, 553(2008).

[109] Kremp, D. , Schlanges, M. , Kraeft, W. : Quantum statistics of non – ideal plasmas. Atomic, Molecular and Plasma Physics Series, vol. 25. Springer, Heidelberg(2005).

[110] Zivny, O. : European Physical Journal D 54, 349(2009).

[111] Zaghoul, M. R. : Physics of Plasmas 17, 062701(2010).

# 第 2 章

# 激波后的非平衡动力学和输运特性

## 2.1 引　言

对处于高温及高超声速流动的混合气体,当气体分子微观能量传递过程的弛豫时间与气体宏观运动的特征时间相当时,平动与内自由度、化学反应、电离及辐射之间的能量交换会明显破坏热力学平衡状态。因此,非平衡效应变得非常重要,为了准确预测气流参数,必须将非平衡动力学和气体动力学结合起来考虑。

对于高超声速气流中的激波,气体在薄激波前沿内的快速压缩导致温度急剧上升,从而激发气体分子内自由度并产生化学反应。实验数据表明,不同动力学过程的弛豫时间差别很大。因此,用于精确描述激波后物理—化学动力学的理论模型,依赖于各种动力学过程弛豫时间之间的关系。

在高温条件下(典型的示例是刚好位于激波前沿后的流动条件),平动与转动自由度之间平衡的建立时间远小于振动弛豫时间和化学反应特征时间,因此,如下关系式成立[1]:

$$\tau_{el} \sim \tau_{rot} \ll \tau_{vibr} < \tau_{react} \sim \theta \tag{2.1}$$

式中:$\tau_{el}$、$\tau_{rot}$、$\tau_{vibr}$ 和 $\tau_{react}$ 分别为平动、转动和振动自由度的弛豫时间及化学反应的特征时间;$\theta$ 为宏观参数变化的平均时间。

在这种情况下,通常假设:平动和转动弛豫在薄激波前沿就完成(其特征长度仅为几个分子平均自由程),而且气体混合物组分和分子振动能量的分布均未发生变化。之后,在激波前沿后的弛豫区(长度为几十甚至几百倍平均自由程),产生了振动自由度的激发和化学反应,在这一过程中激波前沿中建立的平动和转动能量的平衡或弱非平衡分布保持不变。为了描述满足式(2.1)条件下的非平衡流,必须在气体动力学方程中耦合态 – 态振动和化学动力学方程。这是对非平衡流的详细描述。

更简单的模型是基于准静态多温度或单温度振动分布。在中等温度的振动激发气体中,与不同分子之间振动能量的非共振转移(跃迁)以及振动能量向平动、转动能量和化学反应转移过程相比,具有相同化学组分的分子之间振动能量的近共振转移要频繁得多[1-2]:

$$\tau_{el} \sim \tau_{rot} < \tau_{VV_1} \ll \tau_{VV_2} < \tau_{TRV} < \tau_{react} \sim \theta \tag{2.2}$$

式中:$\tau_{VV_1}$、$\tau_{VV_2}$ 和 $\tau_{TRV}$ 分别为相同组分分子之间的 $VV_1$ 振动能量交换、不同组分分子之间的 $VV_2$ 振动能量交换和振动能量向其他模态 TRV 转化的平均时间。

当满足式(2.2)的条件时,在 $\tau_{VV_1}$ 时间内,振动能级上的准静态(多温度)分布建立,然后在非平衡化学反应过程中保持不变(非平衡多温度动力学模型)。

对于化学反应速率明显低于内部能量弛豫的温和反应区,下面的特征时间关系成立:

$$\tau_{el} < \tau_{int} \ll \tau_{react} \sim \theta \tag{2.3}$$

式中:$\tau_{int}$ 为内能弛豫的平均时间。

在此条件下,非平衡化学动力学可建立基本假设:分子组分内部能级保持热平衡的单温度玻耳兹曼分布(在应用中经常使用的单温度化学动力学模型[3])。

精确描述激波后非平衡流可采用动力学理论方法。由动力学理论方法可以发展出不同非平衡条件下气流的数学模型,即可获得非平衡流方程组的封闭,从而得到输运与弛豫特性的计算程序。

# 2.2 态-态方法

### 2.2.1 分布函数和宏观参数

对于包含快速与慢速物理-化学过程的反应混合物,在速度 $u$、坐标 $r$ 和时间 $t$ 的相空间中,化学组分 $c$、振动能级 $i$ 和转动能级 $j$ 上的分布函数 $f_{cij}(r, u, t)$ 的动力学方程可写为[4-5]

$$\frac{\partial f_{cij}}{\partial t} + u_c \cdot \nabla f_{cij} = \frac{1}{\varepsilon} J_{cij}^{rap} + J_{cij}^{sl} \tag{2.4}$$

在式(2.4)的条件下,快速过程的积分算子 $J_{cij}^{rap}$ 描述弹性碰撞与转动能量交换,而慢速过程的积分算子 $J_{cij}^{sl}$ 描述振动能量交换与化学反应:

$$J_{cij}^{rap} = J_{cij}^{el} + J_{cij}^{rot}, \qquad J_{cij}^{sl} = J_{cij}^{vibr} + J_{cij}^{react} \tag{2.5}$$

式(2.4)中,参数 $\varepsilon$ 为特征时间的比值:$\varepsilon = \tau_{rap}/\tau_{sl}$,$\tau_{rap} \sim \tau_{el-rot}$,$\tau_{rap} \sim \theta$。

在文献[4-6]中给出了积分算子(式(2.5))。采用 Chapman - Enskog 修正方法求解动力学方程式(2.4)和式(2.5),进而推导出流体控制方程,以及方程中耗散项与弛豫项的表达式,输运系数与反应系数的求解算法。

对于零阶近似的动力学方程

$$J_{cij}^{\text{rap}(0)} = 0 \qquad (2.6)$$

它的解由快速过程的独立碰撞不变量来确定。这些不变量除包括在任意碰撞中满足守恒的动量和粒子总能量外,还包括最可几碰撞中的附加不变量,这些不变量与速度和转动能级 $j$ 无关,而依赖于振动能级 $i$ 和化学组分 $c$。之所以出现附加不变量,是由于假定在快速物理-化学过程中振动能量交换和化学反应是冻结的。基于上述碰撞不变量,方程式(2.4)的零阶解可写为

$$f_{cij}^{(0)} = \left(\frac{m_c}{2\pi kT}\right)^{3/2} s_j^{ci} \frac{n_{ci}}{z_{ci}^{\text{rot}}(T)} \exp\left(-\frac{m_c c_c^2}{2kT} - \frac{\varepsilon_j^{ci}}{kT}\right) \qquad (2.7)$$

式中:$n_{ci}$ 为组分 $c$ 中处于振动能级 $i$ 的粒子数;$c_c$ 为速度,$c_c = u_c - v$;$v$ 为宏观速度;$\varepsilon_j^{ci}$ 为处于转动能级 $j^{\text{th}}$ 和振动能级 $i^{\text{th}}$ 上分子的转动能量;$T$ 为气体温度;$m_c$ 为分子质量;$k$ 为玻耳兹曼常数;$s_j^{ci}$ 为转动统计权重;$Z_{ci}^{\text{rot}}(T)$ 为转动配分函数。对于刚性转子模型,有

$$\varepsilon_j^{ci} = \varepsilon_j^c, Z_{ci}^{\text{rot}}(T) = Z_c^{\text{rot}}(T) = \frac{8\pi^2 I_c kT}{\sigma h^2}$$

式中:$I_c$ 为惯性动量;$h$ 为普朗克常数;$\sigma$ 为对称因子。

式(2.7)由宏观气体参数 $n_{ci}(r,t)$ ($c = 1,\cdots,L, i = 0,1,\cdots,L_c, L$ 为化学组分的数量,$L_c$ 为组分 $c$ 中振动激发态的数量)、$T(r,t)$ 和 $v(r,t)$ 确定,它们与快速过程的碰撞不变量相对应。

### 2.2.2 控制方程

由动力学方程可以推导获得宏观参量 $n_{ci}(r,t)$、$T(r,t)$ 和 $v(r,t)$ 的封闭方程组,该方程组包含动量和能量守恒方程。将动量和能量守恒方程耦合至态-态振动和化学动力学方程[4]中,可得

$$\frac{\mathrm{d}n_{ci}}{\mathrm{d}t} + n_{ci}\nabla \cdot v + \nabla \cdot (n_{ci}V_{ci}) = R_{ci}, \qquad c = 1,\cdots,L, i = 0,1,\cdots,L_c \quad (2.8)$$

$$\rho\frac{\mathrm{d}v}{\mathrm{d}t} + \nabla \cdot P = 0 \qquad (2.9)$$

$$\rho\frac{\mathrm{d}U}{\mathrm{d}t} + \nabla \cdot q + P:\nabla v = 0 \qquad (2.10)$$

式中:$P$ 为压力张量;$q$ 为总能量通量;$V_{ci}$ 为分子在不同振动态的扩散速率;$U$ 为

单位质量的总能量,且有

$$\rho U = \frac{3}{2} n k T + \rho E_{\text{rot}} + \sum_{ci} \varepsilon_i^c n_{ci} + \sum_c \varepsilon_c n_c \qquad (2.11)$$

其中:$E_{\text{rot}}$为单位质量的转动能量;$\varepsilon_i^c$为组分 $c$ 在第 $i^{\text{th}}$ 个振动能级上的分子振动能量;$\varepsilon_c$ 为组分 $c$ 的粒子生成能。

式(2.8)中的源项可通过慢速过程的积分算子表示:

$$R_{ci} = \sum_j \int J_{cij}^{\text{sl}} \mathrm{d} \boldsymbol{u}_c = R_{ci}^{\text{vibr}} + R_{ci}^{\text{react}} \qquad (2.12)$$

它用于表征由不同能级的振动能量交换和化学反应引起的振动能级粒子数和原子数密度的变化。对于这种方法,振动能级粒子数包含在主要宏观参数的集合中,其计算方程与气体动力学方程相耦合。不同振动态上不同化学组分的粒子共同构成了混合物,对应的方程包含不同振动态的分子扩散速度 $\boldsymbol{V}_{ci}$。

在 Chapman – Enskog 方法的零阶近似中

$$P^{(0)} = n k T, \boldsymbol{q}^{(0)} = 0, \boldsymbol{V}_{ci}^{(0)} = 0 \,\forall\, c, i \qquad (2.13)$$

控制方程组具有以下形式:

$$\frac{\mathrm{d} n_{ci}}{\mathrm{d} t} + n_{ci} \nabla \cdot \boldsymbol{v} = R_{ci}^{(0)}, \quad c = 1, \cdots, L, i = 0, 1, \cdots, L_c \qquad (2.14)$$

$$\rho \frac{\mathrm{d} \boldsymbol{v}}{\mathrm{d} t} + \nabla p = 0 \qquad (2.15)$$

$$\rho \frac{\mathrm{d} U}{\mathrm{d} t} + p \nabla \cdot \boldsymbol{v} = 0 \qquad (2.16)$$

$R_{ci}^{(0)}$ 的表达式包含振动能量交换和化学反应的微观速率系数,该系数由速度和转动能级的麦克斯韦 – 玻耳兹曼分布求平均得到,它取决于相互作用粒子的振动态和化学组分。

式(2.14)~式(2.16)描述了一种无黏、不导电混合气体流在欧拉近似中详细的态 – 态振动与化学动力学。考虑一阶近似,将可研究非平衡黏性气体的耗散特性。

### 2.2.3 一阶近似

一阶分布函数可写为[4]

$$f_{cij}^{(1)} = f_{cij}^{(0)} \left( -\frac{1}{n} \boldsymbol{A}_{cij} \cdot \nabla \ln T - \frac{1}{n} \sum_{dk} \boldsymbol{D}_{cij}^{dk} \cdot d_{dk} - \frac{1}{n} \boldsymbol{B}_{cij} : \nabla \boldsymbol{v} - \frac{1}{n} F_{cij} \nabla \cdot \boldsymbol{v} - \frac{1}{n} G_{cij} \right)$$

$$(2.17)$$

分布函数 $f_{cij}^{(1)}$ 取决于所有宏观参数,如温度 $T$、速度 $\boldsymbol{v}$ 和振动能级数量 $n_{ci}$ 的导数。$n_{ci}$ 通过扩散驱动力 $d_{ci}$ 确定:

$$d_{ci} = \nabla \left( \frac{n_{ci}}{n} \right) + \left( \frac{n_{ci}}{n} - \frac{\rho_{ci}}{\rho} \right) \nabla \ln \rho \tag{2.18}$$

函数 $A_{cij}$、$D_{cij}^{dk}$、$B_{cij}$、$F_{cij}$ 和 $G_{cij}$ 取决于本动速度 $c_c$ 和流动参数,且对于快速过程满足具有线性算子的线性积分方程。

文献[8]首次研究了态–态近似的输运动力学理论,文献[4]也给出了相关理论。

式(2.8)~式(2.10)中输运项的一阶近似可基于分布函数式(2.17)推导获得。

黏性应力张量可用下式描述:

$$P = (p - p_{\text{rel}}) I - 2\eta S - \varsigma \nabla \cdot vI \tag{2.19}$$

式中:$p_{\text{rel}}$ 为弛豫压力;$\eta$、$\varsigma$ 分别为剪切黏度和体积黏度系数。

在这种情况下,由于平动与转动能量之间的快速非弹性 TR 交换,与体积黏度和弛豫压力有关的附加项出现在应力张量的对角项中。弛豫压力的存在是由振动和化学弛豫的慢速过程引起的。如果在一个系统中所有的慢速弛豫过程都消失,则 $p_{\text{rel}} = 0$。

在态–态方法中,振动能级 $i$ 上分子组分 $c$ 的扩散速度 $V_{ci}$ 为[4,8]

$$V_{ci} = - \sum_{dk} D_{cidk} \, d_{dk} - D_{T_{ci}} \nabla \ln T \tag{2.20}$$

式中:$D_{cidk}$、$D_{T_{ci}}$ 分别为组分 $c$ 所具有的多组分扩散系数和热扩散系数。

在一阶近似中,总能量通量具有以下形式:

$$q = - \lambda \nabla T - p \sum_{ci} D_{T_{ci}} d_{ci} + \sum_{ci} \left( \frac{5}{2} kT + \langle \varepsilon^{ci} \rangle_{\text{rot}} + \varepsilon_i^c + \varepsilon_c \right) V_{ci} \tag{2.21}$$

式中:$\lambda$ 为导热系数,$\lambda = \lambda_{\text{tr}} + \lambda_{\text{rot}}$;$\langle \varepsilon^{ci} \rangle_{\text{rot}}$ 为平均转动能量。系数 $\lambda_{\text{tr}}$ 和 $\lambda_{\text{rot}}$ 是与最可能发生的能量传输过程有关,在目前的考虑范围,这些过程是指弹性碰撞和非弹性的 TR 和 RR 转动能量交换。在态–态方法中,振动能量传输的描述采用的是振动激发分子的扩散而不是热传导。特别地,通过引入每个振动态的独立扩散系数模拟振动能量的扩散。需要注意的是,所有传输系数均由快速过程的横截面确定,而弛豫压力则还取决于振动弛豫和化学反应等慢速过程的横截面。

从式(2.20)、式(2.21)和式(2.18)可以看出,能量通量和扩散速度表达式包含了温度梯度、原子数密度梯度以及所有振动态粒子数梯度。这是态–态方法求解热传输与扩散的主要特点,也形成了态–态方法与基于单温、多温或弱非平衡方法在求解 $V_{ci}$ 和 $q$ 之间的根本差别。

在式(2.19)~式(2.21)中,输运系数可写为 $A_{cij}$、$D_{cij}^{dk}$、$B_{cij}$、$F_{cij}$ 和 $G_{cij}$ 的函数:

$$\eta = \frac{kT}{10}[\boldsymbol{B},\boldsymbol{B}], \qquad \varsigma = kT[\boldsymbol{F},\boldsymbol{F}], \qquad p_{\text{rel}} = kT[\boldsymbol{F},\boldsymbol{G}]$$

$$D_{cidk} = \frac{1}{3n}[\boldsymbol{D}^{ci},\boldsymbol{D}^{dk}], \qquad D_{T_{ci}} = \frac{1}{3n}[\boldsymbol{D}^{ci},\boldsymbol{A}], \qquad \lambda = \frac{k}{3}[\boldsymbol{A},\boldsymbol{A}] \quad (2.22)$$

式中：$[\boldsymbol{A},\boldsymbol{B}]$ 是与快速过程线性算子有关的内积。文献[4]中引入这些系数，用于描述强非平衡反应混合物，这类似于文献[9]中定义的用于描述弱偏离平衡条件下非反应气体混合物的系数。

对于传输系数计算，函数 $\boldsymbol{A}_{cij}$、$\boldsymbol{D}_{cij}^{dk}$、$\boldsymbol{B}_{cij}$、$\boldsymbol{F}_{cij}$ 和 $\boldsymbol{G}_{cij}$ 可展开为约化本动速度的索宁（Sonine）多项式形式和无量纲转动能量的 Waldmann – Trübenbacher 多项式形式。对于这些展开式的系数，可推导出线性输运系统，输运系数可表示为这些方程解的形式。

式(2.8)中的源项 $R_{ci}$ 表征振动弛豫和化学反应的慢变过程，这些项可写为

$$R_{ci}^{\text{vibr}} = \sum_{dki'k'}(n_{ci'}n_{dk'}k_{c,i'i}^{d,k'k} - n_{ci}n_{dk}k_{c,ii'}^{d,kk'}) \qquad (2.23)$$

$$R_{ci}^{\text{react}} = R_{ci}^{2\rightleftharpoons 2} + R_{ci}^{2\rightleftharpoons 3} \qquad (2.24)$$

$$R_{ci}^{2\rightleftharpoons 2} = \sum_{dc'ki'k'}(n_{c'i'}n_{d'k'}k_{c'i',ci}^{d'k',dk} - n_{ci}n_{dk}k_{ci,c'i'}^{dk,d'k'}) \qquad (2.25)$$

$$R_{ci}^{2\rightleftharpoons 43} = \sum_{dk}n_{dk}(n_{c'}n_{f'}k_{\text{rec},ci}^{dk} - n_{ci}k_{ci,\text{diss}}^{dk}) \qquad (2.26)$$

式中：$k_{c,i'i}^{d,k'k}$ 为能量跃迁速率系数；$k_{ci,c'i'}^{dk,d'k'}$ 为交换反应速率系数；$k_{ci,\text{diss}}^{dk}$ 为离解速率系数；$k_{ci,c'i'}^{dk,d'k'}$ 为复合速率系数。且有

$$A_{ci} + A_{dk} \rightleftharpoons A_{ci'} + A_{dk'}, A_{ci} + A_{dk} \rightleftharpoons A_{c'i'} + A_{d'k'}, A_{ci} + A_{dk} \rightleftharpoons A_{c'} + A_{f'} + A_{dk} \quad (2.27)$$

二元反应的零阶速率系数表达式具有以下形式：

$$k_{ci,c'i'}^{dk,d'k'} = \frac{4\pi}{z_{ci}^{\text{rot}}z_{dk}^{\text{rot}}}\left(\frac{m_{cd}}{2\pi kT}\right)^{3/2}\sum_{jj'll'}\int \exp\left(-\frac{m_{cd}g^2}{2kT}\right)s_j^{ci}s_l^{dk}\exp\left(-\frac{\varepsilon_j^{ci}+\varepsilon_l^{dk}}{2kT}\right)g^3\sigma_{cd,ijkl}^{c'd',i'j'k'l'}\,\mathrm{d}g$$

$$(2.28)$$

式中：$m_{cd}$ 为约化质量；$g$ 为相对速度；$\sigma_{cd,ijkl}^{c'd',i'j'k'l'}$ 为在二元反应中碰撞的积分截面。

其余过程的速率系数表达式具有相似的形式。在一阶近似中，与零阶近似不同的是，速率系数不仅取决于温度，还取决于振动能级数量，而且包含与速度散度 $\nabla\cdot\boldsymbol{v}$ 成正比的项。在文献[4]中给出了零阶和一阶速度系数的计算步骤。

值得注意的是，在黏性气体动力学的实际模拟中，非平衡动力学方程（态 - 态、多温或单温方法）中的反应速率系数由零阶分布函数计算。到目前为止，与态相关的反应速率系数的有效的一阶计算方法还不存在。仅有两篇文献提出这样的估算，文献[10]是针对离解和振动弛豫相耦合的多温模型提出的，文献[11]是针对单温方法提出的。

在文献中，对不同温度区间中振动能量跃迁的零阶速率系数有许多理论与

实验上的估计(如文献[12])。目前常用的方法包括 Schwartz - Slawsky - Herzfeld(SSH)理论[13]和 Laudau - Teller 理论(针对 VT 交换)[1,15]。其中,SSH 理论最早是在文献[13]中针对简谐振子模型提出的,文献[2,14]将其推广至非谐振子,并建立广义形式。Laudau - Teller 理论在求解振动弛豫时间中采用的是各种半经验公式。另外,对于振动能量跃迁速率系数,人们常使用的是与 SSH 理论表达式相似的半经验公式;由于引入了一些额外的经验参数,因此采用这些公式获得的结果与实验结果较吻合。若需获得更加精确的结果,则需要依赖于量子力学和半经典技术,以及粒子轨迹的计算[18-20]。文献[16-17]采用量子力学与半经典技术来计算非弹性碰撞横截面和不同气体中振动及转动能量跃迁概率。文献[21]结果表明,在低温条件下,SSH 理论对于 VT 能量跃迁原子效率的估算结果不是很理想。而且,在高温条件下,SSH 理论会高估来自高振动态的 VT 跃迁概率(与文献[16-17]中得到的值相比)。然而,对于能量转换横截面的计算,量子力学方法和轨迹计算所需计算资源非常大,因此在实际应用中受限。在所有最新的振动跃迁概率分析模型中,推荐受迫谐振子(FHO)[22-23]的半经典模型,该模型可以成功获取 VV 和 VT 转换(包括多量子跃迁)速率系数的正确值,其中多量子跃迁在高温下原子碰撞中特别重要[16]。另外,文献[24]中提出的基于信息论的模型也非常值得研究。

通过对文献[16-17]中给出的精确数值结果进行插值,获得了空气组分中不同振动能量跃迁概率的解析近似值[25-26],该近似在实际计算中非常有用。在温度低于12000K 的范围内,该近似公式都是有效的。对采用 SSH 公式和文献[25-26]中的公式所得到的计算结果进行比较[4],结果表明,尽管系数 $k_{i+1,i}^{k,k+1}$ 和 $k_{i,i-1}^{N_2}$ 随振动量子数的变化情况相似,但两种方法给出的系数 $k_{i,i-1}^{N}$ 存在明显的差别。图 2.1 给出了在 $T=6000K$ 时 VT 转换速率系数随振动能级 $i$ 的变化关系,其中图 2.1(a)为 $N_2(i) + N_2 \rightleftharpoons N_2(i-1) + N_2$,图 2.1(b)为 $N_2(i) + N \rightleftharpoons N_2(i-1) + N_2$。可以发现,不同方法给出的分子碰撞 VT 转换速率系数之间在定性上是一致的,而且对于高振动能级($i>20$),广义 SSH 理论计算出的速率系数明显较高。另外,对于与原子碰撞的跃迁,理论模型和准经典轨道(QCT)计算方法得到速率系数曲线同其他方法得到的明显不同。QCT 方法得到的速率系数几乎随着 $i$ 的增大线性增加,然而解析模型给出的速率系数随着 $i$ 的增大非线性增加。因而,对于含原子浓度比较高的混合气体,使用 SSH 和 FHO 模型来描述其非平衡振动动力学将会导致一定的误差。尽管如此,对于强激波中的动力学问题,这种原子碰撞的转换并不起关键作用,这是因为在激波前沿后很短距离内,振动态分布就完成了建立,而此处原子密度很低。

在图 2.2 和图 2.3 中,给出了采用不同的 VV 与 VT 速率系数模型计算的激

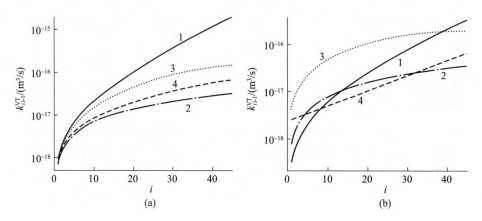

图 2.1　在 $T = 6000\mathrm{K}$ 时，$N_2$ 分别与 $N_2$ 分子和 N 原子碰撞中的 VT 转换速率系数

1—非谐振子的 SSH 模型[2]；2—简谐振子的 SSH 模型；3—FHO 模型[22]；4—文献[25 - 26]中的公式。

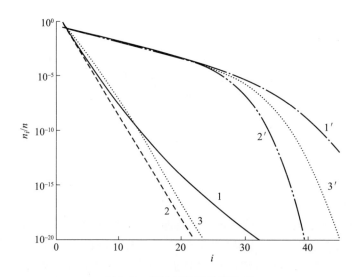

图 2.2　激波后的振动态分布

1—非谐振子的 SSH 模型；2—简谐振子的 SSH 模型；3—FHO 模型。

图中曲线 1 ~ 3 对应 $x = 0.01\mathrm{cm}$；$1' \sim 3'$ 对应 $x = 2\mathrm{cm}$。

自由流的状态：$T = 293\mathrm{K}$，$p = 100\mathrm{Pa}$，$Ma = 15$。

波后振动态分布与气体温度[27]。可以发现，非谐振子 SSH 模型给出了较高振动能级数和较低的温度。简谐振子 SSH 模型给出了高振动能级的激发较慢，因此温度降低的速率也较慢。基于 FHO 模型计算得到的结果与基于非谐振子 SSH 模型的计算结果之间差别很小：对于温度来说不超过 2%。由于 FHO 模型是高温条件下最精确的模型，因此可以得出结论：简谐振子 SSH 模型会导致气体动力学参数的预测值出现明显的误差,而非谐振子广义 SSH 模型对于激波加热气体的预测较好。

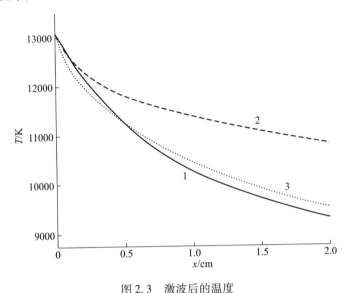

图 2.3 激波后的温度

1—非谐振子的 SSH 模型;2—简谐振子的 SSH 模型;3—FHO 模型。

文献[25-26]中已对 $N_2$ 分子与原子碰撞中多量子跃迁的重要性进行了阐述。由 $N_2$-N 混合物中振动能级数量方程的解[28]可知,$N_2$ 分子与原子碰撞中的多量子跃迁会极大地影响振动态的分布和宏观气流参数,减小了振动弛豫时间。而分子-分子碰撞中多量子跃迁产生的影响则较弱,可以忽略不计。

相比于振动能量输运速率系数,人们对不同振动能级离解的速率系数的研究较少。通常采用的模型有两种:一种是阶梯爬升模型,该模型假定仅从最后一个振动能级离解[25-26,29];另一种是 Treanor-Marrone 模型,考虑了所有振动态离解。最初,Treanor-Marrone 模型是针对双温近似而提出;而在态-态方法中,该模型的改进使得求解处于 $i$ 振动能级上的分子的离解速率系数成为可能。它具有如下形式:

$$k_{i,\text{diss}}^d = Z_i^d(T) k_{\text{diss,eq}}^d(T) \qquad (2.29)$$

式中:$k_{\text{diss,eq}}^d(T)$ 为热平衡离解速率系数;$Z_i^d(T)$ 为与态相关的非平衡因子,且有

$$Z_i^d(T) = Z_i(T,U) = \frac{z_{\text{vibr}}(T)}{z_{\text{vibr}}(-U)} \exp\left(\frac{\varepsilon_i}{k}\left(\frac{1}{T}+\frac{1}{U}\right)\right) \qquad (2.30)$$

其中:$Z_{\text{vibr}}$ 为平衡振动配分函数;$U$ 为模型参数。

$k_{\text{diss,eq}}^d(T)$ 可以应用 Arrhenius 定律获得:

$$k^d_{\mathrm{diss,eq}}(T) = AT^n \exp\left(-\frac{D}{kT}\right) \tag{2.31}$$

式中：$D$ 为离解能；系数 $A$ 和 $n$ 通常是根据实验数据的最佳拟合得到。

对于各种化学反应，阿伦尼乌斯公式中的系数见文献[1,3,12,33]。

在实际使用 Treanor - Marrone 模型时，参数 $U$ 的选取很重要，当 $U$ 选择合适时，则求得的离解速率系数可以很好地吻合于实验值或基于更精确模型获得的结果。通常参数 $U$ 可以有以下近似：$U=\infty$，$U=D/6k$，$U=3T$。对于 $U=\infty$，其表征的是假定每个振动能级上离解是等概率的，而从高振动态的优先离解则需要其他参数来描述。文献[34]采用 Treanor - Marrone 模型计算获得了离解速率系数，并将其与文献[20]采用轨迹计算方法获得的值进行了比较。图 2.4 给出了 $i=0$ 和 $i=20$ 时与状态相关的离解速率系数 $k^{\mathrm{N_2}}_{i,\mathrm{diss}}$ 随温度的变化关系，图中包含了文献[20]的结果，以及采用不同 $U$ 值的 Treanor - Marrone 模型计算结果。

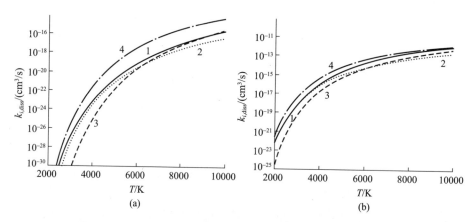

图 2.4　当 $i=0$ 和 $i=20$ 时离解速率系数 $k^{\mathrm{N_2}}_{i,\mathrm{diss}}$ 随温度的变化关系

1—文献[20]中的结果；2~4 分别对应 $U=\infty$，$U=D/6k$，$U=3T$。

(a)$i=0$；(b)$i=20$。

由图可见，当 $U=\infty$ 时，预测的 $k^{\mathrm{N_2}}_{i,\mathrm{diss}}$ 值在低振动能级上明显偏高。随着振动量子数的增加，预测结果与精确轨迹计算方法的结果吻合较好。这与高振动态优先离解的假设相符。当 $U=D/6k$ 和 $U=3T$ 时，预测的 $k^{\mathrm{N_2}}_{i,\mathrm{diss}}$ 值在中等能级上就与精确值吻合很好。图中还表明，对不同的 $i$ 和 $T$，如果参数 $U$ 的值保持不变，那么其预测离解速率系数会出现相当大的误差。因此，参数的选择应当根据特定问题条件来确定。

对于阶梯爬升模型，建议考虑从任意振动态上的离解概率[25-26,35]。为此，考虑到多量子振动能量输运,可以假设离散能量输运逐渐转变为连续。基于这种观点,文献[35]得出结论:对于高气体温度来说,低能级上的离解更加活跃。在文献[36]中也得到相似的结论。然而,该结论还没有得到精确轨迹计算结果或实验结果的证实。

图2.5为激波后处于第10级振动能级粒子数随距离的变化。图中包含了Treanor-Marrone模型和阶梯爬升模型计算结果,其中Treanor-Marrone模型又采用了参数 $U$、$A$ 和 $n$。参数 $U$ 选择为 $U = \infty$,$U = D/6k$,与 $U = 3T$,而阿伦尼乌斯指数定律中的参数 $A$ 和 $n$ 则取自文献[32,37]。由图可见,阶梯爬升模型与Treanor-Marrone模型所得的结果明显不同。

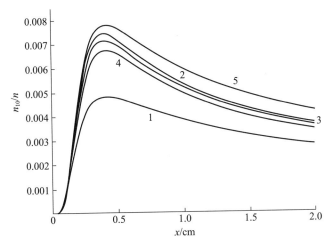

图2.5 第10能级数量随 $x$ 的变化曲线

1—$U = D/6k$(参数 $A$、$n$ 取自文献[37]);2—$U = D/6k$;3—$U = 3T$;4—$U = \infty$

(对于2~4,$A$、$n$ 取自文献[32]);5—阶梯爬升模型。

自由流的条件: $T = 293\mathrm{K}$,$p = 100\mathrm{Pa}$,$Ma = 15$。

双分子交换反应的速率系数依赖于试剂和产物的振动态,相比于离解过程速率系数,该系数的研究更少。J. Polanyi首次从理论和实验上研究了反应物振动激发对反应速率的影响[38];文献[39]也获得了一些实验结果。针对该问题的精确理论方法,首先需要计算与引起化学反应的碰撞相关的,且与态相依的微分横截面,然后需要计算微分横截面在速率分布上的平均值。近年来,人们研究了空气反应动力学,部分学者开始采用准经典轨迹方法计算横截面,并研究了化学反应 $N_2(i) + O \rightleftharpoons NO + N$ 和 $O_2(i) + N \rightleftharpoons NO + O$ 的态相关速率系数。文献[40]考虑了形成 $NO$ 的化学反应;文献[41-42]讨论了化学反应 $NO + N \rightleftharpoons N_2 + O$ 中反应物的平动、转动和振动能量对反应的影响。为将已有研究结果应用于非平衡流体力学问题,首先需要获得化学反应中分子的振动态对反应速率系数的影响的解析表达式。目前,有两种这样的表达式:一种是某些特定反应数值模拟结果的解析近似[12,43-44]。在实际应用中,这类表达式是足够精确和方便的,然而其应用局限于特定的温度范围。另一种是基于 Treanor - Marrone 模型针对交换反应的推广,具体的推广可参见文献[45-46]。

上述模型可用于更一般的情况,但速率系数的理论表达式包含额外参数,这些参数必须采用实验来验证。这些参数数据的缺乏限制了上述半经验模型的应用。因此,反应碰撞横截面计算模型的发展和交换反应速率系数的研究仍然是非平衡动力学中非常重要的问题。

# 2.3　准静态方法

### 2.3.1 振动分布:控制方程

态-态动力学模型的实际应用会存在非常严重的困难,最主要的问题是它的计算量大。实际上,对于多组分混合物,耦合态-态振动和化学动力学方程的流体力学方程的求解需要模拟所有组分分子振动能级数量的方程,这些方程的数量是极其庞大的。另外,如果考虑气体黏性近似,数值模拟中还需要计算大量的传输系数,特别是计算每个时间步上所有空间单元的扩散系数,这使得该类流动的研究极端复杂。文献[47]提出的简化方法可以减少状态相关输运系数的数量;但即使这样,求解多组分反应流的态-态模型依然非常耗时,且成本极高。因而,对于实际应用来说,基于准静态振动分布的简单模型备受关注。在准静态方法中,振动能级数量由宏观参数表示,因此控制方程得到极大简化。使用的模型通常是基于玻耳兹曼分布,其振动温度不同于气体温度。然而,这种分布仅对简谐振子模型有效,该模型仅适用于低振动态。更加精确的准静态模型是基于非谐振子的 Treanor 双温振动分布模型。

对于满足条件式(2.2)的非平衡流,态-态动力学模型可简化为多温模型。在这种情况下,动力学方程式(2.4)中快速过程积分算子需要考虑的过程包括同类分子之间 $VV_1$ 振动能量跃迁,弹性碰撞与转动能量交换;而慢速过程积分算子需要考虑的过程则包括不同组分分子之间的 $VV_2$ 振动跃迁,振动能向转动和平动的转移及化学反应,即

$$J_{cij}^{\text{rap}} = J_{cij}^{\text{el}} + J_{cij}^{\text{rot}} + J_{cij}^{VV_1}, \; J_{cij}^{\text{sl}} = J_{cij}^{VV_2} + J_{cij}^{\text{TRV}} + J_{cij}^{\text{react}} \tag{2.32}$$

通过快速过程不变量可以得到零阶分布函数。在条件式(2.2)情况下,除碰撞中始终保持守恒的不变量之外,另外还有快速过程的独立不变量:每种分子

组分 $c$ 的振动量子数;与速度、振动级 $i$ 和转动级 $j$ 无关,而仅取决于组分 $c$ 的任意值。文献[48]首次发现单组分气体中 VV 跃迁的振动量子数守恒,并且推导出非平衡双温分布,该分布称为 Treanor 分布。在混合气体中,各组分 $VV_1$ 跃迁的振动量子数也守恒。在条件式(2.2)情况下,快速过程中的慢速化学反应保持冻结状态,因此形成了其他附加不变量。基于碰撞不变量的考虑,可以获得零阶分布函数和如下振动能级数量表达式:

$$n_{ci} = \frac{n_c}{z_c^{\mathrm{vibr}}(T, T_1^c)} s_i^c \exp\left( -\frac{\varepsilon_i^c - i_c \varepsilon_1^c}{kT} - \frac{i_c \varepsilon_1^c}{kT_1^c} \right) \tag{2.33}$$

式中: $n_c$ 为第 $c$ 种组分的数密度; $z_c^{\mathrm{vibr}}(T, T_1^c)$ 为振动自由度的非平衡配分函数; $T_1^c$ 为组分 $c$ 的第一振动能级温度。

对于多组分反应混合物,式(2.33)的分布函数是 Treanor 分布的一般形式。与单组分气体相似,式(2.33)的分布函数仅能描述振动能级 $i_c < i_c^*$ 的粒子数,其中 $i_c^*$ 为函数 $n_{ci}$ 取最小值时的能级数。其原因是振动量子的守恒仅发生在能级 $i_c < i_c^*$ 的振动级上。在高温条件 $T > T_1^c$ 下, $i_c^*$ 非常接近最后一个振动能级 $i_c = L_c^2$。此时,Treanor 分布适用于激波后弛豫区的所有能级。

当忽略非谐振效应时,分布式(2.33)可简化为非平衡玻耳兹曼分布,此时分子组分振动温度 $T_v^c = T_1^c$ 不等于气体温度 $T$。在局部热平衡的情况下,所有分子组分的振动温度等于气体温度 $T_1^c = T$,分布式(2.33)可简化为单温玻耳兹曼分布。

零阶分布函数取决于宏观参数 $n_c(\boldsymbol{r}, T)$、$\boldsymbol{v}(\boldsymbol{r}, T)$、$T(\boldsymbol{r}, T)$ 和 $T_1^c(\boldsymbol{r}, T)$。与态-态模型相比,此时宏观参数的数量有所减少,而且宏观参数中包含振动温度 $T_1^c$ 和化学组分的数密度 $n_c$,而不是所有振动态的能级数 $n_{ci}$。文献[7,49]推导了宏观量 $n_c(\boldsymbol{r}, T)$、$\boldsymbol{v}(\boldsymbol{r}, T)$、$T(\boldsymbol{r}, T)$ 和 $T_1^c(\boldsymbol{r}, T)$ 的控制方程。多组分混合物反应动力学的封闭方程组由组分数密度的多温度化学动力学方程、动量守恒和总能量守恒方程以及分子组分的附加弛豫方程组成:

$$\frac{\mathrm{d}n_c}{\mathrm{d}t} + n_c \nabla \cdot \boldsymbol{v} + \nabla \cdot (n_c \boldsymbol{V}_c) = R_c^{\mathrm{react}}, \qquad c = 1, \cdots, L \tag{2.34}$$

$$\rho \frac{\mathrm{d}\boldsymbol{v}}{\mathrm{d}t} + \nabla \cdot \boldsymbol{P} = 0 \tag{2.35}$$

$$\rho \frac{\mathrm{d}U}{\mathrm{d}t} + \nabla \cdot \boldsymbol{q} + \boldsymbol{P} : \nabla \boldsymbol{v} = 0 \tag{2.36}$$

$$\rho_c \frac{\mathrm{d}W_c}{\mathrm{d}t} + \nabla \cdot \boldsymbol{q}_{w,c} = R_c^w - m_c W_c R_c^{\mathrm{react}} + W_c \nabla \cdot (\rho_c \boldsymbol{V}_c), \quad c = 1, \cdots, L_m \tag{2.37}$$

式中: $\boldsymbol{V}_c$ 为组分 $c$ 的扩散速度; $W_c$ 为组分 $c$ 分子中振动量子数的比率; $\boldsymbol{q}_{w,c}$ 为组

分 $c$ 分子的振动量子通量,且有

$$\boldsymbol{q}_{w,c} = \sum_{ij} i_c \int \boldsymbol{c}_c f_{cij} \mathrm{d}\boldsymbol{u}_c \tag{2.38}$$

在多温方法中,总能量是 $T$、$T_1^c$ 和 $n_c$ 的函数。相比之下,态－态模型的总能量取决于所有能级数量和气体温度。

式(2.34)和式(2.37)中的源项具有下列形式:

$$R_c^{\mathrm{react}} = \sum_{ij} \int J_{cij}^{\mathrm{react}} \mathrm{d}\boldsymbol{u}_c \tag{2.39}$$

$$R_c^w = \sum_{ij} i_c \int J_{cij}^{\mathrm{sl}} \mathrm{d}\boldsymbol{u}_c = R_c^{w,\mathrm{VV}_2} + R_c^{w,\mathrm{TRV}} + R_c^{w,\mathrm{react}} \tag{2.40}$$

式(2.34)~式(2.37)组成了多温方法中反应混合气体宏观参数的封闭方程。显然,方程式(2.34)~式(2.37)要比式(2.8)~式(2.10)简单得多,因为它包含更少的方程。现在求解 $L_m$ 个量子数方程和 $L$ 个化学组分数密度方程,就可以替代态－态方法中求解 $\sum_c L_c$ ( $L_c$ 为分子组分 $c$ 中振动能级数,$L_m$ 为混合物中分子组分的数量)个振动能级数方程。因此,对于氮分子和氮原子构成的两组分混合气体,求解 $n_{\mathrm{N}_2}$ 和 $W_{\mathrm{N}_2}$ 的两个方程,就可以替代态－态方法中求解的 46 个 $\mathrm{N}_2$ 分子的能级数方程。对于 5 组分混合空气 $\mathrm{N}_2$、$\mathrm{O}_2$、$\mathrm{NO}$、$\mathrm{N}$、$\mathrm{O}$ (在实际应用中非常重要),采用态－态方法中则需要求解 $L_{\mathrm{N}_2} + L_{\mathrm{O}_2} + L_{\mathrm{NO}} = 114$ 个振动能级数方程。若采用多温方法,这些方程可减少为 6 个方程:3 个分子数密度 $n_{\mathrm{N}_2}$、$n_{\mathrm{O}_2}$、$n_{\mathrm{NO}}$ 的方程和 3 个振动温度 $T_1^{\mathrm{N}_2}$、$T_1^{\mathrm{O}_2}$ 和 $T_1^{\mathrm{NO}}$ 的方程。

在简谐振子系统中,式(2.37)可以转化为比振动能的弛豫方程,即

$$\rho_c \frac{\mathrm{d}E_{\mathrm{vibr},c}}{\mathrm{d}t} + \nabla \cdot \boldsymbol{q}_{\mathrm{vibr},c} = R_c^{\mathrm{vibr}} - m_c E_{\mathrm{vibr},c} R_c^{\mathrm{react}} + E_{\mathrm{vibr},c} \nabla \cdot (\rho_c \boldsymbol{V}_c), \qquad c = 1, \cdots, L_m \tag{2.41}$$

式中

$$\boldsymbol{q}_{\mathrm{vibr},c} = \varepsilon_1^c \boldsymbol{q}_{w,c}, \quad R_c^{\mathrm{vibr}} = \varepsilon_1^c R_c^w \tag{2.42}$$

而比振动能可由振动温度为 $T_v^c$ 的非平衡玻耳兹曼分布获得。

在 Chapman－Enskog 方法的零阶近似中,输运项为

$$\boldsymbol{P}^{(0)} = nkT, \boldsymbol{q}^{(0)} = \boldsymbol{q}_{w,c}^{(0)} = 0, \boldsymbol{V}^{(0)} = 0 \, \forall c \tag{2.43}$$

因此,对于无对流的无黏流动,式(2.34)~式(2.37)简化为以下典型形式:

$$\frac{\mathrm{d}n_c}{\mathrm{d}t} + n_c \nabla \cdot \boldsymbol{v} = R_c^{\mathrm{react}(0)}, \quad c = 1, \cdots, L \tag{2.44}$$

$$\rho \frac{\mathrm{d}\boldsymbol{v}}{\mathrm{d}t} + \nabla p = 0 \tag{2.45}$$

$$\rho \frac{\mathrm{d}U}{\mathrm{d}t} + p \, \nabla \cdot \boldsymbol{v} = 0 \tag{2.46}$$

$$\rho_c \frac{\mathrm{d}W_c}{\mathrm{d}t} = R_c^{w(0)} - m_c W_c R_c^{\mathrm{react}(0)}, \quad c = 1, \cdots, L_m \tag{2.47}$$

式(2.44)和式(2.47)中的生成项由下面公式给出:

$$R_c^{\mathrm{react}(0)} = \sum_{ij} \int J_{cij}^{\mathrm{react}(0)} \, \mathrm{d}\boldsymbol{u}_c, \quad R_c^{w(0)} = \sum_{ij} i_c \int J_{cij}^{sl(0)} \, \mathrm{d}\boldsymbol{u}_c \tag{2.48}$$

式(2.48)中包了 $VV_2$ 和 TRV 振动能量交换的零阶积分和化学反应的零阶积分。

### 2.3.2 输运项

在多温度方法中,一阶分布函数具有以下形式[4,7]:

$$f_{cij}^{(1)} = f_{cij}^{(0)} \left( -\frac{1}{n} \boldsymbol{A}_{cij} \cdot \nabla \ln T - \frac{1}{n} \sum_d \boldsymbol{A}_{cij}^{d(1)} \cdot \nabla \ln T_1^c - \frac{1}{n} \sum_d \boldsymbol{D}_{cij}^d \cdot \boldsymbol{d}_d - \right.$$
$$\left. \frac{1}{n} \boldsymbol{B}_{cij} : \nabla \boldsymbol{v} - \frac{1}{n} F_{cij} \nabla \cdot \boldsymbol{v} - \frac{1}{n} G_{cij} \right) \tag{2.49}$$

式中: $\boldsymbol{A}_{cij}$、$\boldsymbol{A}_{cij}^{d(1)}$、$\boldsymbol{D}_{cij}^{dk}$、$\boldsymbol{B}_{cij}$、$F_{cij}$ 和 $G_{cij}$ 为本动速度和宏观参数的函数,且满足带有 $VV_2$ 和 VT 振动跃迁及化学反应等快速过程线性化算子的线性积分方程。

由式(2.49)可以求得式(2.34)~式(2.37)中的输运项。对于式(2.19)的压力张量,其中弛豫压力 $p_{\mathrm{rel}}$ 和体积黏度系数 $\zeta$ 可分别表示为两项之和:

$$p_{\mathrm{rel}} = p_{\mathrm{rel}}^{\mathrm{rot}} + p_{\mathrm{rel}}^{\mathrm{vibr}}, \quad \zeta = \zeta_{\mathrm{rot}} + \zeta_{\mathrm{vibr}} \tag{2.50}$$

式中:第一项与非弹性 RT 转动能量交换相关;第二项与各个振动模式中的 $VV_1$ 跃迁有关。

扩散速度具有以下形式:

$$\boldsymbol{V}_c = -\sum_d D_{cd} \boldsymbol{d}_d - D_{T_c} \nabla \ln T \tag{2.51}$$

式中: $D_{cd}$、$D_{T_c}$ 分别为扩散系数和热扩散系数。

总能量通量和振动量子数通量取决于气体温度 $T$ 的梯度,以及第一振动能级温度 $T_1^c$ 和化学组分的摩尔分数 $n_c/n$:

$$\boldsymbol{q} = -\left(\lambda + \sum_c \lambda_{vt}^c\right) \nabla T - \sum_c \left(\lambda_{tv}^c + \lambda_{vv}^c\right) \nabla T_1^c - p \sum_c D_{T_c} \boldsymbol{d}_c + \sum_c \rho_c h_c \boldsymbol{V}_c \tag{2.52}$$

$$\varepsilon_1^c \, \boldsymbol{q}_{w,c} = -\lambda_{vt}^c \nabla T - \lambda_{vv}^c \nabla T_1^c \tag{2.53}$$

式中: $\lambda$、$\lambda_{vt}^c$、$\lambda_{tv}^c$ 和 $\lambda_{vv}^c$ 为热导率; $h_c$ 为组分 $c$ 粒子的比焓。

在多温近似中,传输系数由括号中的积分来定义,它取决于弹性碰撞横截面,以及 RT 和非谐振 $VV_1$ 能量交换的碰撞横截面。剪切黏度、体积黏度以及与弛豫压力的表达式与态-态近似中的相同(式2.22)。但是,在这两种方法中的括号积分内涵是不同的,因为它们是通过不同快速过程的横截面来定义的[4]。

在式(2.51)~式(2.53)中,扩散、热扩散和热传导系数具有以下形式:

$$D_{cd} = \frac{1}{3n}[\boldsymbol{D}^c, \boldsymbol{D}^d], D_{T_c} = \frac{1}{3n}[\boldsymbol{D}^c, \boldsymbol{A}], \lambda = \frac{k}{3}[\boldsymbol{A}, \boldsymbol{A}]$$

$$\lambda_{vt}^c = \frac{kT_1^c}{3T}[\boldsymbol{A}^{c(1)}, \boldsymbol{A}], \lambda_{tv}^c = \frac{kT}{3T_1^c}[\boldsymbol{A}, \boldsymbol{A}^{c(1)}], \lambda_{vv}^c = \frac{k}{3}[\boldsymbol{A}^{c(1)}, \boldsymbol{A}^{c(1)}] \quad (2.54)$$

$\lambda$ 表征了平动、转动和一小部分振动能量的输运过程,这部分振动能量转换至平动能是通过分子之间非谐振 $VV_1$ 跃迁引起的。因此 $\lambda$ 可表示为三个相关项之和,即 $\lambda = \lambda_{tr} + \lambda_{rot} + \lambda_{anh}$。系数 $\lambda_{vv}^c$ 与所有分子组分的振动量子输运相关,因此可以描述振动能量 $\varepsilon_1^c W_c$ 主要部分的输运过程。系数 $\lambda_{vt}^c$ 和 $\lambda_{tv}^c$ 由振动量子输运和非谐振 $VV_1$ 跃迁引起的振动能量损失(或增加)共同决定。当 $T_1^c/T$ 很小时,系数 $\lambda_{anh}$、$\lambda_{vt}^c$ 和 $\lambda_{tv}^c$ 远小于 $\lambda_{vv}^c$。对于简谐振子模型,由于 $VV_1$ 跃迁以谐振方式存在,因此 $\lambda_{vt}^c = \lambda_{tv}^c = \lambda_{anh} = 0$。同理,系数 $\zeta_{vibr}$ 和 $p_{rel}^{vibr}$ 也等于 0。

相比于考虑振动动力学的方法,多温模型需要求解的独立扩散系数要少得多,因此在多组分反应混合气体中,使用准静态振动分布计算热通量得到极大简化。文献[49]采用上述动力学理论模拟了强激波后非平衡反应气流中气体动力学参数、输运系数与热通量。

对于基于热平衡玻耳兹曼分布的单温方法,其控制方程组中关于 $n_c$、$\boldsymbol{v}$ 和 $T$ 的方程形式与式(2.34)~式(2.36)相同。值得注意的是,方程中的输运项与弛豫项的求解与多温方法不同。这是因为它们是由不同的碰撞过程引起的:在单温近似中,快速过程包括所有内能转换过程以及弹性碰撞,而慢速过程仅考虑化学反应。总热通量可表示为

$$\boldsymbol{q} = -\lambda \nabla T - p \sum_c D_{T_c} \boldsymbol{d}_c + \sum_c \rho_c h_c \boldsymbol{V}_c \quad (2.55)$$

式中:$\lambda = \lambda_{tr} + \lambda_{rot} + \lambda_{vibr}$,$\lambda_{vibr}$ 为振动热传导系数。

在该方法中,应力张量的体积黏度为 $\zeta = \zeta_{rot} + \zeta_{vibr}$,弛豫压力为 $p_{rel} = p_{rel}^{rot} + p_{rel}^{vibr}$。

文献[4]讨论了从态-态热方法过渡到准静态模型的可能性。

### 2.3.3 生成项

式(2.34)中的化学生成项 $R_c^{react}$ 对应为化学反应中组分 $c$ 的粒子数密度的生成,而式(2.37)中 $R_c^w$ 项表征由慢速振动能量交换和化学反应引起的组分 $c$ 的振动量子 $W_c$ 的比数变化。

$R_c^{react}$ 项包含交换反应、离解和复合,可写为如下形式:

$$R_c^{react} = R_c^{2 \rightleftharpoons 2} + R_c^{2 \rightleftharpoons 3} \qquad (2.56)$$

式中

$$R_c^{2 \rightleftharpoons 2} = \sum_{dc'd'} (n_{c'} n_{d'} k_{c'c}^{d'd} - n_c n_d k_{cc'}^{dd'}) \qquad (2.57)$$

$$R_c^{2 \rightleftharpoons 3} = \sum_d n_d (n_{c'} n_f k_{rec,c}^d - n_c n_d k_{c,diss}^d) \qquad (2.58)$$

其中:$k_{cc'}^{dd'}$ 为交换反应(两个分子之间的碰撞或一个分子和一个原子 $A_d$ 之间相碰撞时产生的反应)的多温速率系数;$k_{c,diss}^d$、$k_{rec,c}^d$ 分别为离解和复合反应的速率系数。

在准静态方法中,零阶反应速率系数可表示为态相关速率系数项的形式:

$$k_{cc'}^{dd'} = \frac{1}{n_c n_d} \sum_{iki'k'} n_{ci} n_{dk} k_{ci,c'i'}^{dk,d'k'}(T) \qquad (2.59)$$

$$k_{c,diss}^d = \frac{1}{n_c} \sum_i n_{ci} k_{ci,diss}^d(T) \qquad (2.60)$$

式中:$n_{ci}$ 为准静态分布;$k_{ci,c'i'}^{dk,d'k'}$、$k_{ci,diss}^d$ 分别为双分子反应式(2.28)和离解反应的态相关速率系数。

对于广义 Treanor 分布,两个分子碰撞的交换反应的速率系数具有如下形式:

$$k_{cc'}^{dd'}(T, T_1^c, T_1^d) = \frac{1}{z_c^{vibr}(T, T_1^c) z_d^{vibr}(T, T_1^d)} \sum_{iki'k'} s_i^c s_k^d \exp\left( -\frac{\varepsilon_i^c - i_c \varepsilon_1^c}{kT} - \frac{\varepsilon_k^d - k_d \varepsilon_1^c}{kT} - \right.$$
$$\left. \frac{i_c \varepsilon_1^c}{kT_1^c} - \frac{k_d \varepsilon_1^d}{kT_1^d} \right) k_{ci,c'i'}^{dk,d'k'}(T) \qquad (2.61)$$

且取决于气体温度和反应物的第一级振动温度。离解速率系数也取决于这两个温度:

$$k_{c,diss}^d(T, T_1^c) = \frac{1}{z_c^{vibr}(T, T_1^c)} \sum_i s_i^c \exp\left( -\frac{\varepsilon_i^c - i_c \varepsilon_1^c}{kT} - \frac{i_c \varepsilon_1^c}{kT_1^c} \right) k_{ci,diss}^d \qquad (2.62)$$

若忽略非谐振效应,则可得到基于非平衡玻耳兹曼分布平均的反应速率系数:

$$k_{cc'}^{dd'}(T, T_v^c, T_v^d) = \frac{1}{z_c^{vibr}(T_v^c) z_d^{vibr}(T_v^d)} \sum_{iki'k'} s_i^c s_k^d \exp\left( -\frac{\varepsilon_i^c}{kT_v^c} - \frac{\varepsilon_k^d}{kT_v^d} \right) k_{ci,c'i'}^{dk,d'k'}(T)$$
$$(2.63)$$

$$k_{c,diss}^d(T, T_v^c) = \frac{1}{z_c^{vibr}(T_v^c)} \sum_i s_i^c \exp\left( -\frac{\varepsilon_i^c}{kT_v^c} \right) k_{ci,diss}^d(T) \qquad (2.64)$$

在热平衡混合气体中,反应速率系数仅取决于气体温度,其表达式为

$$k_{cc'}^{dd'}(T) = \frac{1}{z_c^{\text{vibr}}(T) z_d^{\text{vibr}}(T)} \sum_{iki'k'} s_i^c s_k^d \exp\left( -\frac{\varepsilon_i^c + \varepsilon_k^d}{kT} \right) k_{ci,c'i'}^{dk,d'k'}(T) \qquad (2.65)$$

$$k_{c,\text{diss}}^d(T) = \frac{1}{z_c^{\text{vibr}}(T)} \sum_i s_i^c \exp\left( -\frac{\varepsilon_i^c}{kT} \right) k_{ci,\text{diss}}^d(T) \qquad (2.66)$$

可见其满足阿伦尼乌斯指数律。

总复合速率系数 $k_{\text{rec},c}^{d(0)}$ 为所有态相关比速率系数的和,即

$$k_{\text{rec},c}^d(T) = \sum_i k_{\text{rec},ci}^d(T) \qquad (2.67)$$

因此,$k_{\text{rec},c}^{d(0)}$ 也仅取决于气体温度 $T$。表达式中上标"0"表示它们是在非弹性碰撞横截面上、按麦克斯韦 – 玻耳兹曼分布取速度和转动能量的平均而得。

将零阶或一阶分布函数代入式(2.40),可以获得 $W_c$ 弛豫方程中的生成项 $R_c^w$,该项为宏观参数的函数。在零阶近似中,$R_c^{w(0)}$ 包括振动分布式(2.33),以及 $VV_2$ 和 VT 振动能量跃迁和化学反应的态 – 态速率系数[4]。如果使用非平衡或热平衡玻耳兹曼分布代替 Treanor 分布,则 $R_c^w$ 的表达式还能简化。

## 2.4  空气中和 $CO_2$ 混合气体中激波后的非平衡过程

### 2.4.1 双原子气体混合物中的非平衡动力学与输运特性

本节将给出分别采用态 – 态方法、多温和单温模型计算所得激波后空气的非平衡动力学与输运特性。

1. 控制方程与气流参数

激波之前非扰动流的气体处于平衡态,而激波后弛豫区的气体则认为是无对流的无黏非平衡流,因此可以采用欧拉近似方法研究其分子振动和化学动力学。假设气流是一维稳态流,则控制方程能大大简化。因而,对于由分子 $A_2$ 与原子 A 的构成二元混合气体,平面激波后存在离解、复合、TV 与 VV 振动能量跃迁的流动区,可用如下关于振动能级数 $n_{ci}$、原子数密度 $n_a$、宏观气体速度 $v$ 和温度 $T$ 的方程组来描述:

$$\frac{d(vn_i)}{dx} = R_i^{\text{vibr}} + R_i^{\text{dis-rec}}, \quad i = 1, \cdots, L \qquad (2.68)$$

$$\frac{d(vn_a)}{dx} = -2 \sum_i R_i^{\text{dis-rec}} \qquad (2.69)$$

$$\rho_0 v_0 = \rho v \qquad (2.70)$$

$$\rho_0 v_0^2 + p_0 = \rho v^2 + p \qquad (2.71)$$

$$h_0 + \frac{v_0^2}{2} = h + \frac{v^2}{2} \qquad (2.72)$$

式中：$x$ 为距波前的距离；下标"0"表示自由流中的参数；$h$ 为比焓，且有

$$h = h_m y_m + h_a y_a \qquad (2.73)$$

其中：$y_m$、$y_a$ 分别为分子和原子的质量分数；$h_a$ 和 $h_m$ 分别为

$$\boldsymbol{h}_a = \frac{5}{2} R_a T + \frac{\varepsilon_a}{m_a}, \boldsymbol{h}_m = \frac{7}{2} R_m T + E^{vibr} + \frac{\varepsilon_m}{m_m}, E^{vibr} = \frac{1}{\rho_m} \sum_i \varepsilon_i n_i \quad (2.74)$$

式（2.68）和式（2.69）的右边包含了振动能量跃迁、离解和复合的态–态系数。通常假设自由流中的分布符合给定温度 $T_0$ 的玻耳兹曼分布。下面将给出根据式（2.69）~式（2.72）数值模拟 $N_2/N$ 混合物的结果，自由流的条件为 $T_0 = 293K$，$p_0 = 100Pa$，$M_0 = 15$。数值模拟中，振动能量采用 Morse 非简谐振子进行模拟，振动能量跃迁的速率系数则基于广义非简谐振子的 SSH 理论[2,14] 进行计算，而离解速率系数采用广义 Treanor–Marrone 模型进行求解（其中，阿伦尼乌斯指数率 2.28 中选择了不同的参数 $U$、$A$、$n$ 值）。分别采用态–态、双温和单温方法计算振动能级数和宏观流参数，然后采用得到的宏观参数计算激波后不同距离处的准静态振动分布。

图 2.6 给出了采用上面三种方法计算的无量纲振动能级数 $n_i/n$ 在激波后不同位置上随 $i$ 的变化曲线。可见，在接近激波处，三种方法获得的结果存在很大的差异，双温和单温方法明显高估了振动能级数。这是因为在该位置准静态分布尚未建立。随着距离的增加，结果之间的偏差减小。

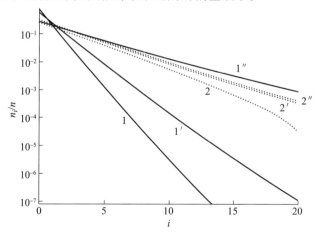

图 2.6　振动能级数

1、2—态–态模型；1′、2′—双温方法；1″、2″—单温模型。

实线对应 $x = 0.03cm$，虚线对应 $x = 0.8cm$。

图 2.7 给出了采用三种方法计算的气体温度随距离 $x$ 的变化曲线。可见,采用单温与双温方法预测的气体温度偏低。这是因为该两种方法都假设准静态分布在激波后始终满足,而未考虑弛豫区前端的振动激发过程。

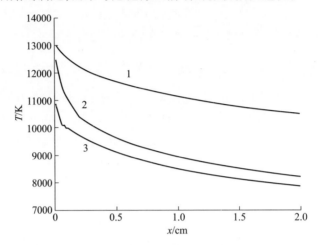

图 2.7　波后气体温度 $T$ 随 $x$ 的变化曲线
1—态 – 态; 2—双温; 3—单温。

图 2.8 为采用三种方法计算的氮气原子数密度。可见,单温模型未能预测出激波后的离解延迟。两种准静态模型都高估了激波附近的离解度。

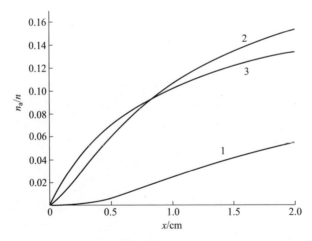

图 2.8　激波后原子摩尔分数 $n_a/n$ 随 $x$ 的变化曲线
1—态 – 态; 2—双温; 3—单温。

基于激波后振动分布,可以计算出平均离解速率系数 $k_{diss}^{N_2}$。将激波后不同点的振动能级数、摩尔数密度 $n_m$ 和温度 $T$ 代入式(2.60),则可获得 $k_{diss}^{N_2}$。其中,单温方法则采用式(2.31)计算离解速率系数。图 2.9 给出了计算结果。可以发现:单温模型不能很好地模拟离解速率系数,特别是在接近激波的位置;而双温方法预测的结果更接近实际值,但是与态 - 态近似方法相比,其预测的值在 $x < 0.5$ cm 范围内偏高。

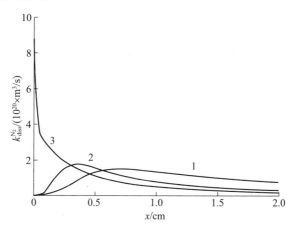

图 2.9　平均离解速率系数 $k_{diss}^{N_2}$ 随 $x$ 的变化曲线

1—态 - 态;2—双温;3—单温。

2. 输运特性

为了获得态 - 态方法的输运特性,必须在一阶近似 Chapman - Enskog 方法中通过求解式(2.8)~式(2.10)获得宏观参数 $n_i$、$n_a$、$v$ 与 $T$。严格来讲,每步数值求解都需要计算式(2.8)~式(2.10)中的态相关传输系数。显然,这非常耗时。

文献[50]提出了一种计算气体耗散的近似方法。首先,通过零阶近似控制式(2.68)~式(2.72)计算振动能级数、原子的摩尔分数与温度。然后,通过已获得的非平衡分布和动力学理论精确公式来计算输运系数、扩散速度和热通量。图 2.10 给出了采用该方法获得的激波后弛豫区的总能量通量随 $x$ 变化曲线。我们知道,在激波后弛豫区的起始位置,振动激发过程非常重要。显然,单温与双温方法都严重低估了该位置热通量的绝对值。因此,在激波附近($x < 0.5$ cm,或大约 20 倍非扰动流的平均自由程)应该采用更加严谨的态 - 态方法。

3. 电子激发与辐射

在高温流中,必须考虑电子自由度的激发和非平衡流区域的辐射。因而,除了上述的动力学过程之外,还需要考虑涉及电子态 $\alpha$ 的如下过程(目前暂时忽略了电离问题):

$$AB(\alpha) + M \rightleftharpoons AB(\alpha') + M \quad (ET\ 跃迁) \qquad (2.75)$$

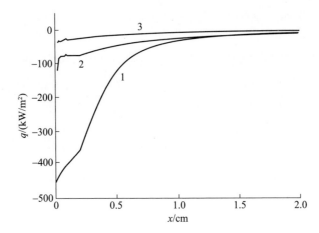

图 2.10　热通量 $q$ 随 $x$ 的变化曲线
1—态 - 态；2—双温；3—单温。

$$\text{AB}(\alpha i) + \text{M} \rightleftharpoons \text{AB}(\alpha' i') + \text{M} \quad (\text{VE 跃迁}) \tag{2.76}$$

$$\text{AB}(\alpha i) + h\nu \rightleftharpoons \text{AB}(\alpha' i') + 2h\nu \quad (\text{感应发射与吸收}) \tag{2.77}$$

$$\text{AB}(\alpha i) \rightarrow \text{AB}(\alpha' i') + h\nu \quad (\text{自发发射}) \tag{2.78}$$

$$\text{AB}(\alpha i) + \text{M} \rightleftharpoons \text{A} + \text{B} + \text{M} \quad (\text{从激发态的离解}) \tag{2.79}$$

高温空气的 ET 和 VE 跃迁速率系数在很多文献中都可以找到，如文献[51]。辐射跃迁可由爱因斯坦（Einstein）系数[52]求解。激发态的离解速率系数可采用文献[53]中提出的广义 Treanor – Marrone 模型来计算。与电子态 $\alpha$ 有关的非平衡因子 $Z_{\alpha i}(T, U)$ 的表达式如下：

$$Z_{\alpha i}(T, U) = Z_{el}(T) \exp\left(\frac{\varepsilon_i^\alpha + \varepsilon_\alpha}{k}\left(\frac{1}{T} + \frac{1}{U}\right)\right)\left[\sum_\beta s_\beta \exp\left(\frac{\varepsilon_\beta}{kU}\right)\frac{z_{vibr}^\beta(-U)}{z_{vibr}^\beta(T)}\right]^{-1} \tag{2.80}$$

式中：$Z_{el}(T)$ 为电子配分函数；$s_\alpha$ 为电子统计权重；$\varepsilon_i^\alpha$ 和 $z_{vibr}^\alpha$ 分别为与电子态 $\alpha$ 相关的振动能量与振动配分函数；$\varepsilon_\alpha$ 为电子能量。

如果忽略激发电子态，式（2.80）就简化为式（2.30）。

图 2.11 显示了在优先离解（$U = 3T$）的情况，在 5000 – 25000K 温度范围内，从不同电子态第一振动能级离解的 CO 态 - 态速率系数随温度的变化关系曲线，从基电子态离解的速率系数采用式（2.30）和式（2.80）计算。可以发现，所有的速率系数都随温度升高而增加，激发态的离解速率要明显高于低态离解的速率值。考虑多个电子激发态将导致基态离解速率明显降低，这是因为不同电子态之间存在内能的重分。

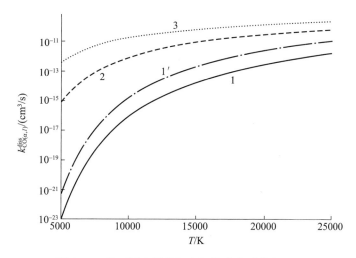

图 2.11　从不同电子能级离解的速率系数($i = 1$)

1—$X^1\Sigma$；2—$a^3\Pi$；3—$A^1\Pi$；曲线 1′对应于仅考虑基电子态 $X^1\Sigma$ 时计算的速率系数。

文献[53–54]详细研究了激波后 CO 流的态 – 态动力学过程,并考虑了电子激发、高电子态的离解以及辐射。自由来流的条件为 $v_0 = 5200\mathrm{m/s}$,$T_0 = 300\mathrm{K}$,$p_0 = 500\mathrm{Pa}$。考虑 CO 的三个电子态 $X^1\Sigma$、$a^3\Pi$、$A^1\Pi$。结果发现,与低温 CO 气体相比,在激波加热 CO 气体中,ET 与 VE 过程、对振动分布形成的影响相对较弱。这是因为低温 CO 气体中近谐振 VE 跃迁可以消耗大量选定基电子态振动能级。在高温的情况下,从高振动态的离解速率要比 VE 跃迁速率高得多,而且与基电子态的 VE 跃迁相比,CO 分子的热分解成为主导。当然,VE 跃迁是电子激发分子的来源,因而可以对离解过程和 UV 辐射强度产生极大影响。

图 2.12 给出了在考虑所有过程情况下计算的激波后混合物成分。可以发现,分子离解程度很低且电子激发态分子的含量也很低。尽管这样,如此低的电子激发也可使紫外辐射强度在距离 $x$ 较大的区域明显比红外(IR)辐射强度更高(图 2.13)。

由图 2.13 还可以发现,当忽略激发态的离解时,紫外辐射强度较低,特别是靠近激波前沿的位置。另外,不论是否考虑激发态的离解,IR 辐射强度几乎相同。这是因为 IR 辐射基本上由 $X^1\Sigma$ 电子态的第一个振动能级发出,而这个振动能级不受离解模式与 VE 跃迁影响。

### 2.4.2 空气中的非平衡动力学与传输过程

在模拟空气中的振动弛豫与化学弛豫过程时,通常将空气简化为 5 组分($N_2$、$O_2$、$NO$、$N$、$O$),并考虑下列反应:

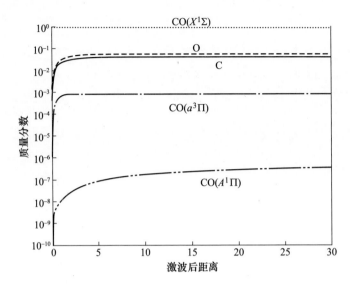

图 2.12  原子与 CO 电子能级的质量分数随 $x$ 的变化曲线

注:$v_0 = 5200\text{m/s}, T_0 = 300\text{K}, p_0 = 500\text{Pa}$。

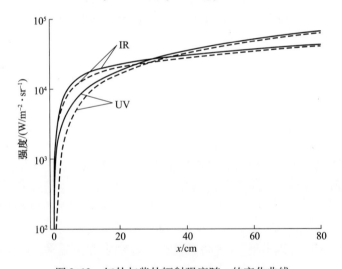

图 2.13  红外与紫外辐射强度随 $x$ 的变化曲线

实线—从 $X^1\Sigma$、$a^3\Pi$、$A^1\Pi$ 态的离解;虚线—仅从 $X^1\Sigma$ 的离解(式(2.30))。

$$N_2(i) + M \rightleftharpoons N + N + M \tag{2.81}$$

$$O_2(i) + M \rightleftharpoons O + O + M \tag{2.82}$$

$$N_2(i) + O \rightleftharpoons NO(i') + N \tag{2.83}$$

$$O_2(i) + N \rightleftharpoons NO(i') + O \tag{2.84}$$

$$NO(i) + M \rightleftharpoons N + O + M \qquad (2.85)$$

为了研究这种混合物中态–态振动动力学与化学动力学,需要求解关于 $N_2$、$O_2$ 和 NO 振动能级数与原子数密度的 114 个方程。为了减少方程的数量,通常假设产生 NO 分子的反应式(2.83)~式(2.85)处于基振动态[26],因此对于 NO 仅需考虑单个振动能级而不是 36 个。在准静态多温方法中,动力学方程的数量可大大减少:只需求解关于分子数密度 $n_{N_2}$、$n_{O_2}$ 和 $n_{NO}$ 与第一振动能级的有效温度 $T_1^{N_2}$、$T_1^{O_2}$ 和 $T_1^{NO}$ 的方程,而不是求解关于振动能级数 $n_{N_2 i}$、$n_{O_2 i}$ 和 $n_{NO i}$ 的方程。另外,由于 NO 分子的振动弛豫时间要比 $N_2$、$O_2$ 的小得多[1],通常还假设 NO 分子的振动态处于热平衡态分布($T_1^{NO} = T$)。然而,值得注意的是,近年来人们发现 NO 振动温度同气体温度之间存在偏差[56]。在简谐振子方法中,关于第一振动能级温度 $T_1^{N_2}$、$T_1^{O_2}$ 的方程还可简化为关于振动温度 $T_v^{N_2}$、$T_v^{O_2}$ 的方程。

文献[49]基于式(2.81)~式(2.85),研究了强激波在空气中传播后的动力学、动理学与传输过程,采用:多温(广义 Treanor 分布)方法、关于简谐振子的多温玻耳兹曼方法以及单温热平衡方法三种准静态方法。图 2.14 ~ 图 2.16 给出了相关结果。通过对关于化学组分数密度 $n_{N_2}$、$n_{O_2}$、$n_{NO}$、$n_N$ 和 $n_O$,速度 $v$ 和温度(对于第一种情况,温度包含 $T$、$T_1^{N_2}$、$T_1^{O_2}$;第二种情况,温度包含 $T$、$T_v^{N_2}$、$T_v^{O_2}$;第三种情况,温度为 $T$)方程组的数值求解,获得了激波前沿后的宏观气流参数。自由流的条件:$Ma_0 = 15$,$T_0 = 271K$,$p_0 = 100Pa$,$n_{N_2}/n = 0.79$,$n_{O_2}/n = 0.21$。

图 2.14 给出了激波后气体温度与温度 $T_1^{N_2}$、$T_1^{O_2}$、$T_v^{N_2}$、$T_v^{O_2}$ 的变化情况。可见,单温模型严重低估了弛豫区的温度。通过第二与第三种模型获得结果之间的比较,可以估算出分子振动非谐振特性影响:虽然两种模型计算的气体温度 $T$ 几乎一样,但非谐振子模型计算的温度 $T_1^{N_2}$、$T_1^{O_2}$ 与简谐振子模型计算的温度 $T_v^{N_2}$、$T_v^{O_2}$ 之间存在明显的差别,且 $T_1^{O_2}$ 和 $T_v^{O_2}$ 之间的差别较大。

图 2.15 给出了分子摩尔分数随 $x$ 的变化曲线。振动自由度的激发需要一定的时间,由此会引起离解延迟,而单温方法未能考虑该问题,因此该方法预测的离解与交换反应速率偏高,并导致 $N_2$ 和 $O_2$ 分子的离解速率与 NO 的形成速率要明显高于采用多温度方法的预测结果。通过简谐振子模型与非谐振子模型计算结果对比,发现非谐振性对激波后化学组分的影响非常弱。

图 2.16 给出了采用三种方法计算的热流量,计算中通过欧拉近似与严格的动力学准则来获得输运特性,并求得激波前沿之后的宏观参数。值得注意的是,对于 $x < 0.2cm$ 区域,单温方法得到了热流量明显偏高。这是由于其在弛豫区

的起始位置高估了扩散过程。如上所述,单温方法不能预测离解延迟,进而导致激波前沿附近组分含量的梯度偏高。在此种情况下,非谐振性对热通量的影响几乎可以忽略。

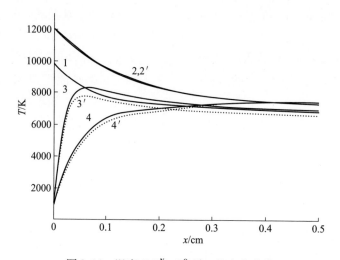

图 2.14　温度 $T$、$T_1^{N_2}$、$T_1^{O_2}$ 随 $x$ 的变化曲线

1—采用单温方法计算的 $T$;2、2′—对于非简谐与简谐振子采用多温方法计算的 $T$;

3—$T_1^{O_2}$;3′—$T_v^{O_2}$;4—$T_1^{N_2}$;4′—$T_v^{N_2}$。

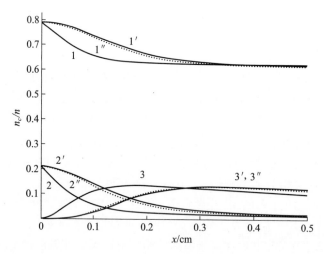

图 2.15　分子摩尔分数 $n_{N_2}/n(1,1',1'')$、$n_{O_2}/n(2,2',2'')$ 和 $n_{NO}/n(3,3',3'')$ 随 $x$ 的变化曲线

1～3—单温;1′～3′—多温(非简谐振子);1″～3″—多温(简谐振子)。

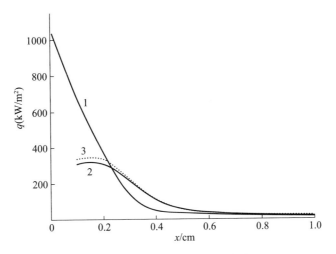

图 2.16　热通量随 $x$ 的变化曲线

1—单温；2—多温(非谐振子)；3—多温(简谐振子)。

### 2.4.3 含有 $CO_2$ 分子的混合气体

对于航天器进入火星大气的过程,考虑含有 $CO_2$ 分子的非平衡流场建模对航天器附近气动参数的预测非常重要。火星采样返回轨道飞行器(MSRO)的设计最近取得了新的进展,激发人们对这一问题的新兴趣。

其中一个重要问题是研究满足应用需求的合适的动力学模型,并将它应用到计算流体动力学(CFD)方法中。处于基电子态的线性三原子 $CO_2$ 分子具有三个振动模式[57]:一是具有频率 $v_1$ 的对称伸缩模式;二是简并弯曲模式($v_1$);三是非对称伸缩模式($v_1$)。在 $CO_2$ 动力学建模过程中必须考虑这些不同的振动模式的能量交换。然而,到目前为止,在超声速 $CO_2$ 流动的数值模拟中,基本上仅仅采用了简化的双温或单温模式来描述 $CO_2$ 动力学。这些模式不能正确地描述 $CO_2$ 分子的复杂振动动力学。因而,单温模型仅对于热平衡流是有效的,而双温模型则通常对三种 $CO_2$ 振动模式都采用同一振动温度[58-60]。文献[61-66]与文献[64-66]分别针对振动动力学和输运特性提出了基于多温分布的更加精确的模型。文献[67]则提出了基于态-态动力学理论的建模方法。这些模型考虑了二氧化碳分子的实际结构、非谐振动,并在动力学方案中考虑了不同的振动能量跃迁:模式之间和模式内部之间交换(VV 和 VV′)以及 VT 转换。基于文献[64,67]中提出的精确动力学理论算法,文献[66]针对部分工况计算了激波后离解 $CO_2$ 气流的气体动力学参数、态-态分布和输运特性;然而,流动参数是事先通过简化的流体力学方程估算所得。文献[64,67]中提出的精确模型太复杂、太耗时,以致无法应用于非平衡黏性流方程中,特别是对于输运项的计算。实际上,在态－态近似[67]方法中,CFD 程序的每一步计算中都要计算大量的输运系数。如非谐振 $CO_2$ 振动的每一种模式都引入振动温度,且考虑模式内和模式间的不同的能量转换速率,那么即使较为简单的多温模型[64,66]也无法在实际中使用。文献[68 – 69]基于动力学理论方法提出了一种三组分 $CO_2/CO/O$ 和五组分 $CO_2/CO/O_2/C/O$ 混合气体的、自洽的三温度描述方法。该模型考虑了 $CO_2$ 振动弛豫的各种机制,给出了适合于实际应用的输运系数表达式。

含 $CO_2$ 的混合气体中的振动弛豫通道包括模式间 VV 和 VT 转换、模式内部和分子内部 VV′跃迁。据现有的这些过程速率系数[70 – 71]的分析表明,对于许多高温流,各特征时间之间满足如下关系:

$$\tau_{el} \sim \tau_{rot} < \tau_{VV_m} \sim \tau_{VV'_{1-2}} \ll \tau_{VT_2} \sim \tau_{VV'_{1-2-3}} \sim \tau_{VV'_{2-3}} < \tau_{react} \sim \theta, \quad m = 1,2,3$$

(2.86)

式中:$\tau_{VV_m}$ 为 $m$ 模式的模式间 VV 交换的特征时间;$\tau_{VT_2}$ 为弯曲模式 VT 转换的特征时间;$\tau_{VV'_{m-k}}$ 为对应模式内转换特征时间。

上述条件对应快速平动和转动弛豫、各种振动内的 $VV_m$ 振动能量交换、对称与弯曲 $CO_2$ 模式之间的 $VV'_{1-2}$ 交换。这种情况下,$CO_2$ 的振动分布取决于组合(对称与弯曲)模式的振动温度 $T_{12}$ 和非对称模式的 $T_3$[68]。假设 CO 和 $O_2$ 的振动分布接近热平衡状态,且采用简谐振子模型模拟振动谱,由分布函数的动力学方程可以推导出非平衡流的控制方程组。在满足式(2.86)的条件下,方程组由质量、动量和总能量守恒方程耦合非平衡化学和振动动力学方程组成,它们可写为下列形式[69]:

$$\frac{d\rho}{dt} + \rho \nabla \cdot \boldsymbol{v} = 0$$

(2.87)

$$\rho \frac{d\boldsymbol{v}}{dt} + \nabla \cdot \boldsymbol{P} = 0$$

(2.88)

$$\rho \frac{dU}{dt} + \nabla \cdot \boldsymbol{q} + \boldsymbol{P} : \nabla \boldsymbol{v} = 0$$

(2.89)

$$\frac{dn_c}{dt} + n_c \nabla \cdot \boldsymbol{v} + \nabla \cdot (n_c \boldsymbol{V}_c) = R_c^{react}, \quad c = CO_2, CO, O_2, O, C$$

(2.90)

$$\rho_{CO_2} \frac{dE_{12}}{dt} + \nabla \cdot \boldsymbol{q}_{12} = R_{12} - m_{CO_2} E_{12} R_{CO_2}^{react} + E_{12} \nabla \cdot (\rho_{CO_2} \boldsymbol{V}_{CO_2})$$

(2.91)

$$\rho_{CO_2} \frac{dE_3}{dt} + \nabla \cdot \boldsymbol{q}_3 = R_3 - m_{CO_2} E_3 R_{CO_2}^{react} + E_3 \nabla \cdot (\rho_{CO_2} \boldsymbol{V}_{CO_2})$$

(2.92)

式中:$E_{12}(T_{12})$、$E_3(T_3)$ 为非平衡 $CO_2$ 振动模式的比振动能;$R_{12}$、$R_3$ 为由

$CO_2$ 振动弛豫的慢过程引起的生成项；$q_{12}$、$q_3$ 分别为组合模式和非对称模式的振动能量通量。

需要注意的是：对于简谐振子，各个 $CO_2$ 振动模式的振动能量仅取决于对应的振动温度；对于非谐振子，$E_{12}$ 和 $E_3$ 还取决于气体温度 $T^{[64]}$。

文献[69]给出了输运项的表达式。扩散速率和应力张量的表达式与 2.3 节给出的表达式相似。所有输运系数都由快速过程决定。在目前的情况下，压力张量中的体积黏度由所有组分分子的转动能量转换和 CO 与 $O_2$ 分子的振动能量转换 VT 来决定，可写为 $\zeta = \zeta_{rot} + \zeta_{vibr,CO} + \zeta_{vibr,O_2}$。对于简谐振子，快速非弹性 VV 和 $VV'_{1-2}$ 交换是共振的，因而对 $\zeta$ 没有影响。基本上可认为，弛豫压力与 $p$ 相比很小，通常可以忽略。

热通量为

$$q = -\lambda \nabla T - \lambda_{vibr,12} \nabla T_{12} - \lambda_{vibr,3} \nabla T_3 - p \sum_c D_{T_c} d_c + \sum_c \rho_c h_c V_c \quad (2.93)$$

式中：$\lambda = \lambda_{tr} + \lambda_{rot} + \lambda_{vibr}$ 是所有微偏离局部热平衡的自由度的热导率。这些自由度包括平动自由度、转动自由度，以及 CO 与 $O_2$ 的振动自由度。因此，$\lambda_{vibr} = \lambda_{vibr,CO} + \lambda_{vibr,O_2}$。热导率 $\lambda_{vibr,12}$ 和 $\lambda_{vibr,3}$ 对应于强非平衡振动模式：组合（对称 + 弯曲）振动模式和非对称振动模式。

在简谐振子方法中，$CO_2$ 组合振动模式和非对称振动模式的振动能量通量仅取决于对应振动温度的梯度：

$$q_{12} = -\lambda_{vibr,12} \nabla T_{12}, \quad q_3 = -\lambda_{vibr,3} \nabla T_3 \quad (2.94)$$

文献[69]将文献[68]中推导的输运算法推广到五组分 $CO_2/CO/O_2/C/O$ 混合气体的情况，并且直接应用到二维黏性流求解器中，以数值研究激波层中的式(2.87)~式(2.92)。

式(2.87)~式(2.92)中的源项对应为慢变过程，在该情况下，包括 $CO_2$ 振动能量跃迁和化学反应。振动能量跃迁速率通过对应的弛豫时间来表示。非平衡 $CO_2$ 离解速率系数采用文献[68]中提出的表达式来计算，该表达式是 Treanor - Marrone 模型在三原子分子情况下的推广。对于复合速率系数，可由平衡原理获得。至于交换反应和双原子分子离解的速率系数，则可采用了阿伦尼乌斯公式计算。

文献[69]采用上述精确动力学方法求解输运系数，通过式(2.87)~式(2.92)数值研究了钝头体附近二维黏性激波层，以模拟航天器 MRSRO 在典型条件下再入过程。具体研究了两种典型条件：$v_\infty = 5223\text{m/s}$，$\rho_\infty = 2.93 \times 10^{-4}\text{kg/m}^3$，$T_\infty = 140\text{K}$（TC1）；$v_\infty = 5687\text{m/s}$，$\rho_\infty = 3.141 \times 10^{-5}\text{kg/m}^3$，$T_\infty = 140\text{K}$（TC2）。假设自由流由纯 $CO_2$ 组成，则物体表面为非催化的或完全催

化的。

下面该示例的计算结果,显示了激波层的流场参数特征。图 2.17 给出了沿驻点线的气体温度 $T$、振动温度 $T_{12}$ 和 $T_3$ 的曲线,可见,激波层中存在一段非平衡区。

在求解控制方程组时,文献中不仅采用上述三温度近似方法,还采用了两种简化模型,即双温方法和单温方法。对于双温方法,假设所有振动模态温度相等,$T_v = T_{12} = T_3$[58];对于单温方法,则假设 $CO_2$ 分布接近热平衡状态,且气体温度满足 $T_{12} = T_3 = T$。输运系数的求解采用文献[72 – 74]中给出的近似公式;对于双温度 $CO_2$ 离解速率,采用 Park 模型[75]计算。

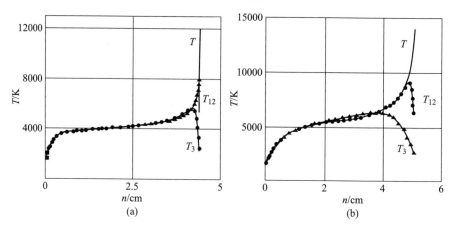

图 2.17　沿驻点线的温度曲线图
(a)条件 1;(b)条件 2。

图 2.18 为沿驻点线的气体温度分布,其中曲线 1 适用于微偏离热平衡流的单温模型、曲线 2 和曲线 3 分别适用于振动非平衡流的精确三温模型和简化双温模型。可见,双温和三温模型对应的气体温度曲线之间差别非常小,偏差不超过 5%。而单温模型的结果则明显偏离同多温模型的结果。考虑 $CO_2$ 的非平衡振动激发后,激波与物体表面之间的脱体距离略有增加,激波前沿附近气体温度显著增高(高达 30%),而物面附近气体温度几乎不变。另外,考虑 $CO_2$ 分子的振动非平衡后,表面热通量增大达 10%。

图 2.19 和图 2.20 显示了激波层中体积黏度的影响。图 2.19 为激波层中沿驻点线的体积与剪切黏度系数分布。激波前沿附近,体积黏度系数约为剪切黏度系数的 2 倍;且离表面越近,两者之间的差别越小。图 2.20 分别给出了物面热通量,图中分别给出了在流动方程中是否考虑体积黏度系数的结果。可见,考虑体积黏度系数后,热流增加达 10%。

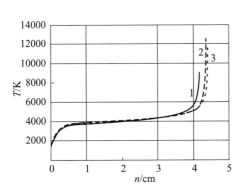
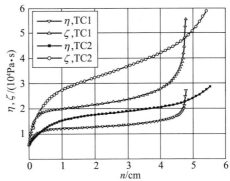

图 2.18　条件 1 的沿驻点线的气体温度[58]　　图 2.19　沿着临界线的体积与剪切黏度系数

1—单温模型；2—三温模型；3—双温模型。

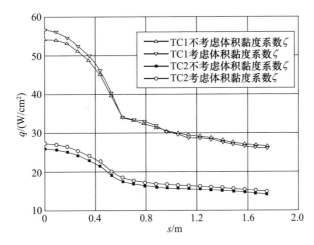

图 2.20　考虑和忽略体积黏度系数时沿物体表面的热通量

　　需要注意的是，如果双原子组分 CO 和 $O_2$ 脱离了热平衡状态，那么快速过程应包含这些分子的 VV 振动能量交换，而慢过程则为 TV 跃迁。对于这种情况，文献[76]提出了包括 CO 和 $O_2$ 分子振动温度方程的五温度动力学模型。

## 参考文献

[1] Stupochenko,Y.,Losev,S.,Osipov,A.:Relaxation in Shock Waves,Nauka,Moscow(1965);
Engl. Transl. Springer,Heidelberg(1967).

[2] Gordiets,B.,Osipov,A.,Shelepin,L.:Kinetic Processes in Gases and Molecular Lasers,Nauka,Moscow(1980);Engl. Transl.,Gordon and Breach Science Publishers,Amsterdam(1988).

[3] Kondratiev,V. ,Nikitin,E. :Kinetics and Mechanism of Gas Phase Reactions,Nauka,Moscow (1974).

[4] Nagnibeda,E. ,Kustova,E. :Nonequilibrium Reacting Gas Flows. Kinetic Theory of Transport and Relaxation Processes. Springer,Heidelberg(2009).

[5] Brun,R. :Introduction to Reactive Gas Dynamics. Oxford University Press(2009).

[6] Ern,A. ,Giovangigli,V. :Multicomponent Transport Algorithms. Lect. Notes Phys. ,Series Monographs,vol. 24. Springer,Heidelberg(1994).

[7] Chikhaoui,A. ,Dudon,J. ,Kustova,E. ,Nagnibeda,E. :Physica A 247(1 - 4),526(1997).

[8] Kustova,E. ,Nagnibeda,E. :Chem. Phys. 233,57(1998).

[9] Ferziger,J. ,Kaper,H. :Mathematical Theory of Transport Processes in Gases. North - Holland, Amsterdam(1972).

[10] Belouaggadia,N. ,Brun,R. :J. Thermophys. Heat Transfer 12(4),482(1998).

[11] Kustova,E. V. :Rarefied Gas Dynamics. In:Abe,Takashi(eds. ) Proc. 26th Int. Symp. ,Series:AIP Conference Proceedings,Kyoto,Japan,July 2008,vol. 1084,p. 807(2009).

[12] Chernyi,G. ,Losev,S. (eds. ):Physical - Chemical Processes in Gas Dynamics,vol. 1, 2. Moscow University Press,Moscow(1995).

[13] Schwartz,R. ,Slawsky,Z. ,Herzfeld,K. :J. Chem. Phys. 20,1591(1952).

[14] Gordiets,B. ,Zhdanok,S. :In:Capitelli,M. (ed. ) Nonequilibrium Vibrational Kinetics, vol. 43. Springer,Heidelberg(1986).

[15] Millikan,R. C. ,White,D. R. :J. Chem. Phys. ,39,3209(1963).

[16] Billing,G. ,Fisher,E. :Chem. Phys. 43,395(1979).

[17] Billing,G. ,Kolesnick,R. :Chem. Phys. Lett. 200(4),382(1992).

[18] Laganà,A. ,Garcia,E. :J. Chem. Phys. 98,502(1994).

[19] Laganà,A. ,Riganelli,A. ,de Aspuru,G. ,Garcia,E. ,Martinez,M. :In:Capitelli,M. (ed. ) Molecular Physics and Hypersonic Flows,pp. 35 - 42. Kluwer Acad. Publishers,Netherlands (1996).

[20] Esposito,F. ,Capitelli,M. ,Gorse,C. :Chem. Phys. 257,193(2000).

[21] Armenise, I. , Capitelli, M. , Celiberto, R. , Colonna, G. , Gorse, C. , Laganà, A. : Chem. Phys. Lett. 227,157(1994).

[22] Adamovich,I. ,Macheret,S. ,Rich,J. ,Treanor,C. :J. Thermophys. Heat Transfer 12(1),57 (1998).

[23] Adamovich,I. ,Rich,J. :J. Chem. Phys. 109(18),7711(1998).

[24] Gonzales,D. ,Varghese,P. :J. Thermophys. Heat Transfer 8(2),236(1994).

[25] Armenise,I. ,Capitelli,M. ,Colonna,G. ,Gorse,C. :J. Thermophys. Heat Transfer 10(3),397 (1996).

[26] Capitelli,M. ,Armenise,I. ,Gorse,C. :J. Thermophys. Heat Transfer 11(4),570(1997).

[27] Losev,S. ,Pogosbekian,M. ,Sergievskaya,A. ,Kustova,E. ,Nagnibeda,E. :In:Capitelli,M.

( ed. ) Rarefied Gas Dynamics, AIP Conference Proceedings, vol. 762, p. 1049 (2005).

[28] Nagnibeda, E. , Novikov, K. : In: Ivanov, M. , Rebrov, A. ( eds. ) 25th International Symposium on Rarefied Gas Dynamics, Novosibirsk, vol. 971 (2007).

[29] Osipov, A. : Teor. Exp. Khim. 2(11), 649 (1966).

[30] Marrone, P. , Treanor, C. : Phys. Fluids 6(9), 1215 (1963).

[31] Lordet, F. , Meolans, J. , Chauvin, A. , Brun, R. : Shock Waves 4, 299 (1995).

[32] Gardiner, W. ( ed. ) : Combustion Chemistry. Springer, New York (1984).

[33] Park, C. : Nonequilibrium Hypersonic Aerothermodynamics. J. Wiley and Sons, Chichester (1990).

[34] Esposito, F. , Capitelli, M. , Kustova, E. , Nagnibeda, E. : Chem. Phys. Lett. 330, 207 (2000).

[35] Candler, G. , Olejniczak, J. , Harrold, B. : Phys. Fluids 9(7), 2108 (1997).

[36] Varghese, P. , Gonzales, D. : In: Capitelli, M. ( ed. ) Molecular Physics and Hypersonic Flows, p. 105. Kluwer Acad. Publishers, Netherlands (1996).

[37] Kovach, E. , Losev, S. , Sergievskaya, A. : Chem. Phys. Rep. 14, 1353 (1995).

[38] Polanyi, J. : Acc. Chem. Res. 5, 161 (1972).

[39] Birely, J. , Lyman, J. : J. Photochem. 4, 269 (1975).

[40] Gilibert, M. , Aguilar, A. , Gonzales, M. , Sayos, R. : Chem. Phys. 178, 287 (1993).

[41] Gilibert, M. , Aguilar, A. , Gonzales, M. , Mota, F. , Sayos, R. : J. Chem. Phys. 97, 5542 (1992).

[42] Gilibert, M. , Aguilar, A. , Gonzales, M. , Sayos, R. : J. Chem. Phys. 99, 1719 (1993).

[43] Bose, D. , Candler, G. : J. Chem. Phys. 104(8), 2825 (1996).

[44] Capitelli, M. , Ferreira, C. , Gordiets, B. , Osipov, A. : Plasma Kinetics in Atmospheric Gases. Series on atomic, optical and plasma physics, vol. 31. Springer, Berlin (2000).

[45] Knab, O. , Frühauf, H. , Messerschmid, E. : J. Thermophys. Heat Transfer 9(2), 219 (1995).

[46] Aliat, A. : Physica A 387, 4163 (2008).

[47] Kustova, E. : Chem. Phys. 270(1), 177 (2001).

[48] Treanor, C. , Rich, J. , Rehm, R. : J. Chem. Phys. 48, 1798 (1968).

[49] Chikhaoui, A. , Dudon, J. , Genieys, S. , Kustova, E. , Nagnibeda, E. : Phys. Fluids 12(1), 220 (2000).

[50] Kustova, E. , Nagnibeda, E. : In: Brun, R. , et al. ( eds. ) Rarefied Gas Dynamics, CEPADUES, 21th edn. , Toulouse, vol. 1, p. 231 (1999).

[51] Losev, S. , Yarygina, V. : Russ. J. Phys. Chem. B 3, 641 (2009).

[52] Heaps, H. , Herzberg, G. : Z. Physik 133, 49 (1953).

[53] Aliat, A. , Kustova, E. , Chikhaoui, A. : Chem. Phys. 314, 37 (2005).

[54] Aliat, A. , Kustova, E. , Chikhaoui, A. : Phys. Rev. E 68, 056306 (2003).

[55] Deleon, R. , Rich, J. : Chem. Phys 107, 283 (1986).

[56] Takahashi, T. , Yamada, T. , Inatani, Y. : In: 20th International Symposium on Space Technolo-

gy and Science, Gifu, Japan(1996).

[57] Herzberg, G. : Infrared and Raman Spectra of Polyatomic Molecules. D. Van Nostrand Company, Inc. , New York(1951).

[58] Taylor, R. , Bitterman, S. : Rev. Mod. Phys. 41(1), 26(1969).

[59] Thomson, R. : J. Phys. D: Appl. Phys. 11, 2509(1978).

[60] Brun, R. : AIAA Paper 88 – 2655(1988).

[61] Likalter, A. : Prikl. Mekh. Tekn. Fiz. , 4, 3(1976)(in Russian).

[62] Anderson, J. : Gasdynamic Lasers: An Introduction. Academic Press, New York(1976).

[63] Cenian, A. : Chem. Phys. , 132, 41(1989).

[64] Kustova, E. , Nagnibeda, E. : In: Brun, R. , et al. (eds.) Rarefied Gas Dynamics, CEPADUES, 2nd edn. , Toulouse, France, pp. 289 – 296(1999).

[65] Chikhaoui, A. , Kustova, E. : Chem. Phys. 216, 297(1997).

[66] Kustova, E. , Nagnibeda, E. , Chikhaoui, A. : In: Munz, E. , Ketsdever, A. (eds.) Rarefied Gas Dynamics, AIP Conference Proceedings, vol. 663, p. 100(2003).

[67] Kustova, E. , Nagnibeda, E. : In: Bartel, T. , Gallis, M. (eds.) Rarefied Gas Dynamics, AIP Conference Proceedings, vol. 585, p. 620(2001).

[68] Kustova, E. , Nagnibeda, E. : Chem. Phys. 321, 293(2006).

[69] Kustova, E. , Nagnibeda, E. : In: Abe, T. (ed.) Rarefied Gas Dynamics, AIP Conference Proceedings, vol. 1084, p. 801(2009).

[70] Makarov, V. , Losev, S. : Khim. Phizika, 16(5), 29(1997)(in Russian).

[71] Losev, S. , Kozlov, P. , Kuznezova, L. , Makarov, V. , Romanenko, Y. , Surzhikov, S. , Zalogin, G. : In: Harris, R. (ed.) Proc. of the 3rd European Symp. on Aerothermodynamics for Space Vehicles, ESTEC, Noordwijk, The Netherlands, vol. 426, p. 437. ESA Publication Division, ESA(1998).

[72] Wilke, C. : J. Chem. Phys. 18, 517(1950).

[73] Mason, E. , Saxena, S. : Phys. Fluids 1, 361(1958).

[74] Armaly, B. , Sutton, K. : AIAA Paper 82 – 0469(1982).

[75] Park, C. , Howe, J. , Jaffe, R. , Candler, G. : J. Thermophys. Heat Transfer 8(1), 9(1994).

[76] Kustova, E. , Nagnibeda, E. , Shevelev, Y. , Syzranova, N. : In: Proc. 27th Int. Symp. On Rarefied Gas Dynamics(2010)(accepted for publication).

# 第**3**章

## 激波后非平衡动力学实验研究

## 3.1 引　　言

　　物理和化学动力学在高温气体方面的应用对于研究超声速飞行的空气动力学、高层大气现象以及很多的实际应用具有重要的意义,因此这方面的研究引起学术界越来越大的兴趣。

　　采用激波管研究气体的物理和化学动力学过程始于几十年前。由于经典实验方法的进步(如干涉测量法、压力测试法、激光纹影法、发射和吸收光谱法(原子共振吸收光谱(ARAS))),以及相对较新的实验技术进步(如相干反斯托克斯拉曼散射(CARS)和激光诱导发光(LII)),采用激波管来研究气体的物理和化学动力学过程一直沿用至今。关于高温气体化学、燃烧化学以及环境问题,已有很多综述类文章对其进行总结[1-9]。在专著[10-15]中也可以找到这些信息。由于横断面上几乎可以实现瞬时均匀加热,在激波管中可以研究气体中发生的各种弛豫过程,包括在激波前沿平移和旋转平衡的建立、双原子和多原子分子的振动弛豫过程,以及直接和逆向化学反应、相互影响的化学过程,振动转动和电子动力学过程,辐射过程,团簇的形成等。在一个章节中很难把所有可能发生的过程都进行介绍总结,因此,在下面只对少数几个方面的研究内容进行介绍。其中,最主要的内容是对二原子和三原子分子的振动弛豫介绍,包括在非绝热碰撞反应中的弛豫以及在 $C-O$、$N-C-O$ 原子系统中的化学反应结果。用于表征化学反应速率的动力学系数(速率系数或速率常数)在激波前沿后的气流区域进行测量,该区域尚未达到化学平衡。

　　本章还简要描述了与分子(原子)的辐射激发态布居相关的非平衡辐射,指出不同的非平衡态与高温弛豫过程中的分子(原子)的内部状态有关,包括其自发辐射、量变化过程和热辐射等。所有过程的平衡则与分子(原子)自身的状态及其周边环境有关。

## 3.2 双原子分子的振动弛豫

对反应速率,尤其是对振动弛豫速率的实验研究,为实际气体流动发展的理论和数值模拟提供了依据。

一般而言,振动弛豫时间 $\tau$ 由实验获得(通过测量压力、密度和吸收率等),与能量弛豫方程之间的关系为

$$d\varepsilon_v/dt = (\varepsilon_v^{eq} - \varepsilon_v)/\tau \tag{3.1}$$

式中:$\varepsilon_v$ 为气体的瞬时振动能量;$\varepsilon_v^{eq}$ 为其瞬时平衡振动能量,是平动温度的函数;$\tau$ 与温度之间的近似关系可用 Landau – Teller[16] 理论描述,即

$$\tau = A \cdot \exp(B\,T^{-1/3}) \tag{3.2}$$

式(3.2)经调整后,适应绝热条件(Massey 参数 $\omega\tau_{coll} \gg 1$,$\omega$ 为振动频率,$\tau_{coll}$ 为碰撞时间)与双振子或简谐振子单量子跃迁。

目前,大量文献报道了不同种类碰撞分子振动弛豫的实验数据[13,17],其中引用最高为文献[18],该文献包含关于双分子体系与诸多不同碰撞对象弛豫时间的大量简单经验数据。然而,在严格绝热碰撞条件下,仍存在实验数据与由原始 Landau – Teller[16] 理论推导数据的系统误差[18]。造成该现象的原因除了过高的温度,还有其他因素,如两个相互作用物体之间的吸力分支(如 $CO_2$ (0001)、$N_2$(0) 之间的碰撞)、分子的旋转(如含有 H 分子)、与电子自由度有关的弛豫过程(如 NO 弛豫过程)和重原子非绝热碰撞。下面也给出了经典 Landau – Teller 振动弛豫理论的偏差实例。

###  $O_2$、$N_2$、CO、NO 振动弛豫

1. $O_2 - O_2$

已有多种方法研究了激波阵面后 $O_2 - O_2$ 的双原子碰撞体系中氧的振动弛豫:紫外($\lambda = 210 \sim 240\,nm$)吸收理论应用于 $T = 1200 \sim 7000\,K$[19-20] 和 $T = 600 \sim 2000\,K$[21] 时的弛豫研究,激光纹影技术应用于 $T = 1000 \sim 3700\,K$[22] 和 $T = 600 \sim 2600\,K$[23] 的弛豫研究,这些理论基于气体密度测量或由分子振动激发的位于激波阵面后的氧气随时间的吸收特性。通过测量位于反射激波后方排气口处 $O_2$ 的吸收率,研究了 $T = 500 \sim 2050\,K$ 时 $O_2$ 的振荡退激[24-25]。文献[26-27]给出了利用激波管测量的 $T = 500 \sim 10200\,K$ 时的 $O_2 - O_2$ 振动弛豫数据,当 $T = 6000 \sim 7000\,K$ 时,这些数据与温度弱相关,以上数据及其结果在文献[18]中

利用系统学方法描述,在稍后的研究中,同一作者认为温度范围不会超过7000K。当 $T=500\sim7000K$ 时,所有已测量数据均可由式(3.2)推导(误差 $\pm50\%$ ),参数 $A$ 、$B$ [22]由表3.1给出。

表3.1  $O_2-O_2$ 、$O_2-Ar$ 、$O_2-He$ 、$O_2-D_2$ 、$O_2-O$ 碰撞的振动弛豫数据

| 碰撞体系 | $A/(atm \cdot s)$ | $B/K^{1/3}$ | $T/K$ | 参考文献 |
|---|---|---|---|---|
| $O_2-O_2$ | $2.92\times10^{-10}\pm50\%$ | 126 | $500\sim7000$ | [22] |
| $O_2-Ar$ | $8.3\times10^{-11}$ | $163\pm30\%$ | $1200\sim7000$ | [28] |
| $O_2-Ar$ | $2.0\times10^{-10}\pm25\%$ | 156 | $1000\sim1600$ | [30] |
| $O_2-Ar$ | $(1.6\times10^{-14}\pm30\%)T$ | 173.13 | $3000\sim10000$ | [31] |
| $O_2-He$ | $5.3\times10^{-9}$ | 60 | $400\sim8600$ | [29,33] |
| $O_2-H_2$ | $1.0\times10^{-8}$ | 36 | $400\sim2000$ | [34] |
| $O_2-D_2$ | $4.5\times10^{-9}$ | 62.9 | $300\sim850$ | [35] |
| $O_2-O$ | $7.48\times10^{-10}$ | 47.7 | $1500\sim3000$ | [67] |

2. $O_2-Ar$

为分析混合物(如 $O_2-Ar$ 混合物)中氧的振动弛豫,引入线性混合规则:

$$1/\tau_{mix} = \varphi/\tau(O_2-O_2) + (1-\varphi)/\tau_{O_2-Ar} \quad (3.3)$$

式中: $\varphi$ 为氧的摩尔分数。

文献[28]给出了 $O_2-Ar$ 混合体中氧的振动弛豫时间的测量方法:当 $T=1200\sim7000K$ 时记录入射激波阵面后真空紫外波( $\lambda=147nm$ )吸收率,结果由表3.1给出。

当 $T=400\sim1600K$ 时,通过干涉法得到的结果与文献[28]中的结果相一致。 $T=1000\sim1600K$ 时,文献[30]通过 $\alpha-Lyman$ 吸收得到的反射激波后 $\tau$ ( $O_2-Ar$ )取值(表3.1)在温度重和区域略高于文献[28]中取值。

当 $T=3000\sim10000K$ 时,文献[31]比较了 $O_2-Ar$ 混合物在七个波段( $164\sim224.5nm$ )的激波后吸收率测量值与之前的数据,若温度升高,则振动弛豫呈现一定程度的减速现象(7000K时为2.3倍)。

3. $O_2-He$ ,$O_2-H_2$

相较于与大分子气体混合,若 $O_2$ 与小分子气体( $H_2$ 、He)混合,其碰撞效率极高,即振动弛豫极快,这由 Landau-Teller 表达式推导而来,原因为 VT 转换概率 $P(1\rightarrow0)$ 依赖于碰撞对的约化质量,大量的实验数据也证明了这一点。与 He 处于碰撞状态 $O_2$ 的弛豫时间有以下测量方式:当 $T=400\sim1600K$ 时,文献[29]在激波阵面后应用基于干涉法的密度变化进行弛豫研究;文献[32]在约3600K、

文献[33]在 $T = 5600 \sim 8600K$ 时应用紫外吸收光谱进行弛豫研究。另外，文献[34-35]应用干涉法对与氘和氢混合的 $O_2$ 的振动弛豫进行了研究。

4. CO-CO

当 $T = 2200 \sim 4900K$ 时，文献[36]对激波中 CO 利用干涉法对其振动弛豫进行了测量，文献[37-40]通过探测 CO 的红外发射、文献[41]通过记录 $T = 2200 \sim 6000K$ 时激波管尾部气体的压力变化对 CO 的振动弛豫进行了测量。文献[36,41]中数据与文献[37]中部分一致，实验证明了文献[37]中推导的温度上升至 5000K 时的数据，然而，文献[43]指出，$T > 5000K$ 时其弛豫略有增加（6000K 时增加 20%）。

表 3.2　CO-CO、CO-Ar、CO-Kr、CO-Ne、CO-He、CO-H$_2$、CO-O、CO-H
碰撞的振动弛豫数据

| 碰撞体系 | $A/(atm \cdot s)$ | $B/K^{1/3}$ | $T/K$ | 参考文献 |
|---|---|---|---|---|
| CO-CO | $7.1 \times 10^{11}$ | 174.57 | $2200 \sim 6000$ | [36-37,41] |
| CO-CO | $5.74 \times 10^{-11}$ | 181 | $1500 \sim 3000$ | [38] |
| CO-Ar | $3.55 \times 10^{-12}$ | 232.6 | $1100 \sim 2500$ | [44] |
| CO-Kr | $2.07 \times 10^{-10}$ | 187 | $2100 \sim 7000$ | [45] |
| CO-Ne | $6.86 \times 10^{-10}$ | 142 | $1400 \sim 3000$ | [45] |
| CO-He | $5.0 \times 10^{-9}$ | 87 | $580 \sim 1500$ | [45] |
| CO-H$_2$ | $3.0 \times 10^{-9}$ | 67 | $580 \sim 2900$ | [37] |
| CO-O | $(6.8 \pm 50\%) \times 10^{-10}$ | 54 | $1800 \sim 4000$ | [68] |
| CO-O | $(0.6 \pm 0.1) \times 10^{-7}$ | 0 | $2800 \sim 3900$ | [69] |
| CO-H | $(1.4 \pm 0.3) \times 10^{-8}$ | $3 \pm 2$ | $840 \sim 2680$ | [71] |
| CO-H | $2.3 \times 10^{-16}$ | 188.9 | $1400 \sim 3000$ | [72-73] |

文献[38]通过探测 $T = 1500 \sim 3000K$ 时 CO 的全中红外辐射谱，其值（表 3.2）超过了文献[37]报道的 1.4(1500K) 和 1.16(5000K)。文献[39]中记录的 $500 \sim 3000K$ 时激波阵面后 CO 谐波发射 $2.34\mu m$ 以及基带发射 $4.66\mu m$ 与文献[38]是吻合的。

5. CO-Ar,Ne,Kr

当 $T = 1100 \sim 2500K$ 时，文献[37]通过记录激波后 5% CO+95% Ar 混合碰撞气体的红外发射对 CO-Ar 的振动弛豫进行了分析，文献[44]则通过记录反射激波后 0.5% CO+95.5% Ar 气体中膨胀波的红外辐射对其进行了研究，两者的结果均与实验吻合。文献[45]给出了利用测量入射激波后的红外吸收得到的 CO-Ne、CO-Kr 混合气体振动弛豫。以上数据均见表 3.2。

**6. CO – He,CO – H₂**

文献[37,45]利用测量入射激波后的红外辐射强度研究了 CO 与 H₂、He 混合时的振动弛豫。相比于 O,CO 与 H₂、He 混合时的振动弛豫极快。

**7. N₂ – N₂**

文献[18]总结了 $T=2000 \sim 5500K$ 时利用干涉法测量的 N₂ – N₂ 的振动弛豫的一些早期结果。文献[46]在 $T=3000 \sim 9000K$ 时,利用波长为 117.6nm 的真空紫外吸收技术测量了 N₂ – N₂ 的振动弛豫;文献[47]在 $T=3300 \sim 7000K$ 时通过对激波管尾部气体进行时间分辨测量对其振动弛豫进行了研究;文献[48 – 49]分别在 $T=1900 \sim 2800K$ 和 $T=1500 \sim 5000K$ 时通过干涉法对振动弛豫进行了研究;文献[50]利用激光纹影技术在 $T=3000 \sim 4500K$ 进行了相关研究。此外,也有其他技术应用于该领域,文献[51]中使用了相干反斯托克斯散射(CASRS)带宽法,该方法通过测量 $T=1200 \sim 3000K$ 时位于反射激波管中膨胀气流的弓形激波脱体距离得到振动弛豫。以上所有数据在温度重合区域一致,并具有均等的温度 – 弛豫时间关系[18]。

文献[52]在 $T=8000 \sim 15500K$ 时使用放电脉冲氙源($\lambda =127nm$)对入射激波后 N₂ 进行紫外激发得到 N₂ 振动弛豫,相较于在较低温度下获取的数据,温度较高时该结果在温度与振动弛豫的关联性减弱。

表 3.3　N₂ – N₂、N₂ – H₂O、N₂ – H₂、N₂ – He、N₂ – O 碰撞的振动弛豫数据

| 碰撞体系 | $A/(atm \cdot s)$ | $B/K^{1/3}$ | $T/K$ | 参考文献 |
|---|---|---|---|---|
| N₂ – N₂ | $6.0 \times 10^{-12}$ | 234.9 | 1200 ~ 9000 | [18] |
| N₂ – N₂ | $(4.6 \times 10^{-15} \pm 30\%)T$ | 230 | 8000 ~ 15500 | [52] |
| N₂ – H₂O | $0.26 \times 10^{-6}$ | 21 | 1600 ~ 3100 | [55] |
| N₂ – H₂O | $0.18 \times 10^{-6}$ | 11.3 | 1300 ~ 3100 | [56] |
| N₂ – H₂ | $0.24 \times 10^{-8}$ | 80.6 | 1630 ~ 2370 | [57] |
| N₂ – He | $3.8 \times 10^{-10}$ | 123 | 1940 ~ 3100 | [58] |
| N₂ – O | $(2 \sim 0.4) \times 10^{-6}$ | 0 | 3000 ~ 4500 | [50] |
| N₂ – O | $(2 \sim 0.8) \times 10^{-6} \pm 50\%$ | 0 | 1200 ~ 3000 | [74] |
| N₂ – O | $(0.36 \pm 0.1) \times 10^{-6}$ | 0 | 2500 ~ 3900 | [69] |

**8. N₂ – H₂O**

为估算以 N₂ 作为储能源和 H₂O 作为低能级退化剂的 CO₂ 气体激光器的高温性能,对 N₂ – H₂O 混合气体振动弛豫的研究极大地引起了研究者的兴趣。文献[53 – 54]在 2000K 附近尚无法确定弛豫速率常数的数量级,文献[55]于入射激波后在 $T=1600 \sim 3100K$ 时利用气体密度干涉法、利用 CO 作为示踪剂进行基

带红外辐射的测量两种方式对振动弛豫进行了监测。考虑到低温下数据的有效性,表 3.3 给出了文献[55]的数据(这些数据被文献[54]证实)。

文献[56]在 $T=1300\sim3100K$ 时使用激光纹影技术在入射激波后对 $N_2-H_2O$ 混合气体的振动弛豫进行了研究,其弛豫时间由公式给出(表 3.3)。

9. $N_2-He,N_2-H_2$

文献[57-58]利用光学干涉法测量了 $N_2-He$ 和 $N_2-H_2$ 混合气体的振动弛豫。作为其他实验结果的代表,这些结果在弛豫区以平均温度函数的形式给出(表 3.3)。

10. $NO-NO,NO-Ar$

文献[59]在 $T=730\sim2700K$ 利用激光纹影技术在激波管中对 $NO-Ar$ 混合气体的弛豫时间进行了研究;文献[60]利用红外辐射($900\sim2700K$)、文献[61-62]利用紫外吸收分别在 $T=900\sim2700K$ 和 $T=1500\sim6800K$ 进行了相关研究。

以上实验结果显示 NO 具有非常高的弛豫速率,原因是 NO 分子存在轨道简并电子 $\Pi$ 态以及由 $NO-NO$ 碰撞产生的多个潜势面。表 3.4 给出了 NO 与 NO 和 Ar 碰撞时产生的弛豫时间[60],这些数据和其他研究中的实验数据相一致。

表 3.4    $NO-Ar$、$NO-NO$、$NO-O$、$NO-Cl$ 碰撞的振动弛豫数据

| 碰撞体系 | $A/(atm \cdot s)$ | $B/K^{1/3}$ | $T/K$ | 参考文献 |
|---|---|---|---|---|
| $NO-Ar$ | $1.4\times10^{-6}$ | 33.85 | $730\sim6800$ | [59-62] |
| $NO-NO$ | $1.4\times10^{-8}$ | 14.05 | $730\sim6800$ | [59-62] |
| $NO-O$ | $1.7\times10^{-8}$ | 0 | 2700 | [61] |
| $NO-Cl$ | $1.7\times10^{-8}$ | 0 | 1700 | [61] |

### 3.2.2 双原子分子与能级活性原子碰撞的振动弛豫

双原子分子与能级活性原子的碰撞的振动弛豫效率极高,诸多研究针对 $O_2-O$、$CO-H$、$CO-Fe$、$NO-O$ 和 $NO-Cl$ 等碰撞体系利用激波管对其振动弛豫进行了研究,然而对于它们高效碰撞的本质机理尚无明确定论。其中一个解释为碰撞中能级活性原子产生的长程吸引的强烈影响,另一解释为碰撞体产生的非零电子角动量导致的电子非绝热跃迁会促进弛豫效率[63]。此外,文献[64]也给出了第三种猜想,涉及碰撞时键中络合物的形成,形成过程伴随着能量的转移。另外,由活性碰撞导致的化学交换也可能导致弛豫效率的增加。事实上,可以同时使用多个上述机理来解释相关问题,如 $O_2-O$ 的混合气体,但该问题仍无确切解释。

1. $O_2 - O$

文献[65]使用臭氧分解产生的 O 研究了 $O_2 - O$ 的振动弛豫,文献[65]则由放电流激波管实现振动弛豫的测量。文献[65]中数据拟合方程为

$$p\tau_{O_2-O} = 4.35 \times 10^{-8} - 7.75 \times 10^{-12} T(\text{atm} \cdot \text{s})$$

表3.1 给出了文献[67]中对文献[65]数据的拟合结果。

文献[66]使用激光纹影技术测量 $O_2 - O$ 的振动弛豫,通过对放电气体中加入少量已测量过的 NO 来产生空气余晖以检测 O 浓度。当 $T = 1000 \sim 3400\text{K}$ 时,文献[66]中结果可由下式表达:

$$p\tau_{O_2-O} = (3.06 \pm 0.19) \times 10^{-8} - (2.08 \pm 8.34) \times 10^{-13} T(\text{atm} \cdot \text{s})$$

文献[25]通过测量采用位于激波管后端楔形喷口中部分解离氧气流的 UV 吸收(210nm、230nm)来实现氧气振动退激的测量。在 $T = 1000 \sim 3000\text{K}$ 时,对超声速气体的数值模拟可以用来估计 $O_2 - O$ 的振动弛豫:

$$p\tau_{O_2-O}[\pm 35\%] = 3.10 \times 10^{-8} + 4.5 \times 10^{-13} T\exp(110\, T^{-\frac{1}{3}})\,(\text{atm} \cdot \text{s})$$

当 $T = 1000\text{K}$ 时,文献[24,65 - 66]中各因子相差 $2 \sim 3$,可能因为对测量结果的处理与解释不合适,但这些数据在约3000K时是一致的。需要指出的是,$O_2 - O$ 混合气体的振动弛豫时间比 $O_2 - O_2$ 混合气体低 $2 \sim 3$ 个数量级。

2. $CO - O$

CO 的振动退激时 $O - H$ 弛豫效率增加。文献[68]在 $T = 1800 \sim 4000\text{K}$ 时入射激波后利用 CO 的基带辐射测量了 $p\tau_{O_2-O}$ 值,其中 O 来自急速热分解的臭氧。文献[69]在 $T = 2800 \sim 3900\text{K}$ 时也进行了 $CO - O$ 的振动弛豫研究[70],相关数据在表3.2 给出。

3. $CO - H$

文献[71]在 $T = 840 \sim 2680\text{K}$ 时利用放电气体激波管测量了 $CO - H$ 的振动弛豫,其中 CO 的振动级由红外辐射光谱检测,加热前 H 浓度由光化学滴定法确定。文献[72]利用激波风洞中的急速非平衡膨胀波研究 $CO - H$ 的振动弛豫,该研究在激波管中加入少量氢气,使用经校准的红外探测系统探测 $2.3\mu\text{m}$ 处红外辐射的第一级谐波强度来确定 CO 的振动温度,相比于文献[71],该研究得到的振动弛豫时间相对较短。实际上,文献[71]使用 CARS 频谱方法在激波风洞中对超声速气流进行测量得到的结果与文献[73]一致,文献[73]认为,当参数因子为2时其主要的不确定性来源于 CO 振动温度的测量。以上结果在表3.2 给出。

4. $N_2 - O$

文献[50]在 $T = 3000 \sim 4500\text{K}$ 时利用激光纹影技术在激波后研究了 $N_2 - O$ 的振动弛豫,实验中 O 来源自激波后阵面臭氧的分解。文献[74]利用 CO 示踪

技术在 $T = 1200 \sim 3000\mathrm{K}$ 对 $N_2 - O$ 的振动弛豫进行了研究,在该温度范围内测量的弛豫时间 $p\,\tau_{N_2-O}$ 的取值为 $0.8 \sim 2\mathrm{atm} \cdot \mu\mathrm{s}$(不确定度 $\pm 50\%$)。文献[69 – 70]利用激光纹影技术在 $T = 2800 \sim 3900\mathrm{K}$ 时研究了 $N_2 - O$ 的振动弛豫,实验中 O 来自于激波后阵面 $N_2O$ 的快速分解,并利用 CO 示踪技术检测 O(记录 $CO - O$ 的绝对符合辐射强度),得到的 $p\,\tau_{N_2-O}$ 值与之前的结果一致。相较于纯 $N_2$ 的测量结果,以上结果均约小 2 个数量级(表3)。

5. $NO - O, NO - Cl$

文献[62]通过检测入射/反射激波后 NO 在 γ 波段($\lambda$ 为 226nm、236nm、247nm)的吸收率测量 $NO - O$ 与 $NO - Cl$ 的振动弛豫,实验中 O 和 Cl 来源于 $N_2O$、$N_2O$ 在约 2700K 和 ClNO 在约 1700K 时的快速热分解,微波加热含 0.2% $\sim$ 4.4% NO 的 Ar。在 NO 弛豫中 O 和 Cl 的高效率(表3.4)表明,该过程的化学本质与化学键(NO)、碰撞络合物(ClNO)有关。

### 3.2.3 $H_2$ 和 $D_2$ 振动弛豫

不管是从理论角度($H_2$ 是转动角动量最大的分子),还是从实用角度(分离同位素、$H_2$ 是燃烧化学重要组成),研究 $H_2$ 的振动弛豫都具有重要的意义。

文献[35]利用干涉法在激波管中观测 $H_2$ 和 $D_2$ 的振动弛豫,然而采用传统干涉法无法分辨高弛豫速度的 $H_2$ 和 $D_2$,测量结果为 $T = 1400\mathrm{K}$ 时 $p\,\tau_{H_2-H_2} < 2 \times 10^{-6}(\mathrm{atm} \cdot \mathrm{s})$,$p\,\tau_{D_2-D_2} < 6 \times 10^{-6}(\mathrm{atm} \cdot \mathrm{s})$。

在后期的研究中,文献[75 – 77]利用窄带光(或宽带光[78])、激光光电倍增技术对 $H_2$ 和 $D_2$ 的振动弛豫进行了研究

以上结果均在表 3.5 中以通用 Laudau – Teller 形式给出:

$$p\tau = A \cdot \exp(BT^{1/3})\,(\mathrm{atm} \cdot \mathrm{s})$$

表3.5　$H_2 - H_2$、$H_2 - Ar$、$H_2 - He$、$H_2 - Ne$、$H_2 - Kr$、$D_2 - Kr$、$D_2 - D_2$、$D_2 - Ar$ 碰撞的振动弛豫数据

| 碰撞体系 | $A/(\mathrm{atm} \cdot \mathrm{s})$ | $B/\mathrm{K}^{1/3}$ | $T/\mathrm{K}$ | 参考文献 |
|---|---|---|---|---|
| $H_2 - H_2$ | $(3.9 \pm 0.8) \times 10^{-10}$ | $100 \pm 2.6$ | $1100 \sim 2700$ | [76] |
| $H_2 - H_2$ | $(2.06 \pm 0.06) \times 10^{-9}$ | $80 \pm 0.4$ | $1350 \sim 3000$ | [76] |
| $H_2 - Ar$ | $(16 \pm 3.3) \times 10^{-9}$ | $100 \pm 2.6$ | $1500 \sim 2700$ | [76] |
| $H_2 - Ar$ | $(1.1 \pm 0.1) \times 10^{-9}$ | $103.8 \pm 1.3$ | $1350 \sim 3000$ | [77] |
| $H_2 - He$ | $(1.05 \pm 0.15) \times 10^{-9}$ | $95.2 \pm 1.84$ | $1350 \sim 3000$ | [77] |
| $H_2 - Ne$ | $(8.05 \pm 0.65) \times 10^{-9}$ | $65.5 \pm 1.1$ | $1350 \sim 3000$ | [77] |
| $H_2 - Kr$ | $(1.27 \pm 0.34) \times 10^{-8}$ | $84 \pm 3.66$ | $1350 \sim 3000$ | [77] |

（续）

| 碰撞体系 | $A/(\text{atm} \cdot \text{s})$ | $B/\text{K}^{1/3}$ | $T/\text{K}$ | 参考文献 |
|---|---|---|---|---|
| $D_2 - \text{Kr}$ | $1.3 \times 10^{-9}$ | 125 | $1200 \sim 2300$ | [78] |
| $D_2 - D_2$ | $(2.7 \pm 0.3) \times 10^{-10}$ | $110.5 \pm 1.5$ | $1100 \sim 3000$ | [78] |
| $D_2 - D_2$ | $0.79 \times 10^{-10}$ | 125 | $1200 \sim 2300$ | [78] |
| $D_2 - \text{Ar}$ | $(1.0 \pm 0.7) \times 10^{-9}$ | $118 \pm 10$ | $1600 \sim 3000$ | [75] |
| $D_2 - \text{Ar}$ | $3.8 \times 10^{-10}$ | 125 | $1200 \sim 2300$ | [78] |

### 3.2.4 卤化物的振动弛豫

**1. HI – Ar**

卤化氢分子是旋转速度较大、分子间引力较大的极性分子,这些特性使得卤化氢分子具有较为灵敏的振动能量转移的测试方法。文献[79]在 $T = 1400 \sim 2300\text{K}$ 时通过测量激波后四个振动态 $v = 0 \sim 3$ 的电子基态($\lambda = 2498 \sim 4130\text{nm}$)的光吸收率,确定了含 10% HI 的 Ar 的振动弛豫,结果表明所有电子基态均具有相同的弛豫常数(HI – Ar 混合气体碰撞常数 $k \approx 1.0 \times 10^{-13} \text{cm}^3/(\text{分子个数} \cdot \text{s})$,即 $p\tau \approx 3.4 \times 10^{-6}\text{atm} \cdot \text{s}, 2000\text{K}$),该结果(表3.6)与由 SSH 理论[80]得到的结果相比小 2 ~ 3 个数量级。HI – HI 气体的弛豫速率是 HI – Ar 混合气体的 2 ~ 3 倍。

**2. HI – HI**

文献[81]在 $T = 800 \sim 1800\text{K}$ 时中采用 Kiefer 和 Lutz 发明的激光纹影技术[75,82],通过激波后密度梯度的时间分辨测量研究了的 HI – HI 弛豫。测量的 $p\tau$ 值与文献[79]中的对应值总体上是一致的。

**3. DI – DI**

文献[83]在 $T = 700 \sim 2000\text{K}$ 时利用密度理论的测定了 DI – DI 混合气体的振动弛豫。事实上,氘化物的弛豫过程比氢化物的弛豫过程慢,这也可以作为 RV 能量转移在卤化氢振动弛豫中起到重要作用的证据。

文献[81,83 – 84]的结果在文献[83]中被总结为 700 ~ 2000K 温度区间内的修正 Landau – Teller 函数:

$$\rho\tau = A \cdot \exp(BT^{-1/3} - CT^{-1}) \; (\text{atm} \cdot \text{s})$$

表3.6 给出了参数 $A$、$B$ 和 $C$。

**4. HCl,DCl 和 HBr,DB**

文献[84]和文献[81,83]中采用激光束偏转光密度测定法分别研究了入射激波后 HCl 与 DCl、HBr 与 DBr 的振动弛豫,HI、DI 的弛豫测量结果与由 SSH 理论[80]预测的结果不一致,但与文献[85 - 86]提出的理论推导的结果吻合,这表明 RV 能量转移在卤化氢的弛豫过程中扮演了重要角色。文献[87]在 $T =$ 1100 ~ 2100K 时通过监测 3.4μm 处的红外吸收得到了 HCl - Ar 混合气体的振动弛豫,这些结果与 HCl - HCl 的测量结果[84]基本一致($p\tau_{(HCl-Ar)} \approx p\tau_{(HCl-Ar)} \approx$ 45,见表 3.6)。为了研究质量对振动弛豫的影响,文献[88]测量了 HCl 在 He、Ne、Ar 和 Kr 的混合气体中的振动弛豫时间。为研究单纯的质量对振动弛豫过程的影响,文献[88]测量了 HCl 在和 He、Ne、Ar 和 Kr 混合时气体的振动弛豫时间。这些实验在 $T = 800$ ~ 4100K 时入射激波后进行,HCl 振动激发中碰撞成分的相对效率测量结果如下:

HCl:He:Ne:Ar = 1:6(1 ± 20%):16(1 ± 30%):86(1 ± (50% ~ 70%))

需要指出的是,Kr 与 Ar 相比,其碰撞效率更低。

表 3.6 HI - Ar、HI - HI、DI - DI、HI - N$_2$、DI - N$_2$、HI - CO、HCl - HCl、DCl - DCl、HCl - CO、
DCl - CO、HCl - Ar、HBr - DBr、DBr - DBr、HBr - CO 碰撞的振动弛豫数据

| 碰撞体系 | $A/(atm \cdot s)$ | $B/K^{1/3}$ | $C/K$ | $T/K$ | 参考文献 |
|---|---|---|---|---|---|
| HI - Ar | $3.4 \times 10^{-6}$ | 0 | 0 | 1400 ~ 2300 | [79] |
| HI - HI | $1.55 \times 10^{-9}$ | 86.1 | 646 | 800 ~ 1800 | [81] |
| DI - DI | $2.04 \times 10^{-10}$ | 107 | 1594 | 700 ~ 2000 | [83] |
| HI - N$_2$ | $1.32 \times 10^{-8}$ | 60.7 | 0 | 1000 ~ 2700 | [89] |
| DI - N$_2$ | $1.08 \times 10^{-8}$ | 52.6 | 0 | 1200 ~ 2000 | [89] |
| HI - CO | $(3.5 \pm 1.5) \times 10^{-9}$ | 66.8 ± 4.6 | 0 | 1400 - 2000 | [90] |
| HCl - HCl | $8.39 \times 10^{-13}$ | 184 | 4729 | 700 ~ 2000 | [84] |
| DCl - DCl | $8.77 \times 10^{-12}$ | 151 | 3080 | 700 ~ 2000 | [84] |
| HCl - CO | $(3.7 \pm 2.7) \times 10^{-10}$ | 109.6 ± 9.2 | 0 | 1200 ~ 2000 | [90] |
| DCl - CO | $(1.05 \pm 0.45) \times 10^{-10}$ | 104.5 ± 5.8 | 0 | 1350 ~ 1850 | [90] |
| HCl - Ar | $3.4 \times 10^{-11}$ | 184 | 4729 | 800 ~ 4100 | [87 - 88] |
| HBr - DBr | $4.01 \times 10^{-12}$ | 166 | 4070 | 700 ~ 2000 | [81,83] |
| DBr - DBr | $2.75 \times 10^{-9}$ | 59.8 | -277 | 700 ~ 2000 | [81,83] |
| HBr - CO | $(5.05 \pm 1.15) \times 10^{-9}$ | 73.2 ± 2.3 | 0 | 1200 ~ 2000 | [90] |

5. HI - N$_2$,DI - N$_2$

文献[89]采用时间分辨纹影法分析了激波加热混合气体 HI - N$_2$($T =$ 1000 ~ 2700K)和 DI - N$_2$($T = 1200$ ~ 2000K)的振动能量转换。根据波形图分析,可以推断,在这两种系统中 N$_2$ 的振动弛豫由来自卤化气体的快速 VV 能量转移主导。N$_2$ 对 HI 和 DI 弛豫影响的结果证实了前面的论断,即 RV 能量转移的主要原因是卤化氢振动弛豫(表 3.6)。

**6. HX – CO( X = Cl, Br, I)**

文献[90]通过测量在 CO 和少量卤化物混合物的谐波辐射,研究了处于碰撞状态经振动加热的 HX – CO( X 为卤族元素)混合气体的振动弛豫。实验表明,随着 HX 浓度的降低,混合气体弛豫时间减少,同时确定了 $HX(v=1) + CO \rightarrow HX(v=0) + CO$ 的反应常数,见表 3.6。

**7. HF, DF**

文献[91 – 94]通过监测入射激波后的 HF 在 $2.5 \sim 2.7\mu m$、DF 在 $3.5\mu m$ 的红外辐射强度,测量了 HF 和 DF 的振动弛豫,测量结果以通用 Landau – Teller 方程的形式在表 3.7 和表 3.8 中给出:

$$\rho\tau = A \cdot \exp(BT^{-\frac{1}{3}})(atm \cdot s)$$

文献[18]使用的系统学方法和文献[80]使用的 SSH 理论都无法描述 HX 的振动弛豫,文献[91]和文献[86 – 87]的理论分析表明,RV 能量转移有望解释相关实验数据。文献[91 – 92]使用文献[86]的修正理论对实验数据进行了合理的拟合,数据表明吸引势在能量转移上占据主导地位,尤其在低温情况下。文献[92]同时指出,高温时引力是可以忽略的,此时只需考虑分子间短程排斥势。然而 HX 分子振动弛豫机理尚不明朗。

表 3.7　HF – HF、HF – Ar、HF – He、HF – F、HF – Cl 碰撞的振动弛豫数据

| 碰撞体系 | $A/(atm \cdot s)$ | $B/K^{1/3}$ | $T/K$ | 参考文献 |
|---|---|---|---|---|
| HF – HF | $1.02 \times 10^{-8}$ | 34.39 | 1350 ~ 4000 | [92] |
| HF – HF | $0.6 \times 10^{-9}$ | 64 ± 4 | 1400 ~ 4100 | [93] |
| HF – Ar | $1.62 \times 10^{-9}$ | 111.97 | 1350 ~ 4000 | [92] |
| HF – He | $1.52 \times 10^{-10}$ | 133.3 | 1350 ~ 4000 | [92] |
| HF – F | $3.33 \times 10^{-11}$ | 64 | 1400 ~ 4100 | [93] |
| HF – Cl | $< 1 \times 10^{-10}$ | 64 | 3000 ~ 4100 | [94] |

表 3.8　DF – DF、DF – $N_2$、DF – Ar、DF – $H_2$、DF – F 碰撞的振动弛豫数据

| 碰撞体系 | $A/(atm \cdot s)$ | $B/K^{1/3}$ | $T/K$ | 参考文献 |
|---|---|---|---|---|
| DF – DF | $(1.4 \pm 0.15) \times 10^{-9}$ | 63.7 ± 3 | 2000 ~ 4000 | [91] |
| DF – DF | $(2.5 \pm 1.6) \times 10^{-9}$ | 56 ± 3 | 1500 ~ 4000 | [94] |
| DF – $N_2$ | $(1.26 \pm 3.2) \times 10^{-10}$ | 127 ± 12 | 1500 ~ 4000 | [94] |
| DF – Ar | $(7.1 \pm 1) \times 10^{-9}$ | 128.6 ± 6 | 1500 ~ 4000 | [91] |
| DF – $H_2$ | $1.9 \times 10^{-8}$ | 35 | 800 ~ 4100 | [91] |
| DF – F | $(0.5 \sim 1.5) \times 10^{-8}$ | 0 | 2000 ~ 3000 | [91] |

**8. F$_2$, Cl$_2$, ClF**

文献[95]利用光学干涉仪测量了四个温度值(568～1466K)时入射阵面后 Cl$_2$ 的振动弛豫。文献[96-98]利用激光束偏转技术通过记录激波后气体的密度变化研究了 F$_2$、Cl$_2$ 和 ClF 的振动弛豫。文献[96-97]分别测量了 F-Ar 混合气体(F$_2$ 含量分别为 1%、2% 和 5%)和 10% He+70% Ar+20% F$_2$ 的混合气体的振动弛豫。文献[98]研究了纯 Cl$_2$、HCl-Cl$_2$ 混合气体(HCl 含量为 1%、2% 和 5%)、DCl-Cl$_2$ 混合气体(DCl 含量为 5% 和 10.1%)和 CO-Cl$_2$ 混合气体(CO 含量 10%)的振动弛豫。文献[98]中 Cl$_2$ 振动弛豫结果与文献[95]中结果一致。需要指出的是,HCl 和 DCl 对 Cl$_2$ 振动弛豫的影响较大,尤其在低温情况下,如在 400K 时,HCl 的振动弛豫比 Cl$_2$ 高 100 倍,HCl 的效率则比 DCl 高 2～4 倍。文献[98]将以上现象解释为转动效应的强影响。

文献[99]利用激光纹影技术在 500～1000K 时测量了位于激波后的 ClF、10% ClF+90% Ar 和 20% ClF+80% Ar 混合气体的振动弛豫,文献[96-99]中结果以修正 Landau-Teller 方程的形式在表 3.9 中给出(参数 $A$、$B$ 和 $C$)。

表 3.9  F$_2$-F$_2$、F$_2$-Ar、F$_2$-He、Cl$_2$-Cl$_2$、Cl$_2$-CO、Cl$_2$-HCl、Cl$_2$-DCl、ClF-ClF、ClF-Ar 碰撞的振动弛豫数据

| 碰撞体系 | $A$/(atm·s) | $B$/K$^{1/3}$ | $C$/K | $T$/K | 参考文献 |
|---|---|---|---|---|---|
| F$_2$-F$_2$ | $(12.6\pm8.4)\times10^{-10}$ | $65.2\pm7.02$ | 0 | 500～1300 | [96] |
| F$_2$-Ar | $(2.49\pm1.7)\times10^{-10}$ | $96.97\pm7.73$ | 0 | 500～1300 | [96] |
| F$_2$-He | $(6.85\pm1.8)\times10^{-10}$ | $47.21\pm2.33$ | 0 | 500～1050 | [97] |
| Cl$_2$-Cl$_2$ | $(4.75\pm2.42)\times10^{-10}$ | $73.8\pm6.8$ | $537\pm174$ | 400～1400 | [98] |
| Cl$_2$-CO | $(2.57\pm1.67)\times10^{-9}$ | $40.6\pm5.3$ | 0 | 400～1100 | [98] |
| Cl$_2$-HCl | $(4.77\pm1.20)\times10^{-8}$ | $-3.64\pm2.06$ | 0 | 400～1100 | [98] |
| Cl$_2$-DCl | $(7.89\pm2.00)\times10^{-9}$ | $20.9\pm2.1$ | 0 | 400～1100 | [98] |
| ClF-ClF | $(7.64\pm6.79)\times10^{-9}$ | $50.57\pm13.26$ | 0 | 500～1000 | [99] |
| ClF-Ar | $(1.58\pm1.03)\times10^{-9}$ | $68.44\pm6.78$ | 0 | 500～1000 | [99] |

**9. Br$_2$, I$_2$**

上面利用激波测量 Cl$_2$ 和 F$_2$ 的振动弛豫时 $T<1500$K。Cl$_2$ 和 F$_2$ 的特征弛豫温度 $\theta(\theta=\hbar\omega/k)$ 为 797.61K 和 1286.46K,该条件下,粒子的相对碰撞速率 $v$ ($v\approx(2kT/\mu)^{1/2}$)相比于弛豫速率较低,即碰撞时间 $\tau(\tau_{col}\approx1/\alpha v)$ 远远小于碰撞周期($\alpha$ 为指数相互势参数,$\alpha$ 为 $(4～6)\times10^8$ cm$^{-1}$)。在以上案例中,决定振动传递概率 $P_{1-0}$ 的 Massey 参数在 $P_{1-0}$ 较低且温度指数上升时满足 $\omega\tau_{col}\gg1$[16,80],Cl$_2$ 和 F$_2$ 的振动弛豫满足 Landau-Teller 关系。Br$_2$ 和 I$_2$ 的最小振动量

子能量分别为465K、306.9K,这引起了学界的研究兴趣。

文献[100]研究了入射激波后的纯$I_2$蒸气及$I_2$–Ar(He、$N_2$)混合气体的振动弛豫,研究采取的方法为在$T=800\sim3500K$检测可见波段$I_2$的吸收率。结果表明,在$T\leqslant1000K(\omega\tau_{col}>1)$时,$I_2$的振动弛豫满足通用 Landau–Teller 温度依赖关系。高温下,退激概率$P_{1-0}$增长变缓,即达到一最大值后开始降低。对混合气体的研究均在$\omega\tau_{col}<1$条件下进行,且退激概率$P_{1-0}$随温度增加而降低,这在$I_2$–He混合气体中尤为明显。原因是碰撞粒子的折合质量较小,即$\tau_{col}$和$\omega\tau_{col}$相对较小。图3.1 给出了文献[100]的结果。

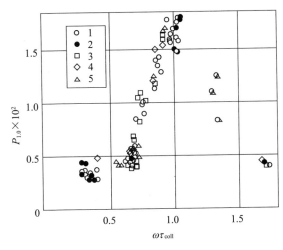

图3.1　退激概率$P_{1-0}$与碰撞绝热系数$\omega\tau_{coll}$之间的关系

$1$—$I_2$–$I_2$;$2$—$I_2$–$I_2$;$3$—$I_2$–He;$4$—$I_2$–Ar;$5$—$I_2$–$N_2$。

文献[101]在$T=580\sim3300K$时利用记录414.0nm 和 565.0nm 处辐射吸收的方法分别对在激波阵面后的纯$I_2$蒸气开展了类似研究,文献[102]在$T=500\sim2550K$时通过记录414nm 和 490nm 处的辐射吸收对$I_2$(蒸气)和 He(Ar、Ne、Xe)的混合气体进行了研究。对吸收的测量可以确定振动温度$T_v$随时间的变化,从而可以采用守恒定律来计算振动能量、气体密度和平动温度,最终的弛豫时间则由下式给出:

$$\tau=(\varepsilon_v^{eq}-\varepsilon_v)/(d\varepsilon_v/dt)$$

图3.2 给出了$Br_2$的弛豫时间测量值,显然,在温度约1000K 时,$\tau$出现与$\omega\tau_{col}\approx1$相对应的最小值,然后随着温度的升高,$\tau$开始在增大。文献[102]$Br_2$–He(Ar、Ne、Xe)混合气体的振动弛豫与以上变化一致。这些结果表明,当分子与其碰撞对象的碰撞时间与分子振荡周期接近时,振动激发概率出现最大值。

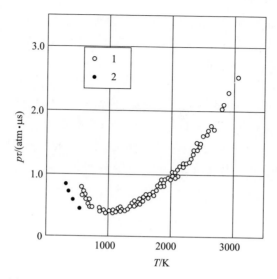

图 3.2　$p = 1atm$ 时 $Br_2$ 的振动弛豫时间与 $T$ 的关系

1—来自文献[101]；2—超声波测量数据[101]。

## 3.3　三原子和多原子分子的 VT 弛豫

得益于 20 世纪 60—70 年代激光技术的发展,诸多文献研究了多原子分子(主要是 $CO_2$)的振动弛豫。文献[13,15,103 - 104]对这些结果做了部分总结。简单弛豫方程式(3.1)常用来确定弛豫时间,事实上,由于三原子和多原子分子有多种振动模式,它们的振动弛豫更为复杂。若模式间 VV 和模式内 VV′ 交换过程比最低振动频率模式的 VT 弛豫过程快,可简化振动弛豫分析,即利用弛豫方程:

$$\tau = \tau_1 \left( \sum c_{vi} \right) / c_{v1} \tag{3.4}$$

式中:$c_{vi}$ 为第 $i$ 个振动模式的振动热容;$\tau$ 为振动弛豫时间;$\tau_1$ 为具有最低振动频率模式的振动弛豫时间。

在一些案例中,为描述分子 A 与其碰撞对象 M 的振动弛豫,引入 VT 交换速率常数 $W^M$,则振动弛豫方程改写为[12]

$$d\varepsilon / dt = (p/kT)(\varepsilon_0 - \varepsilon) \sum W^M Y_M \tag{3.5}$$

式中:$p$ 为压力;$Y_M$ 为混合气体中组分 M 的摩尔分数。

在式(3.5)中速率常数的量纲是 $cm^3/s$。该速率常数与通常的振动弛豫时间相关,即

$$\rho\tau(\text{atm}\cdot\text{s}) = 1.36 \times 10^{-22} T/[W^M(\text{cm}^3/\text{s})(1 - \exp(-\theta/T))]$$

在振动动力学中,振动弛豫速率常数通常也用量纲$(\text{atm}\cdot\text{s})^{-1}$和$(\text{atm}\cdot\mu\text{s})^{-1}$,此时式(3.5)可写为

$$\text{d}\varepsilon/\text{d}t = p(\varepsilon_0 - \varepsilon)\sum k^M Y_M \qquad (3.6)$$

不同的文献分别采用式(3.1)或式(3.5)、式(3.6)的 VT 弛豫方程。当使用$\tau$、$W^M$和$k^M$时,需要给出这些值是如何确定的,并且仅用于相对应的方程。

表 3.10 给出了三原子分子的振动弛豫数据,数据主要来自文献[104]和文献[13]及文献[13,104]未提及的数据。对于这些分子,最低频率与弯曲振动频率$v_2$一致(表 3.10)。通常,由于这些分子具有快速的模式间交换,其他模式的 VT 弛豫可以忽略。

表 3.10　三原子分子的振动弛豫数据

| M | $v_1$ | $v_2$ | $v_3$ |
| --- | --- | --- | --- |
| $CO_2$ | 1388 | 667 | 2349 |
| $CS_2$ | 658 | 397 | 1532 |
| $N_2O$ | 1285 | 589 | 2224 |
| $NO_2$ | 1320 | 750 | 1618 |
| $H_2O$ | 3657 | 1595 | 3756 |
| $SO_2$ | 1151 | 518 | 1362 |

### 3.3.1 $CO_2$ 的 VT 弛豫 $CO_2(01^10) + M \rightarrow CO_2(00^00) + M$

1. $CO_2 - CO_2$

文献[103]中利用激波管得到的结果与其在高温下推导出的结果吻合。$CO_2$ 的模式间 VV′ 交换比 VT 弛豫快,因此可以使用式(3.4)确定$\tau(CO_2 - CO_2)$。文献[105-107]使用马赫-曾德尔(Mach-Zehnder)干涉仪和激光纹影技术在 3000K 时测量$\tau(CO_2 - CO_2)$,结果表明使用这两种方法测量结果一致。该结果与文献[108]在 $T = 380 \sim 1950K$ 时采用激光纹影技术得到的结果一致。文献[109-110]在 $T = 500 \sim 2000K$ 时采用调谐 $CO_2$ 激光吸收技术研究了激波加热 $CO_2$ 的振动弛豫,该方法对弯曲和对称伸展模式的不同转动态采用了同一种吸收方法,在这种情况下,弯曲模式弛豫的测量值小于对干涉仪测量结果使用式(3.4)比热率法的预测值。文献[111]在 $T = 600 \sim 1400K$ 时通过记录 $CO_2$ 的激光吸收率(10.6μm)测量了安装在反射激波后喷管中 $CO_2$ 的退激时间,结果为$\tau_{\text{deexit}}/\tau_{\text{exit}} = 1.1 \pm 0.4$。

如文献[104]所述,采用在文献[108,112]中提出的$k^M$常数近似,低温和高

温的测量结果可达到较好的一致性。表[3.11]给出了文献[112]中使用的近似值。

表 3.11　$CO_2$ 的振动弛豫数据

| M | $\lg[\theta^{-1}k_{CO_2-M}]/(atm \cdot s)^{-1}$ |
|---|---|
| $CO_2$ | $10.327 - 57.31T^{-1/3} + 156.7T^{-2/3}$ |
| $N_2$ | $11.013 - 68.78T^{-1/3} + 188.5T^{-2/3}$ |
| $O_2$ | $3.4578 - 35.957T^{-1/3} - 17.079T^{-2/3}$ |
| CO | $9.96 - 51.65T^{-1/3} + 121.8T^{-2/3}$ |
| NO | $6.86 - 5.87T^{-1/3}$ |
| $H_2O$ | $5.97 + 17.53T^{-1/3} - \lg\theta$ |
| $H_2$ | $8.903 - 28.46T^{-1/3} + 144T^{-2/3}$ |
| He | $8.711 - 14.75T^{-1/3}$ |
| Ar | $10.011 - 49.4T^{-1/3} + 77.3T^{-2/3}$ |
| Kr | $9.71 - 49.4T^{-1/3} + 77.3T^{-2/3}$ |
| O | $10.011 - 49.4T^{-1/3} + 77.3T^{-2/3}$ |

2. $CO_2 - N_2$

$CO_2 - N_2$ 混合碰撞气体的 VT 弛豫数据很少。文献[113]在 $T = 800 \sim 2500K$ 时通过记录激波阵面后 $CO_2$ 分子的红外辐射获得了 $CO_2 - N_2$ 的振动弛豫数据。文献[107]的激波管实验在 $T = 360 \sim 1500K$ 时采用激光纹影技术,文献[105,114]分别在 $T = 380 \sim 1950K$ 和 $T = 380 \sim 1400K$ 时采用激光纹影技术进行了数据的测量。文献[112,115]给出了宽温度范围内的 $\tau_{CO_2-N_2}$ 的最佳温度近似。需要指出的是,文献[103]中提及且经常使用的 $\tau_{CO_2-N_2}$ 依赖关系是错误的。

3. $CO_2 - O_2$

文献[103]假设 $CO_2$ 的弛豫速率与 $CO_2 - N_2$、$CO_2 - O_2$ 混合碰撞气体的弛豫速率相同,之后的实验数据表明三者的速率在较宽的温度范围内是接近的。文献[114]在 $T = 350 \sim 1500$ 时使用激光纹影技术利用激波管得到的数据表明,在退激发 $CO_2$ 的弯曲模式中,$O_2$ 比 $N_2$ 略高效。然而,文献[108]在 $T = 380 \sim 1950K$ 时使用相同方法得到了更小速率常数(为文献[114]中 1/2,为 1400K),其作者认为数据的差异来源于文献[114]使用了简化的 $CO_2 - O_2$ 混合体振动能量交换模型。根据文献[104]中的分析结果,建议在温度范围 $200 \sim 2000K$,速率常数 $\tau_{CO_2-O_2}$ 的近似过程应采取文献[116]中的低温数据(表 3.11)。

4. $CO_2 - H_2O$

由于水蒸气会导致高模 $v_2$ 下的高速率退激,从而导致 $CO_2$ 激光器的粒子数反转,因而 $CO_2$ 中含有极微量 $H_2O$ 混合气体的弛豫特征已被广泛研究。文献[117]探索了 $k_{CO_2-H_2O}$ 的最宽温度范围,在 $T = 320 \sim 1540K$ 时采用激光纹影法研究了入射激波后 $H_2O$ 对 $CO_2$ 振动弛豫的影响,采取的方法为固定温度,测量不同湿度($0 \sim 6\%$)下的弛豫时间,$v_2$ 模的弛豫速率常数在 VT 和 VV′ 模型框架下测定,其常差估计为 $\pm 10\%$。以上数据与文献[118]中采用统一方法测定的结果有很好的一致性。表 3.11 给出了文献[117]中测量的速率系数近似方法,该方法可以很好地描述低温数据。

5. $CO_2 - H_2$

文献[119]在 $T = 350 \sim 1200K$ 时采用 Mach - Zehnder 干涉仪法、文献[107]在 $T = 350 \sim 1500K$ 时采用激光纹影法,对 $CO_2 - H_2$ 碰撞体系的激波管振动弛豫进行了研究,结果表明,模式 $v_2$ 激发中 $H_2$ 的效率较高,接近 $H_2O$ 的效率。文献[112,115]发现,在 $T = 150 \sim 1500K$ 时 $CO_2 - H_2$ 的振动弛豫常数具有接近的关系式(表 3.11),然而,$\tau_{CO_2-H_2O}(T)$ 和 $\tau_{CO_2-H_2}(T)$ 与温度的依赖关系与 Landau - Teller 理论的预测结果差距较大。

6. $CO_2 - CO$

高温下 $CO_2 - CO$ 混合气体的弛豫效率非常缺乏,文献[113]在 $T = 800 \sim 2500K$ 时进行了估算,出于数据完整性考虑,表 3.11 给出了文献[112]提出的速率常数,该方法仅适用于低温数据。

7. $CO_2 - NO$

文献[59]在 $T = 320 \sim 900K$ 时采用激光纹影法在激波管中研究了与 $CO_2$ 振动 - 平动交换中 NO 的弛豫效率。该研究采用考虑了 VT 和 VV′ 振动能量交换模型获取弛豫速率常数,该常数在实际中与温度无关,当 $T \approx 300K$ 时,该值比 $M = CO_2$ 的常数高 50 倍。表 3.11 给出了速率常数的近似结果。

8. $CO_2 - Ar, Kr, He, O$

文献[106 - 107]分别在 $T = 360 \sim 3000K$ 和 $T = 360 \sim 1500K$ 时采用激光纹影法研究了激波管中 $CO_2$ 在于 Ar 碰撞时的振动弛豫。文献[120 - 121]分别通过监测其非对称伸展模在 $4.3\mu m$ 处($T = 700 \sim 2000K$)和 $2.7\mu m$ 处($T = 2000 \sim 4000K$)的辐射强度研究 $CO_2 - Ar$ 的振动弛豫。

文献[65]研究了 $CO_2$ 和 O 碰撞时的振动弛豫,所有的 $CO_2$ 振动模式的振动弛豫是相同的,因此测量数据可直接表征弯曲模式的平动 - 振动激发弛豫速率,结果表明 O 在弯曲模式的弛豫速率比 Ar 高约 1 个数量级。

文献[122]在 $T = 1377 \sim 6478K$ 时采用激光纹影法研究了 $CO_2$ 与 Kr 碰撞时的振动弛豫。当 $T = 1377 \sim 3000K$ 时,Kr 的弛豫效率是 Ar 的 $1/2$;当 $T > 4000K$ 时,该效率下降至 Ar 的 $1/4$。

文献[95,119]和文献[107]在 $T=350\sim1500K$ 时分别采用传统干涉仪和激光纹影法研究了 $CO_2$ 与 He 碰撞时的弛豫效率。文献[119]的结果表明,当 $T>1000K$ 时各轻气体($H_2$、He、$D_2$)在 $CO_2$ 中的效率接近,但远远大于 $CO_2-CO_2$ 的弛豫效率。表 3.11 中给出了 $M=Ar,He,Kr$ 和 O 时的速率常数近似方法:

$$\theta = 1 - \exp(-960/T)$$

###  3.3.2 $N_2O$ 的 VT 弛豫 $N_2O(01^10)+M\rightarrow N_2O(00^00)+M$

与 $CO_2$ 的弛豫研究类似,$N_2O$ 分子的振动弛豫仍采用了激波管中常用的干涉法和红外辐射记录法,但最常用的方法是激光纹影法。文献[13,104]详细分析了各研究的具体过程并给出了原始的实验参考依据,故此处只给出文献[13,104]中结果。

1. $N_2O-N_2O$

相关研究给出了 $T\leqslant2060K$ 时 $N_2O-N_2O$ 的振动弛豫,文献[104]在 $T=300\sim2000K$ 时给出了速率常数的相关近似($\pm15\%$),见表 3.12。

表 3.12  $N_2O$ 的振动弛豫数据

| M | $\lg[k^{N_2O-M}]/(atm\cdot s)^{-1}$ |
|---|---|
| $N_2O$ | $8.964 - 32.88T^{-1/3} + 88.954T^{-2/3}$ |
| $N_2$ | $8.380 - 16.7T^{-1/3}$ |
| $O_2$ | $8.455 - 17.75T^{-1/3}$ |
| CO | $11.399 - 65.345T^{-1/3} + 196.47T^{-2/3}$ |
| NO | $7.08 - 1.6T^{-1/3}$ |
| $H_2O$ | $8.85 - 2.04(T/1000) + 0.892(T/1000)^2$ |
| $H_2$ | $7.846$ |
| He | $7.584 - 8.619T^{-1/3} - 47.62T^{-2/3}$ |
| Ar | $7.85 - 5.75T^{-1/3}$ |

2. $N_2O-N_2$

相关研究采用激光纹影法和记录 $N_2O$ 的红外辐射法研究了 $N_2-N_2O$ 碰撞体系的弯曲模式弛豫速率。文献[104]中对应的速率常数与低温测量结果吻合,不确定度为 20% ~30%($T\approx1000K$)。

3. $N_2O-O_2$

当 $M=O_2$ 时,相关研究得到了 $T<2000K$ 时 $N_2O$ 的振动弛豫。与 $M=N_2$ 时类似,$N_2O-O_2$ 的 VV′ 交换使实验结果的解释更为复杂,原因是尚未建立可靠的 VV′ 交换通道。故而根据文献[104],用于描述高温下 $O_2-N_2O$ 碰撞体系的 VT

弛豫速率常数近似公式系统误差达到30%,见表3.12。

4. $N_2O - NO$

$N_2O - NO$ 分子碰撞体系的弛豫速率较高且随温度变化较小,原因是 NO 处于电子简并态,该现象会导致出现振动弛豫的 EV 通道,与 NO 与其他分子碰撞时情况类似。文献[104]给出了 $T > 1800K$ 时 $N_2O - NO$ 碰撞体系的振动弛豫速率近似公式,高温下的精度为30%。

5. $N_2O - H_2O$

由于较难检测混合气体中的 $H_2O$ 浓度,对有 $H_2O$ 参与过程的研究比较复杂,导致的结果是不同的研究中实验数据的发散度的数量级较高。由于相互作用的 VR 机制,碰撞中 $H_2O$ 的弛豫速率较大。表3.13 给出了在 $T = 300 \sim 1200K$ 时利用激光纹影技术在激波管中得到的近似实验数据,实验过程考虑了 VT 和 $VT'$交换。

6. $N_2O - H_2$

若采用激波管研究 $N_2O - H_2$ 混合气体的弛豫,应区分仲氢和正氢各自的作用。需要注意的是:若是 $N_2O$ 和仲氢混合,其弛豫过程通过 VT 交换的形式存在;若为正氢,则通过共振 VR 形式存在。在 $T > 1000K$ 时,$N_2O$ 和 $H_2$ 的弛豫效率极高(比与 $H_2O$ 碰撞时高1个数量级),且与温度无关。表3.12 给出了正氢的弛豫速率常数,计算时考虑了式(3.4)。

7. $N_2O - Ar, He$

研究 $v_2$ 模式下 $N_2O - Ar$ 混合气体($T > 2000K$)、$N_2O - He$ 混合气体($T = 1000K$)的弛豫速率,需考虑 VT 和 $VV'$交换。表3.12 给出了近似弛豫速率常数。

### 3.3.3 $H_2O$ 的 VT 弛豫 $H_2O(01^10) + M \rightarrow H_2O(00^00) + M$

文献[13,104]给出了水蒸气振动弛豫的实验和理论数据。然而仅文献[123]在高温下进行了这项工作,原因是高温下水蒸气的振动弛豫极高难以监测,该文献在 $T = 1800 \sim 4100K$ 时对入射激波后的纯 $H_2O$ 以及 $H_2O$ 和 He、Ar、$N_2$ 混合气体的振动弛豫进行了研究,实验时对水蒸气在 $6.3\mu m$(弯曲模)和 $2.7\mu m$(非对称模)的红外辐射强度进行了监测。对 $H_2O - Ar$ 混合气体,研究了 $T = 1900 \sim 3800K$ 时水蒸气从 $5 \sim 50\mu mHg(1\mu mHg = 0.133Pa)$ 变化、总压力变化为 $0.5 \sim 3.0Torr(1Torr = 1.33 \times 10^2 Pa)$ 的总体弛豫。将结果与 $H_2O - H_2O$ 对比,获得了 Ar 的相对效率,其值为 1/54。由于数据的发散性($\pm 50\%$),未获得效率与温度的依赖关系。

研究 $v_2$ 模式下的弛豫时,起始压力 $p_{H_2O} \approx 20\mu mHg$、$p_{Ar} \approx 0.25\mu mHg$,温度范

围为 1800 ~ 4100K。在允许的不确定度下未观测到两种模式的弛豫时间存在显著差异,也没有任何明显温度依赖。

当 $T = 2000 ~ 2700K$ 时,获取的 Ar、He 的数据与温度无明显依赖关系,且 $v_2$ 模和 $v_3$ 模的弛豫时间接近。

该研究的结果与 $H_2O$ 不同模式之间的能量转换有关,在研究的温度范围内温度与 VT 退激速率关系较弱。表 3.13 给出了 $v_2$ 模式下 VT 退激速率常数。

表 3.13　$H_2O$ 的振动弛豫数据

| 碰撞体系 | $T/K$ | $k_{20}/(cm^3/s)(T = 2500K)$ |
|---|---|---|
| $H_2O - H_2O$ | 1800 ~ 4100 | $1.9 \times 10^{-10}$ |
| $H_2O - Ar$ | 1800 ~ 4100 | $1.9 \times 10^{-12}$ |
| $H_2O - He$ | 1850 ~ 2500 | $6.1 \times 10^{-12}$ |
| $H_2O - N_2$ | 2000 ~ 2700 | $2.0 \times 10^{-12}$ |

### 3.3.4 $NO_2$ 的 VT 弛豫 $NO_2(010) + M \rightarrow NO_2(000) + M$

1. $NO_2 - NO_2$

文献[124 - 125]在 $T = 400 ~ 2000K$ 时使用激光纹影技术研究了 $NO_2 - NO_2$ 的振动弛豫,得到的弛豫速率极高且与温度弱依赖。结果表明,这种情况下弛豫机理为非绝热且无法用 SSH 理论描述。文献[104]指出,$NO_2$ 的弛豫过程的本质为形成了弛豫中间态二聚物 $N_2O_4$。

2. $NO_2 - N_2$

文献[126]在 $T = 590 ~ 1890K$ 时利用激光纹影技术对 $NO_2 - O_2$ 混合碰撞气体的振动弛豫进行了研究。对实验数据的后处理时,假设直到三种振动模式间达到平衡时才发生 $NO_2$ 的 VT 弛豫。弛豫速率随温度的升高急剧上升,这一现象可应用 SSH 理论解释。

3. $NO_2 - O_2$

文献[127]在 $T = 360 ~ 2400K$ 时利用激光纹影技术和红外诊断学对 $NO_2 - O_2$ 的 VT 弛豫速率常数进行了研究,实验同时考虑到了气体的 VT 和 VT′过程。研究发现,$NO_2 - O_2$ 和 $NO_2 - N_2$ 的弛豫速率数值基本一致。

4. $NO_2 - CO, Ar$

文献[126]在 $T = 690 ~ 1180K$ 时对 $NO_2 - CO$ 混合气体的 VT 弛豫进行了研究,该研究中主要记录了 CO 的红外辐射强度、$v_2$ 模式下 $NO_2$ 的 $v_2$ 振动模式以及激波阵面后的密度梯度。$NO_2 - CO$ 的弛豫速率和温度之间的关系和 $NO_2 - N_2$ 类似。

文献[125]在 $T = 450 \sim 2400$K 时对 $NO_2 - Ar$ 混合气体进行了类似研究。

表 3.14 给出了文献[124 - 127]中 $NO_2$ 的弛豫速率常数的近似值,其准确度为 ±30% ,但是误差只反映随机实验误差,并未考虑实验的理论缺陷。

表 3.14　$NO_2$ 的振动弛豫数据

| M | $\lg(k^{NO_2 - M})/(atm \cdot s)^{-1}$ | $T/K$ |
|---|---|---|
| $NO_2$ | $0.727 + 3.944T^{-1/3}$ | $400 \sim 2000$ |
| $N_2$ | $9.48 - 28.33T^{-1/3}$ | $590 \sim 1890$ |
| $O_2$ | $9.587 - 28.18T^{-1/3}$ | $360 \sim 2400$ |
| CO | $10.43 - 28.33T^{-1/3}$ | $690 \sim 1180$ |
| Ar | $8.947 - 29T^{-1/3}$ | $450 \sim 2400$ |

暂无可用高温下 $CS_2$ 和 $SO_2$ 的弛豫数据。

最后必须注意利用激波管研究振动弛豫时的其他几个问题,文献[15]针对 VV 和 VV′交换进行了总结,文献[128]对此进行了更详细的归纳。需要补充的是,有较多如文献[129 - 131]致力于多原子分子,特别是碳氢化合物的振动弛豫研究,这些研究超出了本书及热非平衡状态下的化学反应($T_v \neq T$)[67,132 - 133]的范围,此处不再赘述。

# 3.4　化　学　反　应

研究人员利用激波管实验获取了大量化学动力学数据。应用最广泛的为发射、吸收光谱法。得益于先进的测量技术,这些结果的精度得到了极大提升,事实上,被应用的技术是最先进的吸收测量技术,尤其是原子共振吸收光谱(ARAS)法,ARAS 法可以利用测量共振线的光吸收来检测原子浓度。目前共振发射源已发展到使用 O、C、H、N、S、Si 及其他原子。此外,利用激光作为窄带光源的激光吸收法也应用于该方面的研究,这也使得可以在消除其他气体光谱叠加的情况下选择性地研究被测气体分子的吸收。目前,广泛使用的还有可在宽谱波段内发射可变波长激光的光吸收测量技术(燃料激光器)。

目前,测量分子、原子浓度的方法都可确保测量结果的可靠性,同时用于检测反应物和生成物的多通道记录仪也可以增加实验结果的可靠性。

利用以上方法得到了更精确的动力学系数,特别是一些双原子分子(如 $O_2$、$N_2$、CO、NO、$C_2$、$CO_2$、$C_2N_2$ 等)和三原子分子的解离系数。

本节给出了 C - O、N - C - O 原子系统的化学反应过程研究结果,太空工程中地球、火星和金星的高空航行以及不同媒介中的燃烧问题都促进了这一系列化学反应的系统性研究。

不同的研究文献针对同一反应进行了不同温度和气压下的研究,本节将给出这些综述的参考文献,并给出相关反应的动力学系数建议值及其误差。这些数据可以用来估算反应研究的完整性和推荐置信度。

### 3.4.1 C–O 系统的化学反应

1. $CO_2 + M \rightarrow CO + O + M$(R1)

研究人员已在激波管中的入射激波和反射激波后研究了 $CO_2$ 的解离,主要是纯 $CO_2$ 和 $CO_2$ 和 Ar、$N_2$、Kr 的混合气体,测量的 $CO_2$ 分解速率常数与最低气压有关,研究中主要采用红外/紫外谱吸收、辐射技术、激光系数技术、原子共振吸收光谱和基于激光纹影技术的密度测量技术。

$CO_2$ 的分解速率的测量值在 $T < 6000K$ 时的中等温度获得,当 $T = 2500 \sim 5000K$ 时,$CO_2$ 分解的主要原因是激发电子 $^3B_2$ 自旋禁阻通道的衰变,其中激发电子与反应生成物 $CO(^1\Sigma) + O(^3P)$ 的组成有关。文献[134 – 135]研究了非平衡振动时 $CO_2$ 的衰变,若温度升高,则需要考虑 $CO_2$ 其他衰减通道。文献[136 – 137]表明,当 $T = 3000 \sim 4000K$ 时,$CO_2$ 的解离过程中已出 $^1B_2$ 项,实验中可以检测到来自于该旋转态的辐射。振动—电子弛豫尚未完成时,即可实现 $^1B_2$ 激发,其布居温度低于平动温度。随着温度的升高,$CO_2$ 通过基电子态 $X^1\Sigma$ 通道的解离概率增大。文献[138 – 140]在激波阵面后检测到电子激发的 $O(^1D)$ 原子,这也表明直接从基态 $X^1\Sigma$ 的高振动能级和激发态 $^1B_2$ 能级的额外分子解离通道的存在。对自旋禁阻和可衰变通道的部分作用的研究均在不同温度下进行。

文献[141]首次研究了激波后 $CO_2$ 分解前的潜伏周期,对在 $T = 3200 \sim 4600K$、压力 $337.5 \sim 750Torr$ 时激波后 $CO_2$ 的热分解进行了研究。利用紫外激光($\lambda$ 为 $216.5nm$、$244nm$)监测微秒级 $CO_2$ 浓度,可观测到稳态 $CO_2$ 离解之前明显的潜伏期,实验时 Ar 中掺 1% 和 2% $CO_2$。图 3.3 中稳态 $CO_2$ 解离前可观测到 $CO_2$ 吸收信号的潜伏期。

入射激波的通过导致在信号中出现一个纹影尖峰,据此估计反射激波后的振动弛豫时间为 $0.7\mu s$。文献[141]将潜伏时间视为碰撞分子的激活时间。文献[141 – 148]给出了 Ar 中 $CO_2$ 的分解速率常数(图 3.4)。文献[148]利用 ARAS 技术测量了 C 的浓度;文献[141]中速率常数 $k_1$ 与文献[146,149]中数据完美契合,图 3.4 给出了文献[50]中对 M = Ar 时 $T = 2300 \sim 11000K$ 内基于专业统计方法获得的最佳速率常数,最佳数据的推导过程使用了文献[148,150 – 151]的结果。表 3.15 给出了[148,150]中的速率常数 $k_1$。

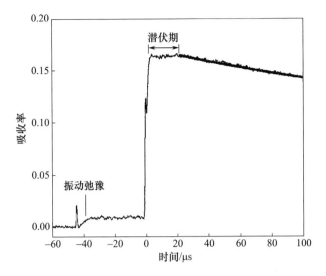

图 3.3　216.5nm $CO_2$ 吸收率($\ln(I_0/I)$)

初始混合气体为 2% $CO_2/Ar$[141]，初始振动平衡反射激波条件温度为 3838K，压力为 623Torr。

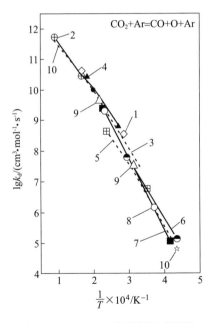

图 3.4　Ar 中 $CO_2$ 的分解速率常数

1—Davies,(1964)[145]；2—Davies,(1965)[142]；3—Fishburne,et al.,(1966)[147]；4—Dean,(1973)[144]；
5—Zabelinsky et al.,(1986)[146]；6—Fujii,et al.,(1989)[143]；7—Burmeister,Roth,(1990)[148]；
8—Hardy,et al.,(1974)[149]；9—Oehlschlaeger,et al.,(2005)[14]；10—Ibraguimova,(2000)[150]。

表 3.15　速率常数最优值, $k = A \cdot T^n \exp(-E_a/T)\,(\mathrm{cm^3 \cdot mol^{-1} \cdot s^{-1}})$

| 反应 | M | $T/10^3\mathrm{K}$ | $A$ | $n$ | $E_a/\mathrm{K}$ | $\pm\Delta\lg k$ | 参考文献 |
|---|---|---|---|---|---|---|---|
| $CO_2 + M \rightarrow$ $CO + O + M$ | Ar | 2400 ~ 4400 | $3.65 \times 10^{14}$ | 0 | 52525 | ±15% | [148] |
| | Ar | 2300 ~ 11000 | $1.7 \times 10^{31}$ | -4.22 | 64800 | 0.1 | [150] |
| | $N_2$ | 2900 ~ 11000 | $2.8 \times 10^{13}$ | 0 | 40320 | 0.3($T<6500K$) | [150] |
| | | | | | | 0.4($T>6500K$) | |
| | $CO_2$ | 2500 ~ 11000 | $7.9 \times 10^{14}$ | 0 | 52290 | 0.38($T<7000K$) | [150] |
| | | | | | | 0.5($T>7000K$) | |
| $CO + O + M$ $\rightarrow CO_2 + M$ ($k/(\mathrm{cm^6 \cdot}$ $\mathrm{mol^{-2} \cdot s^{-1}})$) | Ar | 250 ~ 11000 | $4 \times 10^{24}$ | -2.97 | 3830 | 0.2 | [150] |
| | CO | 300 ~ 800 | $2.3 \times 10^{15}$ | 0 | 2185 | 0.4 | [151] |
| | $N_2$ | 300 ~ 800 | $1.5 \times 10^{15}$ | 0 | 2185 | 0.4 | [151] |
| | $CO_2$ | 300 ~ 800 | $4.7 \cdot 10^{15}$ | 0 | 2185 | 0.4 | [151] |
| $CO + M \rightarrow$ $C + O + M$ | Ar | 5500 ~ 9000 | $4.3 \times 10^{27}$ | -3.1 | 129000 | ±50% | [173] |
| $C_2 + M \rightarrow$ $C + C + M$ | Ar | 2580 ~ 4650 | $1.5 \times 10^{16}$ | 0 | 71650 | ±30% | [176] |

文献[147,152 - 156]分别在激波管中研究了纯 $CO_2$、$CO_2$ 与 $N_2$、Kr、Ne 的混合气体中 $CO_2$ 的离解。$CO_2$ 解离时, $N_2$ - Ar 碰撞效率效率与 $CO_2$ - $CO_2$ 间的碰撞下效率仅有微小差距。当 $T > 4000K$ 时, $CO_2$ 的碰撞效率超过 Ar 的效率(表 3.15)。

将 $CO_2$ 离解速率常数推广到更宽的温度范围时, 必须基于离解、振动弛豫相互作用的分析。由于三个振动模式和不同宇称低能级"内嵌"电子激发态的存在, 如果要确定它们在激发与衰退过程中的作用, 就需要考虑它们之间的能量交换过程。

2. $CO + O + M \rightarrow CO_2 + M$(R2)

文献[10,157 - 162]在 $T = 1200 ~ 3500K$ 时在激波管中研究了 Ar 内掺入的混合气体的反应, 利用红外/紫外辐射探测 $CO_2$, 利用滴定法、原子荧光和耦合吸收法探测 C。被检气体中含有的杂质对结果会造成一定影响。文献[159 - 160]进行了精密实验, 文献[159]中气体杂质含量低于 $10 \times 10^{-6}$(主要为 $CH_4$ 和 $H_2O$)。文献[160]在 $O_2$/CO/Ar 中添加了质量可控的 $H_2$, $H_2$ 和 H 参与时的反应可归结到同一化学模型(包含 27 个反应)。为减少误差模型对 $k_2$ 测量值的影响, 实验选择了最佳的 $H_2/O_2$/Ar 混合气体组分。

文献[150 - 151]详细分析了由符合过程 $CO + O + M \rightarrow CO_2 + M$ 得到的数

据,除激波管的研究结果,还考虑火焰和低温放电中获得的数据。当 M = Ar 时,得到了 $T = 150 \sim 11000K$ 下的最佳速率常数(表 3.15)。文献[150]分析了 $T <$ 800K 时的实验数据,并给出了组分 $N_2$、CO、$CO_2$ 在 CO + O + M 体系中的复合效率(表 3.15)。

当 $T \approx 1500K$ 时,速率常数 $k_2$ 有最大值。这表明,复合机理包含能量势垒跨越期,$k_2$ 表达式的激活能约为 0.3eV,该值大致对应于在基态 $CO(^1\Sigma) + O(^3P)$ 生成物中形成的 $CO_2$ 的 $^3B_2$ 表面势垒,该项表面势垒的存在依据为文献[163 – 164]中对 CO + O 复合过程的一系列光化学研究。

文献[165 – 167]研究了压力上限时和过渡区 $CO_2$ 的解离和 CO + O 复合过程,结果表明,当 $T = 300K$ 时,CO + O 符合过程的最低压力被限定在约为 $2atm^{[165]}$。

3. CO + M→C + O + M(R3)

文献[168 – 169]和[170 – 173]分别研究了稀释于激波管和稀释于 Ar 中 CO 的解离,实验通过探测红外辐射强度和真空紫外吸收强度检测 CO 的消失。文献[173]使用 ARAS 法探测到 C、O 原子,这与 CO 的解离有关。在文献

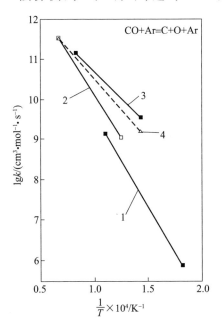

图 3.5　Ar 中 CO 分解速率常数

1—Mick et al. ,(1993)[173]; 2—Appleton et al. ,(1970)[172]; 3—Davies,(1964)[170];

4—Baulch et al. ,(1976)[3]。

[170－171]中,CO 解离时可观测到 $C_2$、C 辐射。在研究 Ar 中 CO 的解离时,可观测到 CO 的解离时延,时延远大于 CO 的振动弛豫时间。文献[173]发现,当 C、O 原子延迟出现时,会出现解离时延现象,提高激波的温度和压力,时延降低。纯 CO 中未发现时延现象。

CO 浓度降低时会出现 $C_2$ 分子,活性中间物质的积累会导致 CO 的解离时延,中间物可能是激发电子态的 CO,或解离为 C、O 的 $C_2$、$O_2$ 分子[171－172]。文献[171]给出了 CO 解离时同时出现的反应链:

$$CO + C \rightarrow C_2 + O, C_2 + M \rightarrow 2C + M$$

$$CO + O \rightarrow O_2 + C, O_2 + M \rightarrow 2O + M$$

以上反应在 CO 的解离过程中扮演着重要的角色,反应 R4 的速率常数最优值为 1974 年在 $T = 7000 \sim 15000K$ 时以 Ar、CO 为碰撞对象得到的数据。图 3.5 给出了文献[170,172－173]中的推荐值。表 3.15 给出了速率常数 $k_3$。

4. $C_2 + M \rightarrow 2C + M$(R4)

文献[171]、文献[174]和文献[169]分别在混合气体 CO/AR、$C_2N_2$/Ar 和 BrCN/Ar 和纯 CO 中估计了反应速率 $k_4$,反应 R4 是在观测到的化学机理中的大量的过程的其中一种。文献[175]首次进行了速率常数的测量,$k_4$ 由激波后的乙炔裂解时形成的 $C_2$ 辐射随时间的变化确定,这些数据常用于其他文献的反应机理研究。

文献[176]在 $T = 2580 \sim 4659K$ 时测量了可靠的 R4 反应速率常数,该研究利用激波中 Ar 中掺入的微量乙炔 $(5 \sim 50) \times 10^{-6}$ 的裂解进行了研究,实验中利用原子耦合吸收谱探测 C 的浓度,利用染料环激光器吸收谱对 $C_2$ 进行定量分析,利用组合光谱仪和 ICCD 成像系统监测 $C_3$ 的分子辐射。应用以上三类探测手段可以研究反应 $C_2 + C_2 \rightarrow C_3 + C$,同时进行的分解反应 $C_2 + M \rightarrow 2C + M$ 也是消除 $C_2$ 的有效手段。图 3.6 给出了文献[175－176]的结果和文献

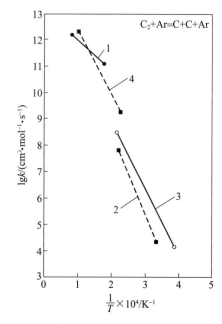

图 3.6  $C_2$ 分解的反应速率常数

1—Hanson,(1974)[169];2—Beck,Mackie,(1975)[175];
3—Kruze,Roth,(1997)[176];4—文献[174]推导值。

[169]使用文献[174]中逆反应的$k_4$推导值。文献[4]将文献[176]中$k_4$视为最优值(表3.15)。

5. $CO + O_2 \rightarrow CO_2 + O(R5)$,$CO_2 + O \rightarrow CO + O_2(R(-5))$

文献[177-178]、文献[179]、文献[180]在激波管中于$T = 1500 \sim 4500K$时分别研究了$CO/O_2/Ar$、$CO/O_2/CH_4/Ar$、$CO/NO/Ar$混合气体的R5反应。文献[177]分别监测了激波阵面后$CO(\lambda = 5.07\mu m)$、$CO_2(\lambda = 4.25\mu)$的红外辐射和$OH(\lambda = 306.4nm)$、$CO_2(\lambda = 445.7nm)$的紫外辐射,速率常数值通过测量从波正面消逝到$CO_2$在$\lambda = 445.7nm$处开始辐射之间的时延确定,测量时提前冻结高纯气体以消除$H_2O$的影响。文献[179-181]使用了类似方法对其进行了研究。文献[178]使用ARAS法测量了O、H原子浓度。实验时需要考虑少量混合气体($H_2$、$CH_4$、$N_2O$)参与时的化学反应,原因是这些气体在CO的氧化过程中有重要影响。文献[182]着眼于反应R5和R(-5),上述结果在图3.7中给出。作为对比,同时给出1973年[3]得到的$k_5$最优值。表3.16给出了文献[178]中结果和$T = 1500 \sim 5000K$时的$k_5$最优值。

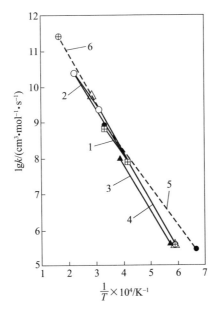

图3.7 $CO + O_2 \rightarrow CO_2 + O$ 的反应速率常数

1—Sulzmann et al.,(1965)[177];2—Sulzmann et al.(1971)[180];3—Dean,Kistiakowsky,(1971)[179];

4—Roth,Thielen,(1983)[178];5—Baulch et al.,(1976)[3];6—Ibraguopimova,(1991)[182]。

表 3.16  交换反应速率常数:$k = A \cdot T^n \exp(-E_a/T)$ $(cm^3 \cdot mol^{-1} \cdot s^{-1})$

| 反应 | $T/K$ | $A$ | $n$ | $E_a/K$ | $\pm \Delta \lg k$ | 参考文献 |
|---|---|---|---|---|---|---|
| $CO + O_2 \rightarrow CO_2 + O$ | 1500 ~ 5000 | $5 \times 10^{13}$ | 0 | 31800 | 0.2 | [178,182] |
| $CO_2 + O \rightarrow CO + O_2$ | 1700 ~ 5000 | $2.7 \times 10^{14}$ | 0 | 33750 | 0.3 | [182] |
| $C + O_2 \rightarrow CO + O(^3P, ^1D)$ | 1500 ~ 4200 | $1.2 \times 10^{14}$ | 0 | 2010 | ±50% | [186] |
| | 298 ~ 4000 | $6 \times 10^{12}$ | 0 | 320 | 0.15(298K) | [4] |
| | | | | | 0.5(4000K) | |
| $C_2 + C_2 \rightarrow C_3 + C$ | 2580 ~ 4650 | $3.2 \times 10^{14}$ | 0 | 0 | ±12.5% | [176] |

反应 R(-5)伴随着 $CO_2$ 的解离,该反应在 $CO_2$ 的分解中扮演着重要角色。文献[183 - 185]在 $T > 3000K$ 时获得了 $k_{-5}$ 值,文献[3]在 $T = 1500 \sim 3000K$ 时推导了 $k_{-5}$,数据在图 3.8 给出。文献[178]使用 $k_5$ 计算的 $k_{-5}$ 值如图 3.8 曲线 6 所示。表 3.16 给出了文献[182]中数据。

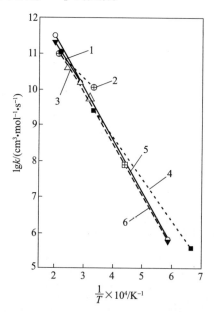

图 3.8  $CO_2 + O \rightarrow CO + O_2$ 的反应速率常数

1—Bartle, Myers, (1969)[183]; 2—Baber, Dean, (1974)[184]; 3—Korovkina, (1976)[185];
4—Baulch et al. , (1976)[3]; 5—Ibraguimova, (1991)[182]; 6—$k_{-5}$ 推导值[178]。

6. $C + O_2 \rightarrow CO + O(3P,1D)$ (R6)

文献[186]在 $T = 1525 \sim 1540K$ 时研究了激波后的混合气体 $C_3O_2/O_2/Ar$ 的反应 R6,实验采用 ArF 激光器实现 $C_3O_2$ 的分解,$C_3O_2$ 的高温分解过程产生 C,

采用 ARAS 技术测量 C 浓度。表 3.16 给出了反应速率常数。结合文献[186]中的结果和低温数据,表 3.16 给出了 $T = 298 \sim 4000K$ 时的速率常数最优值。反应 R6 中占据主导地位的是原子 $O(^1D)$ 的形成。

7. $C_2 + C_2 \rightarrow C_3 + C(R7)$

文献[176]通过监测 C、$C_2$、$C_3$ 基,研究了乙炔高温分解第一阶段中 $C_2$ 基的反应动力学,实验中采用环基激光吸光谱实现 $C_2$ 的定量监测;采用原子共振光谱法测量 C 浓度;采用光谱仪和 ICCD 成像系统监测 $C_3$ 基的辐射强度。实验在 $T = 1580 \sim 4650K$ 时于反射激波后实施,采用的初始混合气体为含极少量 $C_2H_2$ $(5 \sim 50) \times 10^{-6}$ 的 Ar,在该混合气体中确定了速率系数 $k_7$ 和 $k_4$。表 3.16 给出了 $k_7$ 值。在 $C_2H_2$ 为 $50 \times 10^{-6}$ 或更低时,在四个已计算过速率系数的初始反应的基础上,可对 $C_2$ 的各参数做简要描述。除 R7 和 R4($C_2$ 解离),还存在反应 $C_2$ $+ H_2 \rightarrow C_2H_2 + H$ 和 $C_2H + H_2 \rightarrow C_2H_2 + H$。

### 3.4.2 N-C-O 系统的化学反应

1. $CN + M \rightarrow C + N + M(R8)$

文献[174]在反射激波后研究了混合气体 $CN(0.1\%)/Ar$、$C_2N_2(0.2\%)/$ Ar、$C_2N_2(0.2\%)/N_2(4\%)/Ar$ 中 CN 的解离,总压力为 $1 \sim 20Torr$,实验监测了 $CN(\lambda$ 为 390nm、419nm)、$C_2(\lambda = 514nm)$ 的辐射强度,并确认了文献[187]提出了较为复杂的 CN 解离机理。解离反应(R8)自身伴随着多个次级反应:

$$CN + C = C_2 + N(R15), CN + N = N_2 + C(R(-14)),$$
$$C_2 + M = 2C + M(R4), N_2 + M = 2N + M$$

在 $T < 5000K$ 及高浓度 CN 时,可通过反应 $CN + CN = C_2 + N_2(R17)$ 消除 CN。该研究得到的反应速率常数与文献[187]中数据吻合($T = 8000K$)。使用不同组分的混合气体可用来估计 R15 和 R($-14$)的反应速率常数。诸多研究使用了文献[174]中 $k_8$ 值模拟高温气体。文献[188-189]中给出了 M = Ar 时的 $k_8$ 推荐值,这里考虑了至 1976 年取得的数据。

文献[190,191]在 $T = 4060 \sim 6060K$ 时利用 ARAS 法测量了反射激波阵面后经较高稀释的 $C_2N_2/Ar$ 混合气体中的 C、N 原子浓度,反应速率常数可由原子浓度和时间变化关系的初始斜率导出。表 3.17 给出了反应速率值 $k_8$[188,190]。在 $T = 4000 \sim 10000K$ 时通过研究激波阵面后的 $CO(CO_2)/N_2/Ar$ 混合气体中 $CN(\lambda = 421.6nm)$、$C_2(\lambda = 516.5nm)$ 和 $C(\lambda = 247.8nm)$ 的辐射估算了速率常数[192]。在 $T = 4000 \sim 6000K$ 时通过研究混合气体 $CO:N_2:Ar(1:2:7、2:3:5)$ 可获得文献[190-191]中速率常数的 40%。随着温度的升高,速率常数增速降低,原因是反应中的热非平衡分解过程。文献[192]中数据在图 3.9 中给出(黑点)。

表 3.17 反应速率常数最优值:$k = A \cdot T^n \exp(-E_a/T)(cm^3 \cdot mol^{-1} \cdot s^{-1})$

| 反应 | M | $T/10^3K$ | $A$ | $n$ | $E_a/K$ | $\pm \Delta lgk$ | 参考文献 |
|------|---|-----------|-----|-----|---------|------------------|----------|
| CN + M→<br>C + N + M | Ar | 5000 ~ 12000 | $2 \times 10^{14}$ | 0 | 75000 | ±60% (5000K)<br>±30% (12000K) | [188] |
| | Ar | 4060 ~ 6060 | $2.5 \times 10^{14}$ | 0 | 71000 | 0.2 | [190 – 191] |
| NCO + M→<br>CO + N + M | Ar | 2000 ~ 3100 | $2.2 \times 10^{14}$ | 0 | 27200 | 0.2 | [4] |
| $C_2N_2 + M$→<br>CN + CN + M | Ar | 2000 ~ 4000 | $3.2 \times 10^{16}$ | 0 | 47500 | 0.3 | [188] |
| | Ar | 1900 ~ 2650 | $1.8 \times 10^{17}$ | 0 | 53665 | ±30% | [200] |
| | Ar | 1900 ~ 3450 | $1.07 \times 10^{34}$ | 4.32 | 65420 | ±30% | [200] |

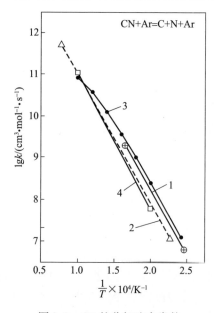

图 3.9 CN 的分解速率常数

1—Mozzhukhin et al. ,(1989)[190];2—Slack,(1976)[174];3—Ibraguimova,(2000)[192];

4—Baulch et al. ,(1981)[188]。

**2. NCO + M→CO + N + M( R9)**

文献[194 – 197]研究了反应 R9,文献[195]在 $T = 2150 \sim 2400K$ 时激波中的混合气体 $C_2N_2/N_2O/O_2/Ar$,实验通过测量紫外系统($\lambda = 388nm$)0 – 0 频带的吸收率测量 CN 的浓度,CO 红外吸收谱与 CO 激光器谱吸收浓度一致,为测量 NO 浓度可将 CO 激光调整为 NO($v = 0$)吸收谱线($\Lambda$ 对),研究也给出了反应 R9

和反应 NCO + O→CO + NO 的速率常数比。速率常数 $k_9$ 可由 NCO 浓度与实践的关系得到[194],实验使用远程环形染料激光器监测 NCO 在 440.479nm 处的窄谱线。文献[189,193]基于文献[194,196]给出了 $k_9$ 的推荐值。然而文献[197]中 $k_9$ 相比于文献[194]中 $k_9$ 小,文献[197]对稀释于 Ar 中的 HNCO 进行了研究,实验中使用了相同的方法测量 NCO 的浓度。文献[194]与文献[197]中 $k_9$ 值的差异来源于文献[194]中与 NCO 的形成有关的反应速率的测量存在误差。文献[197]使用了以上数据最新的精确值。表 3.17 给出了文献[197]中的 $k_9$ 值,在文献[4]也将这是数据作为最优值。

NCO 在 $T = 1000 \sim 2500K$、压力为 $10 \sim 300atm$ 极限低压时会出现分解过程,这与文献[189]基于 RRKM 理论的估算是一致的。

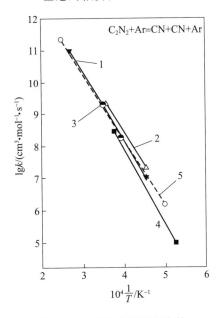

图 3.10 $C_2N_2$ 分解速率常数

1—Fueno et al. ,(1973)[202]; 2—Colket, (1984)[198]; 3—Schekely et al. ,(1984)[199];
4—Natarajan et al. ,(1986)[200]; 5—Baulch et al. ,(1981)[188]。

3. $C_2N_2 + Ar \rightarrow CN + CN + Ar(R10)$, $CN + CN + Ar \rightarrow C_2N_2 + Ar(R(-10))$

文献[198-199]研究了经激波加热的 $C_2N_2/Ar$ 混合气体中的 CN 在 $\lambda = 388nm$ 下的系数率。针对发生于反射激波后稀释在 Ar 中的混合气体 $C_2N_2/H_2$、$C_2N_2/O_2$ 中发生的 $(CN)2$ 的热分解反应,文献[200]利用 ARAS 法测量了其中的 O 和 H 浓度。由于 CN 分解时伴随的次级反应,反应中 O 和 H 的浓度依赖于 $(CN)2$ 的分解速率。表 3.17 给出了 $k_{10}$ 的测量值。由图 3.10 可见,文献[199-

201]中结果较为接近,由此文献[200]给出了 $T = 1900 \sim 3450K$ 全部温度范围内的速率常数 $k_{10}$。表 3.17 也给出了至 1975 年为止的研究结果的 $k_{10}$ 推荐值[188]。

关于复合反应 R( - 10)的研究较少[188],并且有些书关于这些实验的解释是互相矛盾的,主要的原因是几乎不可能排除实验时产生的副产物对结果的影响。这也是文献[188]应用平衡常数从 $k_{10}$ 推导 $k_{-10}$ ( $T = 2000 \sim 4000K$)的原因。其推导值为

$$k_{-10} = 3.8 \times 10^{14} \exp(1500/T) (\mathrm{cm}^6 \cdot \mathrm{mol}^{-2} \mathrm{s}^{-1})$$

4. $CN + O \rightarrow CO + N(^4S) (R11a)$, $CN + O \rightarrow CO + N(^2D) (R11b)$

反应 R11 在消除 CN 时效率极高[188],原因是 $T = 298K$ 时反应速率 $k_{11} = 10^{13} \mathrm{cm}^3 \mathrm{mol}^{-1} \mathrm{c}^{-1}$。有多项工作在 $T = 298K$ 时对激波管中的反应 R11 进行了研究。文献[195,204]分别研究了 388nm、388.44nm(激光线系数)处 CN 吸收率与时间的关系。文献[203]使用 ARAS 法测量了 H 和 O 的浓度。有诸多文献研究了稀释于 Ar 中的 $C_2N_2$ 与 $O_2$[195]。文献[203]通过拟合晚期反应时 O、N 的浓度得到了反应常数 $k_{11}$。基于 $T = 298K$ 和高温下数据[195,203-204]文献[4]给出了 $k_{11}$ 推荐值。一些研究假设反应 R11 主要通过途径(b)进行(约为 80%)。

5. $CO + N \rightarrow CN + O (R12)$

文献[205]通过研究入射激波阵面后的混合气体 CO/N$_2$/Ar = 1/2/7、2/3/5 中 CN 在紫外($\lambda = 378.6 \sim 387.6nm$)频带(0 - 0)的吸收率,对反应速率 $k_{12}$ 进行了测量。激波阵面后附近的吸收率—时间关系与反应 R12 中 CN 的生成速率有关,因为它在实验条件下对 CN 的产生起主导作用,反应速率 $k_{12}$ 在 $T = 4500 \sim 7600K$ 下获得(表 3.18)。

表 3.18　反应速率常数最优值: $k = A \cdot T^n \exp(-E_a/T)(\mathrm{cm}^3 \cdot \mathrm{mol}^{-1} \cdot \mathrm{s}^{-1})$

| 反应 | $\Delta T/10^3 K$ | $A$ | $n$ | $E_a/K$ | $\pm \Delta \lg k$ | 参考文献 |
|---|---|---|---|---|---|---|
| $CN + O \rightarrow CO + N(^4S)$ (a) | $295 \sim 4500$ | $3 \times 10^{13}$, | 0 | 200 | $0.5^{①}$ | [4] |
| $CN + O \rightarrow CO + N(^2D)$ (b) | $295 \sim 4500$ | $k = k_a + k_b$ | | | | |
| $CO + N \rightarrow CN + O$ | $4500 \sim 7600$ | $1.5 \times 10^{15}$ | 0 | 39300 | 0.2 | [205] |
| $NO + C \rightarrow CO + N$ (a) | $290 \sim 4050$ | $4.8 \times 10^{13}$, $k = k_a + k_b$ $k_a/k = 0.6$ $k_b/k = 0.4$ | 0 | 0 | $0.3^{①}$ $\Delta k_a/k = \Delta k_b/k = \pm 0.3$ ($T = 1500 \sim 4050K$) | [4] |
| $NO + C \rightarrow CN + O$ (b) | $290 \sim 4050$ | | | | | |
| $N_2 + C \rightarrow CN + N$ | $2000 \sim 5000$ | $5.2 \times 10^{13}$ | 0 | 22600 | 0.15 | [4] |

（续）

| 反应 | $\Delta T/10^3$ K | $A$ | $n$ | $E_a/K$ | $\pm\Delta\lg k$ | 参考文献 |
|---|---|---|---|---|---|---|
| $CN+N\rightarrow N_2+C$ | $300\sim3000$ | $5.9\times10^{14}$ | $-0.4$ | $0$ | $0.3(T=300K)$ $0.5(T=3000K)$ | [4] |
| $CN+C\rightarrow C_2+N$ | $4060\sim6060$ | $5\times10^{13}$ | $0$ | $13000$ | $0.3$ | [190] |
| $CN+O_2\rightarrow NCO+O(a)$ $CN+O_2\rightarrow CO+NO(b)$ $CN+O_2\rightarrow N+CO_2(c)$ | $200\sim4500$ $200\sim4500$ $200\sim4500$ | $7.2\times10^{12}$, $k=k_a+k_b+k_c$ $k_a/k=1$ $(T>1000K)$ $k_b/k=0.25$ $(T=298K)$ | $0$ | $-210$ | $0.1(T=200K)^{②}$ $0.3(T=4500K)^{②}$ | [4] |
| $C_2+N_2\rightarrow CN+CN$ | $2900\sim3420$ | $1.5\times10^{13}$ | $0$ | $21000$ | $\pm50\%$ | [216] |
| $CN+NO\rightarrow NCO+N$ | $2480\sim3160$ | $9.6\times10^{13}$ | $0$ | $21200$ | $\pm50\%$ | [210] |
| $CN+CO_2\rightarrow NCO+CO$ | $2510\sim3510$ | $4\times10^{14}$ | $0$ | $19200$ | $40\%$ | [203] |
| $CO_2+N\rightarrow CO+NO$ | $2510\sim3510$ | $8.6\times10^{11}$ | $0$ | $1110$ | — | [203] |

①为总反应(a)+(b)的不确定度。②为总反应(a)+(b)+(c)的不确定度。

6. $NO+C\rightarrow CO+N(R13a)$，$NO+C\rightarrow CN+O(R13b)$

文献[206]在 $T=1550\sim4050K$ 时研究了反射激波后的 $C_3O_2/NO/Ar$ 混合气体中的反应 R13，实验中 C 通过 $C_3O_2$ 的高温分解或光分解($\lambda=193nm$)产生，若 NO 过量，则可通过反应 R13 快速消去。研究利用激光吸收或 ARAS 法测定产物种类(CN、N 和 O)，以此来区分产物通道(a)、(b)。由计算机模拟结果可知，CN 随时间的变化对通道分支比较敏感。表 3.18 给出了文献[4]中的最优值及其不确定度和通道(a)、(b)的比例。

7. $N_2+C\rightarrow CN+N(R14)$，$CN+N\rightarrow N_2+C(R(-14))$

文献[201,207-208]利用激波管得到了速率常数 $k_{14}$。文献[201]含有少量 $C_2H_2$、$CH_4(5\sim20)\times10^{-6}$ 稀释于 Ar 中的 $C_2N_2/N_2/Ar$ 和 $CH_4/N_2/Ar$ 混合气体，并在激波阵面后测量了 C 浓度与时间的关系。文献[207]通过 $C_3O_2$ 的高温分解产生 C，但由于过量 $N_2$ 产生的反应 R14，C 又快速消失。所有研究均采用 ARAS 法研究 C、N 原子浓度(实验中，$\lambda$ 为 156.1nm、119.9nm)。文献[4]利用以上数据得到了 $T=2000\sim5000K$ 时 $k_{14}$ 的最优值(表 3.18)。

文献[174,190,203,209,210]研究了逆反应 R(-14)，文献[174,190,203,210]中的数据在 $T=3000\sim8000K$ 时发散较大(约为 20 倍)，且无明显温度依

赖。文献[209]对反射激波后的 $C_2N_2/NO/Ar$ 混合气体进行了研究,实验采用 ARAS 法监测 N 浓度。文献[4]采用文献[209]中数据和低温推导值推导了 $k_{-14}$(表 3.18)。

8. $CN + C \rightarrow C_2 + N$(R15)

反应 R15 对高温气体 $CO_2/N_2$ 中 $C_2$ 的形成有重要作用。文献[190]将反应 R15 和反应 R(−14)作为第二种 CN 解离反应。采用 ARAS 法测量经加热的 $C_2N_2/Ar$ 混合气体中 C、N 浓度。CN 的解离速率常数一般由浓度的初始斜率确定,但是第二反应的反应速率通过实验、模拟数据的拟合确定。表 3.18 给出了 $T = 4060 \sim 6060K$ 时的 $k_{15}$ 值,文献[174]在 $T = 5000 \sim 8000K$ 时激波管中获得的数据超过 6000K 时文献[190]中 $k_{15}$ 值 2.5 倍。

9. $CN + O_2 \rightarrow NCO + O$(R16a), $CN + O_2 \rightarrow CO + NO$(R16b), $CN + O_2 \rightarrow N + CO_2$(R16c)

诸多工作在低温时利用激波管研究了反应 R16。文献[211−212]在 $T = 13 \sim 760K$ 的结果表明,反应常数 $k_{16}$ 随温度的降低而增加;此外,还有一些工作研究了反应 R16 的(a,b,c)通道。

文献[201,204,213]在 $C_2N_2/O_2/Ar$ 混合气体中研究了 R16 的反应通道(a),文献[201,204]利用 ARAS 法测量了混合气体中的 C 和 N,利用 ArF 激光器(193nm)的脉冲光辐射分解 CN。由于由 R16 生成的 NCO 在 $T > 2000K$ 时会快速分解为 CO 和 N,故高温情况下混合气体中仍存在 N。文献[213]利用 ARAS 法测量了混合气体 $C_2N_2/O_2/Ar$ 和 $BrCN/O_2/Ar$ 中的 N、O 浓度。文献[14]中的最优 $k_{16}$ 值在表 3.18 给出,但这些数据未考虑文献[201,204,213]中结果。当 $T = 2000 \sim 3000K$ 时,文献[201]中 $k_{16}$ 和最优值接近,且最优值与文献[204,213]之间相差不超过 30%。当 $T > 1000K$ 时,文献[4]将 R16 的通道(a)推荐为主反应通道。温度降低时通道(b)占比降低。整个 R16 反应中通道(c)的影响微弱。

10. $CN + CN \rightarrow C_2 + N_2$(R17), $C_2 + N_2 \rightarrow CN + CN$(R(−17))

文献[214−215]研究了反应 R17。文献[214]在混合气体 $C_2N_2/Ar$ 和 $C_2N_2/N_2$ 中研究了 R17,实验在温度略高于 4800K 时测量了激波后气体中 CN 和 $C_2$ 的吸收率。对 $C_2$ 辐射的观测结果主要基于 CN 主要通过 R17 分解这一假设。R8 和 R15 可能发生以下反应:

$$CN + M \rightarrow C + N + M(R8), CN + C \rightarrow C_2 + N(R15)$$

文献[215]测量了激波后混合气体 $BrCN/Ar$ 中 CN 和 $C_2$ 的吸收率,研究人员认为反应 R17 占据主导地位且该反应决定了 CN 和 $C_2$ 的浓度,然而在稀混合气体中进行的反应表明 CN 可能通过其自身的分解消除,故 CN 在温度增加时的作用更重要。文献[174,215]结果表明,在高温情况时需要考虑 R14 和R(－14)以及伴随着 CN 分解的解离过程,即

$$CN + N \rightarrow N_2 + C(R(-14)), C_2 + M \rightarrow C + C + M(R4), N_2 + M \rightarrow N + N + M$$

对 $k_{17}$ 值无直接测量手段,文献 $k_{17}$ 由计算机模拟给出($T = 4060 \sim 6060K$),其值为 $k_{17} = 6.3 \times 10^{11} cm^3 \cdot mol \cdot s^{-1}$[190,201]。

文献[216]通过测量反射激波后时间和吸收/辐射之间的关系,研究了逆反应 R(－17),实验中的 $C_2$ 源为混合于 Ar 中被加热的富勒烯 $C_{60}$。混合气体中加入的 $N_2$ 导致了反应系统的扰动,这导致了 $C_2$ 吸收率的变化和 CN 的强辐射,实验使用环形染料激光器在 $v = 19355.6 cm^{-1}$ 下的吸收谱对 $C_2$ 浓度做了定量监测,同时使用加强 CCD 相机记录在 $315 \sim 570nm$ 处由激波加热的混合气体激发光的瞬时光谱分辨表现。通过比较 $\Delta v = 0$ 级的 $C_2$ 和 CN 的集成辐射信号,可以由 $C_2$ 浓度得到 CN 浓度和相对线强度,实验温度 $T = 2896 \sim 3420K$。对 $C_2$、CN 浓度的估算导致了反应 R(－17)反应速率 $k_{17}$ 值的不确定度为 $\pm 50\%$（表3.18）。

11. $CN + NO \rightarrow NCO + N(R18)$

文献[210]在激波管中观测了反应 R18 的反应生成物,实验中混合气体 $C_2N_2/NO/Ar$ 被激波加热至 $T > 2000K$,利用 ARAS 法测量 O、N 浓度随时间的变化。比较测量的原子浓度与其基于 12 类反应的活性机理的计算值,可知各原子浓度对 R18 反应速率敏感。表 3.18 给出了 $k_{18}$ 值[201]。

12. $CN + CO_2 \rightarrow NCO + CO(R19)$

文献[201,203]在 $T = 2510 \sim 3510K$ 时反射激波后研究了反应 R19,其初始反应物为稀释于 Ar 中的 $C_2N_2/CO_2$ 混合气体,其中 $C_2N_2$ 为 CN 源。CN 与 $CO_2$ 反应后会生成 N、O,实验通过 ARAS 法测量两原子浓度。由于 NCO 会快速分解为 N 和 CO,R19 反应速率对 N 浓度敏感,可通过拟合反应早期测量的 N 浓度数据得到 $k_{19}$,其值在表 3.18 给出。

13. $CO_2 + N \rightarrow CO + NO(R20)$

文献[203]研究了反应 R20（见 R19 部分）。反应速率 $k_{20}$ 通过拟合反应晚期测量的 N、O 浓度得到。表 3.18 给出了相关数据。迄今无其逆反应的相关研究,但文献[198]通过 $T = 4000 \sim 15000K$ 时激波管中反应得到了 $k_{20}$,其值为 $10^3 \exp(-2100/T)(cm^3 \cdot mol \cdot c^{-1})$。

## 3.5　非平衡辐射

一些激波管和全尺寸实验研究了高速激波($V > 9.5km/s$)和低压气体($p_1 \leq$

1Torr)的非平衡辐射,结果表明其自身含有的激发态原子/分子会耗尽。文献[217]分析了一些实验中的离子和空气辐射。经观测弛豫区尾部气体会达到稳定态,具有不同于热力学参数的常量参数。在该案例中,连续谱和原子谱线辐射强度低于平衡状态,这是由于相比于平衡态气体,碰撞体中的气体密度和激发态数量低于自发辐射态数量。电子浓度也会出现同一现象,该现象归因于原子激发态数目的减少对电离度的影响。事实上,以上现象在较高气压下会消失。图3.11中曲线1给出了空气中激波后的电子浓度 $N_e$,测量条件为 $V = 9.2 km/s$,$p_1 = 0.5 Torr$,曲线2给出了同一研究中 $N_e$ 值的计算值,曲线3为平衡状态下的 $N_e$ 值。图3.12给出了 $V = 12 km/s$,$p_1 = 0.2 Torr$ 时的氧谱线 ($^5 s - ^5 p, \lambda_0 = 777.3 nm$)。以上条件下该谱线的平衡态强度(图中未给出)要高于测量值40倍。

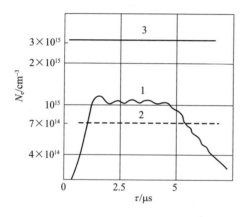

图 3.11　空气中激波后的电子浓度[217]　　图 3.12　$O_2$ 谱线(W/($cm^3 \cdot sr$))[217]

文献[218]也观察到 $C_2$ 辐射激发态分子数量的减少具有相似的效果,其原因并非为低气压,而是相比于由自发辐射引起的粒子数减少,$C_2$ 与 Ar 碰撞时电子项的效率更低。文献[218]在激波阵面后的 Ar(90% ~99%)中掺入 CN 和 $C_2$ 的混合气体中观测到 CN、$C_2$ 辐射,并在阵面后的稳态区域测量了辐射强度,该区域以建立化学平衡,且气体温度处于热平衡温度 $T_{eq}$。针对高稀释于 Ar(95% ~99%)的 CO-$N_2$ 混合气体,斯旺带(0-0)$C_2$ 的辐射强度远低于 $T_{eq}$ 时的平衡强度,随混合气体分子种类的增加(1% ~10%),其强度区域平衡值。同时在紫外谱线(0-1)的 CN 辐射强度与平衡值一致,其值与 Ar 含量无关。实验中温度、总体气体密度恒定,为 $T_{eq} = 6950K$,$n_{eq} = 1.8 \times 10^{18} cm^{-3}$。

为充分解释实验数据,文献[218]使用了文献[219,220]中主要结论,结论主要涉及关于双原子分子不同电子项混合等能级跃迁态的分子间无辐射非绝热转移(NT),对于 CN、$C_2$、CO、$N_2$、$N_2^+$ 等分子,NT 是一种效率很高的分子间能量转移机理。由于孤立分子和与周围环境中粒子进行碰撞的粒子中出现的分子间非绝热反应,会出现振动转动态的耦合现象。文献[221]特别关注了相邻电子态中的转动能级对的碰撞耦合,并将此系统间的激发碰撞转移现象视为放电条件下控制振动能级数量分布的主要机理。特别地,在相邻电子态中出现许多电子–振动能级对通过碰撞耦合作用上达到本质上相同的数目。毫无疑问,这种机理也会出现在激波加热的气体中。

NT 的反应截面与开始时和最终的能带宽度 $\Delta E$ 呈指数变化。当相邻电子态的谱带基线低于 $500 \sim 600 \mathrm{cm}^{-1}$ 时,相邻电子态上的单个转动–振动电子能级间极有可能出现随机共振,使得 $\Delta E$ 可能下降到分子平均动能以下。这种共振区即为有利于转动能级之间耦合、具有大截面的超级通道[221]。

文献[219]给出了 NT 的显著特征,这些过程的速率常数在 $10^{-11} \sim 10^{-9} \mathrm{cm}^3 \cdot \mathrm{s}^{-1}$。高效率 NT 过程的特征为能量转移时附近电子态的振动能级数目多。

文献[222]将波阵面后高度稀释于 Ar 的混合气体中 $C_2$ 的耗尽($\mathrm{d}^3\Pi\mathrm{g}, v' = 0$),归因于从激发态到 $\mathrm{d}^3\Pi\mathrm{g}$ 激态的单态和三重态的 $C_2$ 分子间的 NT 过程中存在的限制阶段,在于 Ar 碰撞时,限制阶段截面较小,因此造成的结果为电子态(处于斯旺带(0–0)的辐射强度)数量低于激波阵面后稳定区域的平衡值。文献[218]发现退激态 $C_2(\mathrm{d}^3\Pi\mathrm{g}, v' = 0)$ 的有效速率系数 $k_{-1}^{\mathrm{eff}}$ 依赖于由混合气体中 CO 和 $N_2$ 含量决定的激波阵面后稳态区中的 N、C、O 原子浓度 $S$。当 $S > 1.5 \times 10^{17} \mathrm{cm}^{-3}$(图 3.13)时,$k_{-1}^{\mathrm{eff}}$ 快速增加,这表明有效电子态猝灭期会出现附加过程。类似地,由 $C_2$ 项($\mathrm{d}^3\Pi\mathrm{g}$)激发的有效速率常数也适用于这一规律。

文献[222]考虑了弛豫过程中的 NT 过程,研究了激波加热气体中双原子分子在电子基态的作用机理。提出的机理基于以下设想:激波阵面后会立即发生分子的高能级激发,而这种激发主要是在与其他气体粒子的碰撞中出现的电子基态转动–振动弛豫。在包含基态的相邻电子态附近区域,由于碰撞 NT 的发生,导致激发电子态的增加。通过 NT,在基态振动弛豫期间,若转动–振动电子态继续进行会发生能量的再分配。在 $T < 10000\mathrm{K}$ 时,考虑 CN、$N_2$、$C_2$、$O_2$、CO 分子,假定振动弛豫时间远大于平动和转动弛豫时间,远小于化学反应时间,特别是分解反应时间。文献[222]通过对弛豫时间的对比分析证实了这一假设。因此在激波阵面附近,振动弛豫期间内激发态数据会到达其平衡值。其后,当化学反应开始进行,气体温度发生变化,内部自由度的分布在局部温度区间内是平衡的。

以上涉及的电子态激发机理是碰撞条件下得到的,因此具有普适性。并未包含电子态激发时的其他过程,如能量交换过程中的共振放热化学反应。

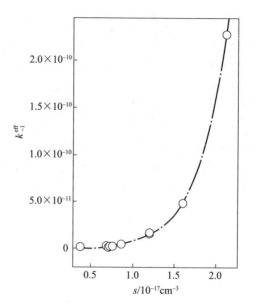

图 3.13　$d^3\Pi g$ 态退激的有效速率常数随 N、C 和 O 总体浓度的变化曲线[218]

文献[223－224]中实验数据应用了以上机理,实验研在 $T=4000\sim9500\text{K}$ 时研究了 $CO/N_2/Ar$ 混合气体中激波阵面后的 CN、$C_2$ 和 C 辐射。基于局部温度范围内的分子内部自由度的分布时平衡的这一假设,实验分析了非平衡反应中加热气体中激波后的 CN、$C_2$ 和 C 原子的动力学。该机理可对实验中获得的辐射强度－时间数据进行合理描述(图 3.14)。

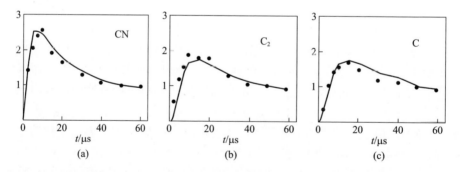

图 3.14　激波阵面后 10% CO/20% $N_2$/70% Ar 混合气体在 $V=3.07\text{km/s}$,$p_1=8.1\text{Torr}$ 时 CN、$C_2$ 和 C 的辐射强度(相对单位)的实验(黑点)和模拟(实线)曲线[224]

分子项振动能级的选择性增加过程有可能会复杂化依赖于源功率的总弛豫图像。文献[225]在研究土卫六大气的混合气体(92% $N_2$/3% $CH_4$/5% Ar)中激波管后在 $\Delta v=0$ 序列($B^2\Sigma\rightarrow X^2\Sigma$)下的 CN 辐射谱时给出了一个这样的案例,实验有如下设计:初始压力 $p_1 = 1.5\text{Torr}$,激波速度 $V = 5.56\text{km/s}$(A)与 $p_1 = 8.2\text{Torr}$,$V = 5.13\text{km/s}$(B)。利用成像光谱技术提供激波阵面后即时的波长 - 强度 - 时间信息。观测到的 CN 频带的时间分辨频谱在振动数量是显示为非玻耳兹曼分布。在实验 A 和 B 中均发现能级 $v = 6$ 时的布居数量过剩。随着距激波阵面距离的增加,这种数量过剩会急速降低。若初始压力更高(实验B),在较高能级($v \geqslant 6$)时的数量分布会偏离玻耳兹曼分布,这种偏移会发生在整个记录过程中。文献[226]中对 $CO_2 - N_2$ 混合气体的研究表明,CN 的振动弛豫会非常快地达到玻耳兹曼分布。可以用能量改变过程中的任意共振和发生于激发态高振动能级产生 CN 分子的放热化学反应来解释 $N_2 - CH_4$ 混合气体中得到的结果。在该案例中,起始压力越高现象越明显(实验 B,即化学反应速率更高)这一现象变得更为容易解释。

文献[227 - 229]建立了进入行星大气时 $V > 10\text{km/s}$、$p < 1\text{Torr}$ 时的气体模型,并在自由活塞双膜激波管中进行了研究,采用空间分辨图像光谱仪获取强激波后空气辐射光谱的空间变化。在检测 $300 \sim 445\text{nm}$ 内辐射积分分布时,可在激波阵面后观测到两个辐射高峰[227],第一个峰值是由分子种类($N_2$,$N_2^+$)的辐射引起的,紧随其后的原子线谱即刻紧密起来。文献[228 - 229]采用纯 $N_2$ 在 $V = 11.9\text{km/s}$,$p = 0.3\text{Torr}$ 下获得了温度空间分布曲线。图 3.15 给出了激波阵面后转动、振动和电子温度随时间的变化,并与采用 Park 模型[14]获得的数据进行了对比。

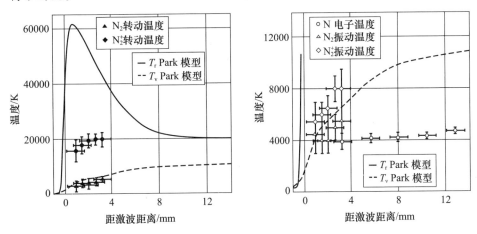

图 3.15　转动和振动温度分布[228]

距离激波后阵面 5mm 处的电子激发温度 N 的估计值为 4000K,随距离的增加温度缓慢上升,与 $N_2$ 的振动温度接近,是 $N_2^+$ 的 2 倍,且随到激波距离的增加温度急速上升。距激波阵面 3mm 处, $N_2$ 和 $N_2^+$ 的转动温度低于 6500K 和 23000K, 远低于有双温度 Park 模型推导出的平动温度。以上结果表明激波阵面后区域处于强不平衡态, 甚至于对转动模式来说也是如此(图 3.15)。

文献[228]在较高的初始气压和较低的激波速度下( $p_1 = 2.1\mathrm{Torr}, V = 8.14\mathrm{km/s}$ )获得了转动温度和振动温度, 与平衡区域下使用双温度模型模拟得到的结果是一致的。

文献[230 - 235]等在激波加热的气体中进行了飞行器进入火星气体 ( $CO_2 - N_2$ )、土卫六气体( $N_2 - NH_4$ )的研究。这些研究均没有效果较好的模型描述在低压和高速激波条件下得到的数据(图 3.16)。文献[210,231]使用更精细的模型充分描述了碰撞 - 辐射过程和非平衡区域激发态的形成过程。然而化学反应过程的模型描述仍存在较多困难, 尤其是分解反应(特别地, 如 $CO_2$ 的分解), 这并给一个简单的问题, 原因是缺乏 $T > 10000\mathrm{K}$ 时可靠的分解反应速率, 由于分解反应本质上的强不平衡, 进行这方面的实验也存在较大难度。

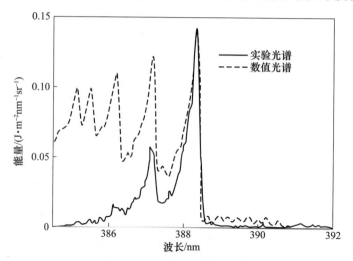

图 3.16　实验光谱和数值计算光谱之间的比较[230]

随着温度的提高, 化学反应速率强烈增加, 所有反应过程在激波阵面附近同时开始, 并在与内部电子自由度有关的非平衡态下继续进行。

另外, 对 CN、$C_2$、$N_2$ 和 $N_2^+$ 等分子而言, 转动弛豫和振动弛豫本质上都是非绝热过程, 尤其是对激发态电子, 显然它们与电子弛豫间的关系是密不可分的[221]。故激波中的非平衡辐射存在多种多样的情况, 它们与分子、原子特性有关, 也与气体条件有关, 即气体组分、气压、温度、各种类浓度, 以及电子、化学活性种类, 这些气体条件影响激发态的布居和退激发。

 **参考文献**

[ 1 ] Nikitin, E. E. , Osipov, A. I. , Umanskii, S. Y. : Revs. Plasma Chem. 2,1( 1994).

[ 2 ] Baulch, D. L. , Drysdale, D. D. , Horne, D. G. : Evaluated Kinetic Data for High Temperature Reactions, vol. 1. Butterworths, London( 1972).

[ 3 ] Baulch, D. L. , Drysdale, D. D. , Duxbury, J. , Grant, S. J. : Evaluated Kinetic Data for High Temperature Reactions, vol. 3. Butterworths, London( 1976).

[ 4 ] Baulch, D. L. , Bowman, C. T. , Cobos, C. J. , et al. : Evaluated Kinetic Data for Combustion Modelling: Supplement II. J. Phys. Chem. Ref. Data 34,757( 2005).

[ 5 ] Konnov, A. A. : Detailed reaction mechanism of hydrogen combustion( 2004), http://homepages. vub. ac. be/ ~ akonnov.

[ 6 ] Davidson, D. F. , Hanson, R. K. : Fundamental Kinetics Database Utilizing Shock Tube Measurements, vol. 3( 2009), http://hanson. stanford. edu/.

[ 7 ] Bhaskaran, K. A. , Roth, P. : Progress in Energy Combustion Science 28,151( 2002).

[ 8 ] Tsang, W. , Lifshitz, A. : Annu. Rev. Phys. Chem. 41,559( 1990).

[ 9 ] NIST Chemical kinetics database. Standard reference database 17 – 2Q98, NIST, Gaithersburg, MD, USA( 1998).

[ 10 ] Warnatz, J. : Combustion chemistry. In: Gardiner, W. C. ( ed. ). Springer, NY( 1984).

[ 11 ] Shock Waves in Chemistry. In: Lifshitz, A. ( ed. ). Marcel Dekker, New York( 1981).

[ 12 ] Gordiets, B. F. , Osipov, A. I. , Shelepin, L. A. : Kinetic Processes in Gases and Molecular Lasers. Gordon and Breach, New York( 1988).

[ 13 ] Capitelli, M. , Ferreira, C. M. , Gordiets, B. F. , Osipov, A. I. : Plasma Kinetics in Atmospheric Gases. Springer, Heidelberg( 2000).

[ 14 ] Park, C. : Nonequilibrium hypersonic aerothermodynamics, vol. 2. John Wiley and Sons, New York( 1990).

[ 15 ] Losev, S. A. : Gasdynamic Laser. Springer, Heidelberg( 1981).

[ 16 ] Landau, L. , Teller, E. : Physik Z. Sowjetunion 10,34( 1936).

[ 17 ] Stupochenko, E. V. , Losev, S. A. , Osipov, A. I. : Relaxation Processes in Shock Waves. Springer, Heidelberg( 1967).

[ 18 ] Millikan, R. C. , White, D. R. : J. Chem. Phys. 39,3209( 1963).

[ 19 ] Generalov, N. A. : Dokl. Phys. Chem. 148,51( 1963).

[ 20 ] Generalov, N. A. , Losev, S. A. : Prikladnaja mehanica i tehnicheskaja fizika 1,145( 1963)( in Russian).

[ 21 ] Zabelinsky, I. E. , Krivonosova, O. E. , Shatalov, O. P. : Sov. J. Chem. Phys. 4( 1985).

[ 22 ] Lutz, R. W. , Kiefer, J. H. : Phys. Fluids 9,1638( 1966).

[ 23 ] White, D. R. , Millikan, R. C. : J. Chem. Phys. 39,1803( 1963).

[24] Makarov, V. N., Shatalov, O. P.: Fluid Dynamics 9, 323 (1974).

[25] Dushin, V. K., Zabelinskii, I. E., Shatalov, O. P.: Sov. J. Chem. Phys. 7, 2373 (1991).

[26] Losev, S. A., Generalov, N. A.: Soviet Phys. – Dokl. 6, 1081 (1962).

[27] Generalov, N. A.: Vestnik moskovskogo universiteta, Seria 3: Fizika, matematika 2, 51 (1962) (in Russian).

[28] Camac, M.: J. Chem. Phys. 34, 448 (1961).

[29] White, D. R., Millikan, R. C.: J. Chem. Phys. 39, 1807 (1963).

[30] Rao, V. S., Skinner, G. B.: J. Chem. Phys. 81, 775 (1984).

[31] Losev, S. A., Shatalov, O. P.: Khimiya vysokikh energii (High Energy Chemistry) 4, 263 (1970) (in Russian).

[32] Generalov, N. A., Losev, S. A.: Izvestija AN SSSR, Ser. Fizicheskaja XXXVII, 1110 (1963) (in Russian).

[33] Shatalov, O. P.: Nauchnie trudi inst. of Mechanics, Moscow, St. University, vol. 3, p. 33 (1970) (in Russian).

[34] White, D. R., Millikan, R. C.: J. Chem. Phys. 39, 2107 (1963).

[35] White, D. R.: J. Chem. Phys. 42, 447 (1965).

[36] Matthews, D. L.: J. Chem. Phys. 34, 639 (1961).

[37] Hooker, W. J., Millikan, R. C.: J. Chem. Phys. 38, 214 (1963).

[38] Brun, R.: Experimentation, Modelling and Computation in Flow, Turbulence and Combustion, vol. 1, p. 29. John Willey&Sons (1996).

[39] Vinokurov, A. Y., Kudriavtsev, E. M., Mironov, V. D., Trehov, E. S.: Combustion and Explosion. In: Proceedings of Third All – Union Symposium on Combustion and Explosion, Nauka, Moscow, p. 690 (1972) (in Russian).

[40] Borrell, P., Millward, G. E.: J. Chem. Soc. Faraday Trans. 2, 69, 1060 (1973).

[41] Hanson, R. K.: AIAA Journal 9, 1811 (1971).

[42] Chackerian Jr., C.: In: Proc. 8th Intern. Shock Waves Symp., London, vol. 40, p. 1 (1970).

[43] Chackerian Jr., C.: AIAA Journal 11, 1706 (1973).

[44] McLaren, T. I., Appleton, J. P.: J. Chem. Phys. 53, 2850 (1970).

[45] Millikan, R. C.: J. Chem. Phys. 40, 2594 (1964).

[46] Appleton, J. P.: J. Chem. Phys. 47, 3231 (1967).

[47] Hanson, R. K., Baganoff, D.: J. Chem. Phys. 53, 4401 (1970).

[48] Guenoche, H., Billiotte, M.: C. R. Acad. Sc., Paris. T. 266, Ser. A 293 (1968).

[49] Berezkina, M. K.: PhD Thesis, A. F. Ioffe Physical – Technical Institute AS USSR, Leningrad (1972) (in Russian).

[50] Breshears, W. D., Bird, P. F.: J. Chem. Phys. 48, 4768 (1968).

[51] Kozlov, P. V., Losev, S. A., Makarov, V. N., Shatalov, O. P.: Chem. Phys. Reports 14, 442 (1995); Kozlov, P. V., Makarov, V. N., Pavlov, V. A., et al.: J. Tech. Phys. 66, 43 (1996)

（in Russian）.

［52］ Losev,S. A. ,Jalovik,M. S. :Khimiya vysokikh energii 4,202(1970)(in Russian).

［53］ Taylor,R. L. ,Bitterman,S. A. :In:7th Intern. Shock Tube Symp,Toronto(1970).

［54］ von Rosenberg,C. W. ,Bray Jr. ,K. N. C. ,Pratt,N. H. :J. Chem. Phys. 56,3230(1972).

［55］ Center,R. E. ,Newton,J. F. :J. Chem. Phys. 68,3327(1978).

［56］ Kurian,J. ,Sreekanth,A. K. :Chem. Phys. 114,295(1987).

［57］ White,D. R. :J. Chem. Phys. 46,2016(1967).

［58］ White,D. R. :J. Chem. Phys. 48,525(1968).

［59］ Zuev,A. P. ,Tkachenko,B. K. :Khimicheskaja Fisika 7,1451(1988)(in Russian).

［60］ Kamimoto,G. ,Matsui,H. :J. Chem. Phys. 53,3987(1970).

［61］ Glänzer,K. ,Troe,J. :J. Chem. Phys. ,63,4352(1975);Glänzer,K. ,Troe,J. :In:Proc. 10th Intern. Shock Tube Symp. ,Kyoto,p. 575(1975).

［62］ Wray,K. L. :J. Chem. Phys. 36,2597(1962).

［63］ Nikitin,E. E. ,Umansky,S. Y. :Farad. Discuss. Chem. Soc. 53,7(1972).

［64］ Quack,M. ,Troe,J. :Ber. Bensenges. Phys. Chem. 79,170(1975).

［65］ Kiefer,J. H. ,Lutz,R. W. :In:Proc. 11th Int. Sympos on Combustion,Combust. Inst. ,Pittsbugh,PA,p. 67(1967).

［66］ Breen,J. E. ,Quy,R. B. ,Glass,G. P. :In:Proc. 9th Intern. Shock Tube Sympos. ,p. 375(1975).

［67］ Park,C. :J. Thermophys. ,Heat Transfer 7,385(1993).

［68］ Center,R. E. :J. Chem. Phys. 58,5230(1973).

［69］ Zaslonko,I. S. :D. Sci. Thesis. ,Institute of Chemical Physics,Moscow(1981)(in Russian).

［70］ Zaslonko, I. S. ,Mukoseev,Y. K. ,Smirnov,V. N. :Khimicheskaja Fisika 1,622(1982)(in Russian).

［71］ Glass,G. P. ,Kironde,S. :J. Phys. Chem. 86,908(1982).

［72］ von Rosenberg Jr. ,C. W. ,Taylor,R. L. ,Teare,J. D. :J. Chem. Phys. 54,1974(1971).

［73］ Kozlov,P. V. ,Makarov,V. N. ,Pavlov,V. A. ,Shatalov,O. P. :Shock Waves 10,191(2000).

［74］ Eckstrom,D. J. :J. Chem. Phys. 59,2787(1973).

［75］ Kiefer,J. H. ,Lutz,R. W. :J. Chem. Phys. 44,658(1966).

［76］ Kiefer,J. H. ,Lutz,R. W. :J. Chem. Phys. 44,668(1966).

［77］ Dove,J. E. ,Teitelbaum,H. :Chem. Phys. 6,431(1974).

［78］ Moreno,J. B. :Phys. Fluids 9,431(1966).

［79］ Chow,C. C. ,Greene,E. F. :J. Chem. Phys. 43,324(1965).

［80］ Schwartz,R. N. ,Slavsky,Z. I. ,Herzfeld,K. F. :J. Chem. Phys. 20,1591(1952).

［81］ Kiefer,J. H. ,Breshears,W. D. ,Bird,P. F. :J. Chem. Phys. 50,3641(1969).

［82］ Kiefer,J. H. ,Lutz,R. W. :Phys. Fluids 8,1393(1965).

［83］ Breshears,W. D. ,Bird,P. F. :J. Chem. Phys. 52,999(1970).

[84] Breshears, W. D. , Bird, P. F. :J. Chem. Phys. 50 ,333 (1969).

[85] Moor, C. W. :J. Chem. Phys. 43 ,2979 (1965).

[86] Shin, K. H. :Chem. Phys. Lett. 6 ,494 (1970) ;J. Phys. Chem. 75 ,1079 (1971).

[87] Bowman, C. T. , Seery, D. J. :J. Chem. Phys. 50 ,1904 (1969).

[88] Smiley, E. F. , Winkler, E. H. :J. Chem. Phys. 22 ,2018 (1954).

[89] Breshears, W. D. , Bird, P. F. :J. Chem. Phys. 54 ,2968 (1971).

[90] Borrell, P. M. , Borrell, P. , Gutteridge, R. :J. Chem. Soc. , Farad. Trans. 2(71) ,571 (1975).

[91] Bott, J. F. , Cohen, N. :J. Chem. Phys. 58 ,934 (1973).

[92] Bott, J. F. , Cohen, N. :J. Chem. Phys. 53 ,3698 (1971).

[93] Solomon, W. C. , Blauer, J. A. , Jaye, F. C. , Hnat, J. G. :Int. J. Chem. Kinetics 3 ,215 (1971).

[94] Blauer, J. A. , Solomon, W. C. , Owens, T. W. :Int. J. Chem. Kinetics 4 ,293 (1972).

[95] Smiley, E. F. , Winkler, E. H. :J. Chem. Phys. 22 ,2018 (1954).

[96] Diebold, G. J. , Santoro, R. J. , Goldsmith, G. J. :J. Chem. Phys. 60 ,4170 (1974).

[97] Diebold, G. , Santoro, R. , Goldsmith, G. :J. Chem. Phys. 62 ,296 (1975).

[98] Breshears, W. D. , Bird, P. F. :J. Chem. Phys. 51 ,3660 (1969).

[99] Santoro, R. J. , Diebold, G. J. :J. Chem. Phys. 69 ,1787 (1978).

[100] Generalov, N. A. , Kosinkin, B. D. :Sov. Phys. Doklady 12 (1967).

[101] Generalov, N. A. , Maximenko, V. A. :Sov. Phys. Doklady 14 (1969).

[102] Generalov, N. A. , Maximenko, V. A. :J. Exp. Theor. Phys. 58 ,420 (1970) (in Russian).

[103] Taylor, R. L. , Bitterman, S. :Rev. Mod. Phys. 41 ,26 (1969).

[104] Zuev, A. P. , Losev, S. A. , Osipov, A. I. , Starik, A. M. :Himicheskaja Physika 11 ,4 (1992) (in Russian).

[105] Simpson, C. J. S. M. , Bridgman, K. B. , Chandler, T. R. D. :J. Chem. Phys. 49 ,513 (1968).

[106] Simpson, C. J. S. M. , Chandler, T. R. D. , Strawson, A. C. :J. Chem. Phys. 51 ,2214 (1969).

[107] Simpson, C. J. S. M. :Proc. Roy. Soc. , London A317 ,265 (1970).

[108] Zuev, A. P. , Tkachenko, B. K. :Himicheskaja Physika 5 ,1307 (1986) (in Russian).

[109] Eckstrom, D. J. , Bershader, D. :J. Chem. Phys. 53 ,2978 (1970).

[110] Eckstrom, D. J. , Bershader, D. :J. Chem. Phys. 57 ,632 (1972).

[111] Britan, A. B. , Losev, S. A. , Makarov, V. N. , Pavlov, V. A. , Shatalov, O. P. :Fluid Dynamics 2 ,204 (1976).

[112] Achasov, O. V. , Ragosin, D. S. :Preprint No. 16. Minsk. ITMO AN BSSR (1986) (in Russian).

[113] Sato, Y. , Tsuchiya, S. :J. Phys. Soc. , Japan 33 ,1120 (1972).

[114] Simpson, C. J. S. M. , Gait, P. D. , Simmie, J. M. :Chem. Phys. Lett. 47 ,133 (1977).

[115] Blauer, J. A. , Nickerson, G. R. :AIAA – paper 74 (1974).

[116] Taine, J. , Wichman – Jones, C. T. , Simpson, C. J. S. M. :Chem. Phys. Lett. 115 ,60 (1985).

[117] Zuev, A. P. , Negodiaev, S. S. :In: Proc. Moscow Physical – Technical Institute, Moscow

（1992）（in Russian）.

［118］Buchwald,M. I. ,Bauer,S. H. :J. Phys. Chem. 76,310(1972).

［119］Rees,T. ,Bhangu,J. K. :J. Fluid Mech. 39,601(1969).

［120］Kamimoto,G. ,Matsui,H. :J. Chem. Phys. 53,3990(1970).

［121］Center,R. E. :J. Chem. Phys. 59,3523(1973).

［122］Saxena,S. ,Kiefer,J. H. ,Tranter,R. S. :J. Phys. Chem. A 111,3884(2007).

［123］Kung,R. T. V. ,Center,R. E. :J. Chem. Phys. 62,2187(1975).

［124］Zuev,A. P. ,Starikovskii,A. Y. :Khimicheskaja Physika 7,1431(1988)(in Russian).

［125］Zuev,A. P. ,Tkachenko,B. K. :Khimicheskaja Physika 9,180(1990)(in Russian).

［126］Zuev,A. P. ,Tkachenko,B. K. :Khimicheskaja Physika 9,1427(1990)(in Russian).

［127］Zuev,A. P. ,Starikovskii,A. Y. :Khimicheskaja Physika 9,877(1990)(in Russian).

［128］Losev,S. A. :Combustion,Explosion,Shock Waves 12,141(1976).

［129］Richards,L. W. ,Sigafoos,D. H. :J. Chem. Phys. 43,492(1965).

［130］Kiefer,J. H. ,Buzyna,L. L. ,Dib,A. ,Sundaram,S. :J. Chem. Phys. 113,48(2000).

［131］Davis,M. J. ,Kiefer,J. H. :J. Chem. Phys. 116,7814(2002).

［132］Ibraguimova,L. B. ,Bykova,N. G. ,Zabelinskii,I. E. ,Shatalov,O. P. :In:West – East High Speed Flow Field Conference,CD Proceedings,Section 2,9,Moscow,Russia,November 19 – 22(2007).

［133］Zabelinskii,I. E. ,Ibraguimova,L. B. ,Shatalov,O. P. :Fluid Dynamics 45,485(2010).

［134］Eremin,V. ,Shumova,V. V. :In:Abstracts 21th Symp. Rarefied Gas Dynamics,Marseille,vol. 1,p. 306(1998).

［135］Eremin,A. V. ,Shumova,V. V. ,Ziborov,V. S. ,Roth,P. :In:21st Int. Symp. Shock Waves,p. 2180(1997).

［136］Eremin,A. V. ,Ziborov,V. S. :Sov. J. Chem. Phys. 8,475(1989).

［137］Eremin,A. V. ,Ziborov,V. S. :Shock waves 3,11(1993).

［138］Eremin,A. V. ,Ziborov,V. S. ,Shumova,V. V. :Kinetics and Catalysis 38,1(1997).

［139］Eremin,A. V. ,Zaslonko,I. S. ,Shumova,V. V. :Kinetics and Catalysis 37,455(1996).

［140］Eremin,A. V. ,Roth,P. ,Woiki,D. :Shock Waves 6,79(1996).

［141］Oehlschlaeger,M. ,Davidson,D. F. ,Jeffries,J. B. ,Hanson,R. K. :Z. Phys. Chem. 219,555 (2005).

［142］Davies,W. O. :J. Chem. Phys. 43,2809(1965).

［143］Fujii,N. ,Sagawai,S. ,Sato,T. ,Nosaka,Y. ,Miyama,H. :J. Phys. Chem. 93,5474(1989).

［144］Dean,A. M. :J. Chem. Phys. 58,5202(1973).

［145］Davies,W. O. :J. Chem. Phys. 41,1846(1964).

［146］Zabelinsky,E. ,Ibraguimova,L. B. ,Krivonosova,O. E. ,Shatalov,O. P. :Physical – chemical kinetics in gasdynamics,p. 126. Moscow State University,Moscow(1986)(in Russian).

［147］Fishburne,E. S. ,Belwakesh,K. R. ,Edse,R. :J. Chem. Phys. 45,160(1966).

[148] Burmeister,M. ,Roth,P. :AIAA J. 28,402(1990).

[149] Hardy,W. A. ,Vasatko,H. ,Wagner,H. G. ,Zabel,F. :Ber. Bunsenges. Phys. Chem. 78,76 (1974).

[150] Ibraguimova,L. B. :Mathematical Modeling 12,3(2000)(in Russian).

[151] Ibraguimova,L. B. :Sov. J. Chem. Phys. 9,785(1990)(in Russian).

[152] Michel,K. W. ,Olschewsky,H. A. ,Richetering,H. ,Wagner,H. G. :Z. Physik,N. F. 39,129 (1963);44,60(1965).

[153] Losev,S. A. ,Generalov,N. A. ,Maksimenko,V. A. :Doklady Akademii Nauk SSSR 150,839 (1963)(in Russian).

[154] Galaktionov,I. I. ,Korovkina,T. D. :Teplofizika vysokih temperatur 7,1211(1969)(in Russian).

[155] Kiefer,J. H. :J. Chem. Phys. 61,244(1974).

[156] Saxena,S. ,Kiefer,J. H. ,Tranter,R. S. :J. Phys. Chem. A 111,3884(2007).

[157] Starikovsky, A. Y. : Doctoral Dissertation, Moscow Physico – Technical Institute, p. 307 (1991)(in Russian).

[158] Meyer,I. ,Olschewsky, H. A. ,Schecke, W. G. ,et al. :Inst. Fur Physik. Chem. Universitat Gottingen,AD 706,S. 898,(1970)(cited by3).

[159] Dean,A. M. ,Steiner,D. C. :J. Chem. Phys. 66,598(1977).

[160] Hardy,J. E. ,Gardiner,W. C. ,Burcat,A. :Int. J. Chem. Kinet. 10,503(1978).

[161] Zaslonko,I. S. :Doctoral Dissertation,Moscow,Inst. of Chem. Phys. ,SSSR,p. 502(1980)(in Russian).

[162] Wagner,H. G. :In:Proc. 8th Int. Symp. Shock Waves,London,p. 4(1971).

[163] Pravilov,A. M. ,Smirnova,L. G. :Kinetika i Kataliz 22,107(1981)(in Russian).

[164] Pravilov,A. M. ,Smirnova,L. G. :Kinetika i Kataliz 22,559(1981)(in Russian).

[165] Wagner,H. G. ,Zabel,F. :Ber. Bunsenges. Phys. Chem. 78,705(1974).

[166] Troe, J. : In: Proc. 15th Int Symp. on Combustion, Pittsburgh, The Combust. Inst. , p. 667 (1975).

[167] Simonatis,R. ,Heicklen,J. :J. Chem. Phys. 56,2004(1972).

[168] Chackerian Jr. ,C. :In:Proc. Eighth Intern. Shock Tube Symp. ,p. 40. Chapman Hall,London (1971).

[169] Hanson,R. K. :J. Chem. Phys. 60,4970(1974).

[170] Davies,W. O. :National Aeronautics and Space Administration,CR – 58574(1964)(cited by 3).

[171] Fairbairn,A. R. :Proc. Roy. Soc. A312,1509,207(1969).

[172] Appleton,J. P. ,Steinberg,M. ,Liquornik,J. :J. Chem. Phys. 52,2205(1970).

[173] Mick,H. J. ,Burmeister,M. ,Roth,P. :AIAA J. 31,671(1993).

[174] Slack,M. W. :J. Chem. Phys. 64,228(1976).

[175] Beck,W. H. ,Mackie,J. C. :J. Chem. Soc. Far. Tr. I. 71 ,1363(1975).

[176] Kruze,T. ,Roth,P. :J. Phys. Chem. A 101 ,2138(1997).

[177] Sulzmann,K. G. P. ,Myers,B. F. ,Bartle,E. R. :J. Chem. Phys. 42 ,3969(1965).

[178] Roth,P. ,Thielen,K. :In:Proc. 14th Int. Symp. Shock Waves,Australia,p. 624(1983).

[179] Dean,A. M. ,Kistiakowsky,G. B. :J. Chem. Phys. 54 ,1718(1971).

[180] Sulzmann,K. G. P. ,Leibowitz,L. ,Penner,S. :In:Proc. 13th Int. Symp. Combust. ,The Com-
bust. Inst. ,p. 137(1971).

[181] Dean,A. M. ,Kistiakowsky,G. B. :J. Chem. Phys. 53 ,830(1970).

[182] Ibraguimova,L. B. :Sov. J. Chem. Phys. 10 ,456(1992).

[183] Bartle,E. R. ,Myers,B. F. :Amer. Chem. Soc. ,Divis. of Phys. Chem. Abstracts(1969);Ab-
stract No. 152.

[184] Baber,S. C. ,Dean,A. M. :J. Chem. Phys. 60 ,307(1974).

[185] Korovkina,T. D. :Khimiya vysokih energuii 10 ,87(1976).

[186] Dean,A. J. ,Davidson,D. F. ,Hanson,R. K. :J. Phys. Chem. 95 ,183(1991).

[187] Fairbairn,A. R. :J. Chem. Phys. 51 ,972(1969).

[188] Baulch,D. L. ,Duxbury,J. ,Grant,S. J. ,Montague,D. C. :J. Phys. Chem. Ref. Data 10 ,576
(1981).

[189] Tsang,W. :J. Phys. Chem. Ref. Data 21 ,753(1992).

[190] Mozzhukhin,E. ,Burmeister,M. ,Roth,P. :Ber. Bunsenges. Phys. Chem. 93 ,70(1989).

[191] Mick,H. J. ,Roth,P. :In:18th Int. Symp. Shock Waves,Book of Abstracts,Japan,Sendai,
F31(1991).

[192] Ibraguimova,L. B. ,Smekhov,G. D. ,Dikovskaya,G. S. :Chem. Phys. Reports 19 ,57(2000).

[193] Baulch,D. L. ,Cobos,C. J. ,Cox,R. A. ,et al. :J. Phys. Chem. Ref. Data 21 ,411(1992).

[194] Louge,M. Y. ,Hanson,R. K. :Combust. Flame 58 ,291(1984).

[195] Louge,M. Y. ,Hanson,R. K. :Int. J. Chem. Kin. 16 ,231(1984).

[196] Higashihara,T. ,Saito,K. ,Murakami,I. :J. Phys. Chem. 87 ,3707(1983).

[197] Mertens,J. D. ,Hanson,R. K. :In:International Symposium on Combustion,vol. 26 ,p. 551
(1996).

[198] Colket III,M. B. :Int. J. Chem. Kinet. 16 ,353(1984).

[199] Szekely,A. ,Hanson,R. K. ,Bowman,C. T. :J. Chem. Phys. 80 ,4982(1984).

[200] Natarajan,K. ,Thielen,K. ,Hermans,H. D. ,Roth,P. :Ber. Bunsenges. Phys. Chem. 90 ,533
(1986).

[201] Burmeister,M. :Untersuchungen zur kinetic Homogener C − ,CN − ,und CH − radical reac-
tionen bei hohen temperaturen,PhD Thesis,Universitat Duisburg,p. 170(1991).

[202] Fueno,T. ,Tabayashi,K. ,Kajimoto,O. :J. Phys. Chem. 77 ,575(1973).

[203] Lindackers,D. ,Burmeister,M. ,Roth,P. :Combust. Flame,81 ,251(1990).

[204] Davidson,D. F. ,Dean,A. J. ,DiRosa,M. D. ,Hanson,K. :Int. J. Chem. Kin. 23 ,1035.

（1991）.

[205] Ibraguimova,L. B. ,Kuznetsova,L. A. :Chem. Phys. Reports 23,82(2004).

[206] Dean,A. J. ,Hanson,R. K. ,Bowman,C. T. :J. Phys. Chem. 95,3180(1991).

[207] Dean, A. J. , Hanson, R. K. , Bowman, C. T. :In:International Symposium on Combustion, vol. 23,p. 259(1990).

[208] Lindeckers, D. , Burmeister, M. , Roth, P. :In:International Symposium on Combustion, vol. 23,p. 251(1990).

[209] Natarajan,K. ,Woiki,D. ,Roth,P. :Int. J. of Chem. Kinet. 29,35(1997).

[210] Natarayan,K. ,Roth,P. :International Symposium on Combustion,vol. 21,p. 729(1988).

[211] Sims,J. R. ,Queffelec,J. L. ,Defrance,A. ,et al. :J. Chem. Phys. 100,4229(1994).

[212] Sims,J. R. ,Smith,W. M. :Chem. Phys,Lett. 151,481(1988).

[213] Burmeister,M. ,Gulati,S. K. ,Natarayan,K. ,et al. :In:Int. Symp. on Combustion,vol. 22, p. 1083(1989).

[214] Patterson,W. L. ,Green,E. F. :J. Chem. Phys. 36,1146(1962).

[215] Faibairn,A. R. :J. Chem. Phys. 51,972(1969).

[216] Sommer,T. ,Kruse,T. ,Roth,P. ,Hippler,H. :J. Phys. Chem. A 101,3720(1997).

[217] Zaloguin,G. N. ,Lunev,V. V. ,Plastinin,Y. A. :Fluid Dynamics 15,85(1980).

[218] Ibraguimova, L. B. : Zhurnal Prikladnoi Spectroskopii. J. of Applied Spectrosc. 28, 612 (1978)(in Russian).

[219] Ibraguimova,L. B. :Chem. Phys. Reports 15,939(1996).

[220] Dvoraynkin, A. N. , Ibraguimova, L. B. , Kulagin, Y. A. , Shelepin, L. A. :Review of Plasma Chemistry,Consultants Bureau,NY,p. 1(1991).

[221] Benesch,W. ,Fraedrich,D. :J. Chem. Phys. 81,5367(1984).

[222] Ibraguimova,L. B. :Chem Phys. Reports 15,959(1996).

[223] Dushin,V. K. ,Ibraguimova,L. B. :Fluid Dynamics 16,253(1981).

[224] Ibraguimova,L. B. ,Losev,S. A. :Kinetika i Kataliz 24,263(1983)(in Russian).

[225] Ramjaun, D. H. , Dumitrescu, M. P. , Brun, R. :In:Proc. 21th Int. Symp. Rarefied Gas Dynamics,vol. 2,p. 361(1999).

[226] Dumitrescu,M. P. ,Ramjaun,D. H. ,Chaix,A. ,et al. :In:Proc. 20th Int. Symp. Shock Waves (1997).

[227] Morioka,T. ,Sakurai,N. ,Maeno,K. ,Honma,H. :In:Proc. 21th Int. Symp. Rarefied Gas Dynamics,vol. 2,p. 345(1999).

[228] Fujita,K. ,Sato,S. ,Ebinuma,Y. ,et al. :In:Proc. 21th Int. Symp. Rarefied Gas Dynamics, vol. 2,p. 353(1999).

[229] Fujita,K. ,Sato,S. ,Abe,T. :J. of Thermophysics,Heat Transfer 16,77(2002).

[230] Rond,C. ,Boubert,P. ,Felio,J. − M. ,Chikhaoui,A. :Chemical Physics 340,93(2007).

[231] Boubert,P. ,Rond,C. :J. of Thermophysics,Heat Transfer 24,40(2010).

［232］ Grinstead, J. H., Wright, M. J., Bogdanov, D. W., Alen, G. A.: J. Thermophysics, Heat Transfer,23,249(2009).

［233］ Lee,E.,Park,C.,Chang,K.:J. Thermophysics,Heat Transfer 21,50(2007).

［234］ Lee,E.,Park,C.,Chang,K.:J. Thermophysics,Heat Transfer 23,226(2009).

［235］ Brandis,A. M.,Morgan,R. G.,McIntyre,T. J.,Jacobs,P. A. J. Thermophysics,Heat Transfer 24,291(2010).

# 第 **4** 章

## 激波后电离现象

## 4.1 引　言

在空间飞行器以高超声速进入行星或月球大气的过程中,流场会发生部分电离,其电离率由进入速度以及飞行器尺寸决定。电离产生的等离子体改变了以往的辐射与传导热载荷。因此,模拟激波后流场时需要考虑离子的产生、带电粒子之间发生的化学反应、带电粒子与中性粒子发生的反应,以及复合反应引起的带电粒子损失。

在此区域中,电子碰撞为流场中产生激发态原子和分子提供了有效的途径,因此,电子碰撞在决定系统内能和气体分子的状态分布上扮演着重要角色。粒子的激发态正是高超声速飞行器进入过程中观测到的辐射来源。电子和原子、分子之间的碰撞与重粒子间的碰撞(如原子与原子之间、原子与分子之间、分子与分子之间)不同:首先,单个电子的质量比氮气分子的质量低 4 个数量级,因此电子的平均速度以及平均碰撞频率要大 100 倍。即使在仅有 1% 电子的轻度电离系统中,电子与分子和原子的碰撞频率大于或等于大型粒子间碰撞的频率。在低密度大气中,反应的发生概率通常由碰撞频率决定,因而碰撞频率是重要的考虑因素之一。其次,带电粒子(如电子)与中性粒子间的反应势比中性粒子间反应势大,因为电子与原子和分子的碰撞截面更大。电子碰撞的一个主要特征是将产生一系列的激发态,而大分子的碰撞只会产生特定激发态。同时,在自旋转化激发态的过程中低能态电子的相撞扮演着重要角色。电子与离子的复合将流场中的带电粒子消除,辐射复合过程将产生从紫外波段到远红外波段的辐射波,伴随此过程的是持续不断的光子流。

由于离子质量较大,其并不能拥有像电子那样的将原子或分子激发的效率,但是离子与中性原子和分子的电荷交换将会产生一系列新的离子。除了电子重组过程释放出来的辐射,离子激发同样也是辐射来源之一,但它们的光谱总是夹杂在中性粒子的光谱中。

非平衡气体中的电子碰撞动力学建模需要特定的数据来模拟它们在流场中的产生和消失。在非平衡体系中,粒子的数密度、温度和反应速率都是确定辐射量必需的输入数据。通过对一些实验数据的收集和对一些方程的求解,再入物理学界建立起一些数据库,由 Park[1-2]、Losev[3] 和 Bird 的 TCE 模型[4-5] 等建立的数据库就是好的例子。用以模拟再入飞行中非平衡辐射的 NEQAIR 求解包运用了 Gryzinski 的经典方程,当模拟电子影响下的原子激发时,多运用此经典方程;对于分子情况,更多使用实验数据,也使用递推法和类比法。近期,越来越多的模型采用了更完备的数据库,这些数据库的数据多来自于最新的实验数据或理论计算。Bultel 等[8] 开发的碰撞辐射模型近期就进行了许多更新,同样的 SPRADIAN07[9] 也向 NEQAIR 模型中加入了许多新的内容。

本章回顾了与高超声速再入飞行相关的电子、离子碰撞过程,其中大部分的例子来源于空气。由于稀有气体也运用于激波管设备,本章提供了与稀有气体数据相关的参考材料。在电离区域,分子通常会发生离解,因而讨论多是有关于原子。需要强调的是,碰撞数据通常是由量子化方法获得或者取自最近的实验数据。

本章运用了基于碰撞辐射(Collision – Radiation, CR)模型的气动耦合一维流求解器和辐射输运方程来说明电离过程是如何影响流场物质的,以及对辐射和传导热载荷的影响。在本章考虑的运用情况中,当再入飞行速度达到 9 ~ 10km/s 时,辐射过程的主要贡献来自于原子(主要是氮原子),约占总量的 90%,需要强调的是,要真实呈现出激波热气体中的电离和辐射过程,只有通过运用气体动力学的能态理论进行精确计算,如将原子的量子态看作分离的伪种类。

通常,文献中的辐射场计算并不能给出流场量(粒子数密度、温度等)的解,并且流动方程多使用逃逸因子来模拟辐射过程对激发态数量的影响[9,74-76]。使用该种简化方式的电离流分析,对逃逸因子的假设选择有较强的依赖性[74-75,77](如是使用厚假设,还是使用薄假设)。通过以辐射输运方程中的源项取代逃逸因子的方式,本章运用了一种完全定常的方式对辐射过程进行计算。自此,辐射过程对粒子激发态数量以及冷却影响均得到了正确的建模。FIRE Ⅱ 飞行试验以及 EAST 激波管设备为这种建模方式提供了需要的实验条件及实验数据。

## 4.2 带电粒子的产生、反应和迁移

### 4.2.1 电子

由于电子质量小,通常研究电子 – 原子/分子碰撞采用量子力学方法而不是

经典力学方法,对于电子 – 原子/分子系统,薛定谔方程给出

$$(H-E)\Psi(\tau_1\cdots\tau_{N+1},\boldsymbol{R}_1\cdots\boldsymbol{R}_M)=0 \tag{4.1}$$

式中:$H$ 为电子与目标(分子或原子)系统的哈密顿函数;$E$ 为总能量;$\Psi$ 为相应的波函数;$\tau_i$ 为第 $i$ 个电子的空间坐标 $\gamma_i$ 和自旋坐标 $S_i$;$\boldsymbol{R}_K$ 为第 $K$ 个原子核的空间坐标;$i,j$ 代表束缚电子;$N+1$ 代表自由电子。

由于电子与原子核的质量差异巨大,因此通常将被撞击原子(分子)的质心作为碰撞系统的质心。总哈密顿函数 $H_A$ 由被撞击目标的哈密顿函数,$\Gamma_e$ 为自由电子的动能,$\Gamma_e$ 和 $V$ 为自由电子与目标之间的库仑势能组成

$$H = H_A + \Gamma_e + V \tag{4.2}$$

$$H_A = -\frac{1}{2}\sum_{i=1}^{N}\nabla_i^2 - \frac{1}{2}\sum_{K=1}^{M}\nabla_k^2 + \sum_{j>i}^{N}\sum_{i=1}^{N}\frac{1}{|r_j-r_i|}$$
$$-\sum_{k=1}^{M}\sum_{i=1}^{N}\frac{Z_k}{|r_i-\boldsymbol{R}_K|} + \sum_{L>K}^{M}\sum_{K=1}^{M}\frac{Z_K Z_L}{|\boldsymbol{R}_L-\boldsymbol{R}_K|} \tag{4.3}$$

$$\Gamma_e = -\frac{1}{2}\nabla_{N+1}^2 \tag{4.4}$$

$$V = \sum_{i}^{N}\frac{1}{|r_{N+1}-r_i|} - \sum_{N=1}^{M}\frac{Z_K}{|r_{N+1}-\boldsymbol{R}_K|} \tag{4.5}$$

式中:$Z_K$ 为第 $K$ 个原子核的电荷,系统坐标的原点为被撞击目标的质心。需要说明的是,式(4.3)中 $H_A$ 是被撞击目标的非相对哈密顿函数。即便是较轻的原子(如 N 或 O)或由较轻的原子组成的分子,进行相关性修正需要获取精确的能级参数。

求解式(4.1)首先要计算出目标的薛定谔方程:

$$(H_A-E_A)\Phi(\tau_1\cdots\tau_{N+1},\boldsymbol{R}_1\cdots\boldsymbol{R}_M)=0 \tag{4.6}$$

式(4.6)的解用于求解式(4.1)紧耦合方法(close coupling method)。在高超声速流动中,撞击电子的能量范围从阈值能量到 100eV,能给式(4.1)提供最可信的答案:

$$\Psi(\tau_1\cdots\tau_{N+1},\boldsymbol{R}_1\cdots\boldsymbol{R}_M) = \sum_{m=1}^{\infty}\mathcal{A}\{f_m(\tau_{N+1})\Phi_m(\tau_1\cdots\tau_{N+1},\boldsymbol{R}_1\cdots\boldsymbol{R}_M)\} \tag{4.7}$$

由于反对称因子 $\mathcal{A}$ 改变了自由电子和束缚电子的排列方式,解释了为何电子有时难以区别并且必须满足费米参数。式中,方程右端总和包含被撞击目标的所有状态,同时也包括连续状态,且对于连续状态式(4.7)中求和变为对连续状态的积分。通过分析函数 $f_m$ 的渐近行为,可以得到激发/电离碰撞截面。因

为被撞击目标有无穷种离散状态和连续状态,所以在实际分析中并不会考虑所有情况的和,一个成功的紧耦合方法取决于采用的目标波函数及考虑的目标状态数量。

收敛紧耦合(CCC)方法[11-13]和 R 矩阵伪态(RMPS)方法[14-15]是两种带电原子碰撞中最成功的紧耦合方法。收敛紧耦合方法采用平方可积函数扩展目标状态,该方法的收敛性已通过连续增加基体大小证明。尽管 CCC 方法已经论证了强有说服力的结果,但是目前它的运用局限在带一两个近轨道电子的原子或离子,如碱金属和地球中的碱性原子,而对地球再入大气环境中主要存在的 N 和 O 原子及其带电离子是无法成立的。RMPS 方法是对 R 矩阵方法的拓展。在 R 矩阵方法中,散射问题分为两个区域。在电子半径的 R 矩阵超球面内 $r = a_e$,采用所有 $N+1$ 电子的薛定谔方程及合适的边界条件描述散射问题;在 $a_e$ 的外部,碰撞系统看成由大量分开的原子和散射电子组成。与紧耦合方法相似,计算的质量取决于式中考虑的目标状态的数目。不充分的目标状态数目致使伪共振,如一个错误的电子捕获。RMPS 方法通过使用式(4.6)决定的物理波函数和伪态来构建目标的波函数从而解决这个难题,其中伪态近似表征了高能级束缚态和连续态。这种方法适用于原子的任意结构,最新的 R 矩阵方法——B 样条 RMPS 法利用非正交的单电子轨道来得到更紧凑的计算。

非平衡气体动力学模拟需要原子/分子所有可能的初态与末态的碰撞截面。NIST 数据库包含 N 原子 381 种能级状态的碰撞截面,许多高能级里德伯(Rydberg)状态在这个数据库是没有考量的[17],因此需要一个更为庞大全面的碰撞截面数据。正如上面所述,现代量子力学计算能提供可靠的碰撞截面数据,但是精确计算仅局限于原子的低能级状态,或仅用于某些特定的原子,因此利用合适的简化方法是有必要的。目前,最好的方法是用实验或者可实现的精确的量子力学方法获得初步数据,并且通过合适的简化方法补充数据。

1. 电子的产生

在激波后的中性大气层中,分子首先被离解为原子。最初的电子是由双原子结合电离产生的,在大气层内的反应如下:

$$N + O \rightarrow NO^+ + e \tag{4.8}$$

$$N + N \rightarrow N_2^+ + e \tag{4.9}$$

$$O + O \rightarrow O_2^+ + e \tag{4.10}$$

在式(4.8)~式(4.10)中,反应物与生成物内部状态尚未明确。这种标态法表示该反应中包含了大量同类型态—态反应。对于一个具体的态—态反应来说,它本质的状态可以明确地书写出来,如式(4.15)~式(4.17),这个规则在本章中均适用。

在三种反应中,反应式(4.8)要求的反应能量最低,并且它决定了电子产生的初始态,在较高再入速度下,电子密度增加,使得电子碰撞电离成为主导因素:

$$N + e \rightarrow N^+ + 2e \tag{4.11}$$

$$O + e \rightarrow O^+ + 2e \tag{4.12}$$

在上游的 VUV 辐射也会使下游的中性粒子发生光致电离:

$$N + hv \rightarrow N^+ + e \tag{4.13}$$

$$O + hv \rightarrow O^+ + e \tag{4.14}$$

反应物的光致电离现象在之前文献已经说明[18]。

1) 结合电离

结合电离是一个包含电子与原子核运动的共振过程。在最简单的情况下,两种原子相对运动的势能分布曲线与离子的势能曲线是相交的,在相交的区域内两种原子的电子波函数和双原子的离子及一个电子的化合状态发生共振,自电离发生的同时会产生一个自由电子。因此,式(4.8)可以写为

$$N + O \Leftrightarrow NO^{**} \rightarrow NO^+ + e \tag{4.8a}$$

图 4.1 说明了这个过程[19],原子的基态 $N(^4S)$ 和 $O(^3P)$ 顺着 $A'^2\sum^+$ 曲线与 $NO^+(X^1\sum^+)$ 基态恰好在它的突出部分相交。在相交点附近的自电离都能产生出基态的 $NO^+$ 离子和一个电子。

两种原子激发态的势能曲线也与离子曲线相交,如 $N(^2D)$ 和 $O(^3P)$ 顺着 $B^2\Pi$、$B'^2\Delta$ 和 $L^2\Pi$ 曲线与 $NO^+$ 基态曲线相交。

大部分实验和理论研究都致力于相反的过程——离解复合(DR)。结合电离系数可通过同离解复合的平衡获取。近 20 年来,储存环实验大大地丰富了 DR 的内容,包括大气离了的 DR 速率,Vejby - christensen 等[19] 和 Hellberg 等[20]的研究成果汇报了从 $NO^+$ 的 $v = 0$ 的状态到产生 $N(^4S^0) + O(^3P)$,$N(^4S^0) + O(^1D)$ 和 $N(^2D^0) + O(^3P)$ 的过程中的 DR 碰撞截面情况及分化速率:

$$NO^+(X^1\sum^+, v=0) + e \rightarrow N(^4S^0) + O(^3P) + 2.7eV$$

$$NO^+(X^1\sum^+, v=0) + e \rightarrow N(^4S^0) + O(^1D) + 0.80eV \tag{4.15}$$

$$NO^+(X^1\sum^+, v=0) + e \rightarrow N(^2D^0) + O(^3P) + 0.38eV$$

Hellberg 发现,95% 的生成物理量 $N(^2D^0) + O(^3P)$,5% 的是 $N(^4S^0) + O(^3P)$ 生成的 $N(^4S^0) + D(^1D)$ 是可以忽略的。利用多通道量子缺陷方法[21] 和用 $\boldsymbol{R}$ 矩阵[22] 计算出的势能曲线来验证试验。Motapon 等[23] 计算出了 $NO^+$ 的 $V = 0 \sim 14$ 的情况下的协同因素概率。在文献[23]系统地列出协同因素概率,此外

还有相关的生成物 $N(^4S^0) + O(^3P)$ 和 $N(^2D^0) + O(^3P)$ 的混合物。$NO^+$ 在 $V > 0$ 的分支比率目前没有数据。因此,一个确切的 AI 反应系数的获取需要额外数据。

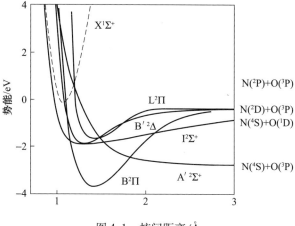

图 4.1　核间距离/Å

图 4.1N + D 的结合电离的反应过程[19]注:实线代表中立 N + O 系统;虚线代表 $NO^+$ 的曲线。

如式(4.5)所示,电子的生成是通过结合电离过程中,大量 $N(^4S^0)$ 和 $O(^3P)$ 的剧烈反应,这个过程的反应截面小,但需要的阈值能量较大,与 $N(^2D^0)$ 相反。$N(^4S^0)$ 是 $N_2$ 的撞击后主要的生成物,在这个区域结合电离作用是很小的。

Peterson 等[24]测量了 $N_2^+$ 的脱离重组协同因素概率和 10meV ~ 30eV 的振动程度几乎无关。在零电子能和离子的 $v = 0$ 的情况下,耗散产物的分支比率为 0:0.37:0.11:0.52。即使

$$N_2^+(X^2\textstyle\sum_g^+, v=0) + e \rightarrow N(^4S^0) + N(^4S^0) + 5.82eV$$

$$N_2^+(X^2\textstyle\sum_g^+, v=0) + e \rightarrow N(^4S^0) + N(^2D^0) + 3.44eV$$

$$N_2^+(X^2\textstyle\sum_g^+, v=0) + e \rightarrow N(^4S^0) + N(^2P^0) + 2.25eV$$

$$N_2^+(X^2\textstyle\sum_g^+, v=0) + e \rightarrow N(^2D^0) + N(^2D^0) + 1.06eV \qquad (4.16)$$

与脱离重组协同因素概率几乎无关。但是,从脱离重组数据库中的有关结合电离的协同因素概率仍是不可缺的。因此,分支比率仅由单个电子能量决定。

Peverall 等[25]在电子能量在 1meV ~ 3eV 的情况下测量了 $O_2^+$ 的脱离重组:

$$O_2^+(X^2\Pi_g^+, v=0) + e \rightarrow O(^3P) + O(^3P) + 6.65eV$$

$$O_2^+(X^2\Pi_g^+, v=0) + e \rightarrow O(^3P) + O(^1D) + 4.99eV$$

$$O_2^+(X^2\Pi_g^+, v=0) + e \rightarrow O(^1D) + O(^1D) + 3.02eV$$

$$O_2^+(X^2\Pi_g^+, v=0) + e \rightarrow O(^3P) + O(^1S) + 2.77eV$$

$$O_2^+(X^2\Pi_g^+, v=0) + e \rightarrow O(^1D) + O(^1S) + 0.80eV \tag{4.17}$$

$O(^3P) + O(^3P)$，$O(^3P) + O(^1D)$ 和 $O(^1D) + O(^1D)$ 在零电子能下形成的分支比率为 $0.20:0.45:0.30$。$O(^3P) + O(^1S)$ 的分支比率是可以忽略的，$O(^3D) + O(^1S)$ 的不足 $0.06$。

2）电子碰撞电离

电子碰撞电离有两个物理过程：一是电子直接碰撞原子或分子产生一个额外电子，如式（4.11）和式（4.12）所示；二是通过自电离作用，这是一个间接过程，原子首先被激发到亚稳态，以 N 原子为例

$$N + e \rightarrow N^* + e \rightarrow N^+ + 2e \tag{4.18}$$

离子最稳定的状态结构是 $2s^22p^2 {}^3P$，离子的亚稳态是基态 $^3P$ 上 $15316.2cm^{-1}$ 的 $2s^2 p^2 {}^1D$，因此亚稳态的原子结构是 $2s^22p^2(^1D)nl$。N 原子的电离限之上的电子结构为 $2s2p^4 {}^2D$，位于基态上 $3974.8cm^{-1}$。通过辐射在第一电离能之下亚稳态原子而会衰变或者可以自由电离而释放一个电子。在图像中，N 原子的基态 $2s^22p^3 {}^2D^0$ 通过电子碰撞被激发成 $2s2p^4 {}^2D$。间接电离过程图解如图 4.2 所示。

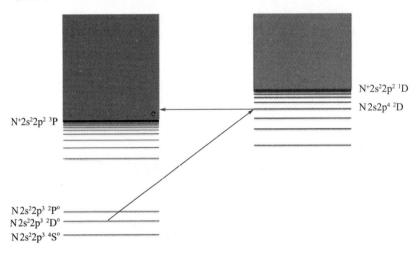

图 4.2　间接电离过程图解

总的电子碰撞电离碰撞截面是直接电离与自电离截面的总和：

$$\sigma_I = \sigma_{DI} + \sigma_{Auto} \tag{4.19}$$

直接电离与自由电离的交叉项是可以忽略的。电子碰撞电离的实验测量对基态原子一般是有效的，但是对激发态原子不可用。另外，量子理论通过电子冲击已经成功地证明了总的电离计算，而且在激发态和基态的情况下适用。

有很多不同计算直接电离和自由电离的碰撞截面域的方法，iBED 模型直接

将电离碰撞截面合为两部分：

$$\sigma_{\text{DI}} = \sigma_{\text{BinaryEncounter}} + \sigma_{\text{BornDipole}} \qquad (4.20)$$

偶极子碰撞模型的碰撞截面 $\sigma_{\text{BinaryEncounter}}$ 描述了自由电子和约束电子之间的近距碰撞，伯恩（Born）偶极子碰撞截面解释了自由电子和靶物之间的长距反应。

自电离横截面通过一个特定的亚稳定状态 $m$ 产生，它是电子影响激发横截面 $\sigma_{im}$ 的产物。从初始状态 $i$ 到亚稳定状态 $m$，以及亚稳定状态的可能性 $P_m^{\text{I}}$ 的关系为

$$\sigma_{\text{Auto}} = P_m^{\text{I}} \sigma_{im} \qquad (4.21)$$

电离可能性的表达式为

$$P_m' = \frac{k_{\text{I},m}}{k_{\text{I},m} + k_{\text{R},m}} \qquad (4.22)$$

式中：$k_{\text{I},m}$、$k_{\text{R},m}$ 为状态 $m$ 的电离和辐射速率系数。

自电离通常发生在几个亚稳定状态下，在这种情况下，总的自电离横截面由这些过程的总和表示。

当直接的电离应用于原子的任何状态时，自电离可能只需要电子影响能激发初始状态到一个自电离状态便可发生。图 4.3 为 N 原子 $^4\text{S}^\circ$ 和 $^2\text{D}^\circ$ 状态下的 $\sigma_{\text{I}}$。对于 $^2\text{D}^\circ$，$\sigma_{\text{I}}$、$\sigma_{\text{DI}}$ 以及 $\sigma_{\text{Auto}}$ 的两个成分也有显示。$\sigma_{\text{DI}}$ 使用 iBED 方法[28]计算，而 $\sigma_{\text{Auto}}$ 使用的是 Kim 和 Desclaux[29]的计算中的产物 $2\text{s}2\text{p}^4$ $^2\text{D}$。对于 $^4\text{S}^\circ$ 状态，自电离可能性比较小，因此 $^4\text{S}^\circ$ 的 $\sigma_{\text{I}}$ 仅包括 $\sigma_{\text{DI}}$。从图 4.3 中可以看出，$^2\text{D}^\circ$ 的 $\sigma_{\text{DI}}$ 比 $^4\text{S}^\circ$ 的大，主要是因为有较低的电离临界值。需注意的是，$^2\text{D}^\circ$ 的 $\sigma_{\text{DI}}$ 和 $\sigma_{\text{Auto}}$ 依靠不同的电子能量。当能量位于临界值和 50eV 之间时 $\sigma_{\text{DI}}$ 会持续增大，然而 $\sigma_{\text{Auto}}$ 会在达到一个稳定值之后能量几乎保持为常数。还有，除在临界值附近，$\sigma_{\text{Auto}}$ 总是比 $\sigma_{\text{DI}}$ 小。然而在大多数条件下，仅当电子能量分布中的高能量尾部才能达到电离临界值。因此位于临界值附近较大的 $\sigma_{\text{Auto}}$ 是电离的一个重要途径。

图 4.4 示出当 N 原子最外层的电子 $n$ 为 2 和 3[30-31]时的 10 种状态下的电离速率系数，这些状态为 $2\text{s}^2 2\text{p}^3$ $^4\text{S}^\circ$、$2\text{s}^2 2\text{p}^3$ $^2\text{D}^\circ$、$2\text{s}^2 2\text{p}^3$ $^2\text{P}^\circ$、$2\text{s}^2 2\text{p}^2 (^3\text{P}) 3\text{s}^4\text{P}$、$2\text{s}^2 2\text{p}^2 (^3\text{P}) 3\text{p}^4\text{D}^\circ$、$2\text{s}^2 2\text{p}^2 (^3\text{P}) 3\text{p}^4\text{P}^\circ$、$2\text{s}^2 2\text{p}^2 (^3\text{P}) 3\text{d}^4\text{F}$、$2\text{s}^2 2\text{p}^2 (^3\text{P}) 3\text{d}^4\text{D}$、$2\text{s}^2 2\text{p}^2 (^3\text{P}) 3\text{s}^2\text{P}$、$2\text{s}^2 2\text{p}^2 (^1\text{D}) 3\text{s}^2\text{D}$。由此可以看出，速率系数分成了两组。三种最低的状态，它们的最外层电子在 $n = 2$ 更加被紧紧地约束，比其他只有一个在 $n = 3$ 层的电子的状态的电离速率系数更小。这种差异在低电子温度下特别显著。高状态的大电离速率增加了这种可能性，即高状态下的自由电子和离子将会在低状态下它们达到玻耳兹曼平衡之前更快地达到沙哈（Saha）平衡。

O 原子和 C 原子在低状态下的电子碰撞电离横截面已由 Kim 和 Desclaux[29]

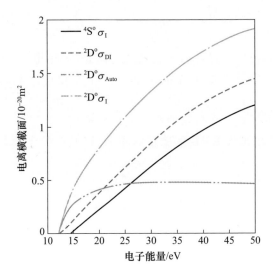

图 4.3　$^4$S$^o$ 和 $^2$D$^o$ 状态下 N 原子的电离横截面 (见彩图)

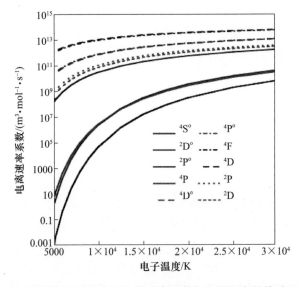

图 4.4　N 原子的 10 种状态下电离速率系数与电子温度的关系 (见彩图)

计算出。Straub 等[32] 测量了 Ar 的局部和整体横截面。

3）光电离

根据电子碰撞电离可类推，光电离由直接电离和自电离组成：

$$N + h\nu \rightarrow N^+ + e \tag{4.23}$$

$$N + h\nu \rightarrow N^* \rightarrow N^+ + e \tag{4.24}$$

数据库将收集的大量原子的光致电离碰撞截面同电子状态和光子频率的关系制成了表格,包括再入地球大气过程中 N、O 和 C 的数据,作为电子状态和光子频率的函数。需要注意的是,TOPBase 的数据表没有提供最终离子状态的信息。对光电离将在第 5 章进行详细讨论。

2. 包含电子的反应

电子碰撞给原子和分子的电子激发与去激发提供了一个有效的方法。在电离区域中,这是辐射组分的主要来源。另外,一个电子被一个原子或分子附着后会形成一个负离子,分子能被电子碰撞激发、退激发和解离。

1)电子碰撞激发

在等离子体中,模拟原子的激发态分布需要完整的电子碰撞激发横截面信息。然而实验和理论的横截面数据都只涵盖了一小部分初始和最终的状态。e‒N,O 碰撞的实验数据很稀少。Laher 和 Gilmore[34] 对 O 原子综述使用的是 1990 年以前的数据。Landolt‒Börnstein[35] 使用的实验数据库早于 20 世纪。同样,国际原子能机构(IAEA)原子分子数据服务项目的数据库中包括电子碰撞。对于分子,最新的综述可见文献[37]。

最近,理论计算使用了先进的量子化处理来产生截面数据,其精确度和实验相当,这些包括 $N^{38}$、$O^{39}$ 和 $Ar^{40}$ 的 B‒spline RMPS 计算。图 4.5 展示了在 N 原子中 $^4S^o$‒$^2D^o$ 转变的电子碰撞激发横截面积[38]。Tayal 和 Zatsarinny 的 B‒spline RMPS 计算和 Yang 和 Doering[41] 的实验数据相比较,Tayal 和 Zatsarinny 的 B‒spline RMPS 计算使用了 24 种分光镜约束及自电离状态和邻近耦合计算中的 15 种伪状态。伪状态是由底层 $2s^2 2p^3$ 的配置的极化率所需要的。Earlier R‒矩阵的计算[38,42‒44] 也包括在比较中。在早前的计算中,振荡结构由伪共振造成。随着计算规模的增大及伪状态的使用,伪共振在最近的计算中被隔离。由于 $N^-$ 离子[38] 的短暂形成,在 RMPS 曲线中处于 10 ~ 13eV 的尖锐结构是真正的共振结构。理论计算通常与实验计算相一致[41]。

扰动理论与近距耦合方法不同,其可以用来处理高激发电子态,而且不存在计算规模增大的问题。伯恩近似法是一阶扰动处理方案[45]。由于它的计算简易性,常用于建立等离子体计算数据库。然而,虽然伯恩近似法能描述长程相互作用,如偶极子和四极子的相互作用,但不能解释电子交换,由自由电子引起的靶电子极化以及由靶电子引起的自由电子变形。这些特点由扰动系列中的高级规则术语描述。因此,伯恩近似法只有在高电子能量时才一般可适用。感兴趣的能量体制由于太低,而在建立高超声速模型时无效。Kim[46] 的 BE 缩放比例模型通过使用能量缩放比例将高规则近似的吸收到伯恩横截面。这个方法已经成功应用于处理电子与原子、离子的碰撞中[46‒47]。需要注意的是,这种方法不包括共振的影响。也就是说,碰撞横截面的增大导致短暂的化合物状态。在此方法中共振应区别对待。

扭曲波近似法是另一种扰动方法。在此用弹性分散波描述入射及出射电子,它们的耦合用首规则伯恩近似法来处理。这种近似方法被 HULLAC[104] 代码应用于电子激发横截面的计算中。

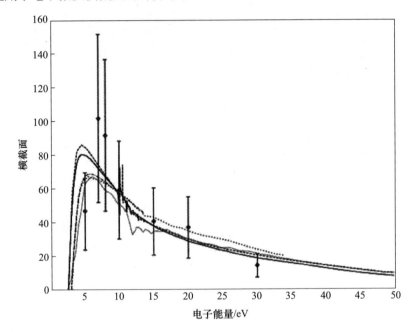

图 4.5　N 原子中 $^4S^o$ – $D^o$ 转化的电子激发横截面与电子能量的关系[38]

实线表示 B 样条 39 种状态的结果[38];长虚线表示 R – matrix21 种状态的结果[38];

短虚线表示 **R** 矩阵 8 种状态计算结果[42];虚线表示 **R** 矩阵 7 种状态计算结果;

虚线表示 **R** 矩阵 11 种状态;菱形线表示实验横截面[41]。

图 4.6 表示 N 原子在 $^4S^o 2s^2 2p^2 (^3P) 3s^4 P$ 状态下的电离速率系数。三个理论曲线是使用 B 样条的 RMPS 方法[38]、33 态 **R** 矩阵方法[48] 和 BE 缩放方法[31] 计算的。标定为 Stone 和 Zipf 的实验曲线是来自于 Doering 和 Goembel[50] 重新校准的他们的横截面数据[49]。Doering 和 Goembel[50] 的横截面测量没有涉及电子能量低于 30eV 的范围,因此不能用来推导速率因数。图 4.6 也包括了来自 Frost 等[48] 的在 52220K 的电弧腔测量的单个数据点。B 样条 RMPS 和 BE 缩比曲线具有很好的一致性,然而 Frost 等人的 **R** 矩阵曲线则一直偏大。来自 Stone 和 Zipf 的实验曲线也比 B 样条 RMPS 和 BE 的缩比曲线要高,而 Frost 等的电弧腔测量方法要更低。高电子温度的电弧腔温度同样比 B 样条 RMPS/BE 缩比曲

线低,在图 4.6 中未显示出来。

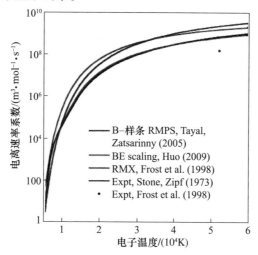

图 4.6　对于 $^4S^o - 2s^2 2p^2 (^3p) 3s^4 P$ 的转变电子冲击激发速度因素在
氮原子中起到电子温度的作用(见彩图)

注:理论上的曲线来自 Tayal,Zatsarinny[38] 计算出的 B 样条 RMPS,Frost 等[48] 计算出的 33 能
级 *R* 矩阵和 BE 缩放法。Stone,Zipf[49] 的实验曲线是由他们的多次被 Doering 和 Goembel[50]
校正过的跨区段数据算得的。根据 Frost 等[48] 同样能够得到弧室测量的数据点。

以上例子显示,建立电子激发碰撞数据的最佳方法是使用量子方法和来自
可用数据的指导相结合的方法。

2)电子碰撞振动激发

由于空气微粒的离子能比它分离所需的能量高,当分子开始分裂时在振动
层的电子就溢出,因此 e 分子的碰撞没有 e 原子的碰撞重要。在氮气和氧气经
过电子碰撞激发的振动横截面中存在一个非常有意义的放大共振[37,51]。对于
氮气而言,这一放大共振将其扩充到更高级别的振动层[52-53]。这一振动导致了
e + $N_2$ 的振动激发速度系数比相应的 N + $N_2$ 振动激发速度高出 2 个数量级。
图 4.7 和图 4.8 对在最初的 $v = 2$ 和 $v = 10$ 的两个集合的振动速度进行了比较,
并且都是在平移温度 $T$ 和电子温度 $T_e$ 为 10000K 时。N + $N_2$ 的振动激发速度系
数是从多振动速度系数的重量总和中获得的:

$$K_{v \to v'}(T) = \sum_{JJ'} P_{vJ}(T) K_{vJ \to vJ'}(T) \qquad (4.25)$$

式中:$P_{vJ}(T)$ 为 $(v, J)$ 初等层的统计重量;$K_{vJ \to v'J'}(T)$ 为多振动激发速度系数;
$K_{v \to v'}(T)$ 为振动激发速度系数。

变化的温度设为恒定的温度。令 $J = 50$ 算出电子 - 冲击的振动激发速度

系数[55]：

$$e + N_2(v, J = 50) \rightarrow e + N_2(v'J = 50) \tag{4.26}$$

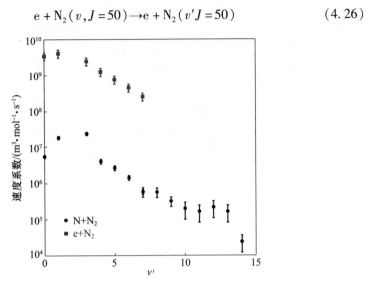

图 4.7　在最初的 $v = 2$ 和 $T = T_e = 10000K$ 时比较 $e + N_2$ 和 $N + N_2$ 的振动激发速度系数

注：$e + N_2$ 数据来自文献[55]；$N + N_2$ 数据来自文献[54]。

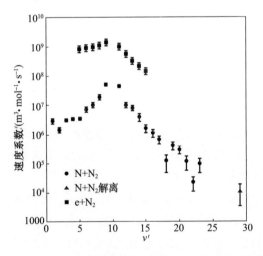

图 4.8　在最初的 $v = 10$ 和 $T = T_e = 10000K$ 时比较 $e + N_2$ 和 $N + N_2$ 的振动激发速度系数

注：$e + N_2$ 数据来自文献[55]；$N + N_2$ 数据来自文献[54]。

$e + N_2$ 的振动激发速度的大小表示氮气的 $e - N_2$ 的振动激发和被激发可能在非平衡的振动层中对于决定电子的温度起作用。$e - N_2$ 振动速度系数已被 Huo 等[55]做成了表格，当 $v = 12$ 和 $J = 50$ 时。

3）电子碰撞解离

电子碰撞激发引起分子解离,该过程如下:

$$N_2 + e \rightarrow N_2^* + e \rightarrow N + N + e \quad\quad (4.27)$$

式中:$N_2^*$ 表示电子激发的氮气分解的情况。

Cosby[56-57]测量了氮气和氧气的电子碰撞截面,并对早期数据进行了综述。

4）电子附着

由于原子和分子是通过活跃的电子密切联系的,因此电子的碰撞能够导致形成稳定的离子,并且释放出额外的能量。原子能是通过散发光子释放的,氧原子的电子附着可以表示为

$$O + e \rightarrow O^- + h\nu \quad\quad (4.28)$$

其逆过程光子的分离在实验[58-60]和理论上[61-64]都已被研究过。电子附着的交错区段能够通过微观可反转性推得。

对于分子来说,在附着过程中的额外能量能够被转化成振动能。比如,$O_2^-$ 的 Bloch - Bradbury 原理首先构造了振动活跃的 $O_2^{-*}$ 离子,振动激发在第二撞击后结束:

$$\begin{cases} O_2 + e \rightarrow O_2^{-*} \\ O_2^{-*} + M \rightarrow O_2^- + M \end{cases} \quad\quad (4.29)$$

氧气的电子附着已经被 Hatano 和 Himamori[65]验证过。

氮类如氮原子和氮分子有负电子相互吸引并且没有稳定的负离子存在。使用高分辨率电子光线对分离的氮气经行附着实验,Mazeau 等[66]断定 $N^-$ 的 $^3P$ 形势比 N 离子的 $^4S^0$ 形势高出 $(0.07 \pm 0.02)$ eV。Thomas 和 Nesbet[67]的计算理论认为 $N^-$ 的 $^3P$ 比 N 的 $^4S^0$ 高出 0.1eV。因此,和氧原子不同,氮原子的电子附着和其逆反应还有 $N^-$ 的光子分离都是不可能的。相反,$N^-$ 的存在形式像是在 e - N 碰撞交错区段的共振结构。相似的,$N_2^-$ 的 $^2\pi_g$ 形式在易变的振动激发交错区段中 e - $N_2$ 撞击产生的 2~5eV 电子能像是明显的共振结构。从上面讨论中能看到 e - $N_2$ 的数据已经被 Brunger 和 Buckman[37]验证过。

3. 电子复合

电子与离子的复合是电离过程的逆过程,因此光子的复合是式(4.23)中光电离过程的逆过程,双电子复合是式(4.24)中自电离的逆过程,这两个过程均通过形成中性原子并辐射一个电子来消除带电粒子。在飞行器再入时它们可以产生显著的辐射热能,有关细节在第 5 章讨论。需要指出的是,目前可用的 TOPBase 数据[33]无法区分不同最终态之间的互相转化,这阻止了利用可逆微观思想从光电游离交错区段推出复合交错区段。在另一方面为局部光学复合速度因素和局部双电子复合速度因素提供对比的 AMDPP 基础数据[68]可能是用作建

模的[28,30-31]。

光学复合是由分子产生的离子的一种重要复合途径,这一过程在前面已经讨论过。

4. 多质点相互作用和自由电子数密度

到目前为止,讨论的原子和分子的数据既不能用于单独计算原子或分子,也不能用零压力测量外推法。邻近的原子或分子在真实等离子体中的存在,意味着这些数据在用来解释多质点的相互作用的影响时必须被修正。Griem[69]用德拜屏蔽来描述原子周围所有带电物的影响,并推出有关在等离子体中的原子离子化潜能很低的近似表述。然而,忽视了中子与中子的相互作用。通常的方法是占有率形式体系[70],也就是一个质点占有一个地方的概率是通过直接计算多质点相互作用的物理描述得到的。天体物理学等离子体已经利用这种方法取得了一些成功,但至今还没被进入等离子体采用。

### 4.2.2 离子

离子和电子总是成对出现,因此 2.1.1 节对电子产物的讨论同样适用于离子。同理,由复合引起的离子的移动也是和电子成对出现的,因此也适用于离子的移动。然而,离子与中子的反应是不同于电子的:离子较大的质量意味着离子和中子的碰撞是两个量级之间的调整,碰撞频率小于电子–中子的碰撞频率;离子较大的质量也意味着离子–原子/分子的碰撞可能服从于半古典方法或准古典方法计算。

离子和中子间的负载转移不能类推于电子的碰撞,当碰撞能量低于 10eV 时氮释放,快速 N 原子主要是由负载交换机制产生[71],Freysinger 等[72]报道了负载转移反应的测量值:

$$N^+ + N_2 \rightarrow N + N_2^+ \tag{4.30}$$

电子碰撞能够产生离子的激发态,并且从这一激发态能产生大范围的转变提供另一种辐射能源。$R$ 矩阵法、RMPS 和 BE 缩放法都已经被研究 e–离子碰撞所采用。

## 4.3 弱电离等离子体的碰撞与辐射过程仿真建模

### 4.3.1 碰撞–辐射模型

运动与辐射过程的建模以及目前已有实验与飞行数据分析凸显了激波后热空气电离过程的重要性[76]。同时,数据显示,再入式飞行过程中辐射与传导热载荷的产生也大部分取决于气体的电离度。在电离空气中,初始电子的产生源自于 N 和 O 原子的结合生成 $NO^+$,这是电离过程两步走的第一步。它主要受益于相对较低的活化能[73]。同时,这一步也不需要带电粒子的出现,因此它非常适合作为初始步骤。在第二步中,当电子的数量充足时,高速电子将中性原子电离,迅速增大电子数密度。这两步的精确建模需要对热-化学弛豫引起的新原子的产生(如离解)进行正确建模,以及对原子激发与电离过程的详细建模。

目前主要讨论的是运动方程与辐射传递方程解的精确耦合问题,用于代替使用逃逸因子大致解释辐射过程对激发态粒子数目的影响。这个结果是辐射过程连续方程的解。

本节将着重考虑进入地球大气的再入式飞行应用中的两个重要问题:一是在不同再入飞行条件下的气体等离子体的时变化学反应的探究;二是运用辐射传递方程与运动方程组的耦合的数值仿真解,探究运动与辐射的关系。

**1. 传递方程**

本节将探讨用于描述多组分、多温度产生化学反应的辐射流场的控制方程。省略方程的详细推导,取而代之的是基于数学模型的对基础假设的简要分析与讨论。与方程推导有关的详细信息可以参见文献[78-80]。

本节研究的混合气体有 95 种化学成分,包括氮原子与氧原子的电子能级。假定分子($N_2$、$NO$、$O_2$、$N_2^+$、$NO^+$、$O_2^+$)振动能级的数目服从玻耳兹曼分布,同时振动温度 $T_V$ 相同。假定转动能级的数目服从玻耳兹曼分布,温度与气体平动温度 $T$ 相同。CR 模型提供了 N 和 O 原子的电子态数量分布。

**1)热力学**

空气由氮与氧以及它们的结合产物组成,由中性粒子($N_2$、$O_2$、$NO$、$N(1\sim46)$、$O(1\sim40)$)和带电粒子($N_2^+$、$O_2^+$、$NO^+$、$N^+$、$O^+$、$e^+$)构成。N 拥有 64 个电子能级,O 拥有 40 个电子能级[74-75]。使用的能级是物理真实态与集中态的综合,通过平均能量和对集中态加权求和得到。最终得到的简化模型能够精确计算 N 原子和 O 原子在电子影响下的电离,以及碰撞和辐射过程产生的激发态净布居。在接下来的章节中考虑不同基础过程中的原子的电子能级耦合为原子激发态的准确判定提供了可能,为等离子体辐射信号的准确获取提供了一个先验。

被用于计算离子和分子能量的电子能级数量将被调整用于适应在计算能量值和 Gurvich 等[78]的参考表之间的最佳的匹配方案。在假设刚性转子与谐波振荡器近似的情况下可以计算出分子能量。光谱常数可参见文献[81]。电子能的准确数据用作分子的振动与转动常数。总之,用于描述分子的振动与转动的简化热力学模型在高温流场下并不是一个好的近似。但是,在这种情况下束缚分子所占比例较小,因此我们的结果对分子模型的选择不敏感。

尽管负离子(如 $O_2^-$ 和 $O^-$)同样也能产生,但是作为激波后高温气流的产物以及分离过程的高反应速率,它们对化学反应的贡献是微不足道的。从另一方面来说,当考虑辐射过程时,由于以光电分离为特征的背景连续辐射的形成,这些过程必须考虑。

2)激波管流动求解器:质量,动量,能量方程

基于文献[82]中的模型,我们已经完善了一个一维流求解器,用于在激波管设备中获得的等离子体。通过改良该模型,可以对速度在 10km/s 以上的再入式飞行进行仿真。首先,一个辐射源项 $Q_{rad}$ 加入方程之中以保证总能量守恒,该项的加入和辐射传递同等重要,因为辐射传递趋向于通过光厚(薄)介质来补充(减少)流动的能量;其次,在组分连续方程中加入一个分离源项,用以体现辐射对电子总体的影响。

后激波条件在假设冻结气体组分以及振动和电子能模态,和雷动模式与平动模式能够处于相对平衡状态时,可由振动和电子能形式之间的跳跃关系(兰金–雨贡纽(Ranking–Hugonito)方程)推导而来。需要强调的是兰金–雨贡纽方程容易高估穿过激波时流场量的变化(方程没有考虑耗散效应),由于较大梯度突变,因此耗散效应的影响在激波作用范围内不能忽略。使用激波滑移模型[76-78],可以得到有关这种物理现象一种更加精确的近似。

通过解出一系列有关各种化学物质的连续方程,可以确定下游流场中的各种参数。包括考虑原子时的电场结构,均可由欧拉方程组,即质量、动量、能量守恒方程组解出,使得人们能够获得其他的流场特征量,如压力、温度以及流场速度。同样,运用分离守恒方程建模仿真的振动与自由电子能弛豫可以用来解释向其他能量状态(平移态)的转化和化学物质的互相转变。最终,运用辐射输运方程对辐射场的特征进行仿真,模型的物理数学结构总结如下。

(1)欧拉方程——动能、动量和总能量守恒:

$$\frac{\partial}{\partial x}\begin{pmatrix} \rho_i u \\ \rho u^2 + p \\ \rho u H \end{pmatrix} = \begin{pmatrix} m_i \dot{\omega}_i + m_i \dot{\omega}_i^r \\ 0 \\ -\frac{\partial}{\partial x} Q_{rad} \end{pmatrix} \tag{4.31}$$

式中:$i$ 代表混合粒子种类(包括真实种类与伪种类)的一套指标,$\rho_i$ 为第 $i$ 个粒子种类的质量密度;$m_i$ 为粒子质量;$\omega_i$、$\omega_i^r$ 分别为化学与辐射过程的质量产生源;速度由 $u$ 表示;$p$ 为静压;$H$ 为总焓,总焓包括动能焓与混合焓;$Q_{rad}$ 为辐射排放导致的辐射损失。

（2）MultiT 模型——附加的能量守恒方程,例如,第 $m$ 个分子在混合方程中的振动能:

$$\frac{\partial}{\partial x}(\rho u e_m) = \Omega^m \tag{4.32}$$

式中:$e_m$ 为内能模态的能量,在特定情况下,除去转动结构与各种原子的内能外,所有内能模态与自由电子的动能均包含在 $e_m$ 中。集中能态 $e_m$ 与化学能的转换,以及平移能态均由 $\Omega^m$ 表示。

（3）辐射输运模型:

$$\frac{\mu}{\kappa_\lambda}\frac{\partial I_\lambda}{\partial x} + I_\lambda = \frac{\eta_\lambda}{\kappa_\lambda}(x) = S_\lambda(x) \tag{4.33}$$

式中:$I_\lambda$ 为光谱密度;$\mu$ 为 $\Omega$ 方向与 $x$ 轴的夹角 $v$ 的余弦;$k_\lambda$ 为光谱吸收系数;$\eta_\lambda$ 为光谱排放系数;$S_\lambda(x)$ 为吸收与排放系数的比例,$S_\lambda(x)$ 作为源函数。

3）气态粒子的内能模态

对原子来说,电子能是唯一的内能模态,而分子有三种内能模态,分别是电子能、振动能和转动能。

2. 反应源项

电子能弛豫可以由基于之前讨论的动力过程的电子控制方程进行解释。在特定情况下,一个原子 $s$ 的产生率,在电子能级 $i$ 下,受到电子影响和大型粒子的影响导致的激发或电离,可以写成

$$\dot{\omega}_i = \sum_{j\in A} k_{ij}^e N_j^s N_e + \sum_{\substack{j\in A \\ l\in H}} k_{ji}^l N^s N_l + N_e N_{i+}\left[\beta_i^{e,b} N_e + \sum_{\substack{j\in A \\ l\in H}} \beta_i^{l,b} N_l + \alpha_i^{RR}\kappa_i^{RR} + \alpha_i^{DR}\kappa_i^{DR}\right]$$

$$- N_i^s\left[\beta_i^{e,f} N_e + \sum_{j\in A} k_{ij}^e N_e + \sum_{\substack{j\in A \\ l\in H}} k_{ji}^l N_l + \sum_{\substack{j\in A \\ l\in H}} \beta_i^{l,f} N_l\right] \tag{4.34}$$

式中:$A$ 为 N 和 O 原子的电子能级指数,$A_i$ 伴随电子能级指数,$N$ 表示氮的电子能级指数,$O$ 表示氧的电子能级指数表,$A = N\cup O$;$H$ 表示大分子指数表;$N_i$ 表示不同种类及伪种类粒子"$i$"的摩尔数密度;$k_{i,j}^e$ 表示激发态反应速率;$\beta_i^f$ 表示电离反应速率;$\beta_i^b$ 表示复合反应速率。这些参数的确定都由离子的碰撞对象决定:上标 e 表示电子影响反应,上标 l 表示大型粒子影响的反应。

对于辐射性复合和双电子复合来说,复合速率分别由 $\kappa_i^{DR}$ 和 $\kappa_i^{RR}$ 表示。对于这两个复合过程来说,在式(4.34)中引入了逃脱因子 $\alpha_i$,因为在辐射传递模型中没有考虑相应的光电离过程。此处 $\alpha_i^{DR}$ 是双电子复合过程中的逃脱因子,$\alpha_i^{RR}$ 是辐射过程的逃脱因子。必须说明的是,逃脱因子只用于这两个过程,其余的运动过程均与辐射过程耦合。

1）模型中的动力学过程

近期讨论的复杂非线性方程组的封闭需要知道控制粒子与光子运动的速率参数。Bultel 等[8]为空气编写了一种特殊电动力学机理,现已在 0 维模型的压缩合扩张流动研究中得到了应用。Bultel 的模型(也称为 ABBA 模型),其包含 13 种粒子的基态以及多种电子激发态。尽管相似的模型已被 Teulet 等[83-84]和 Sarrette 等[85]发表过,但是他们的模型在压力 1kPa ~ 1atm 之间均无法使用。而且,近期开展了大量的实验和重新计算,以提高电子影响造成的激发态碰撞截面,NO$^+$、O$_2^+$、N$_2^+$ 的分解复合速率,以及它们的衍生组分和振动过程的模拟精度。越来越多的最新数据被收集到我们的数据库中。

（1）原子过程。粒子间的非弹性碰撞将造成化学变化。N 和 O 原子能够被电子碰撞反应有效地激发与电离。由于它们质量小,且长程电 - 中反应潜力巨大,自由电子能够有效激发原子上的电子到更高的能级,同时也为激发态原子数量提供了有效的来源。对于碰撞截面和反应速率的仿真有一些模型可供参考。只要可能,我们的计算应当使用从开始到最近所有计算数据。对于 N 原子来说,由 Frost 等[48]的 $R$ 矩阵计算出的激发速率包含从基态及初始的两个亚稳态到初始 20 个能级的转换,这些均包括在当前的模型中。而且,由 Tayal 等[38]的 RMPS 计算模型仿真的碰撞截面情况也包含在当前模型中。当这两个模型为同一个转化过程提供不同的数据时,Tayal 的数据比 Frost 的数据更容易被接受。最终,Huo 等[30-31]提供的数据用于电子感应的原子电离与激发过程的仿真建模。运用 BE 缩放方法计算的如下氮原子的能级跃迁过程:

$4S^0(2s2.2p3) - 4P^e(2s2.2p2.3s)$；$4P^e(2s2.2p2.3s) - 4D^0(2s2.2p2.3p)$；

$2P^e(2s2.2p2.3s) - 2S^0(2s2.2p2.3p)$；$4P^e(2s2.2p4) - 4D^0(2s2.2p2.3p)$

Drawin[86-87]对电子碰撞的激发与电离的描述,是基于原子 - 原子碰撞激发模型发展的一个简化模型,Drawin 的描述为这种类别的计算提供了一条有效的途径,因此在进行与高能级相关的计算时,常常采用 Drawin 的方法。相应的反应速率系数是通过在电子温度 $T_e$ 的条件下,整合麦克斯韦 - 玻耳兹曼分布的 Drawin 横截面,以分析形式获得的。当电子从 $i$ 能级跃迁至 $j$ 能级($j$ 能级大于 $i$ 能级)时,反应速度系数 $k_t$ 是各相关能级次量子数 $l$ 的函数。

对于光性允许跃迁($l_i \neq l_j$),有

$$k_{ij}^e = 4\pi v_e a_0^2 \alpha \left(\frac{E_H}{k_B T_e}\right)^2 \Sigma_1(\varepsilon) \tag{4.35}$$

式中:$v_e$ 为电子热速度,$v_e = [8RT_e/(\pi m_e)]^{1/2}$,$R$ 为通用气体常数,$m_e$ 为电子摩尔质量;$a_0$ 为第一波尔半径;$E_H$ 为氢原子的电离能,$E_H = 13.6\text{eV}$；$\alpha = 0.05$；$\Sigma_1(\varepsilon) = 0.63255\varepsilon^{-1.6454}\exp(-\varepsilon)$,$\varepsilon$ 为约化能,$\varepsilon = (E_j - E_i)/k_B T_e$。

对于光性禁止跃迁$(l_i = l_j)$,有

$$k_{ij}^\varepsilon = 4\pi v_e a_0^2 \alpha \left(\frac{E_j - E_i}{k_B T_e}\right)^2 \Sigma_2(\varepsilon) \tag{4.36}$$

式中:

$$\Sigma_2(\varepsilon) = 0.23933\varepsilon^{-1.4933}\exp(-\varepsilon)$$

对于原子的电子碰撞电离,$\beta_i^{e,f}$,式(4.35)中$\alpha = 1$,其约化能

$$a = \left(\frac{E_i^{Ion} - E_i}{k_B T_e}\right) \tag{4.37}$$

式中:$E_i^{Ion}$为与基态原子相关的基态离子能量。

原子 – 原子碰撞引起的基态到亚稳态跃迁速率系数由 Capitelli 等[88]给出,此时由大粒子引起的剩余的能级跃迁均被忽略。

(2)分子过程。在研究调查过程中,分子激发态的应当以自由电子的动力学温度,按照麦克斯韦 – 玻耳兹曼分布处于平衡状态,因此能够简化模型。事实上,基于文献[76,89]的分析,主要分子种类的电子态有极大可能服从麦克斯韦 – 玻耳兹曼分布,没有必要对电子态进行特殊分析。

动力学机理包含几种不同的与分子和原子种类有关的正向和逆向反应:①电子碰撞或复合引起的 $N_2$、$O_2$ 解离;②电子碰撞引起的 $N_2$ 解离;③结合电离(解离复合);④自由基反应(包括 Zel'dovich 反应);⑤电荷交换。

解离过程及其与振动的耦合对高超声速再入式飞行应用有着至关重要的作用,它们影响空气动力、辐射以及传导热流和在稀薄大气中以亚轨道到超级轨道速度飞行的飞行器的光谱密度。为了确定内能能级数量,通常将伪种类视为电子振动能级以获得更加精确的结果,同时将非弹性碰撞看作化学反应,并最终计算 VT、VV、VVT 过程的平均量。这种类型的模型需要大量有关跃迁速率系数的数据。直到近期理论计算才变成可能[90-91],但关于气体的全面数据库仍有待补充和完善。

本章用 Park 模型来描述振动对分子分离的影响,同时解释化学反应对振动能的影响。$T - T_V$ Park 模型[1]是在航空航天界传播范围最广、使用最多的模型,原因在于它简约易行。用于描述速率系数的几何平均温度来自于阿伦尼乌斯定律。这个模型具有启发性,同时,它以在激波管设备上进行的激波后辐射灵敏度研究的数据分析为基础。

大分子离子的游离复合在复合等离子体中扮演着重要角色,它的逆过程结合电离在多数情况下为初始电子的产生提供了条件,如在激波管中或再入式飞行的问题中。最终,它能解释很多电离问题。由于 $N_2$、$O_2$ 和 NO 存在于本章讨论的气体等离子体中,必须考虑解离复合问题。

Zel'dovitch 反应对原子和分子系统之间的氮氧分布起至关重要的作用,同

时它也是 $N_2$ 和 $O_2$ 的裂解以及 NO 形成的重要推手。对于这些过程来说,使用 Bose 和 Candler[92-93] 估计出的速率系数,他们的成果基于对最初的势能面进行的准经典轨线研究。有关该模型的更多信息参见文献[8]。

2)化学反应与流场中的能量分布

化学反应与能量交换源项是控制高熵气体行为方程组的关键参数,这是因为它们的存在让混合物的成分发生改变,同时也解释了内能模态中的各种能量交换。与此同时,化学激励与内能激励之间关系密切并且相互影响。在一般情况下,通过描述内能模态中引发激励的反应以及宏观的运动机理来区别非平衡模态。本节提出的模型是一个综合体,它将剩余模态的多种温度途径和原子电子能级间的不同状态综合在一起,因此,需要对不同能量模态之间的能量交换进行建模。

考虑弛豫项的两个温度模型:

$$\Omega^m = \Omega_{VT} + \Omega_{CV} + \Omega_{ET} + \Omega_E + \Omega_I \tag{4.38}$$

振动平移交换($\Omega_{VT}$):振动平移能量转移速率遵从兰道-特勒(Landau-Teller)方程,粒子弛豫时间由米利肯-怀特(Millikan-White)方程给出,同时包括 Park 的高温修正。

化学能与振动能之间的交换($\Omega_{CV}$):该模型由 Candler[94] 发表。

电子与大型粒子间的弹性交换($\Omega_{ET}$):该源项的组成与 VT(兰道-特勒项)类似。需要指出的是,由于电子与其他粒子在质量上相差悬殊,它们之间的动能交换效率很低,这同时也是粒子间能量与动量守恒的共同要求。

激发与电离造成的能量损失($\Omega_I/\Omega_E$):在高速情况下,考虑原子和分子电离过程中自由电子导致的能量损失非常重要,参见文献[82]。如果忽视,电子影响的电离反应(事实上,所有的反应均与自由电子有关)将产生大量忽视了动能减少的自由电子,因此,自由电子的数量将增加。这种现象将导致雪崩式的电离,引出更多的数值问题,尤其是在高速情况下。电子影响的电离与激发反应的相关源项如下:

$$\Omega_I = \sum_r^{R^I} \dot{\omega}_{e,r} U^r$$

$$\Omega_E = \sum_r^{R^E} \dot{\omega}_{e,r} U^r \tag{4.39}$$

式中:$U^r$ 为反应 $r$ 的焓;$\omega_{e,r}$ 为反应 $r$ 的电子化学反应项;$R^I$ 为电子影响电离反应的参数表;$R^E$ 为电子影响激发反应的参数表;$\Omega_I$ 为电子影响电离反应的能量转移;$\Omega_E$ 为电子影响激发反应的能量转移。

3. 辐射过程与辐射传递

本章研究的系统由分子、原子、离子构成,电子与它们反应,同时也与辐射场互相影响。本系统在建模过程中将光子视为普通粒子的一个种类,这种简化对于再入式飞行过程中的混乱环境的描述是恰当的。在这些假设情况下,粒子与光子的动能理论可简化为物质粒子的动能方程组(如纳维－斯托克斯方程组,同时加入能量守恒方程以及多种化学物质)以及著名的辐射输运方程(RTE)。文献[95]建立与讨论了控制非平衡状态下系统动力的理论。

1) 原子与分子的光谱特性

当考虑原子系统的问题时,所有与光子相关的吸收和释放的转移被分为以下三种,分别为自由－自由转移、边界－自由转移和边界－边界转移。目前的分析只考虑边界－边界辐射,它是分子或原子的边界态电子转移的结果,这种类型的辐射由其不相关联的特质,又称为线辐射。

当进行原子线辐射建模时,需要考虑自发辐射、吸收以及受激辐射三种机理。这三个过程的发生受到三种转换发生概率的控制,也就是爱因斯坦(Einstein)系数,分别是$A_{ji}$、$B_{ij}$和$B_{ji}$。爱因斯坦系数并非互不相关,它们必须满足爱因斯坦关系:

$$B_{ji} = \frac{c^2}{8\pi h\nu^3}A_{ji}$$

$$g_jB_{ji} = g_iB_{ij}$$

$$(4.40)$$

式中:$c$ 为光速;$h$ 为普朗克常数;$\nu$ 为辐射频率;高能态在电子转换过程中由 $j$ 表示,低能态由 $i$ 表示;$g$ 表示能态消退。

原子线性概率数据表中的 N 与 O 的爱因斯坦系数由 NIST 原子线性数据库提供,它们均在本书中得到使用。当气体不是光薄状态时,光谱线形的精确建模十分重要。本书将解释多普勒光谱,自然与碰撞增宽。在所有考虑的压力增宽机理中,必须解释带电粒子(电子与离子)碰撞导致的增宽,即著名的斯塔克(Stark)增宽。将会包括三个不同的模型,分别为 Johnston 实验数据的拟合[76]、Cowley 和 Arnold 的曲线拟合[96]以及 Griem 的实验数值[97]。

2) 能级

辐射计算中使用的原子模型与流体计算中使用的热动力学模型存在较大差异。事实上,在流场求解中,辐射计算考虑的能级数量比伪种类粒子计算考虑得多。这是因为辐射计算对原子模型的准确度十分敏感,而动力学模型对相关能级的数目并不敏感。也就是说,经过精简的能级数目就能够准确地表示出气体动力学情况,而想要准确获得气体的辐射特性,则需要大量的能级描述。

流动状态下能级的减少一般是通过将电子能级集中分组实现的,假设每一组的分布均匀[74-75]。当计算辐射情况时,每一组的能级均服从理想状态下本地

温度为 $T_e$ 的麦克斯韦 – 玻耳兹曼分布。因此，未分组系统的第 $i$ 态数量如下：

$$n_i = \overline{n_k} \frac{g_i \exp\left(-\frac{\Delta E_i}{k_B T_e}\right)}{\overline{Q_k}} \tag{4.41}$$

式中：$n_i$ 为未分组能级的数目；$\overline{n_k}$ 为分组能级；$\overline{Q_k}$ 为分组能级的配分函数，且有

$$\overline{Q_k} = \sum_{i \in I_k} g_i \exp\left(-\frac{\Delta E_i}{k_B T_e}\right) \tag{4.42}$$

每组配分函数的定义是基于单个能级 $\Delta E_i$ 的定义的，$\Delta E_i$ 表示为

$$\Delta E_i = \overline{E_k} - E_i \tag{4.43}$$

式中：$\overline{E_k}$ 为分组能级的能量，且有

$$\overline{E_k} = \sum_{i \in I_k} \frac{g_i E_i}{\sum_{j \in I_k} g_j}$$

式中：$I_k$ 表示属于 $k$ 的能级的参数表。

对于自动电离能级需要特殊对待，应假设其与自由态能级处于 Saha 平衡状态，它们的能级数量由以下公式确定：

$$n_i = n^{\text{Ion}} n_e \frac{g_i}{2Q^{\text{Ion}}} \lambda_e^3 \exp\left(-\frac{E_i - E^{\text{Ion}}}{k_B T_e}\right) \tag{4.44}$$

式中：$\lambda_e$ 为自由电子的德布罗意波长，$\lambda_e = h_p / (2\pi m_B k_B T_B)^{1/2}$；$Q^{\text{Ion}}$ 为离子的配分函数。

图 4.9 示出了氮原子的电子能级分布。曲线的黑色线段表示由动力学模型计算出的能态，红色区域表示由辐射特性计算得到的能态。值得一提的是，任何想把自动电离态归入某特定分组的尝试（如归入边界态），最终都将导致分布函数的尾部弯曲（图 4.9 红色部分）。

动力学的非定常分组策略基于均匀分布，辐射建模依赖于玻耳兹曼分布是光谱和等离子体光学特性计算误差的主要原因。

3）辐射反应下的气体流动描述

本章考虑了参与介质（吸收和发射辐射的媒介）中的辐射传递，因此，有关流动量的流场计算输出，也就是压力、电子数密度以及原子的电子能级数目将用于计算光谱发射以及吸附系数式（4.33）。

正激波后的辐射传递问题通常使用正切近似建模，就吸收与发射系数来说，假设辐射特性仅在与一定厚度气体的平面（或激波）的垂直方向上分布。这个假设与流场计算的一维假设是一致的，而且它经常成功用于钝体激波层辐射场

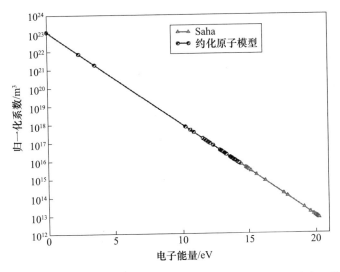

图 4.9　在 10000K 和 1atm 下 N 原子非平衡混合的电子能分布函数

的三维计算中,该情形下的流动状态几乎是一维的。

　　以下章节将给出网状热流辐射、热流辐射的散度、平行介质的入射辐射的一般解,完整推导过程参见文献[98-99]。

　　对辐射密度的了解让能量源项的估计成为可能,由此可以解释气体吸收与发射的辐射能量。本项可通过计算辐射热通量的散度获得,即

　　入射强度:

$$G_\lambda(\tau_\lambda) = 2\pi \begin{bmatrix} I_\lambda^+(\tau_\lambda^b) E_2(\tau_\lambda) + I_\lambda^-(\tau_\lambda^s) E_2(\tau_\lambda^s - \tau_\lambda) + \int_{\tau_b}^{\tau} S_\lambda(\tau_\lambda) \\ E_1(\tau_\lambda - \overline{\tau_\lambda}) \mathrm{d}\,\overline{\tau_\lambda} + \int_{\tau}^{\tau_b} S_\lambda(\tau_\lambda) E_1(\overline{\tau_\lambda} - \tau_\lambda) \mathrm{d}\,\overline{\tau_\lambda} \end{bmatrix} \tag{4.45}$$

式中:$E_n(\tau_\lambda)$ 为 $n$ 的指数积分;$\tau_\lambda$ 为光深度, $\tau_\lambda = \int \kappa_\lambda \mathrm{d}x$ ;"b"和"s"分别表示体与激波位置,而相应的"+"和"-"分别表示角 $\vartheta$ 的正余弦与反余弦。

　　以上所有表达式通过计算指数积分与源项函数的积的数值积分得到,所有积分的解均可以通过假设源项函数空间演化过程中的分段常数获得,这让计算指数函数的解析解成为可能。

　　辐射加热的散度:

$$\frac{\mathrm{d}q_\lambda}{\mathrm{d}\tau_\lambda}(\tau_\lambda) = 4\pi S_\lambda(\tau_\lambda) - G(\tau_\lambda) \tag{4.46}$$

　　辐射加热:

$$
q_\lambda^{\mathrm{R}}(\tau_\lambda) = 2\pi
\begin{bmatrix}
I_\lambda^+(\tau_b^b) E_3(\tau_\lambda) - I_\lambda^-(\tau_\lambda^s) E_3(\tau_\lambda^s - \tau_\lambda) + \int_{\tau_b}^\tau S_\lambda(\tau_\lambda) \\
E_3(\tau_\lambda - \overline{\tau_\lambda}) \mathrm{d}\,\overline{\tau_\lambda} + \int S_\lambda(\tau_\lambda) E_2(\overline{\tau_\lambda} - \tau_\lambda) \mathrm{d}\,\overline{\tau_\lambda}
\end{bmatrix}
\tag{4.47}
$$

辐射计算的其他结果包括量子电子态 $i$ 下的化学成分数量密度的转换率。

$$
\dot\omega_i^{\,\mathrm{r}} = \sum_{j>i} \left[ A_{j,i} n_{s,j} - (B_{i,j} n_i - B_{j,i} n_j) \overline{\dfrac{\gamma}{\displaystyle\int_{\lambda_{\min}}^{\lambda_{\max}} G_\lambda(x) \Phi_\lambda^{i,j} \mathrm{d}\lambda}} \right] -
$$

$$
\sum_{j>i} \left[ A_{i,j} n_{s,i} - (B_{j,i} n_j - B_{i,j} n_i) \overline{\dfrac{\gamma}{\displaystyle\int_{\lambda_{\min}}^{\lambda_{\max}} G_\lambda(x) \Phi_\lambda^{i,j} \mathrm{d}\lambda}} \right]
\tag{4.48}
$$

4）辐射反应中非平衡流的数值仿真

强正激波后发生的非平衡动力过程描述需要对系统的刚性常微分方程进行求解，系统方程的刚度来源于状态变量平衡值的不同时间尺度。在本算例的分析中，原子的高能态动力学过程较快并且很快趋向平衡，达到准平衡态，而低能态则由于较为缓慢的动力过程而趋于弛豫态。

不同时间尺度的出现体现了基于简化的渐进分析方法的发展，这种方法又称为准平衡态（QSS）方法（在天体物理学领域又称为数据平衡法）。使用 QSS 方法可以将 ODE 系统简化为混合方程组，这是因为通过解非线性代数方程组可以确定高能级的数目。在航空航天领域，当麦克斯韦 – 玻耳兹曼分布发生偏离时，QSS 方法通常用来确定激发态的内部分布。然而，在工作中并不推荐优先使用这些方法，因为这些基础假设的可靠性是基于尚未探明的情况的。文献[100]讨论了 QSS 方法不恰当使用的情况和例子，在该文献中，Magin 等通过比较 QSS 方法得出的结果以及非定常模型的结果，论证了 QSS 方法在分析惠更斯探针周围的高温气体辐射特性时的不适用。同样，文献[82]说明了氮原子与氧原子的低能亚稳态电子并不能同时到达低能级稳定态，这让所有的渐近方法不适用。由于以上各种原因，ODE 非线性方程组的直接数值解比渐近分析法更受青睐。

辐射耦合的引入极大地改变了从 ODE 到微积分方程组的数学结构，这导致了介质中较远点的特性与辐射场发生非局部耦合。在本节中，该问题的数值解通过如下半隐式迭代方法获得：

$$
\begin{cases}
\dfrac{\partial \boldsymbol{y}^n}{\partial x} = \boldsymbol{f}\left[\boldsymbol{y}^n, \boldsymbol{\Gamma}^{(n-1,n)}(\Omega_x^{sl})\right] \\[2ex]
\boldsymbol{\Gamma}^{(n-1,n)}(\Omega_x^{sl}) = \left[\dot\omega_i^{\,r(n-1,n)}, 0, 0, -\dfrac{\partial}{\partial x} Q_{\mathrm{rad}}^{n-1}\right]^{\mathrm{T}}
\end{cases}
\tag{4.49}
$$

式中：$y^n$ 为状态向量,包括化学组分的质量分数、原子激发态、速度以及温度；$\Gamma^{(n-1,n)}$ 为耦合源项,包括组分守恒方程的源项以及能量守恒方程辐射项的散度；$\Omega_x^{xl}$ 为空间域；用以强调辐射源项的非局部特性,$n$ 为收敛所需的迭代步数。

运用松散耦合方法分别对动力学方程以及辐射输运方程进行求解。当解出动力学方程时,使用的辐射源项与之前步骤中的值保持一致。一旦状态向量 $y$ 更新,源项将重新计算并运用到下一步迭代中的动力学计算。需说明的是,为了使运算的法则更加稳定,部分 $G(\Omega_x^{xl})$ 将被当作隐式对待：

$$\dot{\omega}_i^{r\pm(n-1,n)} = \pm n_u^n A_{ul} \mp (n_l^n B_{lu} - n_u^n B_{ul}) Y^{(n-1)} \tag{4.50}$$

式中

$$Y^{(n-1)} = \int_{\lambda_{\min}}^{\lambda_{\max}} G_\lambda^{(n-1)}(x) \Phi_\lambda^{i,j} \mathrm{d}\lambda \tag{4.51}$$

源项中唯一以显式对待是 $Y^{(n-1)}$ 项,它改善了数值运算的稳定性与收敛速度。

### 4.3.2 结果

本节用一个改良自 ABBA 模型[8]的混合 CR 模型来分析强激波后原子的电子激发态行为。分析了 Fire Ⅱ 航天舱飞行过程中激波后区域发生的非平衡电离过程,该实验自 20 世纪 60 年代以来享有盛名。讨论了 N、O 原子的电子能级动力学问题。通过比较玻耳兹曼非平衡分布与平衡分布之间的特征,确定了它们之间的分离程度;并且讨论了电离过程和内部电子分布的辐射耦合的影响。研究了流场的能量分布,以及物质与辐射之间的关系。分析了低电子能级的 QSS 方程结构,其中特别讨论了 QSS 方程的不适用性。比较了在 EAST 激波管中获得的实验数据与模型结果之间的差异。

1. Fire Ⅱ 飞行试验

Fire 计划的首要目标之一是确定大尺寸的"阿波罗"飞船在以 11.4km/s 速度做再入式飞行时产生的辐射热环境。在再入的过程中,辐射将会产生大量的表面热流。约 90% 的辐射来源于原子线,因此,获得原子的准确电子激发能级分布非常重要。目前工作的核心是测试不同物化环境下的 CR 模型,从强非平衡电离的电子能级分布到玻耳兹曼分布。

表 4.1 给出了本书研究的目标点所对应的激波管工况。

假设在激波区域内氮与氧的摩尔数不变($X_{N2} = 0.79$,$X_{O2} = 0.21$)。在激波后,转动温度与激波后气体温度 $T_2$ 相等,振动与电子温度与自由流气体温度 $T_2$ 相等。

表 4.1　模拟中使用的激波管操纵环境

| $t/s$ | 1634 |
|---|---|
| $p_1/Pa$ | 2.0 |
| $T_1/K$ | 195 |
| $U_1/(m/s)$ | 11360 |
| $p_2/Pa$ | 3827 |
| $T_2/K$ | 62337 |
| $U_2/(m/s)$ | 1899 |
| 注:下角标 1 表示自由流的特征量,下角标 2 表示激波后特征量;$U$ 为激波速度 | |

　　想要获得控制方程的数值解,需要在描述粒子动力学关系方程和辐射输运方程之间来回迭代,监控迭代第 $n$ 步与第 $n-1$ 步之间耦合项的相对误差可以评估数值算法的收敛性。图 4.10 给出了随迭代次数变化误差的范数。由图可以看到,仅在 24 次迭代之后相对误差稳定的减少了 10 个量级。运算法则的稳定性来源于将 $\dot{\omega}_i^{\pm\,[n-1,n]}$ 作为半隐式对待,任何将其作为显式对待的尝试,如计算辐射热散度那样,最终都彻底失败,原因是耦合源项中的无阻尼振荡的开始导致了结果发散。

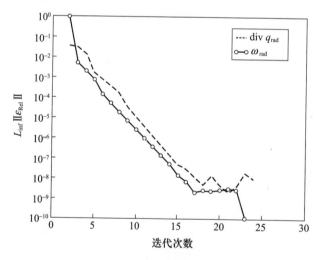

图 4.10　耦合源项相关错误的无穷范数

## 2. 化学反应与流场能量分布

　　描述激波层等离子体的物化特征需要了解其化学成分及粒子内能。为了达到此目的,图 4.11 描述了转动及平动温度及振动、自由电子温度的演化。在振动温度穿过激波时发生跃升(左侧 $x=0$ 处)后,通过激发内能模态和化学反应,气体重新改变其能量分布,直到流动最终到达后激波平衡态。内部温度由 $T_v$ 表示,显示出快速的初始增量,这来源于振动能级的激发,然后曲线趋于平坦,这是由于最终发生了化学反应(图4.12)。热量的非平衡态范围(如 $T \neq T_v$)由内能与化学反应的耦合描述。对这里所考虑的特定情况,热量非平衡态的范围紧紧依靠于原子激发和电离导致的自由电子能量耗散。式(4.39)模拟了弛豫过程。动力过程表现为能量沉积,趋向于减慢进一步的反应,因此将减慢粒子能量转化为化学能量的速率,最终在激波中将观测到更高的动力学平均温度。使用电子的特定计算模型可以获得能量耗散的精确估计,而不需要使用基于实验数据的特定参数。大部分的能量损失是由于原子电子结构的激发(并且在很小的范围内来自于直接电离)。在图4.11中,辐射过程扮演了重要角色,这是因为它们影响了热力学过程和化学弛豫。光厚气体对化学反应的影响可以通过观察电子数密度得到清楚的结果,如图4.12所示。假设介质为光厚介质,所有发出的辐射会被很快地自我吸收,同时电子数密度将很快地达到平衡值。在介质为光薄气体的情况下,电离速率相对较慢,这是因为辐射过程趋向于减少激发态的数量(只考虑排放过程),导致辐射过程与电离过程的延迟。在图4.12中,密度图描述了最大值以及随着辐射能量损失的一个单调递减情况,产生这种现象主要原因是能量损耗,最终将减慢气体到达需要的电子数密度的进程。耦合计算的结果与光厚介质的情况相近。这是首次将辐射过程及其与周围物质反应的建模运用于测试逃逸因子。

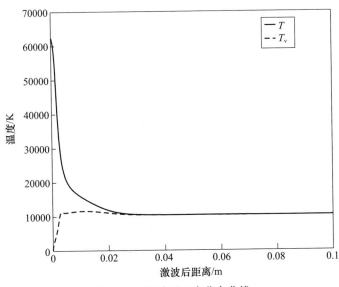

图4.11 激波后温度分布曲线

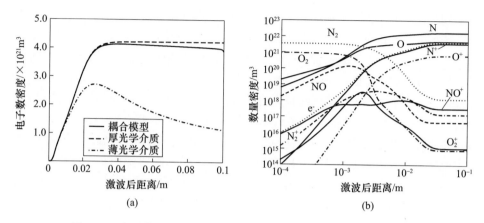

图 4.12　电子数密度与光学介质厚度的函数关系以及数量密度曲线

3. 辐射与物质之间的相互作用和辐射输运

在高速激波的情况下,相关的电离反应可以产生初始电子,由此使得由粒子间电子碰撞引起电离过程得以发生。图 4.12(b)电子数密度曲线中显示的 $NO^+$、$N^+$、$O^+$ 等相关曲线清楚地表明了这个过程。$NO^+$ 主要负责在激波区域($x < 1mm$)内产生自由电子,这一区域的自由电子仅由 $NO^+$ 产生,而激波后 $2 \sim 3mm$ 的大部分自由电子由 N、O 原子产生。高速情况下,在电离发生之前离解过程已经基本结束。在这种情况下,电离过程与原子气体中的电离过程十分相似,原因是它们都受电子影响过程的支配,这样的过程能够轻松激励与电离氧原子与氮原子。

考虑电子的温度结构,电子的平均能量不足以将 N 和 O 原子从它们的基态和低能级亚稳态电离。原子电离遵循"爬梯"准则,在电离之前需要先将电子从原能级激发,所以原子的电子要电离,需要先从低能级"爬梯"到高能级。由此,为了获得非平衡电离过程的特征,需要先获得氮原子和氧原子的电子能级分布。为了达到这个目的,比较了激波后区域和激波前 1cm(图 4.13(a)、(b))的玻耳兹曼分布($T_e$)。这些结果显示原子高能级和低能级动力学特征之间的巨大区别:因为较低的能量水平,从低能态到高能态的激发过程和相关的电离过程都以较低的速率进行(如基态与亚稳态),而较高的能态则显示出完全相反的行为,因为相关反应的发生速率都十分快。最终低能态更加可能遵照麦克斯韦 - 玻耳兹曼分布,而高能态则更可能与自由电子处于 Saha 平衡,(它们的数量可以由式(4.44)估算出,如图 4.13(a)、(b)所示)。Biberman 和 Ul'yanov 提出了综合所有的激发态,成为一个特殊的分组的可能性[101],如 Saha 平衡中假设的那样。目前对原子和相关粒子的分布函数的分析似乎支持这一观点。文献[89]讨论了一个相似的过程,这个过程同样是基于将所有能态归为一组这一概念。而且,相对于使用一个单独分组来表示高能态动力学特征,文献[89]中的分布被"离散"为多个分组,每个分组都假设遵照麦克斯韦－玻耳兹曼分布。

如图 4.13 所示,一个自洽模型通常是一个耦合模型,它准确地将辐射本身以及其与物质粒子反应的过程建模。此处展示了一个激发态的强烈耗散(文献[82]已讨论)。而且,低能里德伯态的数量似乎受到光学介质厚度假设的影响。对于这些飞行状况来说,在这个特定的部位,自洽模型的结果与光厚介质假设的预测相符。为了进一步研究辐射耦合的影响,图 4.14 描述了 N 原子部分电子能级数量随着激波距离变化趋势。耦合模型得到的结果与运用逃逸因子的计算

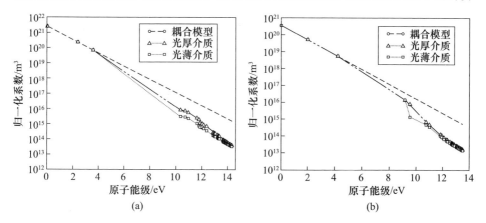

图 4.13　氮原子能级分布和氧原子能级分布

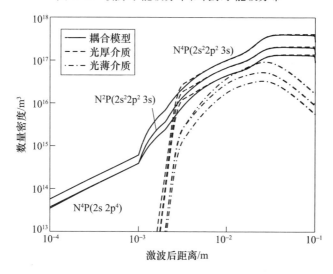

图 4.14　氮原子三个最低凯赛能级的数量演化

结果有较大差异,只有耦合模型的结果正确地估计了近激波区域的集中。来源于激波层非平衡部分的辐射,通过与气体非平衡部分反应,促进低电子能态的内部结构的激励,用逃逸因子无法解释相关现象。激波层其余部分也能发现不同,这是因为相比于辐射模型,光厚模型过高地估计了能极数量,而光薄模型过低地估计了能级数量。

为了确定非平衡效应所影响的范围,图 4.15 比较了通过计算基于玻耳兹曼分布的碰撞辐射模型所获得的光谱。通过观察获得的气体辐射特性存在巨大差异,主要是因为当假设麦克斯韦 - 玻耳兹曼分布为平衡分布时,过少的估计了激发能态的数量密度。

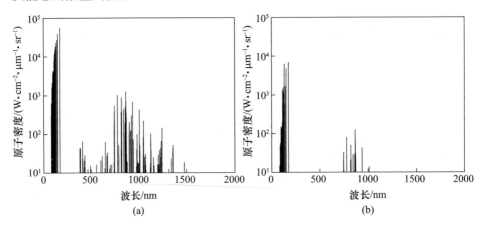

图 4.15　平衡状态下激波前 1cm 原子光谱以及非平衡状态下的计算结果

### 4. 准稳态分布

本章的分析主要是论证 QSS 假设的可靠性,这个问题在文献[82]中有着更加详细的论述。本节使用的模型主要依靠于电子影响下的原子激发与电离过程建模的 Drawin 碰撞截面,同时该模型使用逃逸因子描述介质的光学厚度。因此,本节将使用不同于 4.3.2 节中 3. 计算所用的数据库。本节得到的结论将证实之前假设的正确性。同时将对 4.3.1 节中提到的物理定常模型做进一步的探究。无论如何,仍希望 QSS 模型能够适用于电子低能态情况下的计算。

准稳态模型经常被用于研究在玻耳兹曼分布假设并不成立的强非平衡状态的电子能级数量[9,76]。当激发态过程的特征时间相比于流场特征时间较短时,这个模型为之前提出的非定常 CR 模型提供了另一个可靠的选择。然而,QSS 假设的可靠性容易受到等离子体环境突变的影响,例如在强激波之后,电子数密度较低时。由于碰撞过程是内部能级保持平衡的主要因素(尤其是,该过程牵涉的电子将作为碰撞对象)。电子的缺失将直接导致 QSS 假设失败。

本节对 QSS 假设可靠性的讨论是基于流场中一系列反应速率相同来进行的。为了达到这个目的,使用完全 CR 模型来计算氮原子的电子能量。提取了流场特征量(压力、温度和成分)的曲线图,然后计算激发态电子能级的 QSS 数量,这个过程称为简化 CR 模型。在第一个模型中(简化的亚稳态 CR 模型),对亚稳态能级数量并不做假设,但在第二个模型中,认为亚稳态与基态处于玻耳兹曼平衡。当考虑基态与两个亚稳态的电子能量的不同时,后一个模型的假设就被验证了,由于光的影响和推进热能化的大型粒子的影响,激发的效果将会增强。从激波后 0.3cm、0.5cm 和 1cm 三个位置来研究流动。图 4.16 描述了氮原子的电子能级水平。在 0.3cm 处,通过简化 CR 模型得到的电子能级水平比完全 CR 模型获得的结果要高;QSS 假设在近激波区域并不适用。当采用 QSS 假设时,遵循玻耳兹曼假设的亚稳态之间在能级数量上的差异将更加明显。在 0.5cm 处,所有激发态均遵从 QSS 假设,在 1cm 之后,两种模型获得的结果并没有显著差异。通过测量原子激发过程和电离过程的特征时间可以解释上述现

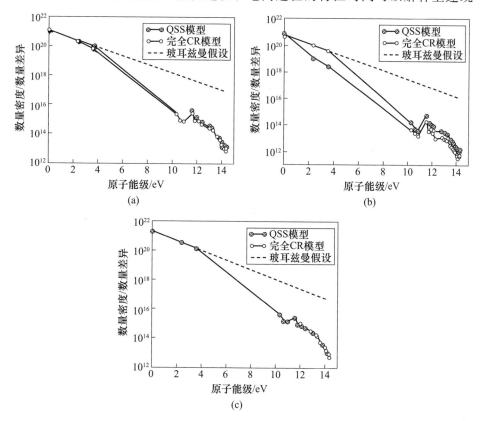

图 4.16　氮原子能级数量曲线

象。例如,观察发现初始亚稳态的特征时间的数量级与流场的特征时间数量级相同,均为在激波后 1cm 处测得的 $5 \times 10^{-6}$ s。

分析结果表明,为了减少多维流仿真的计算误差,可以把目标点上的原子亚稳态当作一个单独的类别,同时在计算高能电子态时使用 QSS 模型。以 CR 模型为工具得到与混合种类相关简化方法的有效反应速率,同时获得电子影响下电离过程与电离过程中发生的反应自由电子能量损失项的表达式。文献[82]中给出了更加详细的论述。

5. 与实验数据的比较

本节的分析证明了电子碰撞辐射的部分可能性,但与近期在 EAST 风洞设备上的测量参数不符[102]。此后,相关工作在文献[103]中得到了进一步讨论。

NASA 艾姆斯研究中心的 EAST 风洞设施主要是用来模拟高焓情况下,高超声速飞行器进入行星大气层时的环境。该风洞设备能够使用管径 10.16cm 的电弧激励器产生超级轨道激波速度。这个设备始建于 20 世纪 60 年代,目的是研究飞行器以超高声速进入行星大气时的气动、热力和化学过程。风洞产生的高能实验气体用以模拟再入式飞行器上产生的弓形激波的波后环境。该设备使得实验能够按照规定流场参数进行,如速度、静压以及与实际飞行条件相符的大气成分。由于实验在真实飞行气压下完成,想要测试流场的气动特性必须使用真实的飞行器模型。由于非反射激波管内测试气体所占的区域较小,因此不适用于再生气动流场,流场仅有一小部分能够产生辐射。有效的测试气体仅存于将驱动与被驱动气体分开的接触表面与激波前缘之间。

我们使用模型计算出的激波层热力化学特性来计算激波层的辐射率,随后计算出的辐射率将会与拍照得到的光谱数据进行比对。详细方法为:当激波穿过实验段时,将会拍摄,每次拍摄将会有两个成像光谱仪负责收集激波的光谱特性与空间辐射率。

本例中使用的动力学模型基于文献[82]中提出的 ABBA 模型,该模型由 Frost 等[48]提出的激发态额外速率常数来进行补充。

图 4.17 和图 4.18 比较了仿真结果和预测强度,运用了两个具有不同激波速度的激波管设备。本次计算运用了两个模型,分别是基于玻耳兹曼分布的电子能级模型以及以 ABBA 命名的 CR 模型。总的来说,两个模型均很好地预测出了实验曲线的形状,然而非平衡模型对电子能级的求解更加符合辐射密度的数量级,玻耳兹曼模型的求解结果过高地估计了峰值密度。

图 4.17 中给出的辐射曲线峰值形状在高速情况下趋于消失(图 4.18),这个现象在文献[103]中进行了讨论。该现象伴随着电离过程,在以下两种情况下探究了其原因:在低速情况下,相关的电离过程在产生高速自由电子中扮演了

重要角色,并且只限于产生用引发由电子碰撞导致的直接电离的初始电子;而且,在低速情况下,氮气分子在后激波区域的振动激发将超出其平衡值,并趋于分离耗散,这将导致自由电子通过电子能量交换被加热至超过平衡值,这些原因导致了辐射迹线超过了额定值。

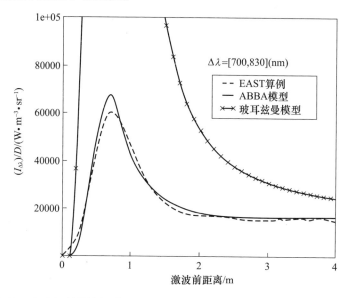

图 4.17　实验辐射曲线与玻耳兹曼和非玻耳兹曼求解器所得的仿真曲线对比
($V_s = 9.165 \text{km/s}, p_s = 0.1 \text{Torr}$)

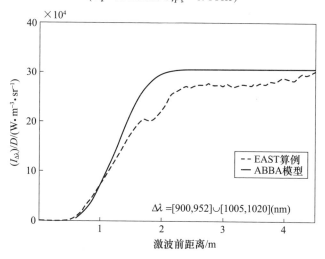

图 4.18　实验辐射曲线与玻耳兹曼和非玻耳兹曼求解器所得的仿真曲线对比
($V_s = 9.980 \text{km/s}, p_s = 0.1 \text{Torr}$)

# 4.4 结 论

本章描述了激波加热气体中电离过程的重要性。在再入式飞行中产生的辐射性和传导性热载荷主要由流场的电离度决定。对这一区域的物理建模需要一个与该物理过程相关的可靠数据库,包括:带电粒子的产生;带电离子与中性粒子以及带电粒子之间发生的化学反应;带电粒子消失与复合。该数据库正在被重新检视。无论何时,只要有可能,使用定量计算方法或是实验方法得到的原子分子数据都是推荐使用的。

部分电离流场的建模通常使用一维流耦合碰撞辐射模型描述的动力过程方程以及辐射传递方程。原子态电子态的总体的显式计算使用态 – 态气体动力学,同时将原子的量子态看作分离的伪种类。电离流场仿真的另一个重要因素是动力学方程与辐射传递方程的耦合,从而对辐射过程的完全连续化处理。Fire Ⅱ飞行实验就是很好的例子。完全耦合的结果和使用基于光厚或光薄模型的逃逸因子的非耦合计算之间存在差异。总的来说,耦合的结果与光厚模型基本一致。计算的结果同时也用于比较 EAST 激波管装置的实验测量结果。与玻耳兹曼方程的仿真结果相比,使用 CR 模型的非玻耳兹曼求解方程得出的结果与实验结果更加相近。

## 参考文献

[1] Park,C. :J. Thermophysics and Heat Transfer 7,385(1993).

[2] Park,C. ,Jaffc,R. L. ,Partridge,H. :J. Thermophysics and Heat Transfer 15,76(2001).

[3] Losev,S. A. ,Makarov,V. N. ,Pogosbekyan,M. J. ,Shatalov,O. P. ,SNikol'sky,V. :AIAA Paper,94 – 1900(1994).

[4] Bird,G. A. :Molecular Gas Dynamics and the Direct Simulations of Gas Flows. Clarendon,Oxford(1994).

[5] Bird,G. A. :Rarefied Gas Dynamics. In:Fisher,S. (ed. ),New York,vol. 74(1981).

[6] Whiting,E. E. ,Park,C. ,Liu,Y. ,Arnold,J. O. ,Patterson,J. A. :NEQAIR96,Nonequilibrium and Equilibrium Radiative Transport and Spectra Program:User's Manual. NASA Reference Publication.

[7] Gryzinski,M. :Phys. Rev. A 138,322(1995).

[8] Bultel,A. ,Chéron,B. G. ,Bourdon,A. ,Motapon,O. ,Schneider,I. F. :Phys. Plasmas 13,043502(2006).

[9] Hyun,S. Y. ,Park,C. ,Chang,K. S. :AIAA Paper 2008 – 1276(2008).

[10] Burke,P. G. :Electron – Atom,Electron – Ion,and Electron – Molecule Collisions. In:Drake, G. W. F. ( ed. )Atomic,Molecular,and Optical Physics Handbook,p. 536. American Institute of Physics,New York(1996).

[11] Bray,I. ,Stelbovics,A. T. :Phys. Rev. A 46,6995(1992).

[12] Bray,I. :Phys. Rev. A 49,1066(1994).

[13] Fursa,D. V. ,Bray,I. :Phys. Rev. Letters 100,113201(2008).

[14] Marchalant,P. ,Bartschat,K. :J. Phys. B 30,4373(1997).

[15] Zatsarinny,O. ,Bartschat,K. ,Bandurina,L. ,Gedeon,V. :Phys. Rev. A 71,042702(2005).

[16] Burke,P. G. ,Robb,W. D. :Advances in Atomic and Molecular Physics 11,143(1975).

[17] http://physics. nist. gov/PhysRefData/ASD/index. html.

[18] Yoshizawa,R. ,Fujita,K. ,Ogawa,H. ,Inatani,Y. :AIAA Paper 2007 – 809(2007).

[19] Vejby – Christensen,L. ,Kella,D. ,Pedersen,H. B. ,Andersen,L. H. :Phys. Rev. A 57,3627 (1998).

[20] Hellberg,F. ,Rosén,S. ,Thomas,R. ,Neau,A. ,Larsson,M. ,Petrignani,A. ,van der Zande, W. J. :J. Chem. Phys. 118,6250(2003).

[21] Giusti – Suzor,A. :J. Phys. B 13,3867(1980).

[22] Rabadán,I. ,Tennyson,J. :J. Phys. B 29,3747 (1996);ibid,30,1975 (1997);31,4485 (1998).

[23] Motapon,O. ,Fifirig,M. ,Florescu,A. ,Waffeu Tamo,F. O. ,Crumeyrolle,O. ,Varin – Bréant, G. , Bultel, A. , Vervisch, P. , Tennyson, J. , Schneider, I. F. : Plasma Sources. Sci. Technol. 15,23(2006).

[24] Peterson,J. R. ,Le Padellec,A. ,Danared,H. ,Dunn,G. H. ,Larsson,M. ,Larson,A. ,Pever- all,R. ,Strömholm,C. ,Rosén,S. ,Af Ugglas,M. ,van der Zande,W. J. :J. Chem. Phys. 108, 1978(1998).

[25] Peverall,R. ,Rosén,S. ,Peterson,J. R. ,Larsson,M. ,Al – Khalilli,A. ,Vikor,L. ,Semaniak, J. , Bobbenkamp, R. , Le Padellec, A. , Maurellis, A. N. , van der Zande, W. J. : J. Chem. Phys. 114,6679(2001).

[26] Huo,W. M. ,Kim,Y. – K. :IEEE Transactions on Plasma Science 27,1225(1999).

[27] Huo,W. M. :Phys. Rev. A 64,042719(2001).

[28] Huo,W. M. :AIAA Paper 2008 – 1207(2008).

[29] Kim,Y. – K. ,Desclaux,J. P. :Phys. Rev. A 66,012708(2002).

[30] Huo, W. M. : Electron – impact Excitation and Ionization in Air, VKI Special Course on "Non – Equilibrium Gas Dynamics,from Physical Models to Hypersonic Flights" von Karman Inst. For Fluid Dyn. Rhode – Saint – Genèse,Belgium(September 2008).

[31] Huo,W. M. :AIAA Paper 2009 – 1593(2009).

[32] Straub,H. C. ,Renault,P. ,Lindsay,B. G. ,Smith,K. A. ,Stebbings,R. F. :Phys. Rev. A 52, 1115(1995).

[33] http://cdsweb. u – strasbg. fr/OP. htx.

[34] Laher,R. R. ,Giilmore,F. R. :J. Phys. Chem. Ref. Data 19,277(1990).

[35] Landolt – Börnstein New Series I/17A.

[36] http://www – amdis. iaea. org/ALADDIN/.

[37] Brunger,M. J. ,Buckman,S. J. :Phys. Rep. 357,215(2002).

[38] Tayal,S. S. ,Zatsarinny,O. :J. Phys. B 28,3631(2005).

[39] Zatsarinny,O. ,Tayal,S. S. :ApJS 148,575(2003).

[40] Zatsarinny,O. ,Bartschat,K. :J. Phys. B 37,4693(2004).

[41] Yang,J. ,Doering,J. P. :J. Geophys. Res. 101,765(1996).

[42] Berrington,K. A. ,Burke,P. G. ,Robb,W. D. :J. Phys. B 8,2500(1975).

[43] Ramsbottom,C. A. ,Bell,K. L. :Phys. Scr. 50,666(1994).

[44] Tayal,S. S. ,Beatty,C. A. :Phys. Rev. A 59,3622(1999).

[45] Inokuti,M. :Rev. Mod. Phys. 43,297(1971).

[46] Kim,Y. – K. :Phys. Rev. A 64,032713(2002).

[47] Kim,Y. – K. :Phys. Rev. A 65,022705(2002).

[48] Frost, R. M. , Awakowicz, P. , Summers, H. P. , Badnell, N. R. : J. Appl. Phys. 84, 2989 (1998).

[49] Stone,E. J. ,Zipf,E. C. :J. Chem. Phys. 58,4278(1973).

[50] Doering,J. P. ,Goembel,L. :J. Geophys. Res. 96,16021(1991).

[51] Sun, W. , Morrison, M. A. , Issacs, W. A. , Trail, W. K. , Alle, D. T. , Gulley, R. J. , Brennan, M. J. ,Buckman,S. J. :Phys. Rev. A 52,1229(1995).

[52] Allan,M. :J. Phys. B 18,4511(1985).

[53] Huo,W. M. ,Gibson,T. L. ,Lima,M. A. P. ,McKoy,V. :Phys. Rev. A 36,1632(1987).

[54] Jaffe,R. ,Schwenke,D. W. ,Chaban,G. ,Huo,W. :AIAA Paper 2008 – 1208(2008).

[55] Huo, W. M. ,McKoy, V. ,Lima, M. A. P. ,Gibson,T. L. :Thermal Physical Aspects of Re – Entry Flows. In: Moss, J. N. , Scott, C. D. ( eds. ) Progress in Astronautics and Aeronautics, vol. 103,p. 152(1986).

[56] Cosby,P. C. :J. Chem. Phys. 98,9544(1993).

[57] Cosby,P. C. :J. Chem. Phys. 98,9560(1993).

[58] Morris,J. C. ,Krey,R. U. ,Bach,G. R. :Phys. Rev. 159,113(1967).

[59] D' Yachkov,L. G. ,Golubev,O. A. ,Kobzev,G. A. ,Vargin,A. M. :JQSRT 20,175(1978).

[60] Smith,S. J. :In:Fourth International Conference on Ionization Phenomena in Gases,Uppsala (1959).

[61] Chase,R. L. ,Kelly,H. P. :Phys. Rev. A 6,2150(1972).

[62] Thomas,G. M. :In:Seventh Shock Tube Symposium,London(1971).

[63] Miecznik,G. ,Greene,C. H. :Phys. Rev. A 53,3247(1996).

[64] Robinson,E. J. ,Geltman,S. :Phys. Rev. 153,4(1967).

［65］Hatano,Y. ,Shimamori,H. :Electron and Ion Swarms. In:Christophorou,L. G. ( ed. ) Pergamon,New York(1981)Ionization Phenomena behind Shock Waves 191.

［66］Mazeau,J. ,Gresteau,F. ,Hall,R. I. ,Huetz,A. :J. Phys. B 11,557(1978).

［67］Thomas,L. D. ,Nesbet,R. K. :Phys. Rev. A 12,2369(1975).

［68］http://amdpp. phys. strath. ac. uk/tamoc/DATA/.

［69］Griem,H. R. :Plasma Spectroscopy. McGraw – Hill,New York(1964).

［70］Hummer,D. G. ,Mihalas,D. :Astrophys. J. 331,704(1988).

［71］Gylys,V. T. ,Jelenkovic,B. M. ,Phelps,A. V. :J. Appl. Phys. 65,3369(1989).

［72］Freysinger,W. ,Khan,F. A. ,Armentrout,P. B. ,Tosi,P. ,Dmitriev,O. ,Bassi,D. :J. Chem, Phys. 101,3688(1994).

［73］Zeldovich,Y. ,Raizer,Y. :Physics of Shock Waves and High Temperature Hydrodynamic Phenomena. Academic Press Inc. ,Berkeley Square House(1966).

［74］Bourdon,A. ,Vervisch,P. :Phys. Rev. E 55(4),4634.

［75］Bourdon,A. ,Teresiak,Y. ,Vervisch,P. :Phys. Rev. E 57(4),4684 – 4692.

［76］Johnston,C. O. :Non – equilibrium Shock – Layer Radiative Heating for Earth and Titan Entry,PhD thesis,Virginia Polytechnic Institute and State University,Virginia(2006).

［77］Panesi, M. , Magin, E. T. , Huo, W. :Nonequilibrium ionization phenomena behind shock waves. In:27th International Symposium on Rarefied Gas Dynamics(2010).

［78］Brun,R. :Introduction to reactive gas dynamics. Toulouse,France,Cepadues(2006).

［79］Giordano, D. :Hypersonic – flow governing equations with electromagnetic fields. RTOEN – AVT – 162 VKI lecture series 1(1)(2008).

［80］Lee,J. H. :AIAA Paper 84 – 1729(1984).

［81］Gurvich, L. , Veyts, I. , Alcock, C. :Thermodynamic properties of individual substances, p. 1. Hemisphere Publishing Corporation(1989).

［82］Panesi, M. , Magin, T. , Bourdon, A. , Bultel, A. , Chazot, O. : J. Thermophysics and Heat Transfer 23,236(2009).

［83］Teulet, P. , Sarrette, J. – P. , Gomes, A. – M. : J. Quantitative Spectroscopy and Radiative Transfer 1,69(1999).

［84］Teulet, P. , Sarrette, J. – P. , Gomes, A. – M. : J. Quantitative Spectroscopy and Radiative Transfer 1,70(2001).

［85］Sarrette,J. – P. ,Gomes,J. ,Bacri,A. – M. ,Laux,C. ,Kruger,C. :J. Quantitative Spectroscopy and Radiative Transfer 1,53(2001).

［86］Drawin,H. :Atomic Cross Sections for Inelastic Electronic Collisions, Association Euratom – CEA. Rept. EUR – CEA – FC 236,Cadarache,France(1963).

［87］Drawin,H. :Zeitschrift fur Physik D:Atoms,Molecules and Clusters 211,3,404(1968).

［88］Capitelli,M. ,Ferreira,C. ,Gordiets,B. ,Osipov,A. :Plasma Kinetics in Atmospheric Gases. Springer,Berlin(2000).

[89] Panesi, M. , Magin, T. , Bourdon, A. , Bultel, A. , Chazot, O. : J. Thermophysics and Heat Transfer(2011).

[90] Chaban, G. , Jaffe, R. , Schwenke, D. , Huo, W. : AIAA Paper 2008 – 1209(2008).

[91] Jaffe, R. , Schwenke, D. , Chaban, G. , Huo, W. : AIAA Paper 2008 – 1208(2008).

[92] Bose, D. , Candler, G. : J. Chem. Phys. 104,8,2825(1996).

[93] Bose, D. , Candler, G. : J. Chem. Phys. 107,16,6136(1997).

[94] Candler, G. , MacCormack: J. Thermophysics and Heat Transfer 5(11),266(1991).

[95] Oxenius, J. : Kinetic Theory of Particles and Photons: Theoretical Foundations of Non – Lte Plasma Spectroscopy, p. 20. Springer, Heidelberg(1986).

[96] Cowley, C. R. : An Approximate Stark Broadening Formula for Use in Spectrum Synthesis. The Observatory 91,139(1971).

[97] Griem, H. R. : Spectral Line Broadening by Plasmas. Academic Press, New York(1974).

[98] Özisik, M. N. : Radiative Transfer and Interactions with Conduction and Convection. Wiley – Interscience Publication(1973).

[99] Siegel, R. , Howell, J. R. : Thermal Radiation Heat Transfer. Taylor & Francis(2010).

[100] Magin, T. E. , Bourdon, A. , Laux, C. O. : J. Geophysical Research 111, E07S12(2006).

[101] Biberman, L. M. , Ulyanov, K. N. : Optical Spectroscopy(U. S. S. R.)16,216(1964).

[102] Grinstead, J. H. , Olejniczak, J. , Wilder, M. C. , Bogdanoff, M. W. , Allen, G. A. , Lilliar, R. : Shock – heated Air Radiation Measurements at Lunar Return Conditions: Phase I EAST Test Report, NASA EG – CAP – 07 – 142(2007).

[103] Panesi, M. , Babou, Y. , Chazot, O. : AIAA Paper 2008 – 3812(2008).

[104] Klapisch, M. , Busquet, M. , Bar – Shalom, A. : In: Gillaspy, J. D. , Curry, J. J. , Wiese, W. L. (eds.)15th International Conference on Atomic Processes in Plasmas, AIP, vol. 206(2007).

# 第5章

# 激波后的辐射现象

## 5.1 引　　言

　　激波能加热气体,热气体将会产生辐射。辐射存在于许多物理和化学过程中,同时也是高温气体动力学中必须考虑的现象[1-3]。由于辐射与介质的热化学状态相关,因此通常将辐射作为描述激波后介质状态的一种可靠工具。辐射对气动捕获或月球返回情况下飞行物高速进入大气过程中的热流也有重要贡献[4]。对高于速度10km/s进入地球大气的飞行器来说,在总热流平衡中辐射加热的作用非常重要。对进入木星大气层的"伽利略"号飞行器来说,辐射的贡献在其大部分进入轨道都起主导作用。因此,热防护系统的有效设计需要对激波层中非平衡辐射进行准确预测。辐射也改变了气体动力学特性。发出的光子能够离开热气流引起辐射冷却,或者被重新吸收促进能量输运。在某些条件下,描述原子与分子内部状态演化的方程必须包含光子的发射和吸收过程。由于气体的内部能态决定了发射和吸收系数,因此必须自洽地确定辐射场和气体内部能态。辐射的作用对辐射激波尤其重要[1-2],辐射激波在天体中大量出现,实验室中采用高能激光也能形成辐射激波。在这些高马赫数激波中,守恒方程组必须包括辐射能量密度、通量和应力张量;此外,介质有可能在激波面之前被光致电离,将会改变激波跃变关系。在这些情况下,辐射驱动了流动。本章将主要关注大气进入过程中遭遇的高超声速流动辐射问题。探测器进入速率范围大约为5～60km/s,其中火星或"土卫"六探测器约5km/s,木星极地探测器约为60km/s。在这些速度上,进入过程中探测器的前方会形成强激波,该强激波能离解和电离气体。

　　在任意传播方向 $\boldsymbol{u}$ 和波数 $\sigma(\mathrm{m}^{-1})$ 的每个点上,均可通过求解辐射传输方程(RTE)得到表征辐射场的辐射强度 $I_\sigma(\boldsymbol{u})(\mathrm{W \cdot m^{-2} \cdot sr^{-1} \cdot (m^{-1})^{-1}})$:

$$\frac{\mathrm{d}I_\sigma(\boldsymbol{u})}{\mathrm{d}s} = \eta_\sigma - \kappa_\sigma I_\sigma(\boldsymbol{u}) \qquad (5.1)$$

式中:$s$ 为沿 $\boldsymbol{u}$ 方向的光学路径;$\kappa_\sigma$ 为吸收系数($\mathrm{m}^{-1}$);$\eta_\sigma$ 为发射系数($\mathrm{W} \cdot \mathrm{m}^{-3} \cdot \mathrm{sr}^{-1} \cdot (\mathrm{m}^{-1})^{-1}$)。

方程式(5.1)中,假设固体粒子的散射可以忽略,否则还必须包含一个附加项,而且沿不同传播方向的辐射强度会相互耦合。如果方程式(5.1)中的第二项(吸收项)可以忽略,则这种介质称为光学薄介质。表面辐射通量为

$$q_\mathrm{R} = \int_0^\infty \mathrm{d}\sigma \int_{4\pi} I_\sigma(\boldsymbol{u}) \boldsymbol{u} \cdot \boldsymbol{n} \mathrm{d}\boldsymbol{u} (\mathrm{W} \cdot \mathrm{m}^{-2}) \qquad (5.2)$$

式中:$\boldsymbol{n}$ 为表面的法向。

单位体积($\mathrm{W} \cdot \mathrm{m}^{-2}$)内物质与辐射场之间交换的功率为

$$P_\mathrm{R} = \int_0^\infty \mathrm{d}\sigma \int_{4\pi} (\eta_\sigma - \kappa_\sigma I_\sigma(\boldsymbol{u})) \mathrm{d}\boldsymbol{u} \qquad (5.3)$$

式中:$\kappa_\sigma$ 和 $\eta_\sigma$ 是当地量,取决于发射和吸收粒子的热化学状态。如果介质在温度 $T$ 下处于局部热力学平衡状态,则 $\kappa_\sigma$ 和 $\eta_\sigma$ 通过基尔霍夫准则关联起来:

$$\eta_\sigma = \kappa_\sigma I_\sigma^0(T) \qquad (5.4)$$

式中:$I_\sigma^0(T)$ 为由普朗克定律给出的平衡辐射强度,且有

$$I_\sigma^0(T) = \frac{2hc^2\sigma^3}{\exp\left(\dfrac{hc\sigma}{kT}\right) - 1} \qquad (5.5)$$

式中:$h$、$k$ 和 $c$ 分别为普朗克常数、玻耳兹曼常数和光速。对于处于非平衡态的介质,$\kappa_\sigma$ 和 $\eta_\sigma$ 必须是确定的。

5.2 节给出了对发射与吸收系数起作用的不同机理。5.3 节给出了几个具有丰富光谱结构的空气流示例。5.4 节讨论了辐射传热的光谱和定向特征的仿真。5.5 节对激波流动中辐射与其他现象相耦合的不同方法进行了简要总结。不同辐射机理的发射与吸收系数取决于等离子体的热化学状态,对于每种流动均可在激波后测量发射和系数。下面将 $T_e$ 和 $T_t$ 温度下的玻耳兹曼分布作为电子和重粒子的平动能分布。对于内部自由度,采用能级数表征热力学状态。同时还将分析常用的两温度模型,即采用 $T_{tr}$ 表征重粒子的平动和分子的转动,以及采用 $T_{ve}$ 表征分子振动、电子激发和自由电子平动。

## 5.2　辐射机理与辐射特性

辐射机理与相关光谱数据的选择是一个非常关键的问题。必须考虑所有可

能对发射与吸收起作用的机理。由于可能面临很宽的温度范围(高达 60000K),光谱范围需要覆盖红外(IR)到真空紫外(VUV)。此外,为了预测带有吸收的辐射传输问题,必须准确分析束缚－束缚原子和分子光谱的精细结构。近几十年,已经开发了几种用于辐射分析的计算程序和光谱数据库如 NEQUAIR[5]、LORAN[6]、SPRADIAN[7]、MONSTER[8]、SPECAIR[9]、PARADE[10]、HARA[11]和 GPRD[12]。采用 HTGR 数据库[13],本节开展了数值模拟研究。文献[14－16]中分别对空气和 $CO_2$ 的数据选择、精度和完备性进行了详细阐述。一般的方法包括选择可用的最精确数据和生成遗失的数据。光谱概念决定了发射与吸收系数表达式,这些并没有详述,感兴趣的读者可参考有关光谱学的专业书籍[17－20],以获得更深的理解。

### 5.2.1 束缚－束缚跃迁

#### 5.2.1.1 基本公式

束缚－束缚跃迁对应于原子或分子的束缚能级之间的跃迁,跃迁产生了线光谱。存在三种机理能引起组分 A 的 u(高)和 l(低)束缚能级之间跃迁,三种机理由以下反应式给出:

$$A(u) \rightarrow A(l) + hc\sigma_{ul} \qquad (发射) \qquad (5.6)$$

$$A(l) + hc\sigma_{ul} \rightarrow A(u) \qquad (吸收) \qquad (5.7)$$

$$A(u) + hc\sigma_{ul} \rightarrow A(l) + 2hc\sigma_{ul} \qquad (受激发射) \qquad (5.8)$$

式中: $\sigma_{ul}$ 为发射或吸收光子的波数,满足关系

$$hc\sigma_{ul} = E_u - E_l \qquad (5.9)$$

式中: $E_u$ 和 $E_l$ 分别为高、低能级的能量。

三种辐射机理分别由爱因斯坦系数 $A_{ul}$ 、 $B_{lu}$ 和 $B_{ul}$ 来表征,因此单频发射与吸收系数可以表示为

$$\eta_\sigma = \sum_{ul} \frac{A_{ul}}{4\pi} hc\sigma_{ul} N_u f_{ul}(\sigma - \sigma_{ul}) \qquad (5.10)$$

$$\kappa_\sigma = \sum_{ul} (N_l B_{lu} - N_u B_{ul}) h\sigma_{ul} f_{ul}(\sigma - \sigma_{ul}) \qquad (5.11)$$

式中: $N_u$ 和 $N_l$ 分别为高跃迁能级数和低跃迁能级数; $f_{ul}(\sigma - \sigma_{ul})$ 为多普勒、自然和碰撞致宽产生的跃迁谱线形状。

从处于热力学平衡态的详细平衡过程中可以看出,爱因斯坦系数满足

$$A_{ul} = 8\pi hc\sigma_{ul} B_{ul} \qquad (5.12)$$

$$g_u B_{ul} = g_l B_{lu} \qquad (5.13)$$

式中: $g_u$ 和 $g_l$ 分别为能级 u、l 的简并度。

为了预测束缚–束缚发射或吸收光谱,需要了解每一个跃迁的跃迁强度,如跃迁强度可由吸收系数 $B_{lu}$、线谱位置 $\sigma_{ul}$、介质的热力学状态($N_u$ 和 $N_u$ 值)和线谱形状 $f_{ul}(\sigma - \sigma_{ul})$ 表征。

爱因斯坦系数是辐射粒子的内在参数。该参数对双极跃迁起主要推动作用,爱因斯坦吸收系数可表示为

$$B_{lu} = \frac{8\pi^3}{3h^2c} \frac{1}{4\pi\varepsilon_0} \frac{1}{g_1} R_{ul} \tag{5.14}$$

式中:$\varepsilon_0$ 为自由空间的介电常数。

由辐射粒子的偶极矩算子 $\mu$ 计算跃迁偶极矩 $R_{ul}$,即

$$R_{ul} = \sum_{m_l m_u} \left| \langle l, m_l | \mu | u, m_u \rangle \right|^2 \tag{5.15}$$

在能级 l 和 u 相关状态空间的完备基上,分别对 $m_l$ 和 $m_u$ 求和。一个非零跃迁偶极矩表示量子数的变化满足电子双极选择准则:

$$\begin{cases} p_u \neq p_l \\ \Delta J = J_u - J_l = 0, \pm 1 \\ J_l = 0 \leftrightarrow J_u = 0, 不允许 \end{cases} \tag{5.16}$$

式中:$p_u$、$p_l$ 为能级宇称;$J_u$、$J_l$ 为总角动量量子数。

在当前应用中,促发谱线形状的主要机制是辐射粒子的热运动造成的增宽,即多普勒致宽和碰撞致宽。温度 $T_t$ 下,麦克斯韦速度分布的多普勒形状由下式给出:

$$f_D(\sigma - \sigma_{ul}) = \sqrt{\frac{\ln 2}{\pi}} \frac{1}{\gamma_{ul}^D} \exp\left[ -\ln 2 \left( \frac{\sigma - \sigma_{ul} - \delta_{ul}^D}{\gamma_{ul}^D} \right)^2 \right] \tag{5.17}$$

式中:$\delta_{ul}^D$ 为流体速度引起的谱线中心的多普勒平移;$\gamma_{ul}^D$ 为半峰宽(HWHM)可表示为

$$\gamma_{ul}^D = \sigma_{ul} \sqrt{\frac{2kT_t \ln 2}{m_r c^2}} \tag{5.18}$$

式中:$m_r$ 为辐射粒子的质量。

通常采用半峰宽 $\gamma_{ul}^L$ 的洛伦兹形状表达碰撞扩致宽:

$$f_L(\sigma - \sigma_{ul}) = \frac{\gamma_{ul}^L}{\pi} \frac{1}{(\gamma_{ul}^L)^2 + (\sigma - \sigma_{ul} - \delta_{ul}^L)^2} \tag{5.19}$$

对于氢气等离子体,需要考虑更加复杂的公式[21]。由多普勒和洛伦兹线型的卷积得到 Voigt 线型。如果忽略平移量 $\delta_{ul}^D$ 和 $\delta_{ul}^L$,则 Voigt 线型由下式给出:

$$f_V(\sigma - \sigma_{ul}) = \frac{a}{\pi\gamma_{ul}^D} \sqrt{\frac{\ln 2}{\pi}} \int_{-\infty}^{+\infty} \frac{e^{-y^2}}{a^2 + (b - y)^2} dy \tag{5.20}$$

式中

$$a = \frac{\gamma_{ul}^{L}}{\gamma_{ul}^{D}}\sqrt{\ln 2}$$

$$b = \sqrt{\ln 2}\frac{\sigma - \sigma_{ul}}{\gamma_{ul}^{D}} \quad\quad\quad (5.21)$$

在下一节中将详述与单原子和双原子线谱相关的特征。

#### 5.2.1.2　原子线谱

原子线谱对应于原子电子能级之间的跃迁。在能级－能级描述中,确定了不同电子布居,并且可直接使用式(5.10)和式(5.11)。如果 $T_{ve}$ 温度下的电子原子态服从玻耳兹曼分布,则电子能级布居可由下式给出:

$$N_u = N_{at}\frac{g_u\exp(-E_a/kT_{ve})}{Q_{at}} \quad\quad\quad (5.22)$$

式中: $N_{at}$ 、 $Q_{at}$ 为原子组分的总体布居和内部配分函数。

在 LS 耦合格式中, $^{2S+1}L_J$ 表示轻型原子的电子能级; $L$ 、 $S$ 和 $J$ 分别是总轨道角动量(数值 $L = 0$ 、1、2、…分别用 S、P、D、…表示)、总电子自旋角动量和总角动量(忽略原子核自旋角动量)。 $J$ 取值为 $J = |L - S|, |L - S| + 1, \cdots, L + S$ 。每个能级的简并度等于 $2J + 1$ 。

电子双极跃迁满足式(5.16)给出的通用选择准则。在纯 LS 耦合格式中, $S$ 和 $L$ 增量的附加选择准则:

$$\begin{cases} \Delta S = 0 \\ \Delta L = 0, \pm 1 \\ L = 0 \leftrightarrow L = 0, \text{不允许} \end{cases} \quad\quad\quad (5.23)$$

在 NIST 原子光谱数据库中可以查找原子线谱数据,该数据库提供了有关原子能级、波长和跃迁概率的非常有价值的关键数据,直到目前为止以上数据都很正确[22]。例如,数据库存储了 O 的从 200cm$^{-1}$ 跃迁到 160000cm$^{-1}$ 的 898 条谱线。原子谱线数据还可在最完备的 TOPBASE 数据库中查询,该数据库是为了计算星体不透明度而研发的[23]。该数据采用最先进量子力学方法计算所得,但可能比对应的 NIST 数据的精度要低一些;另外,没有考虑自旋－轨道相互作用生成的精细结构。因而,原子数据与谱项 $^{2S+1}L$ 相关。采用 NIST 数据,能保证最强谱线的精度和精细结构,再辅以 TOPBASE 多重谱线,这样能达到很好的折中;TOPBASE 多重谱线在大部分情况下各自是光学薄的,但如果最强谱线是强自吸收的,多重谱线的作用不可忽略[11]。

由于许多原子谱线并不能假设为光学薄的(特别是有关基能级的谱线),必须研究谱线形状。由于不可能找到所有的谱线数据,因此必须开展系统的计算工作,以解释不同的、起重要作用的碰撞致宽机理[21,24]。

通常采用碰撞近似方法,把中性粒子的碰撞致宽考虑在内。这将对与辐射粒子类似的扰动粒子,产生具有范德华(van der Waals)作用和共振作用的洛伦兹谱型。范德华谱线宽度由下式给出:

$$\gamma_{ul}^{vdw} = \frac{1}{2c} \sum_p N_p \langle v^{3/5} \rangle \left( \frac{9\pi\eta^5 |\overline{\Delta r^2}|}{16 m_e^3 E_p^2} \right)^{2/5} \tag{5.24}$$

式中:$N_p$、$E_p$ 分别为中性扰动粒子第一激发态的布居和能量;$\overline{\Delta r^2}$ 为在高、低跃迁能级的辐射粒子的均方半径之差,$\overline{\Delta r^2} = \overline{r_u^2} - \overline{r_l^2}$,对于与辐射粒子相同的扰动粒子,在计算 $\overline{\Delta r^2}$ 时仅考虑与基态相同宇称的能级;括号表示对碰撞粒子的相对速度分布进行的平均运算。根据 Bates – Dammgard 近似方法[18] 和 TOPBASE[23] 中列出的量子数亏损值计算均方半径。

扰动粒子与辐射粒子类型相同时,才会发生共振作用,可由下式计算:

$$\gamma_{ul}^{res} = \frac{3q_e^2}{16\pi^2 \varepsilon_0 m_e c^2} \sum_j n_j \left( \sqrt{\frac{g_j}{g_u}} \left| \frac{f_{ju}}{\sigma_{uj}} \right| + \sqrt{\frac{g_j}{g_l}} \left| \frac{f_{jl}}{\sigma_{lj}} \right| \right) \tag{5.25}$$

式中:$q_e$ 为电子电荷;$f_{ij}$ 为跃迁 i→j 的振子强度,定义为 $f_{ij} = B_{ij}(E_j - E_i)/\pi r_e c$,其中 $r_e$ 是电子经典半径。可在 TOPBASE[23] 中查找振子强度 $f_{ij}$ 和跃迁波数 $\sigma_{lj}$。

对于中等压力下的弱电离介质和非氢类粒子,可采用碰撞近似方法模拟带电粒子碰撞产生的碰撞致宽,即 Stark 致宽。类似于上述的中性粒子作用,采用半经典绝热方法可获得相对简单的表达式[24]。例如,中性辐射粒子的 Stark 谱线宽度可表示为双极极化势的作用之和,即

$$\gamma_{ul}^{dip} = N_p \frac{1}{2\pi c} \left( \frac{\pi}{2} \right)^{5/3} \Gamma\left( \frac{1}{3} \right) |\Delta C_4|^{2/3} \langle v^{1/3} \rangle \tag{5.26}$$

$$r_{ul}^{quad} = N_p \frac{\pi}{2c} \Delta C_3 \tag{5.27}$$

式中

$$\Delta C_4 = C_{4u} - C_{4l} \tag{5.28}$$

$$C_{4j} = \frac{I_H^2}{\pi m_e h c^2} \left( \frac{a_0 q_p}{q_e} \right)^2 \sum_i \frac{f_{jl}}{\sigma_{jl}^2} \tag{5.29}$$

其中:$a_0$ 为玻耳半径;$q_p$ 为扰动电荷。

由于四极极化势的作用,则有

$$\Delta C_3 = \sqrt{(B_u \overline{r_u^2})^2 + (B_l \overline{r_l^2})^2 - B_{ul} \overline{r_u^2} \overline{r_l^2}} \sqrt{\frac{2I_H}{m_e}} \left| \frac{q_p}{q_e} \right| \tag{5.30}$$

式中：$I_H$ 为里德伯常数。

采用辐射粒子的总电子轨道角动量量子数 $L_u$ 和 $L_l$ 粗略计算出 $B_j$ 和 $B_{ul}$ 常数，即

$$B_j = \sqrt{\frac{2L_j+1}{15}} \begin{pmatrix} L_j & 2 & L_j \\ 0 & 0 & 0 \end{pmatrix} (-)^{L_j} \tag{5.31}$$

$$B_{ul} = -2B_u B_l \begin{Bmatrix} L_u & L_l & 1 \\ L_l & L_u & 2 \end{Bmatrix} \tag{5.32}$$

式中：$(\ )$ 和 $\{\ \}$ 表示 Wigner $3-j$ 和 $6-j$ 符号。

文献[21,25]提供了更加完善的半经典方法，它们能达到更高的精度，但难于使用。

### 5.2.1.3　双原子线谱

双原子线谱对应于转动振动态之间的跃迁，它们由以下参数表征：

$n$——电子态；

$v$——振动数；

$J$——无核自旋的总角动量；

$i$——具有 $2S+1$ 个取值的自旋多重态成分；

$p$——表征关于逆对称算子 $I$ 的总波函数（无核自旋）对称性的宇称。

转动振动态的能量可表示为电子作用、振动作用和转动作用之和：

$$E_{v,i}^n(J,p) = E_{el}(n) + E_{vib}(n,v) + E_{rot}(n,v,J,i,p) \tag{5.33}$$

在双温度模型框架中，一个能级的布居可表示为

$$N_{nvJip} = N_r g_{snJip} \frac{2J+1}{Q(T_{ve},T_{tr})} \exp\left( -\frac{E_{el}(n)+E_{vib}(n,v)}{kT_{ve}} - \frac{E_{rot}(n,v,J,i,p)}{kT_{tr}} \right) \tag{5.34}$$

式中：$N_r$ 为辐射分子的总布居；$Q(T_{ve},T_{tr})$ 为双温度配分函数[26]；$g_{snJip}$ 为仅适用于单核分子的核自旋因子。

与原子相类似，电子自旋、轨道角动量和与分子核旋转相关的角动量 $R$ 之间存在耦合。对于轻核分子，这种耦合很弱，可以定义总电子轨道动量 $L$ 在核间轴上的投影。该投影的绝对值记为 $\Lambda$。双原子分子的电子态可用符号 $^{2S+1}\Lambda$ 来表征，其中 $2S+1$ 是自旋多重度。$\Lambda$ 的数值 0、1、2…可替换为 $\Sigma$、$\Pi$、$\Delta$…。当 $\Lambda > 0$ 时，存在称为 $\Lambda - doubling$ 的双轨道简并度，它将在转动分子中被提升。能级的多重谱线结构取决于电子角动量如何耦合到分子转动中。文献[19]中定义了几种极限耦合情形。在目前的研究中，我们关注 Hund 耦合实例 a 和 b。在 Hund 实例 a 中，分子转动与电子运动之间的耦合很弱，$L$ 和 $S$ 紧密耦合到核间轴上，它们的投影分别为 $\Lambda$ 和 $\Sigma$。在 Hund 实例 b 中，$S$ 没有耦合到核间轴上，而

是重耦合到 $N = L + R$。总角动量量子数 $J$ 由 $N + S$ 单位递阶跃到 $|N - S|$。空气的辐射跃迁可通过中间的 a/b 耦合来表示。利用哈密顿模型矩阵,计算行列式的根,从而获得能级的能量,其中哈密顿模型的参数可根据实验数据进行调整[27-28]。对于 $^1\Sigma$ 态,将得到能级的最简单表达式,即

$$E_v^{1\Sigma}(J) = T_v + B_v x - D_v x^2 + H_v x^3 + \cdots \tag{5.35}$$

式中:$x = J(J + 1)$。

转动谱线对应于特征为 $(n', v', J', i', p')$ 和 $(n'', v'', J'', i'', p'')$ 的两个转动能级之间的跃迁。这样的跃迁遵循式(5.16)的一般选择准则和 Hund 实例 a 和 b 的附加选择准则,附加选择准则将导致复杂的分支结构[28]。电子态 A 和 B 的转振能级之间跃迁的集合形成了 A – B 系统。

不同跃迁的强度取决于跃迁偶极矩 $R_{ul}$,若离心畸变可忽略,则 $R_{ul}$ 可写为两项的乘积:

$$R_{ul} = (R_e^{v'v''})^2 S_{J'J''}^{v'v''} \tag{5.36}$$

式中:$(R_e^{v'v''})^2$ 为电子振动矩的平方;$S_{J'J''}^{v'v''}$ 为 Hönl – London 因子[28];单引号的参量表示高能级的跃迁;双引号的参量表示低能级的跃迁。

采用 Whiting 等[29]的求和准则:

$$\sum_{J'} S_{J'J''}^{v'v''} = (2 - \delta_{o,\Lambda}\delta_{o,\Lambda''})(2S + 1)(2J'' + 1) \tag{5.37}$$

谱线强度的电子 – 振动部分可写为

$$(R_e^{v'v''})^2 = \left[\int_0^\infty \boldsymbol{\Psi}_{v'}(r) \boldsymbol{R}_e(r) \boldsymbol{\Psi}_{v''}(r) \mathrm{d}r\right]^2 \tag{5.38}$$

式中:$r$ 为核间距;$\boldsymbol{\Psi}_{v'}(r)$ 和 $\boldsymbol{\Psi}_{v''}(r)$ 分别为高、低振动态的径向无转动的振动波函数;$\boldsymbol{R}_e$ 为电子跃迁矩函数(ETMF)。

对于所有起作用的波段,需要知道 $(R_e^{v'v''})^2$。该信息能从光谱测量结果中提取,但后者并不全面。为了弥补实验数据的这种缺陷,可系统地计算出谱线强度的电子 – 振动部分。该方法由三步组成[14]:一是采用 Rydberg – Klein – Rees (RKR)程序,依据振动能项和转动常数重构所有电子态的势能曲线;二是求解径向 Schrödinger 方程,获得振动波函数 $\boldsymbol{\Psi}_v(r)$;三是采用文献中选择的电子跃迁矩函数 $R_e$ 计算式(5.38),计算谱线强度。

许多瞬态分子组分是高辐射的,表明这些组分的微量浓度都可能对辐射场产生重要影响。表5.1 给出了大气等离子体的分子系统。转动谱线的计算达到了高、低振动能级的离心解以下的最后一个转动量子数,即远超选择的光谱常数有效范围。由于该数据库有助于预测极高转动温度等离子体内部的辐射传输,因此在很大程度上需要这样的外推,应确保这些外推没有造成非物理位置谱线。

表 5.1 对于空气所考虑的双原子电子体系

| 辐射分子 | 系统名称 | 高能态 – 低能态 | 计算边界 |
|---|---|---|---|
| N$_2$ | 第一正系统(First – Positive) | B$^3\Pi_g$ – A$^3\Sigma_a^+$ | (0:21;0:16) |
| | 第二正系统(Second – Positive) | C$^3\Pi_u$ – B$^3\Pi_g$ | (0:4;0:21) |
| | Birge – Hopfield 1 | b$^1\Pi_u$ – X$^1\Sigma_g^+$ | (0:19;0:15) |
| | Birge – Hopfield 2 | b$^1\Pi_u$ – X$^1\Sigma_g^+$ | (0:28;0:15) |
| | Carroll – Yoshino | c$_4^1\Pi_u$ – X$^1\Sigma_g^+$ | (0:8;0:15) |
| | Worley – Jenkins | c$_3^1\Pi_u$ – X$^1\Sigma_g^+$ | (0:4;0:15) |
| | Worley | o$_3^1\Pi_u$ – X$^1\Sigma_g^+$ | (0:4;0:15) |
| N$_2^+$ | Meinel | A$^2\Pi_u$ – X$^2\Sigma_g^+$ | (0:27;0:21) |
| | 第一负系统(First – Negative) | B$^2\Sigma_u^+$ – X$^2\Sigma_g^+$ | (0:8;0:21) |
| | 第二负系统(Second – Negative) | C$^2\Sigma_u^+$ – X$^2\Sigma_g^+$ | (0:6;0:21) |
| NO | $\gamma$ | A$^2\Sigma_4$ – X$^2\Pi_t$ | (0:8;0:22) |
| | $\delta$ | B$^2\Pi_t$ – X$^2\Pi_t$ | (0:37;0:22) |
| | $\delta$ | C$^2\Pi_4$ – X$^2\Pi_t$ | (0:9;0:22) |
| | $\varepsilon$ | D$^2\Sigma_4$ – X$^2\Pi_t$ | (0:5;0:22) |
| | $\gamma'$ | E$^2\Sigma_4$ – X$^2\Pi_t$ | (0:4;0:22) |
| | $\beta'$ | B$^2\Delta$ – X$^2\Pi_t$ | (0:6;0:22) |
| | 11000A | D$^3\Sigma^+$ – A$^2\Sigma^+$ | (0:5;0:8) |
| | 红外 infrared | X$^2\Pi_t$ – X$^2\Pi_t$ | (0:22;0:22) |
| O$_2$ | Schumann – Runge | B$^3\Sigma_u^-$ – X$^3\Sigma_g^-$ | (0:19;0:21) |

对于平衡态的大气混合物,图 5.1 中给出了不同系统对发射辐射系数的相对作用随温度的变化曲线,其中总发射辐射系数的积分范围为 1000 ~ 150000 cm$^{-1}$。粗线将不同分子的作用分隔开。正如所料:低温下,发射辐射主要出现在红外段;较高温度下,许多系统都起作用。若激波后气体处于非平衡态:当高电子态数量较少时,给定系统的作用可能会降低;当高电子态数量较多时,其作用会增加。此外,吸收辐射可能造成流柱中逃逸的辐射强度的贡献率不同。

双原子转振谱线在红外段的碰撞致宽问题是许多研究工作的主题[30]。然而,有关双原子转振谱线的碰撞致宽的数据非常少。当无法获取该数据时,采用以下公式计算碰撞谱线宽度[31]:

$$\gamma = 0.1\left(\frac{273}{T}\right)(\text{cm}^{-1} \cdot \text{atm}^{-1}) \qquad (5.39)$$

对于几种系统(N$_2$ VUV、NO 和 O$_2$ 系统[14],…),还须考虑预电离导致的附加洛伦兹谱线致宽问题。

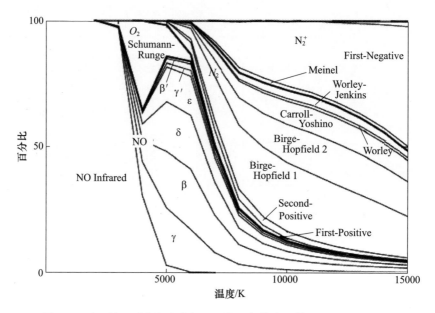

图 5.1 对于处于平衡态和大气压下的空气等离子体,不同分子系统对
发射辐射的相对作用随温度的变化曲线[14]

(发射辐射的积分范围为 1000 ~ 150000cm⁻¹的谱段)

## 5.2.2 束缚 – 自由跃迁

### 5.2.2.1 基本公式

束缚 – 自由跃迁对应于原子或分子的内部态与动量之间的交换,它们产生
连续光谱。涉及如下三种机理:

$$A(k) + hc\sigma \leftrightarrow A^+(i) + e \qquad (\text{光致电离/辐射复合}) \qquad (5.40)$$

$$AB(k) + hc\sigma \leftrightarrow A(i) + B(j) \qquad (\text{光致离解/辐射复合}) \qquad (5.41)$$

$$A^-(k) + hc\sigma \leftrightarrow A(i) + e \qquad (\text{光致脱离/辐射电子复合}) \qquad (5.42)$$

它们在形式上可表示为

$$AB(k) + hc\sigma \leftrightarrow A(i) + B(j) \qquad (5.43)$$

由能量守恒可得

$$hc\sigma = \frac{1}{2}\mu g^2 + E_i^A + E_j^B - E_k^{AB} \qquad (5.44)$$

式中:$\mu$ 为生成物($A,B$)的折合质量;$g$ 为生成物的相对速度;$E_l^X$ 是组分 $X$ 的第 $l$
能级的能量。

对于每种机理,能级 – 能级有效截面 $S$ 表征自发发射、受激发射和吸收。类
似束缚 – 束缚跃迁,这三种截面通过 Einstein – Milne 关系[2]相关联。假设 $T_{rel}$ 温

度下 A/B 相对速度服从玻耳兹曼分布,则发射和吸收系数为[32]

$$\eta_{\sigma,\text{fb}} = 2hc^2\sigma^3 \sum_{ijk} \frac{N_i^A N_j^B}{\xi(\mu, T_{\text{rel}})} \frac{g_k}{g_i g_j} h\sigma S_{k,ij}^{\text{abs}}(\sigma)$$

$$\exp\left(\frac{E_i^A + E_j^B - E_k^{AB} - hc\sigma}{kT_{\text{rel}}}\right) \quad (5.45)$$

$$\kappa_{\sigma,\text{fb}} = h\sigma \sum_{ijk} S_{k,ij}^{\text{abs}}(\sigma) N_k^{AB}\left[1 - \frac{N_i^A N_j^B}{\xi(\mu, T_{\text{rel}}) n_k^{AB}} \frac{g_k}{g_i g_j}\right.$$

$$\left.\exp\left(\frac{E_i^A + E_j^B - E_k^{AB} - hc\sigma}{kT_{\text{rel}}}\right)\right] \quad (5.46)$$

式中:$\xi(\mu, T_{\text{rel}})$ 为质量为 $\mu$ 的粒子在温度 $T_{\text{rel}}$ 下的体积平动配分函数,其定义为

$$\xi(\mu, T_{\text{rel}}) = \left(\frac{2\pi\mu k T_{\text{rel}}}{h^2}\right)^{3/2} \quad (5.47)$$

### 5.2.2.2 原子光致电离

在双温度模型结构中,式(5.45)和式(5.46)可用于表示机理式(5.40)所对应的发射与吸收系数:

$$\eta_\sigma = 2hc^2\sigma^3 \exp\left(-\frac{hc\sigma}{kT_{\text{ve}}}\right)\frac{N_{\text{at}}}{Q_{\text{at}}}\chi^{\text{neq}} \sum_k g_k \exp\left(-\frac{E_k}{kT_{\text{ve}}}\right) S_k(\sigma) \quad (5.48)$$

$$\kappa_\sigma = \frac{N_{\text{at}}}{Q_{\text{at}}}\left[\sum_k g_k \exp\left(-\frac{E_k}{kT_{\text{ve}}}\right) S_k(\sigma)\right]\left[1 - \chi^{\text{neq}}\exp\left(-\frac{hc\sigma}{kT_{\text{ve}}}\right)\right] \quad (5.49)$$

$$\chi_{\text{neq}} = \frac{N_{\text{ion}}N_e}{N_{\text{at}}}\frac{Q_{\text{at}}}{2Q_{\text{ion}}\xi(m_e, T_{\text{ve}})}\exp\left(\frac{E_{\text{ion}}}{kT_{\text{ve}}}\right) \quad (5.50)$$

式中:$N_{\text{at}}$、$N_{\text{ion}}$ 和 $N_e$ 分别为原子、产生的离子和电子的总数;$Q_{\text{at}}$、$Q_{\text{ion}}$ 分别为原子和离子的内部配分函数;$m_e$ 为电子质量,$E_{\text{ion}}$ 为根据德拜电离损失修正的电离能;$\chi^{\text{neq}}$ 表征偏离平衡态情况,即与基尔霍夫准则之间的偏离;$S_k(\sigma)$ 为能级 $k$ 的光致电离的总有效截面,且有

$$S_k(\sigma) = h\sigma \sum_{i,j} S_{k,ij}^{\text{abs}} \quad (5.51)$$

TOPBASE[23] 给出了主量子数高达 10~11 能级上的光谱可分辨吸收截面 $S_k$ $(\sigma)$。但是,如果不能用相同的温度表示电子平动和离子的电子激发,这些数据就不能直接使用。为计算 $S_{k,ij}^{\text{abs}}$,可根据第一条原则,假设是氢原子,建立更简单的束缚-自由跃迁模型或采用更复杂的理论(量子数亏损方法、Thomas - Fermi 方法)[18]。

### 5.2.2.3 分子的光致离解

式(5.41)相对应的 $O_2$ 光致离解产生了 Schumann - Runge 连续光谱,这是一

种 50000 cm$^{-1}$ 以上光谱产生的非常重要机制,它仅能获得平衡吸收截面。假设氧原子仅在氧基组态的 $^3P$ 和 $^1D$ 项中产生,其对应 $O_2B^3\Sigma_u^-$ 电子态的渐近态,则热截面为

$$S^{LTE}(\sigma,T) = \frac{h\sigma}{Q_{O_2}(T)} \sum_k g_k \exp\left(-\frac{E_k^{O_2}}{kT}\right) S_{k,i_0j_0}^{abs}(\sigma) \tag{5.52}$$

式中:$i_0$、$j_0$ 为氧原子的 $^3P$ 和 $^1D$ 项;$Q_{O_2}$ 为 $O_2$ 的内部配分函数。

由式(5.52)可推导出双温度模型中自发和受激发射系数的表达式:

$$\eta_\sigma = 2hc^2\sigma^3\exp\left(-\frac{hc\sigma}{kT_{tr}}\right) S^{LTE}(\sigma,T_{tr}) N_{O_2}\chi^{neq} \tag{5.53}$$

$$\kappa_\sigma^i = \chi^{neq} N_{O_2} S^{LTE}(\sigma,T_{tr}) \exp\left(-\frac{hc\sigma}{kT_{tr}}\right) \tag{5.54}$$

$$\chi^{neq} = \frac{N_O^2}{N_{O_2}} \frac{Q_{O_2}(T_{tr})}{Q_O^2(T_{ve})\xi(m_O,T_{tr})} \exp\left(\frac{E_{diss}+E_{1D}^0}{kT_{tr}} - \frac{E_{1D}^0}{kT_{ve}}\right) \tag{5.55}$$

式中:$N_O$、$N_{O_2}$ 分别为氧原子和氧分子的浓度;$E_{diss}$ 为 $O_2$ 基电子态的离解能;$E_{1D}^0$ 为氧基组态 $^1D$ 项的能量。

不能根据 $S^{LTE}$ 来确定吸收系数,文献[32]中给出了吸收系数的近似计算方法:

$$\kappa_\sigma^{abs} = N_{O_2} S^{LTE}(\sigma,T_{ve}) \tag{5.56}$$

### 5.2.2.4  分子的光致电离

对于该类型机理,大部分现有数据都对应于室温和整体吸收截面 $\Sigma$。幸运的是,分子光致电离的作用很小,其实用的估算方法如下:

$$\eta_\sigma = 2hc^2\sigma^3 N_{mol}\chi^{neq}\Sigma\exp\left(-\frac{hc}{kT_e}\sigma\right) \tag{5.57}$$

$$\kappa_\sigma = N_{mol}\Sigma\left[1-\chi^{neq}\exp\left(-\frac{hc}{kT_g}\sigma\right)\right] \tag{5.58}$$

式中:$\chi^{neq}$ 可写为温度 $T_e$ 下式(5.50)所示的形式。

### 5.2.2.5  光致分离

人们对式(5.42)的光致分离过程仍未深入了解。然而,其逆过程,即辐射电子附着过程可用于解释在温度约 10000K 的大气压力下氧气和氮气等离子体的发射光谱[33]。根据文献,$O^-$ 的 $^2P$ 项和 $N^-$ 基组态的 $^3P$ 项的光致分离起主要作用(后者是否存在有争议)。一般不在流体力学中计算负离子的浓度。因而,在双温度模型中根据温度 $T_{ve}$ 的中性原子和自由电子数,采用 Saha 方程计算负离子的浓度。吸收系数可表示为

$$\kappa_\sigma = N_i\Sigma_i(\sigma)\left[1-\chi^{neq}\exp\left(-\frac{hc}{kT_g}\sigma\right)\right] \tag{5.59}$$

式中:吸收截面 $\Sigma_i(\sigma)$ 参见文献[13]。采用 $T_{ve}$ 下的基尔霍夫定理近似计算相关的发射系数可。

### 5.2.3 自由-自由跃迁

电子与离子、原子或分子碰撞中会减速,因而可以观察到自由-自由发射(Bremsstrahlung 发射)。发射光子的能量等于动能量损失。该过程的有效截面取决于碰撞对象之间的相对速度,可看作与电子速度相等。假设电子速度服从在温度 $T_e$ 下的麦克斯韦-玻耳兹曼分布,Bremsstrahlung 发射系数与反向的 Bremsstrahlung 吸收系数通过基尔霍夫定理(式(5.4))和温度 $T_e$ 下的普朗克函数(式(5.5))相关联。

一般情况下,离子场中通常采用 Gaunt 因数 $g(\sigma,T)$ 修正的经典 Kramers 公式来表示自由-自由发射系数,其中包含了量子力学修正[21]:

$$\eta_\sigma = g(\sigma,T)\frac{8}{3}\left(\frac{2\pi}{3kT_e m_e}\right)^{1/2}\frac{\alpha^2 e^6}{m_e c^3}\exp\left(-\frac{hc}{kT_e}\right)N_e N_{ion} \tag{5.60}$$

式中:$N_e$、$N_{ion}$ 分别为电子和离子密度;$m_e$ 为电子质量;$\alpha$ 为电离度;$e = q_e / \sqrt{4\pi\varepsilon_0}$。

有关原子和分子的自由-自由跃迁的有效截面可参见文献[15]。这些过程的作用也都较弱。

图5.2给出了在两个温度下不同束缚-自由和自由-自由过程对热平衡态下的大气等离子体吸收系数的影响。在低温度下,分子起主要作用。当波数高于 50000 cm$^{-1}$ 时,吸收作用非常重要。在 12000K 下,中性原子和离子起主要作用。当波数为 10000～70000 cm$^{-1}$ 之间时,可明显观察到 N$^-$ 光致分离的作用。

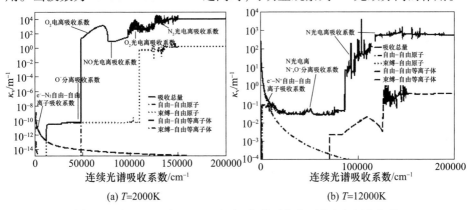

(a) $T=2000$K  (b) $T=12000$K

图5.2  在 2000K 和 12000K 温度下,热平衡态下的大气压空气等离子体的连续光谱吸收系数

# 5.3 应用示例

下面给出的光谱是采用 HTGR 数据库[13]获得的,表5.2 中列出了空气的辐射过程。

表5.2  对于空气所考虑的辐射过程[15]

| | | |
|---|---|---|
| 束缚-束缚粒子转换 | 原子种类 | $N, N^+, N^{++}, O, O^+, O^{++}$ |
| | 分子种类 | $N_2, O_2, NO, N_2^+$ |
| 束缚-自由粒子转换 | 原子电离吸收元素 | $N, N^+, O, O^+$ |
| | 原子电离分解元素 | $O^-, N^-$ |
| | 等离子体吸收元素 | $N_2, O_2, NO$ |
| | 等离子体分解元素 | $O_2$ Schumann – Runge |
| 自由-自由粒子转换 | | $N, N^+, N^{++}, O, O^+, O^{++}, N_2, O_2, NO$ |

图5.3 和图5.4 分别给出了温度为2000K 和12000K 时,处于平衡态下的大气压空气等离子体的发射和吸收光谱系数。采用逐线法计算得到这些光谱,其计算过程中的光谱网格足够精细地保证光谱动力学特性。选取了一种线性可变的光谱增量,从在 1000 cm$^{-1}$处的 0.01 cm$^{-1}$到 150000 cm$^{-1}$处的 0.12 cm$^{-1}$。这些图中给出了其主要作用机理。

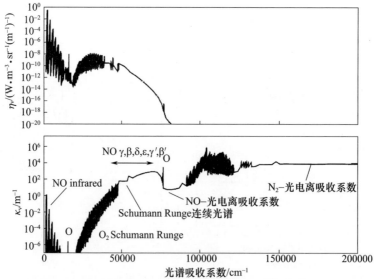

图 5.3  在温度为 2000K 时,处于热平衡态的大气压平衡空气等离子体的发射与吸收光谱系数

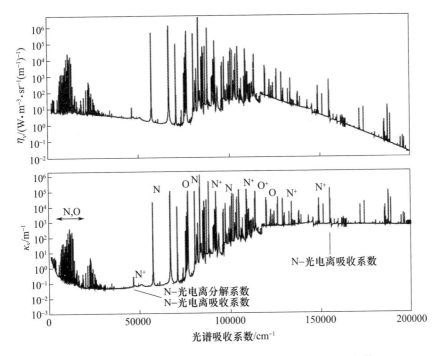

图 5.4 温度为在 12000K 时,处于热平衡态的大气压空气等
离子体的发射与吸收光谱系数大气压平衡

当温度为 2000K 时,分子的作用占主导地位。发射光谱主要出现在 NO 红外谱段内。如果含有少量的、高辐射的 $CO_2$ 分子,则将增加发射量[16]。吸收光谱表明,波数为 50000 $cm^{-1}$ 的辐射能穿透大部分气体。在这之上,吸收作用就很重要。此外,还需考虑冷层的吸收,如再入过程中壁面附近的冷层。

当温度为 12000K 时,双原子分子处于离解状态,因此原子组分的线谱和束缚 – 自由连续谱比其他过程更加重要。可以发现,发射强度向最高波数方向移动。在高温时,需要仔细处理紫外和真空紫外辐射问题。吸收光谱表明,许多原子线谱是光学厚的,色谱柱长高于 1mm 的光致电离连续谱也是光学厚的。

值得注意的是,总辐射传输需要考虑的谱段范围要比在激波管中实验观察到的宽,通常覆盖紫外 – 可见光 – 近红外波段,最近才向近真空紫外段延伸[34-35]。

下面讨论 Fire Ⅱ 应用中的问题。Fire Ⅱ 是在"阿波罗"计划中实施的一次再入实验。太空舱中安装了一个总体辐射计、一个光谱辐射计和一个热量计[36]。图 5.5 中给出了在 1642.66s 的飞行时刻驻点线上的气动热场,该时刻对应了热量峰值。在这些气动热场的计算中没有考虑辐射问题。利用气动热场计算驻点线上的当地光谱发射和吸收系数。

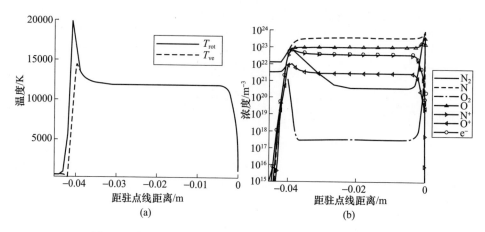

图 5.5　在 1642.66s 飞行时刻,沿驻点线的温度和浓度场[37]

　　沿驻点线求解了辐射传输方程式(5.1)。图 5.6 给出了壁面驻点在光谱范围 1000 ~ 200000 cm⁻¹ 的入射光谱强度。在不同光谱范围内给出了起主要作用的过程。图中还给出了入射强度的累积分布。VUV 的作用( 超过 50000 cm⁻¹) 占总强度的 58% 。对于该飞行时刻,分子系统、原子线谱和连续谱的作用大体上占 1/3 。波数为 50000 cm⁻¹ 时,累积射强度为 62.6W · cm⁻² · sr⁻¹,与总辐射计的测量值 63W · cm⁻² · sr⁻¹ 符合较好。由于在气动热场的不确定性,这种一致性需要慎重地思考。

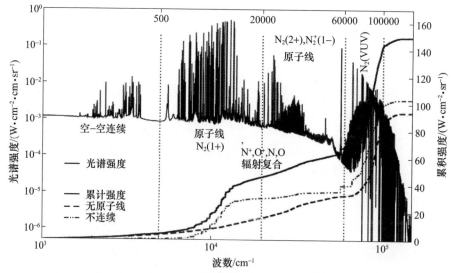

图 5.6　在 1642.66s 飞行时间时刻,壁面 1642.66s 内驻点壁面点处上入射光谱强度和入射强度的累积强度[38]

图 5.7(a)给出了逆光致离解和逆光致电离过程中化学非平衡对连续谱发射的影响。假设化学平衡会导致入射强度过高估计。假设光致离解平衡会导致较高的强度；与平衡流相比，该流的离解率要低一些。对于光致电离，观察到相反的现象。图 5.7(b)给出了 VUV 原子线谱、$N_2$ 的 VUV 体系以及分子和原子连续光谱的吸收作用对辐射强度的影响。同时，该图也显示出 IR 原子谱线对辐射强度影响较小。忽略吸收作用将导致总入射强度增加近 36 倍。

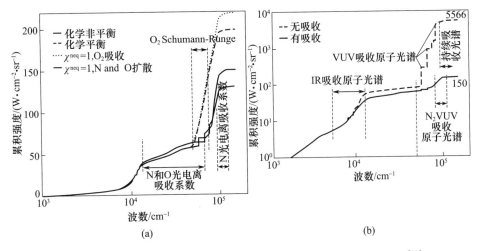

图 5.7　在 1642.66s 飞行时刻，化学非平衡和吸收对累积强度的影响[38]

## 5.4　辐射传输模拟

开展能量平衡方程或能级密度主方程中辐射通量和辐射源项的实际预测，通常需要求助于近似模型。对于某种给定的辐射机理，模型的复杂度首先取决于介质的光学厚度。当介质能作为光学薄介质并处于相对冷的环境时，与发射相比当地吸收作用可被忽略。此时，辐射变成一种通过发射辐射将能量从物质系统中移除的局部现象。总体能量平衡方程中辐射源项可简化为

$$S_R = -P_R = -4\pi \int_0^\infty \eta_\sigma \mathrm{d}\sigma \qquad (5.61)$$

同理，原子能级 $i$ 的密度 $N_i$ 的控制方程中辐射源项可简化为

$$\left(\frac{\mathrm{d}N_i}{\mathrm{d}t}\right)^{\mathrm{rad}} = \sum_{j>i} N_j A_{ij} + N^+ N_e A_{fi} - N_i \sum_{k<i} A_{ik} \qquad (5.62)$$

式中：$A_{ij}$ 为从能级 $i$ 到能级 $j$ 的爱因斯坦自发发射系数；$A_{fi}$ 为辐射复合速率；$N_e$ 为电子数密度；$N^+$ 为离子数密度。

当介质不能作为光学薄介质时,辐射吸收将导致出现非局部现象,必须处理与辐射量实际预测相关的几个问题。一方面,辐射输运的光谱可分辨计算需要利用大量的离散波数,通常需要辐射的近似特性;另一方面,辐射传输的空间和方向特征也需要大量的计算时间。因此,急需简化的模型。一些简单模型,如逃脱因子法,能处理上述的光谱的两种特性和几何的复杂性问题。5.4.1 节将讨论此概念,5.4.2 节将讨论谱积分问题的一些近似处理,5.4.3 节将讨论一些几何近似方法和辐射传输方程的求解方法,5.4.4 节通过简要描述蒙特卡罗法,尤其将该方法应用到非平衡辐射,对 5.4 节进行总结。

### 5.4.1 逃脱因子法

逃脱因子法的主要思想仍然是采用式(5.61)或式(5.62),但通过考虑吸收问题对上述方程进行了一些改进。对于总能量,式(5.61)就变为[39]

$$S_R = -4\pi \int_0^\infty \eta_\sigma e^{-\kappa_\sigma R} d\sigma \tag{5.63}$$

式中:$R$ 为介质的特征长度。

针对半径为 $R$ 的均匀球状介质中心,如果忽略到达球上的辐射,则该表达式是精确的。然而,对于激波它仍然非常近似;对于三维几何结构,参数 $R$ 的选取并不很直观。此外,这种近似导致处处都有一个负的源项,并且不能预测冷区的净吸收。

对于能级数密度方程,共振原子谱线附近的自吸收非常重要。人们很要意识到,为了说明介质辐射的"束缚"问题,需要特殊的处理方法[40-41]。通常采用有效爱因斯坦发射系数 $A_{jk}^{eff} = \Lambda_{jk} A_{jk}$ 和辐射复合的有效截面书写方程式(5.62)。其中,引入逃脱因子 $\Lambda_{jk}$ 是为了说明介质中辐射陷阱效应[42]。$\Lambda_{jk} = 1$,对应于光学薄介质;$\Lambda_{jk} = 0$,对应于光学厚介质,此时辐射效应消失。通常逃脱因子作为可调参数,其数值位于薄与厚的极限值之间[43]。$\Lambda$ 的精确计算需要求解完整的辐射传输方程。例如,考虑原子从能级 $i$ 到低能级 $j$ 的辐射退激发。$i-j$ 跃迁的有效速率可写为

$$N_i A_{ij}^{eff} = N_i A_{ij} - \int_0^\infty \frac{\kappa_{\sigma ij}}{hc\sigma} \int_{4\pi} I_\sigma d\Omega d\sigma \tag{5.64}$$

式中:$\kappa_{\sigma ij}$ 为 $i-j$ 跃迁过程中的吸收系数。

利用吸收系数的定义,以及爱因斯坦自发发射、吸收和受激发射系数之间的关系,可推导出逃脱因子,即

$$\Lambda_{ij} = 1 - \int_0^\infty \langle I_\sigma \rangle f(\sigma) \frac{1}{2hc^2\sigma^3} \left( \frac{g_i N_j}{g_j N_i} - 1 \right) d\sigma \tag{5.65}$$

式中:$\langle I_\sigma \rangle$为定向平均输入强度,且有

$$\langle I_\sigma \rangle = \frac{1}{4\pi} \int_{4\pi} I_\sigma \,\mathrm{d}\Omega$$

在热平衡条件下,假设波数 $\sigma$ 接近于谱线轮廓的 $(E_i - E_j)/hc$,式(5.65)可简化为

$$\Lambda_{ij} = 1 - \int_0^\infty \frac{\langle I_\sigma \rangle}{I_\sigma^0} f(\sigma) \,\mathrm{d}\sigma \tag{5.66}$$

式(5.66)表明,对于非常宽的谱线,由于谱线中心的$\langle I_\sigma \rangle \approx I_\sigma^0$,因此 $\Lambda_{ij} = 0$。

一些文献中对逃脱因子进行了其他几种方式的定义,也存在利用它的几种方式计算辐射传输或布居密度。文献[44]对这些定义进行了总结,一些近似表达式可在该文献中查找。这些近似表达式通常很受欢迎,因为它们避免了求解几百万波数的辐射传输方程,尤其是针对辐射与气动热现象必须耦合的情况。但是,在一些简单方法(少量的跃迁)或准稳态(QSS)近似方法中,已保证了碰撞－辐射模型中辐射传输的准确和自恰。

### 5.4.2 光谱模型

#### 5.4.2.1 统计窄带模型

人们最早建立统计窄带模型(SNB),并广泛将其用于大气和燃烧中的分子红外辐射研究[48-49]。该模型特别适合于由分子(或原子)谱线的致密结构主导的光谱。窄谱段(但仍包含大量谱线)的统计处理方法是总结该谱段内谱线的总体光谱特性的有效方法。此处,简要回顾 SNB 模型的基本原理,并讨论其在非平衡辐射中应用的可能性。

首先考虑长度为 $l$ 的均匀气柱,该气柱处于温度 $T$ 下的平衡态。假定谱段 $\Delta\sigma$ 内包含 $N$ 条谱线,它足够窄,以至于在 $\Delta\sigma$ 内普朗克函数可视为常数。假设谱线中心随机地位于 $\Delta\sigma$ 内,则气柱在 $\Delta\sigma$ 内的平均透射系数为

$$\overline{\tau_\sigma} = \frac{1}{\Delta\sigma} \int_{\Delta\sigma} \exp(-\kappa_\sigma l) \,\mathrm{d}\sigma = \exp\left(-\frac{\overline{W}}{\delta}\right) \tag{5.67}$$

式中:$\delta$ 为两条相邻谱线中心之间的平均距离,$\delta = \Delta\sigma/N$;$\overline{W}$ 为黑体等效谱线宽度的平均值,且有

$$\overline{W} = \frac{1}{N} \sum_{i=1}^{N} W_i \tag{5.68}$$

其中:$W_i = \int_0^\infty (1 - \exp(-\kappa_{\sigma,i})) \,\mathrm{d}\sigma$,$\kappa_{\sigma,i}$ 为第 $i$ 条谱线对吸收系数的贡献。

实际上,$\overline{W}$ 的表达式取决于谱线致宽范围(多普勒、洛伦兹或过渡线型)和

谱线强度统计分布,其中谱线强度统计分布由概率密度函数 $P(S)$ 表征。跃迁 $u-l$ 的强度可定义为

$$S = \frac{N_l B_{lu} - N_u B_{ul}}{p} h\sigma_{ul} \tag{5.69}$$

式中:$p$ 为发射/吸收组分的分压力。

图 5.8 给出了在 2000K 和 100Pa 条件下,$CO_2$ 谱线的透射曲线——$\ln\tau = \overline{W}/\delta$ 随柱长度 $l$ 的典型变化过程。从图 5.8 中首先看到,光学薄范围内透射曲线是线性增加的,然后是多普勒作用主导的变化,接着是跃迁区,最后是洛伦兹区。其中,洛伦兹区的特征按照洛伦兹线型的平方根幂次率 $l^{1/2}$ 变化,因此洛伦兹线型主导了谱线尾部的高光厚区。对于过渡谱线形状,没有 $\overline{W}_V$ 的通用解析表达式。文献中有几种近似表达式,Ludwig 等[50] 提出的下述表达式基本上能获得准确结果:

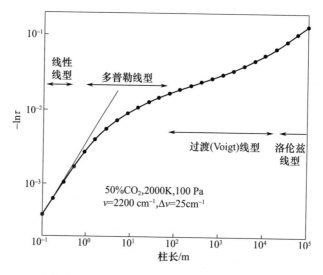

图 5.8 在 2000K 时,$CO_2$ 透射增长的示例曲线

$$\frac{\overline{W}_V}{\delta} = \frac{pl\bar{S}}{\delta} \sqrt{1 - \Omega^{-1/2}} \tag{5.70}$$

$$\Omega = \left[ 1 - \left( \frac{\overline{W}_L/\delta}{pl\bar{S}/\delta} \right)^2 \right]^{-2} + \left[ 1 - \left( \frac{\overline{W}_D/\delta}{pl\bar{S}/\delta} \right)^2 \right]^{-2} - 1 \tag{5.71}$$

其中:$\bar{S}$ 为平均谱线强度,$\bar{S} = \dfrac{1}{N}\sum\limits_{i=1}^{N} S_i$;$\overline{W}_L$、$\overline{W}_D$ 分别为单独的洛伦兹和多普勒

区域中平均等效黑色谱线宽度。

通过比较不同谱线强度分布函数发现,洛伦兹线型的逆指数拖尾分布和多普勒线型的指数分布计算结果与其逐条谱线计算结果非常接近。根据这些分布可导出

$$\frac{\overline{W_{\mathrm{L}}}}{\delta} = \frac{2}{\delta}\frac{\overline{\gamma_{\mathrm{L}}}}{\delta}\left(\sqrt{1 + \frac{(\overline{S}/\delta)\,pl}{\overline{\gamma_{\mathrm{L}}}/\overline{\delta}}} - 1\right) \tag{5.72}$$

$$\frac{\overline{W_{\mathrm{D}}}}{\delta} = \frac{\overline{\gamma_{\mathrm{D}}}}{\delta}E\left(\frac{(\overline{S}/\delta)\,pl}{\overline{\gamma_{\mathrm{D}}}/\overline{\delta}}\right), \ E(y) = \frac{1}{\sqrt{\pi}}\int_{-\infty}^{+\infty}\frac{y\mathrm{e}^{-\xi^2}}{1 + y\mathrm{e}^{-\xi^2}}\mathrm{d}\xi \tag{5.73}$$

式中:$\overline{\gamma_{\mathrm{L}}}$、$\overline{\gamma_{\mathrm{D}}}$ 分别是洛伦兹和多普勒谱线的平均半宽度;$\overline{\delta}$ 为两条相邻谱线之间的有效平均距离。

式(5.67)和式(5.70)~式(5.73)表明,SNB 模型可推导出平衡态下均匀柱的平均透射系数的简单表达式。若将它们扩展到热平衡态的非均匀柱,则需要进一步的近似,例如 Crutis – Godson 近似方法,该方法这里没有详述,可参见文献[51 – 54]。SNB 模型的实际运用中需要根据透射系数重写 RTE 方程。这里给出了处于热平衡态介质的实力。如果忽略边界上的入射辐射,则 $\Delta\sigma$ 范围内平均强度的辐射输运方程可写为积分形式,即

$$\overline{I_{\sigma}}(s) = \int_0^S I_{\sigma}^0(s')\frac{\partial\,\overline{\tau_{\sigma}}}{\partial s'}(s',s)\,\mathrm{d}s' \tag{5.74}$$

对于处于非热平衡的气体介质,该用比率 $\eta_{\sigma}/\kappa_{\sigma}(s')$ 代替源函数 $I_{\sigma}^0(s')$。但该量可能会随着波数的不同表现出一些巨大的差异,而波数又与透射系数紧密相关。图 5.9(a)给出了 $N_2$ 的 Birge – Hopfield –2 系统中 $\eta_{\sigma}/\kappa_{\sigma}(s')$ 的高分辨率变化曲线的示例。不同振动谱段的转动谱线之间的混合导致了曲线的这些变化。然而图 5.9(b)表明,在较好的近似下,曲线的这些变化与介质的吸收系数或透射系数无关。

在 $\Delta\sigma$ 上平均的 RTE 可写为

$$\overline{I_{\sigma}}(s) = \int_0^S \frac{\overline{\eta_{\sigma}}}{\kappa_{\sigma}}(s')\frac{\partial\,\overline{\tau_{\sigma}}}{\partial s'}(s',s)\,\mathrm{d}s' \tag{5.75}$$

上述模型已应用于空气等离子体的光学厚的双原子电子系统中[53]。结果表明,它能精确预测地球再入流场中的辐射传输。模型参数($\frac{\overline{\eta_{\sigma}}}{\kappa_{\sigma}},\frac{\overline{S}}{\delta},\frac{\overline{\gamma_{\mathrm{D}}}}{\delta},\frac{\overline{\gamma_{\mathrm{L}}}}{\delta}$)随温度 $T_{\mathrm{tr}} = T_{\mathrm{rot}}$ 和 $T_{\mathrm{v}} = T_{\mathrm{e}}$ 的变化关系已被制成表,但该模型能应用于双原子分子中电子能级的任意非平衡分布。还需注意的是,已将类似的统计模型应用于原

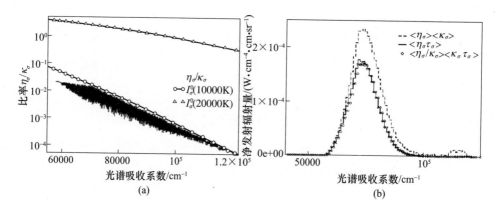

图 5.9  10000K 和 20000K 时的普朗克函数，$N_2$ 的 Birge – Hopfield – 2 系统处于非平衡态
（$T_v = T_{el} = 10000K$，$T = T_r = 20000K$）的比率，以及在相同的 $N_2$ 系统、相同的温度
和均匀柱长度为 10cm 情况下，谱段宽度 1000 上的平均净发射辐射量

子谱线[8]。

### 5.4.2.2  整体模型

对处于局部热平衡条件下的介质，可根据吸收系数的分布函数直接计算总
辐射参数，即在全谱段上积分的强度或通量，其权重为普朗克函数：

$$F(k, T_p, T) = \frac{\pi}{\sigma_{SB} T_p^4} \int_{\sigma/\kappa_\sigma(T) \le k} I_\sigma^0(T_p) d\sigma \qquad (5.76)$$

其中，$\sigma_{SB}$ 为斯忒藩 – 玻耳兹曼常数。

分布函数取决于介质的局部温度 $T$ 和用来计算普朗克函数的另一温度 $T_p$。
在些模型中，是对 $k$ 值而非 $\sigma$ 值进行辐射的积分。

假设吸收光谱是可分的，即 $\kappa_\sigma(\chi) = \xi(\sigma)\Phi(\chi)$，其中给定介质的局部状态
（温度、压力和浓度），针对位于 $[\xi, \xi + d\xi]$ 区间的 $\xi(\sigma)$，基本波数间隔集不取决
于空间位置。其辐射强度在 $k$ 值上或更精确点在 $\xi_i$ 值上的积分是严谨的。将 $\xi$
空间分为 $N$ 段 $[\xi_j^-, \xi_j^+]$，每一段由 $\xi_j$ 表征，这将导出

$$I_{tot} = \sum_{j=1,\cdots,N} I_j$$

$$\frac{\partial I_j}{\partial s} = k_j(\chi)\left[a_j(\chi)\frac{\sigma_{SB} T^4(s)}{\pi} - I_j\right], \qquad j = 1, \cdots, N \qquad (5.77)$$

式中：$T$ 为状态 $\chi k_j(\chi) = \xi_j\Phi(\chi)$ 的温度；$a_j(\chi)$ 为权重，且有

$$a_j(\chi) = \frac{\pi}{\sigma_{SB} T^4} \int_{\sigma/\xi_j^-\Phi(\chi) \le \kappa_\sigma \le \xi_j^+\Phi(\chi)} I_\sigma^0(T) d\sigma$$

$$= F(\xi_j^+\Phi(\chi), T, T) - F(\xi_j^-\Phi(\chi), T, T) \qquad (5.78)$$

并满足归一化关系 $\sum_{j=1}^{N} a_j(\chi) = 1$。

实际中,甚至在 LTE 条件下,有两种原因使得激波不满足尺度逼近 $\kappa_\sigma(T) = \xi(\sigma)\Phi(\chi)$:一是激波层中的组分浓度变化很大,吸收与发射组分在各处并不相同;二是来自谱线强度随温度的变化。甚至对于单组分,受激发射态的数量 $N_u$ 随 $T$ 变化很大,这导致在重要温度梯度内出现非比例特性。文献[55]针对该问题提出了一种解决方法。它主要是将实际光谱分解为虚拟光谱,每个虚拟光谱包含同温度变化类似规律的辐射机理和(或)组分。然而,在考虑吸收系数的实际变化时,仍然需要相关近似方法。给定的虚拟光谱 $\alpha$ 存在具有温度 $T_{\mathrm{ref}}^\alpha$ 的参考条件,表示为 $\chi_{\mathrm{ref}}^\alpha$。首先将 $k$ 空间在该参考条件下进行离散。在当前条件 $\chi$ 下,吸收系数可根据如下隐式关系推导出:

$$F_\alpha\left(k_j^\alpha(\chi), T_{\mathrm{ref}}^\alpha, \chi\right) = F_\alpha\left(k_j^\alpha(\chi_{\mathrm{ref}}^\alpha), T_{\mathrm{ref}}^\alpha, \chi_{\mathrm{ref}}^\alpha\right) \tag{5.79}$$

对于光谱组分 $\alpha$,$F_\alpha$ 的定义与式(5.76)类似,即

$$F_\alpha(k, T_{\mathrm{ref}}^\alpha, \chi) = \frac{\pi}{\sigma_{\mathrm{SB}} T_{\mathrm{ref}}^{\alpha 4}} \int_{\sigma/\kappa_\sigma^\alpha(\chi)\leq k} I_\sigma^0(T_{\mathrm{ref}})\,\mathrm{d}\sigma \tag{5.80}$$

这可推导出混合物吸收分布函数(MADF)模型。例如,在该模型中需对解辐射传输方程求解 $6^3 = 216$ 次($N = 6$,3 种虚拟组分)[56]。Zhang 和 Modest 发展了一种类似的方法,称为多尺度全谱段 $k$-相关分布方法[57]。为将 RTE 方程数量由 $N^M$ 降至 $NM$,以上作者在不同谱段之间引入了重叠因子,其中 $M$ 是虚拟组分(或尺度)数。最后一种方法最近应用于求解非平衡流中的 CN 辐射问题[58]。

### 5.4.3 辐射传输的几何处理

对于辐射传输的几何积分来说,无论在确定性方面还是统计形式上(5.4.4 节中将给出),射线追踪法都是最严格的方法。它简单地将总立体角 $4\pi$ 离散为 $M$ 个、以方向 $\boldsymbol{u}_m$ 为中心的基本立体角 $\Delta\Omega_m$,然后根据下式对给定辐射量 $G$ 进行角度积分:

$$\int_{4\pi\mathrm{sr}} G(\boldsymbol{u})\,\mathrm{d}\Omega = \sum_{m=1}^{M} \omega_m G(\boldsymbol{u}_m) = \sum_{m=1}^{M} \Delta\Omega_m G(\boldsymbol{u}_m)$$

$$= \sum_{m=1}^{M} \int_{\Delta\varphi_m} \int_{\Delta\theta_m} \sin\theta\,\mathrm{d}\theta\,\mathrm{d}\varphi\, G(\boldsymbol{u}_m) \tag{5.81}$$

式中:$\theta$、$\varphi$ 为球面角。

射线从每个体积单元和边界的每个表面单元发出,根据下式沿着每条射线求解辐射传输方程:

$$I_\sigma(X, \boldsymbol{u}_m) = I_\sigma(0)\exp\left(-\int_0^X \kappa_\sigma(s)\,\mathrm{d}s\right) + \int_0^X \eta_\sigma \exp\left(-\int_s^X \kappa_\sigma(s')\,\mathrm{d}s'\right)\mathrm{d}s \tag{5.82}$$

式中:$s$ 为沿单位向量为 $\boldsymbol{u}_m$ 的射线的横坐标,$s = 0$ 表示射线与计算区域边界的交点。

由于这些复杂的几何计算方法通常代价太高而行不通,因此发展了一些近似方法。下面将对这些方法进行简单概述,详细内容可参见文献[59 − 61]。

#### 5.4.3.1 离散坐标法

在离散坐标法(DOM)中,通过积分公式确定式(5.81)中的离散方向 $\boldsymbol{u}_m$ 和权重 $\omega_m$。特别是,$\omega_m$ 已不再是基本立体角。在现有的不同积分方法中,常用的是 SN 积分[62]。该方法从对称的角度来选择方向。如果由方向余弦($\mu_m$,$\eta_m$,$\xi_m$)表征的方向 $\boldsymbol{u}_m$ 属于积分方向的集合,则 8 个对称方向($\pm\mu_m$,$\pm\eta_m$,$\pm\xi_m$)也一定属于该集合。因此,这些方向仅定义了球的一个卦限。如果 $n$ 表示在一个卦限中方向余弦纬度的可能数量,则积分阶数为 $N = 2n$,总方向数 $M = N(N+2)$。在 SN 积分中权重的选择使得一些力矩是守恒的。例如,这可导出

$$\begin{cases} \displaystyle\int_{4\pi\mathrm{sr}} \mathrm{d}\Omega = 4\pi \Rightarrow \sum_{m=1}^{M} \omega_m = 4\pi \\[2mm] \displaystyle\int_{4\pi\mathrm{sr}} \mu^2 \mathrm{d}\Omega = \frac{4\pi}{3} \Rightarrow \sum_{m=1}^{M} \omega_m \mu_m^2 = \frac{4\pi}{3} \\[2mm] \displaystyle\int_{2\pi\mathrm{sr}} \mu\mathrm{d}\Omega = \pi \Rightarrow \sum_{m=1/\mu_m>0}^{M} \omega_m \mu_m = \pi, \cdots \end{cases} \quad (5.83)$$

通常,考虑的这些条件对于确定方向集合和相关权重来说已经基本足够了。与射线追踪法相比,该方法另一个特点是,对于给定的方向采用有限体积方法求解辐射输运方程,而不是采用沿着射线的方向积分来求解辐射输运方程。这自然会带来一些数值方面的问题,如数值发散或不稳定,这取决于所采用的插值格式。

#### 5.4.3.2 球面调和函数及其相关方法

为了简化方向依赖性,这些方法对辐射强度在球面调和函数(PN)基上了进行分解:

$$I_\sigma(\boldsymbol{r},\boldsymbol{u}) = \sum_{l=0}^{N} \sum_{m=-l}^{l} A_{l,\sigma}^m(\boldsymbol{r}) Y_l^m(\boldsymbol{u}) \quad (5.84)$$

对于给定的波数 $\sigma$,分解系数 $A_l^m$ 仅取决于空间位置 $\boldsymbol{r}$,其值由在 RTE 中替换该分解系数、取不同动量的方法而获得的方程来确定。所得到的方程是耦合的偏微分方程,可采用经典的有限体积或有限元方法求解。最流行的 P1 方法对应于在一阶 $N = 1$ 分解上的截断。对于零阶矩 $G_\sigma$,将得到如下方程:

$$-\nabla\cdot\left(\frac{1}{\kappa_\sigma}\nabla G_\sigma(\boldsymbol{r})\right) + 3\kappa_\sigma G_\sigma(\boldsymbol{r}) = 12\pi\eta_\sigma(\boldsymbol{r}), G_\sigma(\boldsymbol{r})$$

$$= \int_{4\pi st} I_\sigma(\boldsymbol{r}, \boldsymbol{u}) \, \mathrm{d}\Omega \tag{5.85}$$

在恰当的边界条件下,求解上述二阶偏微分方程得到 $G_\sigma$。方向强度、辐射通量及其散度则可根据下式计算:

$$I_\sigma(\boldsymbol{r}, \boldsymbol{u}) = \frac{1}{4\pi} \left( G_\sigma(\boldsymbol{r}) - \frac{1}{\kappa_\sigma} \boldsymbol{u} \cdot \nabla G_\sigma(\boldsymbol{r}) \right) \tag{5.86}$$

注意,式(5.84)~式(5.86)对局部平衡和非平衡条件均有效。在局部热平衡条件下,可用 $\kappa_\sigma(\boldsymbol{r}) I_\sigma^0(\boldsymbol{r})$ 替代源项 $\eta_\sigma(\boldsymbol{r})$。

P1 逼近的相对简单性使它非常受欢迎。简单的角度分解和强度的一阶截断通常会带来一些误差,尤其是在求解域边界附近。一些研究表明,光学厚介质的 P1 近似的结果比光学薄介质更准确(见文献[56])。因而,需对该方法和其他方法进行组合,以处理不同的光谱区域。例如,在波数靠近光学厚的谱线中心时,采用该方法;而在光谱的其他非光学厚部分,采用射线追踪法或蒙特卡罗法。当然,使用更高阶(P3)近似会有更高的精度。

最近,人们提出了一些方法来改进 PN 近似方法的效率。在 Larsen 等[63] 提出的 SPN 法中,对于光学厚的波数 $\sigma$ 提出了算子 $1/(1 + \varepsilon/\kappa_\sigma \boldsymbol{u} \cdot \nabla)$ 的幂级数形式,其中,$\varepsilon = 1/(k_{\mathrm{ref}} L_{\mathrm{ref}})$ 为典型的光学厚度。三阶截断得到的方程是关于两个变量($\phi_{1\sigma}$ 和 $\phi_{2\sigma}$)的偏微分方程,其无量纲的形式为

$$\begin{cases} -\nabla \cdot \dfrac{\varepsilon^2 \mu_1^2}{\kappa_\sigma} \nabla \phi_{1\sigma} + \kappa_\sigma \phi_{1\sigma} = 4\pi \eta_\sigma \\[2mm] -\nabla \cdot \dfrac{\varepsilon^2 \mu_2^2}{\kappa_\sigma} \nabla \phi_{2\sigma} + \kappa_\sigma \phi_{2\sigma} = 4\pi \eta_\sigma \end{cases} \tag{5.87}$$

式中:$\mu_i = (3 \pm \sqrt{6/5})/7, i = 1, 2$。

实际上,关于 $\phi_{1\sigma}$ 和 $\phi_{2\sigma}$ 的偏微分方程组与边界条件耦合。这些函数可根据下式计算辐射源项(有量纲形式):

$$P_{\mathrm{R}} = -\int_0^\infty \nabla \cdot \left( \frac{1}{\kappa_\sigma} \nabla (a_1 \phi_{1\sigma} + a_2 \phi_{2\sigma}) \right) \mathrm{d}\sigma \tag{5.88}$$

式中:$a_i = (5 \mp \sqrt{5/6})/30, i = 1, 2$。

在射光传播问题中,该方法能改进光致电离处理中的 P1 近似。

### 5.4.3.3　切线平板近似法

若将激波近似为一维平面介质,则可采用两个维度上的解析积分简化辐射输运。其中,假设介质在两个维度上无限大。如果 $\mu$ 表示方向余弦 $\mu = \cos\theta, \theta$ 为传播方向与一维激波层法向之间的夹角,则在两个边界($z = 0$ 和 $z = E$)间的横坐标 $z$ 处的辐射强度可表示为

$$\begin{cases} I_{\sigma}(z,\mu) = I_{\sigma,1}\exp\left(-\frac{c_{\sigma}}{\mu}\right) + \int_0^{c_{\sigma}} \frac{\eta_{\sigma}}{\kappa_{\sigma}}(c_{\sigma}')\exp\left(-\frac{c_{\sigma}-c_{\sigma}'}{\mu}\right)\frac{dc_{\sigma}'}{\mu}, \mu \geqslant 0 \\ I_{\sigma}(z,\mu) = I_{\sigma,2}\exp\left(-\frac{c_{\sigma,E}-c_{\sigma}}{|\mu|} + \int_{c_{\sigma}}^{c_{\sigma,E}} \frac{\eta_{\sigma}}{\kappa_{\sigma}}(c_{\sigma}')\exp\left(-\frac{c_{\sigma}'-c_{\sigma}}{|\mu|}\right)\frac{dc_{\sigma}'}{|\mu|}, \mu \leqslant 0 \end{cases}$$

$$(5.89)$$

式中：$I_{\sigma,1}$、$I_{\sigma,2}$ 分别为离开边界 1($z=0$) 和 2($z=E$) 的辐射强度；$c_{\sigma}$ 为光学路径，$c_{\sigma} = \int_0^z \kappa_{\sigma}(z')dz'$。

取这些强度的矩(乘以 $\mu^0$ 和 $\mu^1$，并在 $4\pi$ 立体角上积分)将分别得到入射强度 $\mu_{\sigma,z}$ 和沿着 $z$ 方向的局部辐射通量 $q_{\sigma,z}$：

$$\begin{aligned} u_{\sigma,z} = 2\pi\int_{-1}^1 I_{\sigma}d\mu = {} & 2\pi[I_{\sigma,1}E_2(c_{\sigma}) + I_{\sigma,2}E_2(c_{\sigma,E}-c_{\sigma})] \\ & + 2\pi\int_0^{c_{\sigma}} \frac{\eta_{\sigma}}{\kappa_{\sigma}}(c_{\sigma}')E_1(c_{\sigma}-c_{\sigma}')dc_{\sigma}' \\ & + 2\pi\int_0^{c_{\sigma,E}} \frac{\eta_{\sigma}}{\kappa_{\sigma}}(c_{\sigma}')E_1(c_{\sigma}'-c_{\sigma})dc_{\sigma}' \end{aligned}$$

$$(5.90)$$

$$\begin{aligned} q_{\sigma,z} = 2\pi\int_{-1}^1 I_{\sigma}\mu d\mu = {} & 2\pi[I_{\sigma,1}E_3(c_{\sigma}) - I_{\sigma,2}E_3(c_{\sigma,E}-c_{\sigma})] \\ & + 2\pi\int_0^{c_{\sigma}} \frac{\eta_{\sigma}}{\kappa_{\sigma}}(c_{\sigma}')E_2(c_{\sigma}-c_{\sigma}')dc_{\sigma}' \\ & - 2\pi\int_0^{c_{\sigma,E}} \frac{\eta_{\sigma}}{\kappa_{\sigma}}(c_{\sigma}')E_2(c_{\sigma}'-c_{\sigma})dc_{\sigma}' \end{aligned}$$

$$(5.91)$$

式中：$E_n$ 为指数积分函数，定义为

$$E_n(c) = \int_0^1 \mu^{n-2}\exp\left(-\frac{c}{\mu}\right)d\mu$$

$$(5.92)$$

需注意，式(5.90)给出入射强度计算公式，可用于计算能级数密度平衡方程中的吸收项。辐射源项还可根据下式中的强度来计算：

$$\begin{aligned} \frac{dq_{\sigma,z}}{dz} = {} & -2\pi\kappa_{\sigma}[I_{\sigma,1}E_2(c_{\sigma}) + I_{\sigma,2}E_2(c_{\sigma,E}-c_{\sigma})] \\ & -2\pi\kappa_{\sigma}\int_0^{c_{\sigma,E}} \frac{\eta_{\sigma}}{\kappa_{\sigma}}(c_{\sigma}')E_1(|c_{\sigma}-c_{\sigma}'|)dc_{\sigma}' + 4\pi\eta_{\sigma}(c_{\sigma}) \end{aligned}$$

$$(5.93)$$

在实际中，一阶和二阶指数积分函数可由三阶函数采用如下通式计算：

$$\frac{dE_n(c)}{dc} = -E_{n-1}(c) \qquad n = 1,2,3,\cdots$$

$$(5.94)$$

对于大气再入飞行器前方的激波，一些研究工作已经解决了相关切线平面

近似法的精度。在接近驻点线区域差别通常很小,而在分离区差别较大。对于再入应用,峰值热流区域的典型精度为10% ~30% 。

### 5.4.4 蒙特卡罗法

将蒙特卡罗法应用于辐射传输,能解决空间、方向和光谱方面的问题。在蒙特卡罗法中,通过追踪从发射点到终点的能量束,对辐射传输进行随机仿真。能量束特性,如发射方向、能量束波数等,从随机数中选择。或将吸收看作沿传播方向随机选择点的局部现象,或者根据给定的网格中的能量束的交叉长度计算吸收。为了保证物理上的一致性,每一事件的随机选择服从概率密度分布。

一个网格体积 $V_i$ 内发射的功率如下:

$$Q_i^e = \int_{V_i} dV \int_{\theta=0}^{2\pi} \sin\theta d\theta \int_{\varphi=0}^{2\pi} d\varphi \int_{\sigma=0}^{\infty} \eta_\sigma d\sigma \qquad (5.95)$$

式中:$\theta$、$\varphi$ 分别为极角和方位角。

在点 $M$ 处沿方向$(\theta,\varphi)$发射的、波数为 $\sigma$ 的能量束的概率密度 $P(M,\theta,\varphi,\sigma)$ 可简单表示为

$$P(M,\theta,\varphi,\sigma) dV d\theta d\varphi d\sigma = \frac{dV}{V_i} \frac{\sin\theta d\theta}{\int_0^\pi \sin\theta} \frac{d\varphi}{\int_0^{2\pi} d\varphi} \frac{\eta_\sigma d\sigma}{\int_0^\infty \eta_\sigma d\sigma} \qquad (5.96)$$

它是每个变量相关的独立概率的乘积。通常,若随机变量在[0,1]范围内均匀分布,则该随机变量的累积概率密度函数可看作随机变量本身。因此,变量 $\theta$、$\varphi$ 和 $\sigma$ 可从均匀随机变量 $R_\theta$、$R_\varphi$ 和 $R_\sigma$ 中选择:

$$R_\theta = \frac{1-\cos\theta}{2}, R_\varphi = \frac{\varphi}{2\pi}, R_\sigma = \frac{\int_0^\sigma \eta(\sigma') d\sigma'}{\int_0^\infty \eta(\sigma') d\sigma'} \qquad (5.97)$$

$V_i$ 内 $M$ 点的选择取决于所采用的网格类型。采用解析方法确定 $\theta$ 和 $\varphi$。$\sigma$ 的选择要更加复杂,如果采用谱线结构开展光谱分辨计算,则将消耗大量的 CPU 时间。如果采用 $R_\sigma$ 的预先计算的中间值,则可极大地加速方程式(5.97)中第三个关系式的逆运算。如果将能量束的吸收看作局部现象,则其优势在于所采取的事实,即发射与吸收点之间气柱的透射率也是从气柱逃脱的能量束的累积概率。此时,可认为透射率 $\tau_\sigma$ 是[0,1]范围内的均匀随机变量,能量束传输的长度 $l_{abs}$ 可由下式推导:

$$-\ln\tau_\sigma = \int_0^{l_{abs}} \kappa_\sigma(s) ds \qquad (5.98)$$

式中:横轴 $s=0$ 表示发射点的位置。

事实上，能量束是否位于计算区域以外取决于不同的 $l_{abs}$ 值。若能量束位于计算区域以外，可能会发生各种表面作用，如吸收或反射。

通常可以发现，由于吸收的确定性处理方法能显著降低统计噪声，因此它对局部沉积计算非常有效。当能量束穿过体积单元 $V_j$，且在长度 $l_{in}$ 处进入、在长度 $l_{out}$ 处离开，它的能量降低了 $1/(\tau_\sigma(0,l_{in}) - \tau_\sigma(0,l_{out}))$，其损失的能量部分就是单元 $V_j$ 吸收的能量。在这种方法中，对给定能量束进行检查，直到它所携带的能量开始小于截断准则值。

在最普通的蒙特卡罗方法中，每个体单元 $V_i$ 或每个面单元 $S_j$ 中发出的能量束数量与该单元发射的能量 $Q_i^e$ 或 $Q_j^e$ 成正比。根据 $N_i = NQ_i^e / \left( \sum_{k=1}^{N_v+N_s} Q_k^e \right)$（其中：$N$ 为仿真中选择的能量束总数；$N_v$、$N_s$ 分别为体单元和面单元的总数），计算从 $V_i$ 发射的能量束数量。这样，不同能量束携带的初始能量基本相同。在仿真的最后，对每个体单元的净辐射能量进行简单计算，即 $P_i = (Q_i^a - Q_j^a)/V_i$（其中，$Q_i^a$ 为被 $V_i$ 吸收的总能量）。每个单元的净辐射能量来源于所有体单元和面单元辐射。

当采用统计窄带模型计算光谱特性时，必须谨慎地处理发射辐射、传输辐射和吸收辐射之间的光谱相关问题[65-66]。将式（5.74）或式（5.75）对 $s$ 求导可知，计算横坐标 $s$ 点吸收横坐标 $s'$ 点发射的辐射需要使用二阶导数 $\partial^2 \tau_\sigma / \partial s \partial s'$。在离散化的形式中，如 5.4.2.1 节所述，假设在非平衡条件下，$\overline{\eta/k}^{\Delta\sigma} \approx \overline{\eta}^{\Delta\sigma} / \overline{\kappa}^{\Delta\sigma}$。体单元 $V_i$ 的点 $s_i$ 上发射的能量束以及体单元 $V_j$ 的横坐标 $s_j^-$ 和 $s_j^+$ 之间吸收的能量由下式给出：

$$P_{abs,j}^{em,i} = \frac{Q_i^e}{N_i \, \overline{\kappa_i}^{\Delta\sigma} \delta s} \left[ \left( \overline{\tau}^{\Delta\sigma}(s_i + \delta s, s_j^-) - \overline{\tau}^{\Delta\sigma}(s_i, s_j^-) \right) \right.$$
$$\left. - \left( \overline{\tau}^{\Delta\sigma}(s_i + \delta s, s_j^+) - \overline{\tau}^{\Delta\sigma}(s_i, s_j^+) \right) \right] \tag{5.99}$$

式中：$\delta s$ 为源体单元 $V_i$ 中基本柱的长度，该长度必须选得足够小，使得基本柱是光学薄的。有关将 SNB 模型和蒙特卡罗方法应用到大气进入分析中的详细资料可参见文献[65-66]。

蒙特卡罗辐射仿真的收敛速率较低，为 $1/\sqrt{N}$，其中 $N$ 为能量束的总数。为了控制蒙特卡罗仿真的收敛，$N$ 通常被细分为 $M$ 个样本。每个样本 $m$ 提供了在单元 $i$ 上辐射能量的估计值 $P_{i,m}$，在大数极限下，平均值 $\bar{P}_i$ 的方差 $\sigma^2$ 的估计值由下式给出：

$$\sigma^2 = \frac{1}{M(M-1)} \sum_{m=1}^{M} \left[ P_{i,m} - \bar{P}_i \right]^2 \tag{5.100}$$

# 5.5　辐射与流场的耦合

如上所述,辐射场严重依赖于流场的热化学状态,通过辐射特性参数 $\kappa_\sigma$ 和 $\eta_\sigma$,已经发展了多种模型描述非平衡热化学流,从用于模拟高空高马赫数再入流场的直接模拟蒙特卡罗(DSMC)方法[67]到连续流体流动多温度[68]方法。其中,假设不同的能量模式(平动-转动,振动,电子的,…)由确定温度($T_{tr}$, $T_v$, $T_{el}$,…)上的玻耳兹曼分布来表征。针对一些特定模式能级的非玻耳兹曼分布问题,发展了一些更详细的特定振动或特定电子态的方法[69]。在这些通常被称为碰撞辐射的描述中,特定的布居变成状态变量。可通过与其他气动热变量全耦合的方式[70]确定这些状态变量。然而更多的是,采用附加近似方法或拉格朗日法[72]对气动热流场进行后处理,从而确定这些状态变量。其中,QSS 是一种附加近似方法。

一旦根据流体的热化学状态确定了辐射粒子能级的布居,就可以计算发射和吸收系数。通过求解辐射传输方程,可以获得辐射能量 $P_R$ 场和介质边界上的辐射通量 $\boldsymbol{q}_R$ 的分布。

反过来,通过能量平衡和布居平衡方程中的源项,辐射场将影响流场的热化学状态。

首先,在总能量守恒方程中,辐射能量 $P_R$ 作为源项。在多温度方法中,辐射能量 $P_R$ 必须分解为不同的相关作用项。各作用项在不同模式的能量守恒方程中以源项的形式出现。在很多方法中,采用单一温度来描述振动与电子能量模式[73-75],并且将总辐射能作为总能量平衡方程和电子-振动能量平衡方程中的源项。在接近平衡情况时通常可以发现,辐射降低了激波层中的"平衡"温度,增加了密度,因而减小了激波脱体距离[73-74,76]。相反,对于存在强电离的强非平衡激波层,辐射降低了电子-振动温度,增加重粒子平动温度,从而增加了激波脱体距离[74]。在所有情况下,由于电子-振动温度的降低,壁面辐射通量通常减小。正如文献[77]所述,通常可采用迭代程序和辐射源项变分的弱亚弛豫,处理能量方程中的源项导致的辐射传输与气动热场之间的耦合。上述文献研究了不同进入条件下的壁面侵蚀效应及其与流场模拟耦合问题。因为在该模型中壁面温度强烈依赖于辐射通量,所有还要考虑另外的耦合机理。此外,采用强亚弛豫迭代程序处理侵蚀模型与辐射传输之间的耦合。

在更精细的方法中,需将辐射传输作为能级的增加和消耗机理。束缚-自由跃迁的作用可作为辐射组分平衡方程中的源项,如光致电离或光致离解。在碰撞辐射模型框架中,特定的布居方程,如式(5.62)和式(5.64),必须在自洽形式下与辐射传输方程一起求解。这样的研究仍然很少。在计算"惠更斯"号探测器进入"土卫"六的实例中，Johnston[75]采用切板辐射传输方法并耦合 QSS 方法，迭代计算了与 CN(B－X)紫外系统相关的逃脱因子。计算所得的 B 态布居稍大于通过忽略吸收(逃脱因子等于 1)得到的值，同时辐射壁面通量增加约16%。最近，在"星尘"样品返回舱的典型实例中，Sohn 等[47]采用了与 NEQAIR QSS 方法耦合的蒙特卡罗求解器，计算了与主要共振 O 和 N 跃迁相关的逃脱因子。从 DSMC 仿真中得到气动热场。从逃脱因子等于 1 开始，第一次迭代可获得相关原子布居的收敛特性；与光学薄方法相比，该方法得到的布居增加了 2倍。采用同样的计算方法，壁面辐射通量也增加了 2 倍。

## 5.6　结论与展望

本章的简要综述表明，在强激波中特别是在非平衡条件下，辐射现象的非常复杂。近 20 年来，为了解决该问题，人们开展了一系列实验、理论和数值计算研究，以便为规划空间任务提供工程方面的帮助。然而，非平衡辐射的模拟依然是一个富有挑战性的问题，还需要在以下几个方向开展进一步工作：

(1) UV 和 VUV 段内的光谱数据存在不确定性，其测量结果很少或者甚至没有。

(2) 因为辐射与气体的热化学状态紧密相连，所以需要对流场中的激发过程进行更好的理解，以实现对辐射传输过程的可靠预测。

(3) 一方面，辐射与气动热力学场之间的耦合；另一方面，辐射与能级布居之间的耦合远未被人们深入理解。对这些耦合现象进行自洽模拟非常困难，仍然没有完全实现。

(4) 近似与可靠的光谱模型的发展应该能够精确预测复杂三维几何中的辐射与气动热场。

(5) 采用烧蚀热防护系统，将产生高温分解气体和其他烧蚀产物，这增加了数值模拟的困难。必须确定这些产物的辐射特性。这些产物可能吸收来自激波层的辐射，并辐射阻塞降低表面的辐射热通量。

 **参考文献**

[1] Zeldovich,Y. B. ,Raizer,Y. P. :Physics of Shock Waves and High－Temperature Hydrodynamic Phenomena. Academic Press,New York(1966).

[2] Mihalas,D. ,Mihalas,B. W. :Foundations of Radiation Hydrodynamics. Dover Publications,

Inc. (1999).

[3] Park, C. :Nonequilibrium hypersonic aerothermodynamics. A Wiley – Interscience Publication, New York(1990).

[4] Park, C. :Overview of Radiation Problems in Planetary Entry. Proceedings of the International Workshop on Radiation of High Temperature Gases in Atmospheric Entry, ESA – SP – 583 (2005).

[5] Park, C. :Nonequilibrium Air Radiation(NEQAIR)Program:User's Manual. NASA TM 86707 (1995).

[6] Hartung, L. C. :Predicting radiative heat transfer in thermo – chemical non – equilibrium flow fields:theory and user's manual for the LORAN code. NASA TM 4564(1994).

[7] Fujita, K. , Abe, T. :SPRADIAN. Structured Package for Radiation Analysis:theory and application, ISAS Report No. 669(1997).

[8] Surzhikov, S. :Radiation Modeling and Spectral Data. VKI Lecture Series 2002 – 2007 on Physico – Chemical Models for High Enthalpy and Plasma Flow, VKI(2002).

[9] Laux, C. :Radiation and nonequilibrium collisional – radiative models. In:VKI Lecture Series 2002 – 2007 on Physico – Chemical Models for High Enthalpy and Plasma Flows Modeling, VKI(2002).

[10] Smith, A. , Wood, A. , Dubois, J. , Fertig, M. , Pfeiffer, N. :Technical Paper 3. ESTEC contract 11148 /94/NL/ FG, FGE TR28/96(2006).

[11] Johnston, C. , Hollis, B. , Sutton, K. :Journal of Spacecraft and Rockets 45,865(2008).

[12] Passarinho, P. , Lino da Silva, M. :Journal of Molecular Spectroscopy 236,148(2006).

[13] Perrin, M. Y. , Rivière, P. , Soufiani, A. :Radiation database for Earth and Mars entry. In:AVT – 162 RTO AVT/VKI Lecture Series on Non – Equilibrium Gas Dynamics, from Physical Models to Hypersonic Flights, VKI(2008).

[14] Chauveau, S. , Perrin, M. Y. , Rivière, P. , Soufiani, A. :Journal of Quantitative Spectroscopy and Radiative Transfer 72,503(2002).

[15] Chauveau, S. , Deron, C. , Perrin, M. Y. , Rivière, P. , Soufiani, A. :Journal of Quantitative Spectroscopy and Radiative Transfer 77,113 – 130(2003).

[16] Babou, Y. , Rivière, P. , Perrin, M. Y. , Soufiani, A. :Journal of Quantitative Spectroscopy and Radiative Transfer 110,89(2009).

[17] Hollas, J. M. :High Resolution Spectroscopy. Butterworths(1982).

[18] Cowan, R. D. :The Theory of Atomic Structure and Spectra. University of California Press, Berkeley(1981).

[19] Herzberg, G. :Molecular Spectra and Molecular Structure:Spectra of Diatomic Molecules, 2nd edn. Van Nostrand Reinhold, New York(1950).

[20] Lefebvre – Brion, H. , Field, R. W. :Perturbations in the Spectra of Diatomic Molecules. Academic Press Inc. (1986).

[21] Griem, H. R. : Principles of plasma spectroscopy. Cambridge University Press(1997).

[22] Ralchenko, Y. , Kramida, A. E. , Reader, J. : NIST ASD Team, NIST Atomic Spectra Database (version 4. 0), National Institute of Standards and Technology, Gaithersburg, MD(2010), http://physics. nist. gov/asd.

[23] The Opacity Project Team, The opacity Project, vol. 1. Institute of Physics Publishing, Bristol and Philadelphia(1995), http://cdsweb. u – strasbg. fr/topbase/topbase. html.

[24] Traving, G. : Plasma Diagnostics. McGraw – Hill Book Company, New York(1964).

[25] Rivière, P. : Journal of Quantitative Spectroscopy and Radiative Transfer 73, 91(2002).

[26] Babou, Y. , Riviere, P. , Perrin, M. Y. , Soufani, A. : International Journal of Thermophysics 30, 416(2009).

[27] Zare, R. N. , Schmeltejopf, A. L. , Harrop, W. J. , Albritton, D. L. : Journal of Molecular Spectroscopy 46, 37(1973).

[28] Kovacs, I. : Rotational structure in the spectra of diatomic molecules. American Elsevier Publishing company Inc. , New York(1969).

[29] Whiting, E. E. , Schadee, A. , Tatum, J. B. , Hougen, J. T. , Nicholls, R. W. : Journal of Molecular Spectroscopy 80, 249(1980).

[30] Hartmann, J. M. , Boulet, C. , Robert, D. : Collisional effects on molecular spectra. Elsevier (2008).

[31] Breene, R. G. : Applied Optics 6, 141(1967).

[32] Lamet, J. M. , Babou, Y. , Rivière, P. , Perrin, M. Y. , Soufiani, A. : Journal of Quantitative Spectroscopy and Radiative Transfer 109, 235(2008).

[33] Morris, J. C. , Key, R. U. , Bach, G. R. : Physical Review 159, 113(1967); Morris, J. C. , Krey, R. U. , Garrison, R. L. : Physical Review 180, 167(1969).

[34] Cruden, B. A. , Martinez, R. , Grinstead, J. H. , Olejniczak, J. : AIAA Paper 2009 – 4240 (2009).

[35] Yamada, G. , Takayanagi, H. , Suzuki, T. , Fujita, K. : AIAA paper 2009 – 4254(2009).

[36] Cauchon, D. L. : Radiative heating results from the FireII flight experiment at a reentry velocity of 11. 4 kilometers per second, NASA TM X – 1402.

[37] Mazoue, F. , Marraffa, L. : Determination of the radiation emission during the FIRE II entry. In: Proceedings of the 2nd International Workshop on Radiation of High Temperature Gases in Atmospheric Entry, Rome, September 6 – 8(2006).

[38] Lamet, J. M. : Transferts radiatifs dans les écoulements hypersoniques de rentrée atmosphérique terrestre, Thèse de doctorat de l'Ecole Centrale, Paris(2009).

[39] Lowke, J. J. : Journal of Quantitative Spectroscopy and Radiative Transfer 14, 111(1974).

[40] Holstein, H. : Physical Review 72, 1212(1947).

[41] Holstein, H. : Physical Review 83, 1159(1951).

[42] Irons, F. E. : Journal of Quantitative Spectroscopy and Radiative Transfer 22, 1(1979).

[43] Bourdon,A. ,Térésiak,Y. ,Vervisch,P. :Physical Review E 57,4684(1998).

[44] Pestehe,S. J. ,Tallents,G. J. :Journal of Quantitative Spectroscopy and Radiative Transfer 72, 853(2002).

[45] Fisher,V. I. ,Fisher,D. V. ,Maron,Y. :High Energy Density Physics 3,283(2007).

[46] Novikov,V. G. ,Ivanov,V. V. ,Koshelev,K. N. ,Krivtsun,V. M. ,Solomyannaya,A. D. :High Energy Density Physics 3,198(2007).

[47] Sohn,I. ,Li,Z. ,Levin,D. A. :AIAA Paper 2011 – 533(2011).

[48] Goody,R. ,Yung,Y. :Atmospheric Radiation Oxford Univ. Press,New York(1989).

[49] Taine,J. ,Soufiani,A. :Adv. Heat Transfer 33,295(1999).

[50] Ludwig,C. ,Malkmus,W. ,Reardon,J. ,Thomson,J. :Handbook of infrared radiation from combustion gases,Technical Report NASA SP – 3080,Washington DC(1973).

[51] Young,S. :Journal of Quantitative Spectroscopy and Radiative Transfer 15,483(1975).

[52] Young,S. :Journal of Quantitative Spectroscopy and Radiative Transfer 18,1(1977).

[53] Lamet,J. – M. ,Rivière,P. ,Perrin,M. – Y. ,Soufiani,A. :Journal of Quantitative Spectroscopy and Radiative Transfer 111,87(2010).

[54] Rivière,P. ,Soufiani,A. :Journal of Quantitative Spectroscopy and Radiative Transfer 112,475 – 485(2011).

[55] Rivière,P. ,Soufiani,A. ,Perrin,M. – Y. ,Riad,H. ,Gleizes,A. :Journal of Quantitative Spectroscopy and Radiative Transfer 56,29(1996).

[56] Kahhali,N. ,Rivière,P. ,Perrin,M. – Y. ,Gonnet,J. – P. ,Soufiani,A. :J. Phys. D: Appl. Phys. 43,425204(2010).

[57] Zhang,H. ,Modest,M. F. :Journal of Quantitative Spectroscopy and Radiative Transfer 73, 349(2002).

[58] Bansal,A. ,Modest,M. F. :AIAA Paper 2011 – 247(2011).

[59] Chandrasekhar,S. :Radiative Transfer. Dover Publications Inc. (1960).

[60] Siegel,R. ,Howell,J. R. :Thermal Radiation Heat Transfer. Taylor&Francis(2002).

[61] Modest,M. F. :Radiative Heat Transfer. Elsevier(2003).

[62] Carlson,B. G. ,Lathrop,K. D. :Discrete – ordinates angular quadrature of the neutron transport equation,Technical Information Series Report LASL – 3186,Los Alamos Scientific Laboratory(1964).

[63] Larsen,E. W. ,Thömmes,G. ,Klar,A. ,Seaïd,M. ,Götz,T. :J. Comput. Phys. 183,652(2002).

[64] Ségur,P. ,Bourdon,A. ,Marode,E. ,Bessieres,D. ,Paillol,J. H. :Plasma Sources Sci. Technol. 15,648(2006).

[65] Rouzeau,O. ,Tessé,L. ,Soubrié,T. ,Soufiani,A. ,Rivière,P. ,Zeitoun,D. :Journal of Thermophysics and Heat Transfer 22,10(2008).

[66] Lamet,J. M. ,Perrin,M. – Y. ,Soufiani,A. ,Rivière,P. ,Tessé,L. :In:Proc. Third Int. Workshop on Radiation of High Temperature Gases in Atmospheric Entry. ESA,Heraklion(2008).

［67］ Ozawa,T. ,Zhong,J. ,Levin,D. A. :Phys. Fluids 20 ,046102(2008).

［68］ Gnoffo,P. A. ,Gupta,R. N. ,Shinn,J. L. :Conservation Equations and Physical Models for Hypersonic Air Flows in Thermal and Chemical Nonequilibrium,NASA TP－2867,NASA Langley Research Center,Hampton,VA 23665－5225(1989).

［69］ Capitelli,M. ( ed. ):Non－equilibrium vibrational kinetics,Topics in Current Physics,vol. 39. Springer,Heidelberg(1986).

［70］ Panesi,M. ,Magin,T. ,Bourdon,A. ,Bultel,A. ,Chazot,O. :Journal of Thermophysics and Heat Transfer 23 ,236(2009).

［71］ Park,C. :AIAA Paper 84－0306(1984).

［72］ Magin,T. E. ,Caillault,L. ,Bourdon,A. ,Laux,C. O. :J. Geophys. Research 111,E07S12 (2006).

［73］ Gökçen,T. ,Park,C. :AIAA paper 91－0570(1991).

［74］ Hartung,L. C. ,Mitcheltree,R. A. ,Gnoffo,P. A. :J. Thermophys. Heat Transfer 8(2),244 (1994).

［75］ Johnston,C. :Nonequilibrium Shock－Layer Radiative Heating for Earth and Titan Entry. PhD thesis,Virginia Polytechnic Institute and State University,Blacksburg,Virginia(November 17, 2006).

［76］ Kay,R. D. ,Gogel,T. H. :AIAA Paper 94－2091(1994).

［77］ Gnoffo,P. A. ,Johnston,C. O. ,Thompson,R. A. :AIAA Paper 2009－1399(2009).

# 第6章

## 激 波 结 构

## 6.1 引　　言

当求解气体动力学欧拉方程时,兰金－雨贡组条件下气体参数出现不连续,由此出现激波,其实际表现为一个薄层,薄层内部产生耗散并使气体从一个热动力学平衡状态向另一个平衡状态转变。最快的耗散过程是由气体分子间的弹性碰撞引起的。激波的特征长度是分子平均自由程量级,所以采用流体动力学方程无法进行精确分析。因此,需要应用动力学理论的计算方法。对于混合气体或多原子气体,更低速率的额外耗散过程也需要考虑。对于惰性混合气体,碰撞产生的动量和能量交换发生在不同的原子团间。对于多原子气体,能量在平动和内部自由度间传递。在微观层面上,高度非平衡的激波层采用气体组分的速度分布方程和内部能量谱来描述。在宏观层面上,激波结构可以由气体组分的密度、速度或者气体整体或组分的动力学温度张量来描述,也可以通过其内部能量模型的温度和不同的能量通量来描述。

激波结构问题除作为高非平衡层的一个例子外,还为动力学理论的计算方法提供了重要基准。它具有物理空间的一维结构、简单的边界条件以及质量、动量和能量通量守恒的优点,可用于检验计算。尤其重要的是,其有较好的实验数据[1-2]。历史上,利用该问题已经发展了许多数值方法和近似运动学理论。

对于单一气体,可以采用多种方法,如力矩法[3]、离散方程求解法[4-7]和直接蒙特卡罗(DSMC)模拟方法[8-15]。玻耳兹曼方程[16]的第一个数值解由 Nordsieck、Hicks 和 Yen[17-19]等获得,文献[20]对这一数值解进行了发展。通过对玻耳兹曼方程采用离散坐标的方法,并采用不同的碰撞积分求解技术解决了这个问题:速度空间分布方程的高阶多项式逼近[21-22],并且计算过程中应用多项式矫正以满足守恒定律,以及守恒求解法[24-27]。文献[28]分析了无限强激波中的速度分布方程。

对于多原子气体,相关的实验测量可以参见文献[1,29-33],直接蒙特卡罗方法可以参见文献[1,34-35],文献[36]介绍了模型方程,文献[37-39]求解了广义玻耳兹曼方程。文献[40-41]综述了转动弛豫的直接蒙特卡罗现象学模型。

对于二元混合气体,开展了激波结构的实验研究[42,44]和多种理论分析研究,如力矩法[45-46]、流体动力学模型[47-48]、模型方程[49-50]及直接蒙特卡罗方法[51-52](参见文献[12]及相关文献)。单一气体求解中提到的方法[22]可以拓展到二元混合气体[53],应用多项式修正方法也可以应用到二元混合气体[54-55],文献[25-26]的方法首先应用到二元混合气体[56,59],接着应用到3~4种组分混合气体[60],后来对于3种组分的混合气的计算也应用了同样的方法[61]。

激波结构通过守恒投影方法(CPM)计算[24-26]。该方法是基于求解碰撞算子的特定方法,该算子提供了相空间一系列节点中近似连续运算的显式离散格式。计算离散碰撞算子是密度、动量和能量守恒的,并且当结果具有麦克斯韦分布方程的形式时,该算子等于零。后一个特征大大地提高了计算效率,尤其是针对流体中近似平衡的部分。用于评估碰撞积分的整体网格可通过文献[62]中的方法得到,相比于随机数产生器该方法提供了更统一和更高效的网格节点分布。玻耳兹曼方程的微分部分通过通量守恒二阶有限差分方法近似得到[63]。在该方法中,质量、动量和能量在结构网格节点的传递通过守恒方法实现。这个方法可以拓展到混合气体[57]和有内部自由度的气体,其中包含分子势能和内部能量谱等实际物理参数[64]。该方法同样可以应用于联立求解玻耳兹曼方程和纳维-斯托克斯方程[65]。文献[66]提出了一个对于在CPM结构中转动弛豫的简单模型。

文献[22]中对于单一气体的离散坐标方法,可以拓展到二元混合气体[53]。在这种方法中,碰撞积分是通过将分段二次多项式函数的分布方程分解成纵向分子速度 $\xi_x$ 和拉盖尔多项式系统的横向速度 $\xi_t$ 的方法近似得到的。虽然不是完全满足守恒定律,但对于稳态计算已经足够准确。文献[53]分析了计算的准确性,同时确定了收敛性判断准则并通过高性能计算机获得了高精度结果。

## 6.2　计 算 方 法

对于单原子气体和单原子混合气体,激波结构的研究基于玻耳兹曼动力学方程,并且对有内部自由度的多原子气体使用广义玻耳兹曼方程。动力学方程在速度和结构空间划分固定网格,通过确定的有限差分方法求解。在相当长的时间里,直接求解玻耳兹曼方程的缺点主要是产生非真质量、脉冲和能量源的多维碰撞积分的非守恒求解。这个问题已经通过采用一种特殊守恒方法得以解决,保证碰撞积分守恒[24]。在文献[26]中,这个方法通过引入"反碰撞"大大提高了流体中近似平衡部分的计算准确性。进一步的发展包括加快计算速度的数值方法和应用于具有内部自由度的混合气体和分子气体的计算方法[27,57,64]。文献[27]描述了该方法求解简单气体的细节。下面将给出该方法的简要介绍。

### 6.2.1 单一单原子气体玻耳兹曼方程的求解

玻耳兹曼动力学方程可以写成

$$\frac{\partial f}{\partial t} + \xi \frac{\partial f}{\partial x} = I \tag{6.1}$$

这个分布方程 $f(\xi, \boldsymbol{x}, t)$ 和碰撞积分 $I(\xi, \boldsymbol{x}, t)$ 定义在六维相空间 $(\xi, \boldsymbol{x})$ 上并与时间 $t$ 相关。

当不考虑变量 $x$ 和 $t$,碰撞积分可以写成

$$I(\xi) = \int_{R^3} \int_0^{2\pi} \int_0^{b_m} (f'f'_* - ff_*) g b \mathrm{d}b \mathrm{d}\varphi \mathrm{d}\xi_* \tag{6.2}$$

函数 $f'$ 和 $f'_*$ 包含碰撞后的速度 $\xi'$ 和 $\xi'_*$,通过碰撞前的速度 $\xi$ 和 $\xi_*$ 给定分子势能、碰撞参量 $b, g = |\xi_* - \xi|$ 和碰撞角参数 $\varphi$。

式(6.1)在体积 $V$ 的一个速度空间 $\Omega$ 上求解,划分为 $N_0$ 个等距为 $h$ 的节点 $\xi_\gamma$。在结构空间应用任意的离散网格 $x_i$。基于狄拉克函数 $\delta$,分布方程和碰撞积分可以写成

$$f(\xi, \boldsymbol{x}, t) = \sum_{\gamma=1}^{N_0} f_\gamma(\boldsymbol{x}, t)\delta(\xi - \xi_\gamma), I(\xi, \boldsymbol{x}, t) = \sum_{\gamma=1}^{N_0} I_\gamma(\boldsymbol{x}, t)\delta(\xi - \xi_\gamma)$$

通过求解碰撞积分,这个问题被简化为一组线性方程

$$\frac{\partial f_r}{\partial t} + \xi_r \frac{\partial f_r}{\partial \boldsymbol{x}} = I_r \tag{6.3}$$

对于构造的方法,积分式(6.2)在点 $\xi_\gamma$ 处可以写成

$$I_r \equiv I(\xi_r) = \int_{R^3} \int_{R^2} \int_0^{2\pi} \int_0^{b_m} \delta(\xi_r - \xi^*)(f'f'_* - ff_*) g b \mathrm{d}b \mathrm{d}\varphi \mathrm{d}\xi_* \mathrm{d}\xi$$

使用符号 $\phi(\xi_\gamma) = \delta(\xi - \xi_\gamma) + \delta(\xi_* - \xi_\gamma) - \delta(\xi' - \xi_\gamma) - \delta(\xi'_* - \xi_\gamma)$,并且了解碰撞积分的特点,积分可以写成对称形式

$$I_r = \frac{1}{4} \int_{R^3} \int_{R^3} \int_0^{2\pi} \int_0^{b_m} \phi(\xi_r)(f'f'_* - ff_*) g b \mathrm{d}b \mathrm{d}\varphi \mathrm{d}\xi_* \mathrm{d}\xi \tag{6.4}$$

为了求解式(6.4),定义一个空间 $\Omega \times \Omega \times 2\pi \times b_m$,在这个空间里建立了统一的积分网格点 $N_v$ 的 $b_v$、$\xi_{\alpha_v}$、$\xi_{\beta_v}$、$\varphi_v$,所以除了变量 $b_v$、$\varphi_v$,碰撞前速度 $\xi'_{\alpha_v}$、$\xi'_{\beta_v}$ 在 $\Omega$ 之

外,$\xi_{\alpha_v}$ 和 $\xi_{\beta_v}$ 属于速度网格。因为点 $\xi'_{\alpha_v}$ 和 $\xi'_{\beta_v}$ 通常与速度网格不一致,式(6.4)需要重整化。令 $\xi_{\lambda_v}$ 和 $\xi_{\mu_v}$ 成为单元中最近的点,由此可以确定点 $\xi'_{\alpha_v}$ 和 $\xi'_{\beta_v}$,并将 $\xi_{\lambda_v+s}$ 和 $\xi_{\mu_v-s}$ 作为一对新的对称点。然后,最后两个 $\delta$ 函数在 $\phi(\xi_\gamma)$ 中被下面的表达式代替:

$$\delta(\xi'_{\alpha_v} - \xi_\gamma) = (1 - r_v)\delta(\xi_{\lambda_v} - \xi_\gamma) + r_v\delta(\xi_{\lambda_v+s} - \xi_\gamma)$$
$$\delta(\xi'_{\beta_v} - \xi_\gamma) = (1 - r_v)\delta(\xi_{\mu_v} - \xi_\gamma) + r_v\delta(\xi_{\mu_v-s} - \xi_\gamma) \tag{6.5}$$

这意味着对点 $\xi'_{\alpha_v}$ 和 $\xi'_{\beta_v}$ 的贡献分布在最近的网格点中。确定

$$E_0 = (\xi'_{\alpha_v})^2 + (\xi'_{\beta_v})^2, E_1 = (\xi_{\lambda_v})^2 + (\xi_{\mu_v})^2, E_2 = (\xi_{\lambda_v-s})^2 + (\xi_{\mu_v-s})^2$$

下面的条件有一个是正确的:$E_1 \leqslant E_0 < E_2$ 或者 $E_2 < E_0 \leqslant E_1$。系数 $r_v$ 通过能量守恒定律确定:

$E_0 = (1 - r_v)E_1 + r_v E_2$,其中 $0 \leqslant r_v < 1$。利用获得的 $r_v$ 的值可以找到对于麦克斯韦方程准确的插值公式 $f_\beta = f_M(\xi_\beta)$

$$f'_{\alpha_v}f'_{\beta_v} = (f_{\lambda_v} - f_{\mu_v})^{1-r_v}(f_{\lambda_v+s} - f_{\mu_v-s})^{r_v} \tag{6.6}$$

式(6.4)的积分和在速度网格的所有点 $\xi_\gamma$ 同时进行计算。定义

$$B = V\pi b_m^2 N_0/(4N_v), \Delta_v = (f_\alpha f_{\beta_v} - f'_{\alpha_v}f'_{\beta_v})g_v$$

并且引入克罗内克符号 $\delta_{\gamma,\beta}$,可以得到在笛卡儿速度空间的玻耳兹曼碰撞积分的显式离散形式,即

$$I_\gamma = B\sum_{v=1}^{N_v}\left[-(\delta_{\gamma,\alpha_v} + \delta_{\gamma,\beta_v}) + (1 - r_v)(\delta_{r,\lambda_v} + \delta_{\gamma,u_v}) + r_v(\delta_{\gamma,\lambda_v+s} + \delta_{\gamma,u_v-s})\right]\Delta_v$$

插值式(6.6)从麦克斯韦分布方程中消除碰撞积分

$$I(f_M, f_M) = 0 \tag{6.7}$$

假设这个结果接近麦克斯韦分布方程

$$f = f_M + \varepsilon f^{(1)}, \qquad \varepsilon = 1$$

该形式使运动方程刚性具有碰撞积分中的因素 $\varepsilon^{-1}$,式(6.7)的性质消除了刚性

$$I(f,f) = I(f_M, f_M) + 2\varepsilon I(f_M, f^{(1)})$$

因此,碰撞积分主要部分的准确求解理论上等于 0,与速度节点数 $N_0$ 和积分网格节点数 $N_v$ 无关。

这个方法是通过算术运算来实现的,因为 $r_v$、$g_v$、$b_v$ 的大小和速度坐标函数 $f_{\alpha_v}$、$f_{\beta_v}$、$f_{\gamma_v}$、$f_{\mu_v}$、$f_{\lambda_v+s}$、$f_{\mu_v-s}$ 在分布函数的数组中可以在所有结构空间的网格点预先准备。这个 8 维积分网格由 Korobov[62] 方法中产生,并且求解了积分的残差 $O(N_v^{-1})$ 并与蒙特卡罗积分方法的 $O(N_v^{-0.5})$ 进行了比较。

对碰撞积分进行求解之后,$N_0$ 系统方程式(6.3)通过时间步长 $\tau = t^{j+1} - t^j$ 的分裂法进行求解:

$$\frac{\partial f_\gamma^*}{\partial t} + \xi_\gamma \frac{\partial f_\gamma^*}{\partial X} = 0, f_\gamma^{*,j} = f_\gamma^j \tag{6.8}$$

$$\frac{\partial f_\gamma}{\partial t} = I_\gamma, f_\gamma^j = f_\gamma^{*,j+1} \tag{6.9}$$

式(6.8)通过显式通量守恒定则来近似。式(6.9)通常以下面的积分形式呈现:

$$f_\gamma^{j+1} = f_\gamma^j + \int_{t^j}^{t^{j+1}} I(t)\,\mathrm{d}t$$

引入离散值 $t_v = \tau v/N_v$ 和中间解 $f_{\gamma,v}^{j+v/N_v}$,可以获得

$$f_\gamma^{j+v/N_v} = f_\gamma^{j+(v-1)/N_v} + \tau \cdot \Delta_{\gamma,v}^{j+(v-1)/N_v}$$

式中:$\Delta_{\gamma,v}^{j+(v-1)/N_v}$ 为式(6.7)总的 $v-h$ 和形式。

因此,式(6.9)可以由式(6.7)得到分布方程的连续迭代得到。这个方法是通用的,并且对于定常和非定常流动都可以适用。

为计算激波结构,通常在速度空间采用柱面坐标系 $\xi_x$、$\xi_r$,其中分布方程 $f(\xi, \boldsymbol{x}, t)$ 可以被函数 $f(\xi_x, \xi_r, \boldsymbol{x}, t)$ 代替。式(6.3)可以化简为

$$\frac{\partial f_\gamma}{\partial t} + \xi_{x,\gamma} \frac{\partial f_\gamma}{\partial x} = I_\gamma^c \tag{6.10}$$

碰撞算子的离散近似形式与式(6.7)的形式相似,即

$$I_\gamma^c = B^c \sum_{v=1}^{N_v} \left[ -(\delta_{\gamma,\alpha_v} + \delta_{\gamma,\beta_v}) + (1-p_v)(\delta_{\gamma,\lambda_v} + \delta_{\gamma,u_v}) \right.$$
$$\left. + p_v(\delta_{\gamma,\lambda_v+s} + \delta_{\gamma,u_v-s}) \Delta_v^c \right] \tag{6.11}$$

式中:$p_v$ 为分解系数;$B^c = \dfrac{\pi^2 N_0 V b_m^2}{2N_v}$;$\Delta_v^c = (f_{\alpha_v} f_{\beta_v} - f'_{\alpha_v} f'_{\beta_v}) g_v \xi_{r,\alpha_v} \xi_{r,\beta_v}$,并且

$$f'_{\alpha_v} f'_{\beta_v} = (\xi_{r,\lambda_v} \xi_{r,\mu_v} f_{\lambda_v} f_{\mu_v})^{p_v} (\xi_{r,\lambda_v+s} \xi_{r,\mu_v-s} f_{\lambda_v+s} f_{\mu_v-s})^{1-p_v} / \xi_{r_v,\alpha_v} \xi_{r_v,\beta_v}$$

式(6.10)可以通过定常计算直到方程的解不再随时间变化。在分布方程的稳定解出现后,气体动力学参数,如密度 $n(x)$、整体速度 $u(x)$、温度 $T(x)$、纵向温度 $T_{xx}$ 和热流 $q(x)$ 可以由下式计算:

$$n(x) = \frac{V}{N_0} \sum_{\gamma=1}^{N_0} \xi_{r,\gamma} f_\gamma$$

$$u(x) = \frac{1}{n} \frac{V}{N_0} \sum_{\gamma=1}^{N_0} \xi_x \xi_{r,\gamma} f_\gamma$$

$$T(x) = \frac{mV}{3knN_0} \sum_{\gamma=1}^{N_0} \left[ (\xi_{x,\gamma} - u)^2 + \xi_{r,\gamma}^2 \right] \xi_{r,\gamma} f_\gamma$$

$$T_{xx}(x) = \frac{mV}{knN_0} \sum_{\gamma=1}^{N_0} (\xi_{x,\gamma} - u)^2 \xi_{r,\gamma} f_\gamma$$

$$q(x) = \frac{mV}{3nkN_0} \sum_{\gamma=1}^{N_0} [(\xi_{x,\gamma} - u)^2 + \xi_{r,\gamma}^2](\xi_{x,\gamma} - u)\xi_{r,\gamma} f_\gamma$$

### 6.2.2 广义玻耳兹曼方程的求解

文献[36]通过考虑典型的刚性相互作用并应用量子机理离散法则来获得连续能量谱,得到广义的玻耳兹曼方程(GBE)。对于内部分子能级退化的情况,它将取代 Wang Chang – Uhlenbeck(WC – UE)方程[67]。尽管 GBE 与 WC – UE 相似,但是它与后者的区别是能级统计质量的相关系数,同时给出了不同的平衡谱。玻耳兹曼方程如下:

$$\frac{\partial f_i}{\partial t} + \xi \frac{\partial f_i}{\partial \boldsymbol{x}} = R_i \tag{6.12}$$

碰撞算子通过下面的表达式给出:

$$R_i = \sum_{jkl} \int_{-\infty}^{\infty} \int_0^{2\pi} \int_0^{b_m} (f_k f_l \boldsymbol{\omega}_{ij}^{kl} - f_i f_j) P_{ij}^{kl} g b \mathrm{d}b \mathrm{d}\boldsymbol{\varphi}\, \mathrm{d}\boldsymbol{\xi}_j \tag{6.13}$$

式中:$f_i$ 为第 $i$ 层的分布方程;$P_{ij}^{kl}$ 为从 $i$、$j$ 层转化到 $k$、$l$ 层的概率;$\boldsymbol{\omega}_{ij}^{kl} = (q_k q_l)/(q_i q_j)$,$q_i$ 为能级的消退。

对于简单层,GBE 化简为 WC – UE,因此对于有内部自由度的分子气体,可认为是广义的运动方程。在文献[64]中,守恒映射方法对于求解 GBE 和 WC – UE 的碰撞算子已经有所发展,下面将给出该方法的简要描述。

应用狄拉克方程 $\delta(\xi_i - \xi_n^*)$ 和克罗内克符号 $\delta_{n,i}$,碰撞算子对于 $n$ 层和速度矢量 $\boldsymbol{\xi}_n^*$ 可以化为下面的形式:

$$R_n(\boldsymbol{\xi}_n^*) = \sum_{i,j,k,l} \int_{R^3 \times R^3} \int_0^{2\pi} \int_0^{b_m} \delta_{n,i}\delta(\xi_i - \xi_n^*)(\omega_{ij}^{kl} f_k f_l - f_i f_l) g_{ij} P_{ij}^{kl} b \mathrm{d}b \mathrm{d}\varphi \mathrm{d}\xi_i \mathrm{d}\xi_j \tag{6.14}$$

使用细致平衡条件

$$q_i q_j P_{ij}^{kl} g_{ij} b \mathrm{d}b \mathrm{d}\psi \mathrm{d}\xi_i \mathrm{d}\xi_j = q_k q_l P_{ij}^{kl} g_{kl} b' \mathrm{d}b' \mathrm{d}\psi' \mathrm{d}\xi_i \mathrm{d}\xi_j$$

式(6.14)的对称形式如下:

$$R_n(\boldsymbol{\xi}_n^*) = \frac{1}{4} \sum_{i,j,k,l} \int_{R^3 \times R^3} \int_0^{2\pi} \int_0^{b_m} \psi(\omega_{ij}^{kl} f_k f_l - f_i f_l) g_{ij} P_{ij}^{kl} b \mathrm{d}b \mathrm{d}\varphi \mathrm{d}\xi_i \mathrm{d}\xi_j \tag{6.15}$$

式中

$$\psi = (\delta_{n,i}\delta(\xi_i - \xi_n^*) + \delta_{n,j}\delta(\xi_j - \xi_n^*) - \delta_{n,k}\delta(\xi_k - \xi_n^*) + \delta_{n,l}\delta(\xi_l - \xi_n^*)) \tag{6.16}$$

在速度空间中,引入体积为 $V$ 的有限控制体 $\Omega$,并且建立一个 $N_0$ 个网格点的均匀笛卡儿网格 $S_0$。$J$ 是内部能级的网格,最大级为 $J_m$。为求解网格 $S = S_0 \times J$ 中的算子式(6.15),生成一个 $N_v$ 个节点均匀集成网格 $S_v = \{i, j, k, l, \xi_{i*}, \xi_{j*}, \sigma, \varphi\}_v$,其中节点 $i^*$、$j^*$ 与网格 $S_0$ 中的节点一致,同时节点 $\{i, j, k, l\}_v$ 与网格 $J$ 中的节点一致。对于网格 $S_v$,定义碰撞后的速度 $(\xi_k)_v$ 和 $(\xi_l)_v$,一般情况下,其不属于网格 $S_0$。求解算子式(6.15)在网格 $S_0$ 中的节点 $\xi_r$ 上进行。

式(6.15)中连续方程应该通过在网格 $S$ 中定义的离散方程表示:

$$f_i(\boldsymbol{\xi}_i, \boldsymbol{x}, t) = v_0 \sum_{\gamma} f_{i,\gamma}(\boldsymbol{x}, t) \delta(\boldsymbol{\xi}_i - \boldsymbol{\xi}_{\gamma})$$

式中:$\gamma$ 为网格 $S_0$ 的节点下标;$\boldsymbol{\xi}_{\gamma}$ 为节点的速度矢量;$f_{i,\gamma}(x, t)$ 为节点 $\gamma$ 在 $i$ 层的网格方程,并且 $v_0 = V/N_0$。

这个相似的表达应用于算子 $R_n(\xi_n^*)$。以上考虑与应用在经典玻耳兹曼方程中的相似。在式(6.16)中,通过在最近节点的组合 $\delta$ 方程代替包含非网格矢量 $\xi_k$、$\xi_l$ 的 $\delta$ 方程,其中节点 $\xi_{\lambda}$ 和 $\xi_{\lambda+s}$ 对应于矢量 $\xi_k$,并且节点 $\xi_{\mu}$ 和 $\xi_{\mu-s}$ 对应于矢量 $\xi_l$(省略下标 $v$);分解系数 $r$ 通过相同的能量条件确定,并且引入式(6.6)的插值。最终,可以获得在节点 $\gamma$ 的 $n$ 层算子的形式:

$$R_{n,\gamma} = B \sum_{v=1}^{N_{\gamma}} n_v (\boldsymbol{\Phi}_v^{(1)} - \boldsymbol{\Phi}_v^{(2)})(\boldsymbol{\Delta}_v^{(2)} - \boldsymbol{\Delta}_v^{(1)}) \tag{6.17}$$

式中

$$B = \frac{\pi b_m^2 V j_m^2}{4 N_v}$$

$$\Delta_v^{(1)} = [P_{ij}^{kl} g_{ij} f_{i,i*} f_{j,j*}]_v$$

$$\Delta_v^{(2)} = [P_{ij}^{kl} \omega_{ij}^{kl} g_{ij} f_k(\xi_k) f_l(\xi_l)]_v$$

$$\Phi_v^{(1)} = [\delta_{n,i}\delta_{\gamma,i*} + \delta_{n,j}\delta_{\gamma,j*}]_v$$

$$\Phi_v^{(2)} = [\delta_{n,k}((1-r)\delta_{\gamma,\lambda} + r\delta_{\gamma,\lambda+s}) + \delta_{n,l}((1-r)\delta_{\gamma,\mu} + r\delta_{\gamma,\mu-s})]_v$$

其中:下标 $i^*$、$j^*$ 分别对应于 $i$、$j$ 层的速度节点。$n_v$ 表示从 $i$、$j$ 层到 $k$、$l$ 层的容许跃迁的数量,其取决于相对速度 $g_{ij}$。式(6.17)给出了在笛卡儿速度坐标系中的 GBE 的碰撞算子的显式离散近似。转换到柱坐标系与玻耳兹曼方程的方法相似。

求解完碰撞算子后,运动方程使用在6.2.1节描述的经典玻耳兹曼方程标准求解技术求解。下面计算离散分布方程确定宏观系数,先计算部分参数,再计算气体参数和相应总和。在柱坐标系中,有

$$
\begin{cases}
n_i = \sum_\gamma \xi_{ri,\gamma} f_{i,\gamma}, u_i = \frac{1}{n_i} \sum_\gamma \xi_{ri,\gamma} \xi_{xi,\gamma} f_{i,\gamma}, T_{xx,i} = \frac{m}{kn_i} \sum_\gamma \xi_{ri,\gamma} (\xi_{xi,\gamma} - u_{xi})^2 f_{i,\gamma} \\
T_{rr,i} = \frac{m}{2kn_i} \sum_\gamma \xi_{ri,\gamma} \xi_{ri,\gamma}{}^2 f_{i,\gamma}, T_i = \frac{1}{3}(2T_{rr,i} + T_{xx,i}) \\
n = \sum_i n_i, u = \frac{1}{n} \sum_i u_i n_i, T_{xx} = \frac{1}{n} \sum_i T_{xx,i} n_i, T_{rr} = \frac{1}{n} \sum_i T_{rr,i} n_i, T = \frac{1}{n} \sum_i T_i n_i
\end{cases}
$$

$$(6.18)$$

标准化的数密度 $n_i/n$ 确定内部能量谱。

### 6.2.3 RT 弛豫的两级动力学模型

为了简化在气体中 RT 能量交换,文献[66]建立了叫"2LRT"的两级模型。对于带有转动激发并伴随 VT 能量传递的复杂过程,需要应用该模型。该模型包含转动能量 $\varepsilon_1 = 0$ 的水平基准和 $\varepsilon_2 > kT_{max}$ 的激发级,其中 $T_{max}$ 是考虑不同问题的最大温度。分布方程同样由两个部分组成,即 $f_1$ 和 $f_2$ 带有相应的水平 $n_1$ 和 $n_2$ 的总体。气体密度 $n = n_1 + n_2$,旋转能量 $E_{rot} = \varepsilon_2 n_2$。在一些点气体密度为 $n$,动能为 $E_{kin}$,旋转能量为 $E_{rot}$。可以通过 $n_2 = E_{rot}/\varepsilon_2$ 和 $n_1 = n - n_2$ 确定总体水平。$E_{rot}$ 的最大值为 $nkT_{max}$,因此 $n_2 < nkT_{max}/\varepsilon_2$,并且 $0 < n_2 < n$,$n_1 > 0$。可以得到 $E_{kin}$,就可以确定平衡温度 $T_{eq} = 2(E_{kin} + E_{rot})/5nk$ 和平衡转动粒子数 $n_{2,eq} < nkT_{eq}/\varepsilon_2$,$n_{1,eq} = n - n_{2,eq}$。这些参数确定了平衡分布函数 $f_{1,m}$ 和 $f_{2,m}$。对于模型等式结构,可以从考虑了 2 级系统的 WC-U 等式开始:

$$\partial f_i / \partial t = \sum_{j,k,l} \int p_{i,j}^{k,l} (f_k f_l - f_i f_j) g_{i,j} b \mathrm{d}b \mathrm{d}\varphi \mathrm{d}\xi_j \tag{6.19}$$

在式(6.19)中,用弹性碰撞算子 $Q_{el}$ 和非弹性碰撞算子 $Q_r$ 代替碰撞算子。这个替代不是严格合理的,因为对于 RT 交换纯弹性碰撞是一个例外,并且几乎所有的碰撞都伴随较小的动能转移或转化为转动动能。此外,由于相互作用的非弹性作用很小,主要的碰撞弛豫过程接近于弹性碰撞的情况,只是需要考虑能量的非弹性转移。对于双组分混合气体,该弹性算子与玻耳兹曼碰撞积分相同:

$$Q_{i,el} = \sum_j \int (f_i' f_j' - f_i f_j) g_{i,j} b \mathrm{d}b \mathrm{d}\varphi \mathrm{d}\xi_j \tag{6.20}$$

式中:函数 $f_1'$ 和 $f_2'$ 包含碰撞后速度。

非弹性算子可写成离散形式:

$$Q_{r,i} = -v_r (f_i - f_{i,M}') \tag{6.21}$$

式(6.21)从大量的实验数据中得到。对于激波结构问题,式(6.21)中是可以选择 $f_{i,M}^*$ 作为麦克斯韦分布函数 $f_{i,M}$,但并不是最优选择。函数 $f_{i,M}^*$ 代表温度矢量,它是由对角元素的椭圆分布来确定的:

$$f_{i,M}^* = n_{i,\text{eq}} \left( \frac{m}{2\pi k} \right)^{3/2} \left( T_{xx}^* T_{yy}^* T_{zz}^* \right)^{-1/2} \exp\left( -mc_x^2/2kT_{xx}^* - mc_y^2/2kT_{yy}^* - mc_z^2/2kT_{zz}^* \right)$$

(6.22)

式中:$c_x = \xi_x - u$;$c_y = \xi_y - v$;$c_z = \xi_z - w$;并且 $u$、$v$、$w$ 构成体积速度矢量。温度矢量的组分 $T_{\text{aa}}^*$ 通过初始分量的自相似转换:

$$T_{\text{aa}}^* = T_{\text{aa}} (T_{\text{eq}}/T_{\text{kin}})$$

(6.23)

式(6.22)中函数的用处是代替麦克斯韦方程,在一定范围内,意味着非弹性算子 $Q_r$ 保持着速度空间中分布函数的形式。RT 离散频率可以定义为 BGK 模型方程离散频率的一部分:

$$V_r = a_1 v$$

(6.24)

该非弹性算子有助于速度分布方程向平衡状态的转换,考虑到它的影响,一个是要给弹性碰撞算子乘以系数 $1 - a_2 v_r$,$0 < a_2 < 1$。最终,RT 弛豫模型包括两个算子:一个是具有式(6.24)给出的频率的式(6.21)非弹性算子;另一个是弹性算子 $Q_{i,\text{el}}^* = (1 - a_2 v_r) Q_{i,\text{el}}$。系数 $a_1$、$a_2$ 可以通过比较该模型和 GBE 模型的结果得到。为获得更好结果,可以添加一些额外的拟合参数。文献[39,66]给出了应用 GBE 模型和 2LRT 模型计算激波结构结果的比较。

### 6.2.4 混合气体的玻耳兹曼方程求解

对于单原子混合气体,具有 $K$ 组分的玻耳兹曼运动方程组通常具有下面的形式:

$$\frac{\partial F_i}{\partial t} + \xi_i \frac{\partial F_i}{\partial X} = I_i, i = 1, \cdots, K$$

碰撞积分具有以下形式:

$$I_i = \sum_j \int_{R^3} \int_0^{2\pi} \int_0^{b_m} (F_i' F_j' - F_i F_j) g b \, \mathrm{d}b \, \mathrm{d}\varepsilon \, \mathrm{d}\xi_j$$

式中:$F_i = F_i(\xi_i, x, t)$;$F_i' = F_i'(\xi_i, x, t)$;$g = |\xi_j - \xi_i|$。

$b_m$ 为最大作用距离,$b$ 和 $\varepsilon$ 为随机碰撞的影响参数,为将碰撞积分求解的守恒方法拓展到混合气体[27],可以将方程中速度变量替换为动量变量:

$$(\xi_i, \boldsymbol{x}, t) \rightarrow (\boldsymbol{p}_i, x, t), F_i(\xi_i, \boldsymbol{x}, t) \rightarrow f(\boldsymbol{p}_i, x, t)$$

通过标准化条件 $\int F_i \mathrm{d}\xi_i = \int f_i \mathrm{d}\boldsymbol{p}_i = n_i$,包括

$$F_i(\xi_i, \boldsymbol{x}, t) \rightarrow f(\boldsymbol{p}_i, x, t) m_i^3$$

在动量空间,玻耳兹曼方程组转化成以下形式:

$$\frac{\partial f_i}{\partial t} + \frac{\boldsymbol{p}_i}{m_i}\frac{\partial f_i}{\partial \boldsymbol{x}} = I_i \tag{6.25}$$

式中

$$I_i = \sum_j \iint_{R^3} \int_0^{2\pi} \int_0^{b_m} (f_i'f_j^i - f_i f_j)gb\mathrm{d}b\mathrm{d}\varepsilon\mathrm{d}\boldsymbol{p}_j, g = \left|\frac{\boldsymbol{p}_j}{m_j} - \frac{\boldsymbol{p}_i}{m_i}\right| \tag{6.26}$$

下面特征应保持积分的离散形式:

$$\int_{R^3} I_i(\boldsymbol{p}_i)\psi(\boldsymbol{p}_i)\mathrm{d}\boldsymbol{p}_i = 0, \psi(\boldsymbol{p}_i) = \left(1, \boldsymbol{p}_i, \frac{\boldsymbol{p}_i^2}{m_i}\right)$$

$$I_i[f_{i,M}] = 0, f_{i,M} = n_i \left(\frac{1}{2\pi k T m_i}\right)^{3/2} \exp\left(-\frac{(\boldsymbol{p}_i - \boldsymbol{p}_{i0})^2}{m_i 2kT}\right)$$

带有碰撞积分式(6.26)的方程组(6.25)在体积 $V$ 的笛卡儿动量空间 $\Omega$ 的三维均匀网格 $S_0$ 中求解,或者在柱坐标系下的二维均匀网格求解。在影射方法中,总动量守恒要在坐标空间中使用固定步长求解。

在控制体 $\Omega \times \Omega \times 2\pi \times b_m$ 中,碰撞积分的求解使用 $N_v$ 个节点的 8 维积分网格 $S_v = (\boldsymbol{P}_{iv}, \boldsymbol{P}_{jv}, b_v, \varepsilon_v)$。点 $\boldsymbol{p}_{iv}$ 和 $\boldsymbol{p}_{jv}$ 与靠动量网格点一致,并且所有变量 $b_v$ 和 $\varepsilon_v$ 的值对于碰撞后动量 $\boldsymbol{p}_{iv}'$ 和 $\boldsymbol{p}_{jv}'$,在 $\Omega$ 外的值要被排除。对于多原子气体,其方法过程与 6.2.2 节中的相同,对于组分 $n$,得到的动量节点 $\gamma$ 的碰撞积分有下面的形式:

$$I_{n,\gamma} = \frac{1}{4}\sum_i \sum_j \iint_{\Omega \times \Omega} \int_0^{2\pi} \int_0^{b_m} \phi_{n,\gamma}(f_i'f_j' - f_i f_j)gb\mathrm{d}b\mathrm{d}\varepsilon\mathrm{d}\boldsymbol{p}_j\mathrm{d}\boldsymbol{p}_i$$

式中

$$\phi_{n,\gamma} = \delta_{n,i}\delta(\boldsymbol{p}_i - \boldsymbol{p}_{i,\gamma}) + \delta_{n,j}\delta(\boldsymbol{p}_j - \boldsymbol{p}_{j,\gamma}) - \delta_{n,i}\delta(\boldsymbol{p}_i' - \boldsymbol{p}_{i,\gamma}) - \delta_{n,j}\delta(\boldsymbol{p}_j' - \boldsymbol{p}_{j,\gamma})$$

最终,得到的笛卡儿坐标系下碰撞积分的离散近似的显式形式为

$$I_{n,\gamma} = B\sum_{v=1}^{N_v} (\Phi_v^{(1)} - \Phi_v^{(2)})\Delta_v \tag{6.27}$$

式中

$$B = \frac{\pi b_m^2 V K^2}{4N_v}$$

$$\Delta_v = [g_{ij}(f_k(\xi_k)f_l(\xi_l) - f_{i,i*}f_{j,j*})]_v, f_k(\xi_k)f_l(\xi_l) = (f_{k,\lambda}f_{l,\mu})^{1-r}(f_{k,\lambda+s}f_{l,\mu-s})^r$$

$$\Phi_v^{(1)} = [\delta_{n,i}\delta_{\gamma,i*} + \delta_{n,j}\delta_{\gamma,j*}]_v, \Phi_v^{(2)}$$
$$= [\delta_{n,k}((1-r)\delta_{\gamma,\lambda} + r\delta_{\gamma,\lambda+s}) + \delta_{n,l}((1-r)\delta_{\gamma,\mu} + r\delta_{\gamma,\mu-s})]_v$$

其中:下标 $i^*$、$j^*$ 分别代表组分 $i$、$j$ 的动量节点。

系数 $r$(省略下标 $v$)通过能量守恒定律来确定:

$$E_0 = (1-r)E_1 + rE_2, E_0 = \frac{p_{i,j*}^2}{2m_i} + \frac{p_{jj*}^2}{2m_j}, E_1 = \frac{p_{i,\lambda}^2}{2m_i} + \frac{p_{j,\mu}^2}{2m_j}, E_2 = \frac{p_{i,\lambda+s}^2}{2m_i} + \frac{p_{j,\mu-s}^2}{2m_j}$$

在柱坐标系中,积分式(6.27)采用与纯单原子气体相同的积分方法进行变形。

在碰撞积分计算完成后,式(6.25)变形为离散纵坐标方程:

$$\frac{\partial f_{i,\lambda}}{\partial t} + \frac{p_{i,\gamma}}{m_i}\frac{\partial f_{i,\gamma}}{\partial^r x} = I_{i,\gamma} \quad (i=1,\cdots,K, \gamma=1,\cdots,N_0) \tag{6.28}$$

式(6.28)采用标准的分裂法步骤直到计算收敛。

为得到分布函数,需要确定气体动力学参数,如数密度 $n_i$、组分的流速 $u_i$、温度 $T_i$、平行温度 $T_{xx,i}$、纵向温度 $T_{rr,i}$。对于气体整体,可以得到分子数密度 $n$、密度 $\rho$、流速 $u$ 和温度 $T$。列出的宏观变量通过动量分布函数的总和来确定。在柱坐标系中,有

$$n_i = \sum_\gamma p_{ri}f_{i,\lambda}, u_i = \frac{1}{n_i m_i}\sum_\gamma p_{ri}p_{xi,\gamma}f_{i,\lambda}, T_{rr,i} = \frac{1}{2kn_i m_i}\sum_\gamma p_{ri,\gamma}^3 f_{i,\gamma}$$

$$T_{xx,i} = \frac{1}{kn_i m_i}\sum_\gamma p_{ri,\gamma}(p_{xi,\gamma} - u_{xi}m_i)^2 f_{i,\gamma}, T_i = \frac{1}{3}(2T_{rr,i} + T_{xx,i}) \tag{6.29}$$

混合参数由式(6.29)的求和得到

$$n = \sum_i n_i, \rho = \sum_i m_i n_i, u = \frac{1}{\rho}\sum_i m_i n_i u_i$$

$$T = \frac{1}{kn}\sum_i \left[ kn_i T_i + m_i n_i (u_i - u)^2/3 \right]$$

## 6.3 边界层问题的论述与计算数据

假设一平面激波沿着 $x$ 方向以马赫数 $Ma$ 移动。用 $n_1$、$u_1$、$T_1$ 表示激波前的气体参数,并且激波后的参数用 $n_2$、$u_2$、$T_2$ 来表示。激波前后参数符合兰金 - 雨贡纽关系:

$$\frac{n_2}{n_1} = \frac{u_1}{u_2} = \frac{(\gamma+1)Ma^2}{(\gamma-1)Ma^2+2}, \frac{T_2}{T_1} = \frac{(2\gamma Ma^2 - (\gamma-1))((\gamma-1)Ma^2+2)}{(\gamma+1)^2 Ma^2}$$

对于单原子气体,$\gamma = 5/3$,$u_1 = Mac_1$ 和 $c_1 = \sqrt{\gamma kT_1/m}$。

带有的激波结构的问题在笛卡儿坐标系中解决。稳定的激波结构通过从 $x=0$ 位置最初的不连续参数逐渐变化得到。在与不连续足够远的位置 $x=-L_1$ 和 $x=L_2$,气体可以认为是符合麦克斯韦分布函数的热力学平衡状态。对于纯单原子气体,动力学方程和边界条件可以通过引入特征速度 $v_1 = \sqrt{\gamma kT_1/m}$,激

波前气体的分子平均自由程 $\lambda_1 = (\sqrt{2}\pi n_1 \sigma_{\text{eff}}^2)^{-1}$ 和特征时间 $\tau_1 = \lambda_1/v_1$ 来进行无量纲处理。这里 $\sigma_{\text{eff}}$ 为分子直径系数。因此,边界条件的无量纲的形式为

$$f(t=0, x<0, \xi_x, \xi_r) = f(t, x=-L_1, \xi_x, \xi_r) = n_1/(2\pi T_1)^{3/2} \exp\left(-\frac{(\xi_x - u_1)^2 + \xi_r}{2T_1}\right)$$

$$f(t=0, x>0, \xi_x, \xi_r) = f(t, x=L_2, \xi_x, \xi_r) = n_2/(2\pi T_2)^{3/2} \exp\left(-\frac{(\xi_x - u_2)^2 + \xi_r}{2T_2}\right)$$

函数 $f(t>0, -L_1 < x < L_2, \xi_x, \xi_r)$ 作为玻耳兹曼动力学方程的解。在速度网格 $S_0 = (\xi_x^\gamma, \xi_r^\gamma)$ 确定解后,气体参数以相对总和来计算,在表 6.1 中给出。有两种宏观参数的形式经常用到:一是参数通过激波前的值来标准化,$n(x)/n_1$、$T(x)/T_1$ 等;二是计算结果通过简化参数来表达。

$$n^* = (n - n_1)/(n_2 - n_1), T^* = (T - T_1)/(T_2 - T_1), u^* = (u - u_1)/(u_1 - u_2)$$

相似的表达同样可以用于多原子气体和混合气。反向激波的厚度通过足够大的稳定时间来确定 $t_\infty$:

$$\delta = \frac{\lambda}{L_{\text{sw}}} = \frac{\lambda}{n_2 - n_1}\left(\frac{\mathrm{d}n(t,x)}{\mathrm{d}x}\right)_{\max}$$

对于多原子气体,边界条件变为

$$f_{i,1}(\xi, x, t) = n_1 [1/(2\pi T_1)]^{3/2} \exp\left[-\frac{(\xi - u_1)}{2T_1}\right]\frac{2i+1}{Q_r}$$

$$\exp\left(-\frac{e_i}{T_1}\right)(x = L_1, x<0; t=0)$$

$$f_{i,2}(\xi, x, t) = n_2 [1/(2\pi T_2)]^{3/2} \exp\left[-\frac{(\xi - u_2)}{2T_2}\right]\frac{2i+1}{Q_r}$$

$$\exp\left(-\frac{e_i}{T_2}\right)(x = L_2, x>0; t=0)$$

式中:$Q_r$ 为统计总和,并且参数 $(n, T, u)_{1,2}$ 由 $\gamma = 7/5$ 的兰金 – 雨贡纽关系确定。

对于单原子混合气,边界层条件与纯单原子气体相同,但是对于每一个组分都有相同的温度和速度。

特征长度 $\lambda_1 = (\sqrt{2}\pi n_1 d_1^2)^{-1}$,其中,$d_1$ 为所选组分气体的分子直径,$n_1$ 为激波前的混合气的数密度。

# 6.4　纯单原子气体中的激波结构

纯单原子气体激波结构问题是一个古老并被广泛数学研究的问题,同时它也是测试各种数值方法的重要标准。

### 6.4.1 硬球分子气体

硬球分子模型是描述真实分子作用规律的最简单模型,尽管不是完全符合实际。这个模型经常用来测试不同的近似理论,为了节省计算资源从而代替玻耳兹曼方程。下面给出应用可控高精度算法得到的硬球分子气体的激波结构数据。我们的目的是使获得的反向激波结构厚度精度不小于3%。离散计算结果的收敛性通过一定步数得到的参数进行验证。值得注意的是,对于硬球分子模型,激波结构只取决于唯一的无量纲参数——马赫数。

表6.1 和表6.2 给出了在 $Ma = 1.2$ 时,沿 $x$ 轴不同网格变量 $h_x$ 的计算结果,以及不同速度网格 $\Delta\xi$ 和积分网格数的一些结果。表6.3 和表6.4 给出了 $Ma = 10$ 的相似结果。

表6.1 $Ma = 1.2$ 时,反向激波厚度(坐标系网格 $h_x$)

| $h_x$ | 0.1 | 0.05 |
|---|---|---|
| $\delta$ | 0.0677 | 0.0685 |

表6.2 $Ma = 1.2$ 时,反向激波厚度(速度网格 $\Delta\xi$ 和积分网格数 $N_v$)

| $\Delta\xi$ | 0.4 | 0.3 | 0.2 |
|---|---|---|---|
| $N_v$ | $5 \times 10^5$ | $5 \times 10^5$ | $10^6$ |
| $\delta$ | 0.0685 | 0.0677 | 0.0665 |

表6.3 $Ma = 10$ 时,反向激波厚度(坐标系网格 $h_x$)

| $h_x$ | 0.1 | 0.05 | 0.03 | 0.025 |
|---|---|---|---|---|
| $\delta$ | 0.4253 | 0.4346 | 0.4379 | 0.4387 |

表6.4 $Ma = 10$ 时,反向激波厚度(速度网格 $\Delta\xi$ 和积分网格数 $N_v$)

| $N_v$ | $10^5$ | $2 \times 10^5$ | $3 \times 10^5$ | $5 \times 10^5$ |
|---|---|---|---|---|
| $\delta$ | 0.4326 | 0.4333 | 0.4346 | 0.4352 |

在图6.1 ~ 图6.3 中给出了 $Ma$ 为 1.2、1.59、2、2.5、3 时激波结构数据与文献[21 - 22]的对比,计算得到的反向激波厚度和文献[21 - 22]中的反向激波厚度分别为 $\delta$ 和 $\delta'$,结果中,有10%的差异是由于使用了相对粗的坐标系网格导致。

强度矢量定义为

$$P_{xx} = p_{xx} - p$$

式中:$p$ 为压强;$p_{xx}$ 为压强矢量的分量。

图6.4 给出了反向激波厚度随马赫数变化规律,随着马赫数的增加曲线接近极限 $\delta_\infty = 0.44 \pm 0.1$。

在图6.5 中的温度曲线有小的"过冲"现象,定义这个过冲用变量

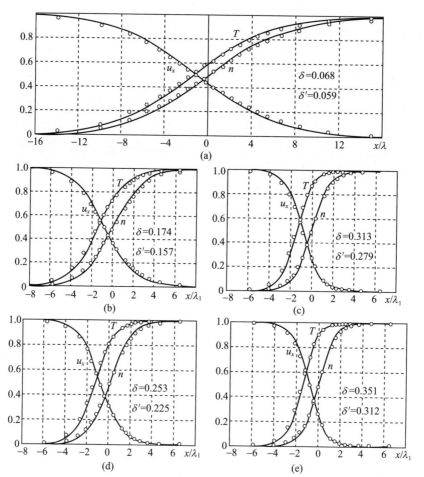

图 6.1　激波中的密度、速度和温度

（a）$Ma=1.2$；（b）$Ma=1.59$；（c）$Ma-2$；（d）$Ma=2.5$；（e）$Ma=3$。

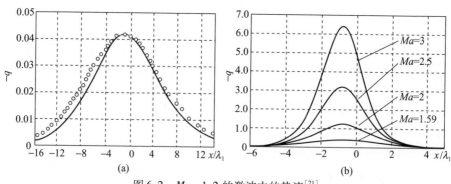

图 6.2　$Ma=1.2$ 的激波中的热流[21]

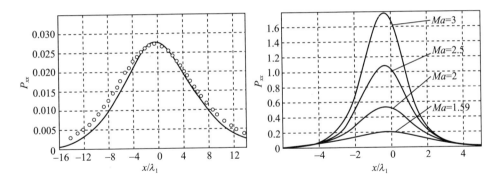

图6.3　在 $Ma = 1.2$ 时强度矢量分量[21]

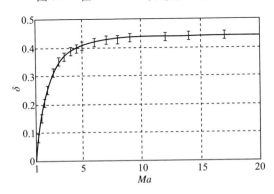

图6.4　硬球分子气体的反向激波厚度

$\vartheta = (T_{max} - T)/(T_2 - T_1)$ 来表示。图 6.6 给出了 $\vartheta$ 随 $Ma$ 的变化规律。图 6.7 给出了某一横向速度等于 0 时，笛卡儿坐标系中 $Ma = 3$ 时的分布函数的横截面。图 6.8 给出了 $Ma = 20$ 高超声速激波 $x = 2\lambda_1$ 时的分布函数。激波从左侧开始发展。在激波前的冷态未受扰动的气体的分布函数中近似三角形部分可以得到很好的求解，该结果与无限强激波的分析结果[13]一致。

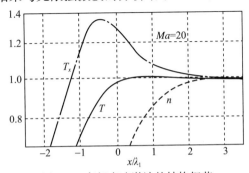

图6.5　高超声速激波的结构细节

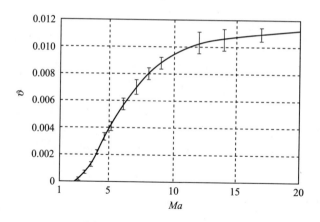

图 6.6 硬球气体的温度过冲

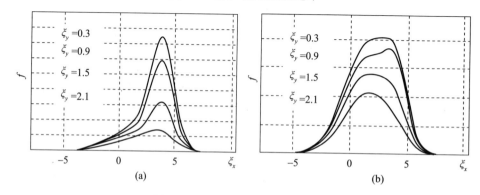

图 6.7 $Ma = 3$ 时,分布函数横截面
(a)$x = -0.6$;(b)$x = 0.6$。

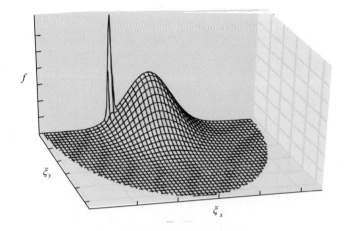

图 6.8 笛卡儿坐标系下 $Ma = 20$,$x = 2_{\lambda 1}$ 的分布函数

### 6.4.2 伦纳德－琼斯(Lennard－Jones)气体

考虑 Lennard－Jones 气体势能(6,12),包括直径 $\sigma$ 和能量 $\varepsilon$ 两个参数,有

$$U(r) = 4\varepsilon\left(\left(\frac{\sigma}{r}\right)^{12} + \left(\frac{\sigma}{r}\right)^{6}\right)$$

由于第二个参数的存在,激波结构不仅取决于马赫数,而且与气体温度有关。为与文献[1]中的实验数据进行比较,假设氩气为 300K。根据文献[68],对于氩气,有 $\varepsilon = 120K$,查表得到积分 $\Omega^{(2,2)} = 1.089$。同时,有效直径 $\sigma_{eff} = \sigma\sqrt{\Omega^{(2,2)}}$ 通过确定 $\lambda_1$ 计算得到。

图 6.9 给出了计算的激波密度分布与实验数据的比较,图 6.10 给出了硬球气体和 Lennard－Jones 势能气体的激波结构的比较。图 6.11 给出了氩气反向激波厚度随马赫数变化规律及与实验数据的对比,以及相应的硬球气体的计算结果。对于氩气,其不是单调的,并在 $Ma = 3.8 \pm 0.3$ 存在最大值。对于 $Ma \geq 2.3$ 的情况与文献[1]中的实验数据吻合较好,但对于小马赫数有一些偏差。在这范围内,与小马赫数激波管的数据[2]吻合更好。

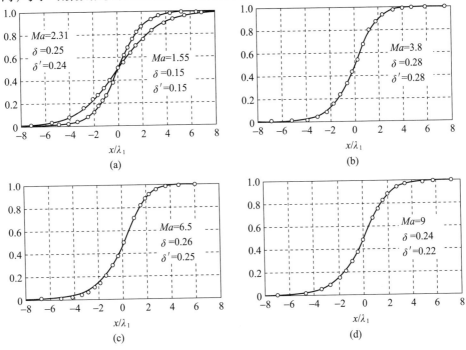

图 6.9 氩气中激波密度分布[1]

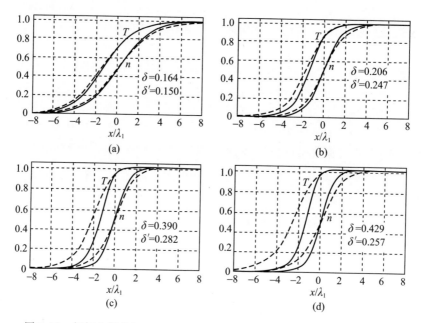

图 6.10　氩气中带有 Lennard – Jones 势能的激波结构和相应的 HS 气体的
比较(实线—HS 气体,虚线—LJ 气体)

(a)$Ma = 1.55$; (b)$Ma = 2.31$; (c)$Ma = 3.8$; (d)$Ma = 6.5$。

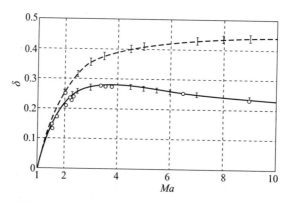

图 6.11　氩气反向激波厚度随马赫数变化规律以及相应的硬球气体的计算结果[2]

图 6.12 给出了氩气和硬球气体激波结构密度随马赫数变化曲线的非对称性,由下式定义:

$$Q = \int_{-\infty}^{0} n(x)\,\mathrm{d}x \Big/ \int_{0}^{-\infty} (1 - n(x))\,\mathrm{d}x$$

计算结果与实验数据[1]进行比较。图 6.12 还给出了 N – S 方程的相应结果,可以看到,对于所有的马赫数,N-S方程的解给出$Q>1$,对于以上两种情况,当$Ma=2.4$时,该曲线穿过$Q=1$,与实验数据相一致。

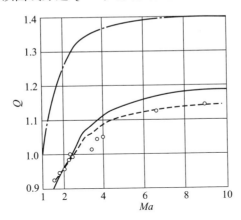

图6.12　密度分布的非对称性随马赫数的变化曲线
实线—LJ氩气;虚线—HS气体;点画线—N-S方程的结果。

# 6.5　多原子气体中的激波结构

在一般情况下,多原子气体的激波结构由弹性碰撞耗散、转动-平动能量传递(RT)过程和振动—平动能量传递(VT)过程三个耗散过程形成。第一个过程占的比例较大,第二个较小,并且VT过程通常比RT过程小几个数量级。

对于分子气体的非平衡流动计算,最广泛使用的方法是DSMC,这里应用广义玻耳兹曼方程计算方法计算多原子气体的激波结构。

包括VT和RT能量传递的问题通过应用三步分裂GBE的方法来解决。这三个步骤包括分子自由运动、VT弛豫过程和RT弛豫过程。对于VT弛豫过程,GBE总要被求解。对于RT弛豫过程,两种方法有理论上的可能性:第一种方法,对于RT释放需要求解GBE,该方法全部的激发能级由旋转和振动能级产生因此很难求解;第二种方法,是一个带有平衡旋转和平移能量的二级RT弛豫过程。第二种方法比第一种方法容易求解因此更高效。使用这种方法对高马赫数下激波结构的求解均考虑了旋转和振动能量释放。

### 6.5.1 带有固定振动能级的激波结构

振动和旋转量子在数量级上差别很大。比如,氮中转动量子为2.9K,而振动量子为3340K;对于氧来说,相应的数值为2.1K和2230K[69]。两种气体VT

横截面均比 RT 少几个数量级。由于这样的差异,很多情况下只需考虑 RT 过程而可以忽略 VT 过程。另外,转动量子的值小而 RT 过程的截面值较高,所以对于分子气体,在所有温度情况下均需要用 GBE 代替经典玻耳兹曼方程。当激波温度未达到振动量子的值或 VT 过程的横截面可以忽略不计时,激波结构可以通过 GBE 方程单独求解 RT 过程得到。

对具有旋转自由度的多原子气体的激波结构的数值研究感兴趣的原因主要有两个:首先,它提供了额外的 RT 过程中能量变换数据,这些数据无法通过物理实验得到;其次,它通过与现有实验数据比较,可以测试和验证数值方法。

随着喷气式飞机、风洞和激波管的使用,通过电子束诱导荧光、电子束的吸收和拉曼光谱可以得到氮激波结构的实验数据,在激波管实验中移动冲击波实现了最明确的实验条件,但应用的测量方法只能得到密度分布。在扩张自由射流和风洞形成稳定激波的其他实验中,旋转和平移模式之间的热力学平衡可能会失真,不仅会影响激波结构,而且会影响转动光谱和转动温度。

应用 DSMC 方法计算激波结构的大多数计算中,对于内部能量采用不同的唯象弛豫模型,这些模型中包含了许多假设,其在物理上并不总是合理的[40-41]。更严格的蒙特卡罗方法,利用旋转分子[34]相互作用的经典轨迹计算,则需要庞大的计算量。文献[35]提出了一种节省计算资源的基于轨迹计算的 DSMC 弛豫模型。计算中,分子碰撞通过 Lennard – Jones 作用势能势来描述,参数和转动光谱数据参见文献[68]。因此,对于氮分子来说,能量空洞的深度 $\varepsilon = 91K$,转动能级的退化为 $q_i = 2i + 1 (i = 0, 1, \cdots, \infty)$,能级的转动能量 $e_{ri} = \varepsilon_0 i(i + 1)$,$\varepsilon_0 = 2.9K$。分子在碰撞过程中由两个阶段组成:第一阶段,分子间是以弹性方式相互作用的,这一阶段确定了相对速度偏角;第二阶段,根据能量守恒方程相对速度模数进行变化。对于转换概率 $P_{ij}^{kl}$,应用方程[36],通过拟合模拟 $N_2$ 分子的刚性转子相互作用分子动力学模拟实验的数据得到概率不为零的虚拟碰撞中的能量守恒定律:

$$P_{ij}^{kl} = P_0 \omega_{ij}^{kl} \left[ \alpha_0 \exp( -\Delta_1 - \Delta_2 - \Delta_3 - \Delta_4 ) + \frac{1}{\alpha_0} \exp( -\Delta_3 - \Delta_4 ) \right]$$

式中

$$\Delta_1 = |\Delta e_1 + \Delta e_2| / e_{tr0}, \Delta_2 = 2 |\Delta e_2 + \Delta e_1| / e_{tot}$$

$$\Delta_3 = 4 |\Delta e_1| / (e_{tr0} + e_{ri}), \Delta_4 = 4 |\Delta e_2| / (e_{tr0} + e_{rj})$$

$$\Delta e_1 = e_{ri} - e_{rk}, \Delta e_2 = e_{rj} - e_{rl}, \alpha_0 = 0.4 e_{tot} / e_{tr0}$$

$$e_{tr0} = mg^2 / 4, e_{tot} = e_{tr0} + e_{ri} + e_{rj}$$

非零概率的虚拟碰撞中的能量守恒定律方程

$$mg_{ij}^2/4 + e_{ri} + e_{rj} = mg_{kl}^2/4 + e_{rk} + e_{rl}$$

如果 $g_{kl}^2 \geq 0$，则 $P_{ij}^{kl} > 0$；否则，$P_{ij}^{kl} = 0$。

弹性碰撞是一种特殊情况下的碰撞，概率服从归一化条件：$\sum P_{ij}^{kl} = 1$，其应在计算中严格满足。转换概率公式是所有相互作用的平均并且不受参数影响。在文献[37]的非弹性碰撞受一些共同作用影响参数的限制。在目前的计算中，偏差角被限制在 0.13，以禁止 RT 转化。

能级数量根据研究问题的温度范围进行选择。对于中等马赫数，在氮气中的激波结构可以通过光谱能量差值的实际值 $\varepsilon_0$ 计算得到；但对于高超声速情况，所需的能级数量会很高（高达 50～70 级），计算非常耗时。为解决这一问题，可以增加能量差值从而减少级数，在这个过程中需要满足条件 $\varepsilon_0^* = kT_0$，其中，$T_0$ 为激波前温度，$\varepsilon_0^*$ 为能量差值的修正值。通过数值实验，确定增加的光谱能量差值对计算结果影响不显著。马赫数 1.5～15 范围内的激波结构计算方法和算例方法细节可参见文献[38-39]。数值实验表明，这种替代在 $\varepsilon_0^* < 0.25kT_0$ 的情况下都是非常合理的。"有效"能级的使用可以大大减少 CPU 时间。

文献[38]给出了宽马赫数范围内的氮气激波结构模拟结果，并与 $Ma$ 为 1.53、1.7、2、2.4、3.2、3.8、6.1、8.4、10 条件下的实验数据[1]和 $Ma$ 为 7、12.9 的实验数据[29-31]进行比较。前面 6 个马赫数得到的密度分布与实验结果相一致，其他情况相近。

图 6.13 给出了 $Ma = 3.2$ 时，室温条件下考虑 44 个转动能级的氮气激波结构的计算结果，并与实验数据的密度图进行比较[1]。对于这种强度的激波，温度没有达到振动自由度的激发水平。简化的气体参数为密度 $n$、平动温度 $T$、转动温度 $T_{rot}$ 以及纵向温度 $T_{xx}$，由激波前后的不同值进行标准化，距离范围是激波前分子的平均自由程。

密度和温度单调变化，但纵向温度张量分量在激波中心前有最大值，定义该点的密度值为最大值的 1/2。转动温度升高相对于平移温度有一些延迟，这是因为其需要通过非弹性碰撞将增加的动量转换为旋转能量。

图 6.13（b）给出了波前 $x = -\infty$，$x = x_c - \lambda$，$x = x_c$，$x = x + \lambda$，$x = \infty$ 几个点处的旋转能谱。这里 $x_c$ 代表激波中心。横坐标代表旋转能级，纵坐标代表旋转能级的总和。在所有位置的能谱看起来近似于平衡态，但在 7、8 层的一些特征可以在第二个空间位置观测。

由图 6.14 可以看出平衡谱的误差，其中能级总和置于坐标 $Z_2 = \ln \frac{n}{(2r+1)n}$，$Z_1 = \varepsilon_r = r(r+1)\varepsilon_{r0}$ 中，其中 $n_r$ 为第 $r$ 级的总体，所在点的气体密度

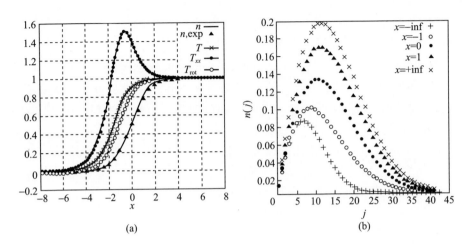

(a)                                    (b)

图 6.13  $Ma=3.2$ 时,氮气激波结构和沿激波不同点处的转动能谱

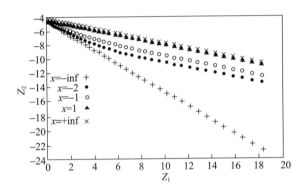

图 6.14  $Ma=3.2$ 时,旋转能谱与平衡能谱不同

$n=\sum\limits_{t=0}^{\infty}n_r$, $\varepsilon_r$ 为能级的能量,$\varepsilon_{r0}$ 为旋转能量量子。密度和温度通过左边的值进行标准化。平衡消退分布 $n_r=\dfrac{2r+1}{n}\exp(-\varepsilon_r/T)$ 在激波边界层由坐标系中的直线表示。旋转能谱与激波内部平衡能谱不同,并与文献[31]中的实验数据相符。

　　显著的差异出现在第二个点。在激波前方中心和右侧差别相对较小。注意到,在能谱的中间部分出现左边"最大值",并且右侧能谱的分布可以通过实验观察来确定[32]。

　　图 6.15(a)给出了 $T_1=9.15K$ 低温实验条件下,$Ma=12.9$ 时模拟得到的气体密度、平移和旋转温度分布,并与旋转量子相比较[29],并给出了与实验测得的密度和稳定曲线较一致的计算结果作为对比[34]。平移温度曲线的凸起可以解

释为激波前的低温导致 RT 能量传递较慢。图 6.15(b) 给出了沿波前方向一些点的 26 个能级的旋转能谱。激波的中心位于 $x = 0$ 处。$x$ 轴为旋转能级数,$y$ 轴为旋转能级的总和。可以清楚地看到,激波内的旋转平衡在高马赫数的情况不存在。这个结果与文献[29]的实验数据和文献[34]的计算结果均吻合较好。

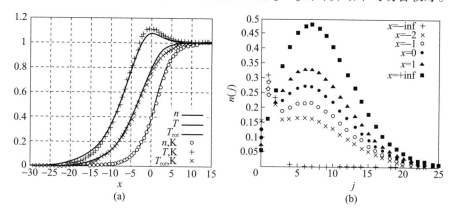

图 6.15　$Ma = 12.9$ 时,简化能级得到的氮气激波结构和激波内不同点的旋光谱
(数据以热力学温度标定)

高速流动的计算需要减少转动能级的数量,一般是通过提高转动量子来实现。室温条件下,基于 16 个转动能级的 $Ma = 10$ 的激波结构的计算结果与文献[1]的对比如图 6.16(a) 所示。可以看到纵向温度约为平动温度的两倍,因此 R - T 转化将伴随更高的动能,并且可通过一些基于平动温度的唯象模型进行估计。

图 6.16(b) 给出了激波内的一些"有效"级 $J$ 相对总体变量 $n(J)/n$。注意到基准和第一个激发级总体的减小。气体级总体增加,但是更高级总体的增加开始有一些延迟。这可能表明了 RT 过程中低能级到高能量级的旋转量子的叠加。

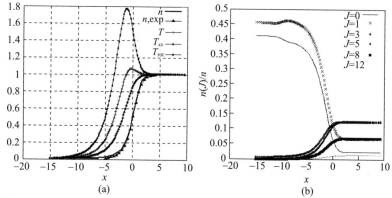

图 6.16　$Ma = 10$ 时,简化能级得到的氮气激波结构和激波内能量谱总体的变化

### 6.5.2 带有激发旋转和振动能级的激波结构

对于高超声速激波,应考虑旋转和振动的自由度。我们的目的是要获得高质量的激波结构图。反应势能以分子作用距离的反向第 12 级能量的形式,对于 Lennard - Jones 势能是很好的近似,在一定程度上加快了计算速度。振动能谱以能量量子 $\varepsilon_{vib}$ = 3340K 拟合氮气。振动水平没有减小并且 GBE 转化为 WC - UE。VT 转化的可能性通常认为远小于 RT 转化的可能性,是弹性碰撞可能性的 0.0001 ~ 0.001(甚至更小)。在计算中,任意两对能级的 VT 转化的可能性等于弹性碰撞可能性的 0.001。VT 转化使用 WC - UE 来计算,并且 RT 转化通过 2LRT 动力学方程去简化计算。计算条件:室温 $T_1$ = 300K,$Ma$ 为 6 和 10。对于第一个马赫数,考虑 4 个振动能级足够,对于第二个马赫数需要考虑 8 个振动能级。振动能量为

$$E_{vib} = \sum_{j=0}^{j=j_m} j\varepsilon_{vib}n_j$$

假设振动过程有双自由度。可以将振动能量与传统的振动温度联系在一起 $T_{vib,ct} = E_{vib}/k$。此温度测量了存储在振动中的能量总和。从量子机理的观点上看,振动形成 Bose 气体,其热动力学平衡态的温度通过公式[69]与振动能量相关联:

$$E_{vib} = \frac{\varepsilon_{vib}}{\exp(\varepsilon_{vib}/kT_{vib,q}) - 1}$$

知道 $E_{vib}$,就可以确定量子振动温度 $T_{vib,q}$。在经典理论的范围内,可以得到 $T_{vib,q} \to T_{vib,ct}$。图 6.17 给出了 $Ma$ = 10 情况下气体的振动温度、密度、运动平移、纵向平移和振动温度。所有的气体参数都通过激波前的值进行标准化。激波结构与图 6.16 中的有很大不同。密度变化保持单调,对于平移和旋转温度却不同。这可以通过运动能量的突变和能量的慢转化,以及旋转向振动模式转变来解释。由于这个慢的能量转化,激波层的第一部分实际上与振动无关并且拟合绝热系数 $\gamma$ = 7/5。同时,能量向振动能级转化并逐渐降低平移和旋转温度,并伴随着气体密度的增加。应该注意到,量子振动温度达到了热力学平衡值,但是传统的振动温度低于限制值。激波中心处的振动能谱远达不到平衡态,并且逐渐趋于平衡能谱。在图 6.17 中仅给出了 $x$ 轴 $x$ = ( -120,250)范围内计算得到的激波。

当指定 RT 和 VT 过程的转化概率时,该方法可以用于模拟多原子气体的激波结构。当振动能级固定时,激波结构细节可以通过严格求解广义玻耳兹曼方程得到。当该假设不成立时,可以对 RT 能量传递采用 2LRT 模型近似方法。

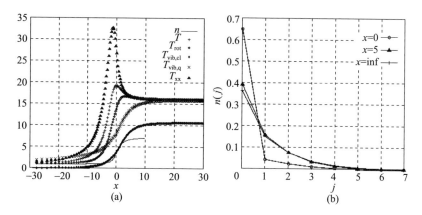

图 6.17 $Ma=10$ 时,带有激发旋转和振动能级的激波结构。气体参数通过波前值进行标准化,以及不同横坐标处的振动能级

## 6.6 单原子混合气体的激波结构

考虑假设硬球模型的单原子混合气的激波结构。与单一组分的气体相比,混合气中的激波结构通过马赫数 $Ma$、激波前气体的组分浓度 $\chi_i^{(1)}=(n_i/n)^{(1)}$、分子质量比 $m_1/m_0$ 和分子直径比 $d_1/d_0$ 无量纲的参数确定。参数 $m_0$ 和 $d_0$ 可以随机选择,因此它们可以等于任意组分的参数。相对来说,特征分子的平均自由程和特征分子速度(或特征分子动量 $P_0$)可以通过所选组分的参数 $m_1,d_1$ 来确定,$n^{(1)}$、$T^{(1)}$ 分别为激波前的气体密度和气体温度。同样可以确定下面参数:

$$\lambda_0=(\sqrt{2}\pi n^{(1)}d_1^2)^{-1},v_0=\sqrt{2kT^{(1)}/m},p_0=m_1v_0$$

直径比的作用相对较小,因为真实的分子直径彼此相近。质量和密度比影响激波内部的释放过程并构成它的结构。微观值有标准化和简化两种表达形式。在两种形式中使用了相同的符号:密度 $n_i$ 和 $n$,流动速度 $u_i$ 和 $u$,温度 $T_i$ 和 $T$,平行温度 $T_{xx,i}$ 和垂直温度 $T_{rr,i}$。图中的标记对应于从最左到最右的线。在图 6.18 ~ 图 6.21 给出了二元混合气在 $d_i/d_1=1$ 情况下的计算结果。第一个为大组分。

随着质量比的减小可以看出组分密度和温度的曲线的不同。对于这两种情况,较小组分的温度曲线比较大组分的斜率更小。这一特点可以解释为轻气体有更强的分子扩散。大组分的温度 $T_1$ 比小组分的温度 $T_2$ 增长更快,并且在一些点甚至超过激波内部温度。接着 $T_1$ 单调地达到下游平衡温度或者比下游的温度更高然后再减小。单调性可以通过图 6.18 看出,并且在图 6.19(a) 的左侧给出了组分密度的影响。由图 6.19(b) 可以看出,马赫数不是太小时,且大原子组分的低密度组分出现温度的非单调性变化。这个现象已经在早期的研究

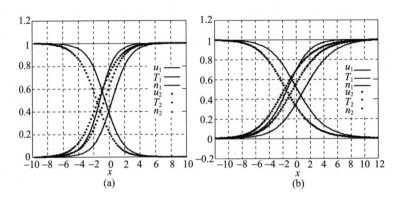

图 6.18　$Ma = 1.5, \chi_2^{(1)} = 0.9, m_2/m_1$ 分别为 $0.5$、$0.25$ 时，
不同质量比：两组分混合气体的激波结构

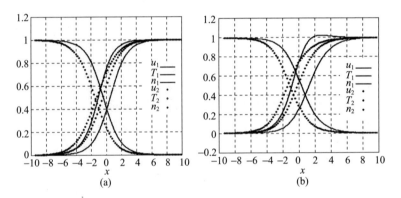

图 6.19　$Ma = 2, m_2/m_1 = 0.25$，不同浓度时两组分混合气体的激波结构
（a）$\chi_2^{(1)} = 0.5$；（b）$\chi_2^{(1)} = 0.9$。

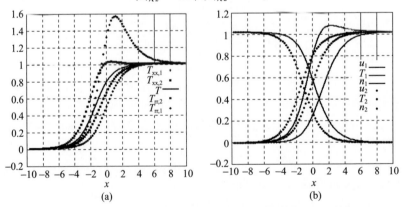

图 6.20　$Ma = 6, m_2/m_1 = 0.5, \chi_2^{(1)} = 0.95$ 的温度矢量和气体参数

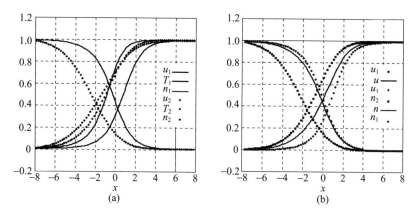

图 6.21　$Ma=3$, $\chi_2^{(1)}=0.5$, $m_2/m_1=0.5$ 时的激波结构

（a）组分参数；（b）混合气体和各组分速度和密度的对比。

中[47,51]发现,并且认为是温度的过冲现象[12,52]。

图 6.20（a）给出了两个组分混合气的温度矢量分量。重气体的纵向温度更高,是由于当与轻分子碰撞占主要时,重分子的惰性使之在激波层的深度上更容易渗透。$T_1$纵向分量的大凸起导致了温度过冲。通过图 6.20（b）和图 6.19 的比较可以看出,随着轻气体密度的增加,温度的过冲量增加。

图 6.21 给出了低质量比 $m_2/m_1=0.1$ 的激波结构。可以看出,组分密度和温度有很大不同,轻气体组分的温度曲线比重气体组分的更平缓。混合气的总密度和总速度曲线在各组分曲线之间,从计算的点看,小分子质量比将使计算难度增加。

图 6.22 给出了与文献[53]计算结果的比较,它们之间吻合较好。文献[57-58]给出了通过波前值来进行标准化得到的更准确参数的比较。图 6.23 给出了二元混合气体在高马赫数情况下的计算结果。

图 6.24 给出了具有实际质量和直径的氩气、氖气和氦气的三种组分混合气体的计算结果[60]。氩气被定为第一个组分,氖气为第二个,氦气为第三个。计算包括激波和混合气的下列的参数:$Ma=3$, $m_2/m_1=0.5$, $m_3/m_1=0.1$, $d_2/d_1=0.7$, $d_3/d_1=0.6$, $\chi_1^{(1)}=0.2$, $\chi_2^{(1)}=0.3$, $\chi_3^{(1)}=0.5$。从中可以看出,对于氩气的过冲现象以及混合气组分曲线间大的差异。

图 6.25 给出了氩气（1）、氖气（2）、甲烷（3）和氦气（4）四组分混合气的计算结果。组分的分子质量和直径均为实际值,但是氖气和甲烷的内部能量没有考虑。计算在 $Ma=3$ 情况下,并且有以下参数:

$$m_2/m_1=0.7, m_3/m_1=0.4, m_4/m_1=0.1$$
$$d_2/d_1=1.0314, d_3/d_1=1.144,$$
$$d_4/d_1=0.6, \chi_1^{(1)}=0.1, \chi_2^{(1)}=0.2, \chi_3^{(1)}=0.3, \chi_4^{(1)}=0.4$$

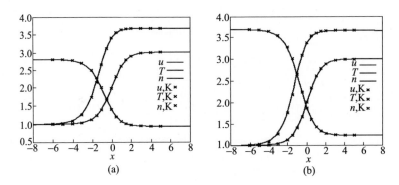

图 6.22    $Ma = 3, m_2/m_1 = 0.5$ 条件下，二元混合气的计算结果与

文献[53]的对比，文献[53]由正方形标注

(a)$\chi_2^{(1)} = 0.1$；(b)$\chi_2^{(1)} = 0.9$。

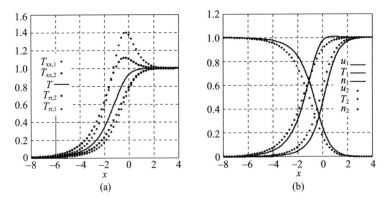

图 6.23    $Ma = 6, m_2/m_1 = 0.5, \chi_2^{(1)} = 0.5$ 的温度矢量和气体参数

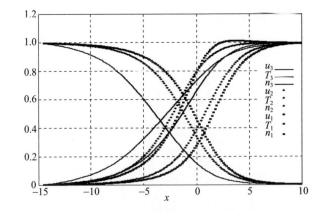

图 6.24    氩气(1)、氖气(2)和氦气(3)的混合气体的激波结构

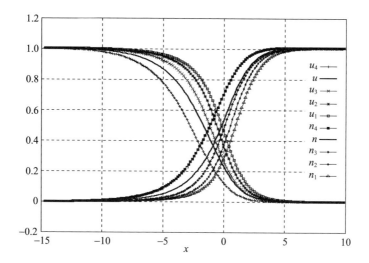

图 6.25   在 $Ma = 3$ 时,氩气(1)、氖气(2)、甲烷(3)和氦气(4)的混合气的速度和密度

## 6.7   结   论

本章给出了基于 CPM 求解激波结构的特殊计算方法:对于单原子气体求解经典玻耳兹曼方程,对于有内部能级的分子气体则求解广义玻耳兹曼方程。所有的计算均是在台式计算机上进行的,没有使用并行处理。对于单原子气体,计算采用真实分子势能并且有可控的高精度。精确计算的 CPU 时间一般是 1h 量级。单原子气体的混合气的计算没有使计算难度增加太多。对带有旋转能级分子气体的激波结构的分析,需要更多地考虑,并且很大程度取决于激波强度和活性层数。为降低计算复杂性,研究者们提出了一些近似方法,但仍需要采用高性能计算机,以保证计算的准确性。

## 参考文献

[1] Alsmeyer,H. :J. Fluid Mech. 74 ,495(1976).

[2] Garen,W. ,Synofzik,R. ,Frohn,A. :AIAA - Journal 12 ,1132(1974).

[3] Mott - Smith,H. M. :Phys. Rev,2nd Ser. 82 ,885(1951).

[4] Liepmann,H. W. ,Narashimha,R. ,Chahine,M. T. :Phys. Fluids 5 ,1313(1962).

[5] Chu,C. K. :Phys. Fluids 8 ,1 ,12(1965).

[6] Holway Jr. ,H. :Kinetic theory of shock structure using an ellipsoidal distribution function. In:

de Leeuw, J. H. (ed.) Rarefied Gas Dynamics, vol. 1, p. 193(1965).

[7] Anderson, D.: J. Fluid Mech. 25, 271(1966).

[8] Bird, G. A.: Shock wave structure in a rigid sphere gas. In: Leeuw, J. H. (ed.) Rarefied Gas Dynamics, vol. 1, p. 216(1965).

[9] Bird, G. A.: Phys. Fluids 13, 1172(1970).

[10] Cercignani, C.: The Boltzmann Equation and its Applications. Springer, Berlin(1988).

[11] Fiszdon, W.: The structure of plane shock waves. In: Fiszdon, W. (ed.) Rarefied GasFlows: Theory and Experiment, vol. 447. Springer, Vienna(1981).

[12] Bird, G. A.: Molecular Gas Dynamics and the Direct Simulation of Gas Flows. OxfordUniv. Press, Oxford(1994).

[13] Cercignani, C., Frezzotti, A., Grosfils, P.: Phys. Fluids 11, 2757(1999).

[14] Hdjiconstantinou, N. G., Garcia, A. L.: Phys. Fluids 13, 4, 1040(2001).

[15] Kowalczyk, P., Palczewski, A., Russo, G., Walenta, Z.: Eur. J. Mech. B Fluids 27, 62 (2008).

[16] Chapman, S., Cowling, T. G.: The Mathematical Theory of Non – Uniform Gases. Cambridge Univ. Press, Cambridge(1970).

[17] Nordsieck, A., Hicks, B. I.: Monte Carlo evaluation of the Boltzmann collision integral. In: Brundin, C. L. (ed.) Rarefied Gas Dynamics, Proc. 5th Intern. Symposium on RGD, vol. 1, p. 695. Plenum Press, N. Y(1967).

[18] Yen, S. M.: Phys. Fluids 9, 1417(1966).

[19] Hicks, B. L., Yen, S. M.: Solution of the non – linear Boltzmann equation for plane shock waves. In: Trilling, L., Wachman, H. Y. (eds.) Rarefied Gas Dynamics, vol. 1, p. 313. Academic, New York(1969).

[20] Tcheremissine, F. G.: Russian J. Comp. Math. Math Phys. 10, 654(1970).

[21] Ohvada, T.: Phys. Fluids A 5, 217(1993).

[22] Ohvada, T.: Numerical analysis of normal shock waves on the basis of the Boltzmann equation for hard – sphere molecules. In: Shizgal, B. D., Weaver, D. P. (eds.) Rarefied Gas Dynamics: Theory and Simulations, p. 482. IAA, Washington(1994).

[23] Aristov, V. V., Tcheremissine, F. G.: Russian, J. Comp. Math. Math. Phys. 20, 190(1980).

[24] Cheremisin, F. G.: Dokl. Phys. 42, 607(1997).

[25] Tcheremissine, F. G.: Comput. Math. Appl. 35, 215(1998).

[26] Cheremisin, F. G.: Dokl. Phys. 45, 401(2000).

[27] Tcheremissine, F. G.: Comp. Math. Math. Phys. 46, 315(2006).

[28] Takata, S., Aoki, K.: Phys. Fluids 12, 2116(2000).

[29] Robben, F., Talbot, L.: Phys. Fluids 9, 633(1966).

[30] Robben, F., Talbot, L.: Phys. Fluids 9, 644(1966).

[31] Robben, F., Talbot, L.: Phys. Fluids 9, 653(1966).

［32］ Smith,R. B. :Phys. Fluids 13,1010(1972).

［33］ Ramos, A. , Mate, B. , Tejeda, G. , Fernandes, J. M. , Montero, S. : Phys. Rev. 62, 4940 (2000).

［34］ Koura,K. :Phys. Fluids 14,1689(2002).

［35］ Tokumasu,T. ,Matsumoto,Y. :Phys. Fluids 11,1907(1999).

［36］ Beylich,A. A. :An Interlaced System for Nitrogen Gas. In:Proc. CECAM Workshop,ENS de Lyon,France(2000).

［37］ Tcheremissine, F. :Direct Numerical Solution of the Boltzmann Equation. In:Capitelli, M. (ed. ) 24th Intern. Symp. on Rarefied Gas Dynamics, RGD, AIP Conf. Proc. , vol. 762, p. 677. Melville,New York(2005).

［38］ Tcheremissine,F. G. ,Kolobov,V. I. ,Arslanbekov,R. R. :Simulation of Shock Wave Structure in Nitrogen with Realistic Rotational Spectrum and Molecular Interaction Potential. In:Ivanov, R. ,M. ,Rebrov,A. (eds. )25th Intern. Symp. on Rarefied Gas Dynamics,p. 203. Novosibirsk Publishing House of the Siberian Branch of RAS(2007).

［39］ Tcheremissine, F. G. , Agarwal, R. K. :Computation of Hypersonic Shock Waves in Diatomic Gases Using the Generalized Boltzmann Equation,Rarefied Gas Dynamics. In:Abbe,T. (ed. ) 26th Intern. Symp. RGD,AIP Conference Proc. ,vol. 1084,p. 427. Melville,N－Y(2009).

［40］ Oran,E. S. ,Oh,C. K. ,Cybyk,B. Z. :Annul. Rev. Fluid Mech. 30,403(1998).

［41］ Wysong,I. G. ,Wadsworth,D. C. :Phys. Fluids 10,2983(1998).

［42］ Center,R. E. :Phys. Fluids 10,1777(1967).

［43］ Harnet,L. N. ,Munz,E. M. :Phys. Fluids 10,565(1972).

［44］ Gmurczyk,A. S. ,Tarczynski,M. ,Walenta,Z. A. :Shock wave structure in the binary mixtures of gases with disparate molecular masses. In:Campargue, R. (ed. ) Rarefied Gas Dynamics, Commissariat à l' Energie Atomique,Paris,vol. 1,p. 333(1979).

［45］ Oberai,M. M. :Phys. Fluids 9,1634(1966).

［46］ Oberai, M. M. , Sinha, U. N. :Shock wave structure in binary gas mixture. In:Becker, M. , Fiebig,M. (eds. )Rarefied Gas Dynamics,DFVLR,Porz－Wahn,vol. 1,p. B. 25(1974).

［47］ Beylich,A. E. :Phys. Fluids 11,2764(1968).

［48］ Fernandez－Feria,R. ,Fernandez de la Mora,J. J. :Fluid Mech. 179,21(1987).

［49］ Abe,K. ,Oguchi,H. :Phys. Fluids 17,1333(1974).

［50］ Hamel, B. B. :Disparate mass mixture flows. In:Potter, J. L. (ed. ) Rarefied Gas Dynamics, vol. 1,p. 171. AIAA,New York(1977).

［51］ Bird,G. A. :J. Fluid Mech. 31,657(1968).

［52］ Bird, G. A. :Shock wave structure in a gas mixtures. In:Oguchi, H. (ed. ) Rarefied Gas Dynamics,vol. 1,p. 175. University of Tokyo Press,Tokyo(1984).

［53］ Kosuge,S. ,Aoki,K. ,Takata,S. :Eur. J. Mech. B Fluids 20,87(2001).

［54］ Mausbach,P. ,Beylich,A. E. :Numerical solution of the Boltzmann equation for onedimensional problems in binary mixtures. In: Proc. 13th Internat. Symp. Rarefied Gas Dynamics, vol. 1, p. 285. Plenum, New York(1985).

[55] Raines, A. A. : Numerical solution of the Boltzmann equation for one – dimensional problem in a binary gas mixture. In: Beylich, A. E. (ed.) Proc. 17th Internat. RGD Symp. , p. 328. Weinheim, New York(1991).

[56] Raines, A. A. : Conservative method of evaluation of Boltzmann collision integrals forcylindrical symmetry. In: Brun, R. , et al. (eds.) Rarefied Gas Dynamics, vol. 2, p. 173. Cepadues – Editions, Toulouse(1999).

[57] Raines, A. A. : Eur. J. Mech. B Fluids 21,599(2002).

[58] Raines, A. A. : Comp. Math. Math. Phys. 42,1212(2002).

[59] Raines, A. A. : Fluid Dynamics 38,132(2003).

[60] Raines, A. A. : Numerical solution of the Boltzmann equation for the shock wave in a gas mixture. In: 27th Intern. Symp. on Shock Waves, St. Petersburg, Russia, p. 213(2009).

[61] Josyua, E. , Vedula, P. , Bailey, W. F. : Kinetic solution of shock structure in a non – reactive gas mixture. In: AIAA 2010 – 817. Amer. Inst. Aeronaut. Astronaut. , Orlando(2010).

[62] Korobov, N. M. : Trigonometric Sums and their applications, Mir, Moscow(1989).

[63] Boris, J. P. , Book, D. L. : J. Comp. Phys. 11,38(1973).

[64] Cheremisin, F. G. : Doklady Physics 47,872(2002).

[65] Popov, S. P. , Tcheremissine, F. G. : A method of joint solution of the Boltzmann equation and Navier – Stokes equations Rarefied Gas Dynamics. In: 24th Internat. Symp. Rarefied Gas Dynamics, AIP Conf. Proc. , vol. 82, p. 762. Melville, N. – Y(2005).

[66] Tcheremissine, F. G. : Two levels kinetic model for rotational – translational transfers in a rarefied gas, http://www. chemphys. edu. ru/pdf/2007 – 10 – 22 – 001. pdf.

[67] Ferziger, J. H. , Kaper, H. G. : Mathematical Theory of Transport Processes in Gases. North Holland, New – York(1972).

[68] Hirshfelder, J. O. , Curtiss, C. F. , Bird, R. B. : Molecular theory of gases and liquids, N. Y. , London(1954).

[69] Landau, L. D. , Lifshitz, E. M. : Theoretical Physics: Statistical Physics, Nauka – Fizmathlit, Moscow(1995).

# 第 **7** 章

## 高超声速稀薄流中的激波

### 7.1 引　言

随着飞行器飞行高度的增加,空气逐渐变得稀薄。当空气稀薄到一定程度后,对于飞行在其中的飞行器来说,空气不能视为连续流。如图 7.1 所示,飞行器在返回地面的轨迹中,就包含了其必须经历的高空稀薄气体段。

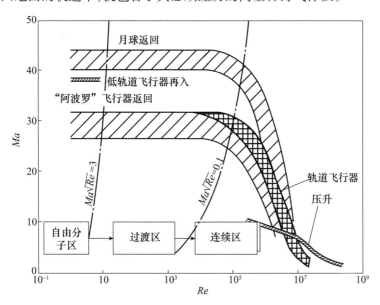

图 7.1　空间飞行器再入轨迹

此时飞行速度极高,再入式飞行器的头部产生强激波,空气受到很强的压缩,并形成高焓流动。基于连续流的理论将不再适用。依据流动中的主要物理现象,可以将稀薄高超声速流动分为几个区,对于不同的区,适用的理论也不同。

（1）自由分子区:分子平均自由程 $\lambda_\infty$ 远大于模型或飞行器的特征尺度 $L$，即 $\dfrac{\lambda_\infty}{L} \gg 1$。气动特性及热特性仅依赖于入射流以及入射分子同模型表面的相互作用,此时适用的方程为玻耳兹曼方程。

（2）中间区或过渡区:该区对应气体质量密度的分子平均自由程与模型特征尺度可比拟,即 $\dfrac{\lambda_\infty}{L} \approx 1$。描述这种流动的最方便方法是蒙特卡罗直接模拟法。

（3）连续流区:模型特征尺度远大于分子自由程,即 $\dfrac{\lambda_\infty}{L} \ll 1$。经典的流体动力学方程,即 N–S 方程,可适用于描述这种流动。

稀薄参数 $\dfrac{Ma_\infty}{Re_L}$ 可用于区分上述分区,式中 $Ma_\infty$ 为自由来流马赫数,$Re_L$ 为雷诺数。一般而言,$\dfrac{Ma_\infty}{Re_L} = 10$ 可以作为自由分子区与过渡区的分界,$\dfrac{Ma_\infty}{Re_L} = 10^{-1}$ 可以作为自由分子区与连续流区的分界(图 7.2)。实验中发现,在连续流区,还存在滑移态,即气体层沿着模型表面滑移,导致温度在表面与气体层之间不连续。当 $\dfrac{Ma_\infty}{Re_L} > 10^{-2}$ 时,随着 $\dfrac{Ma_\infty}{Re_L}$ 的增大,滑移愈发明显。对于这种流动,仍可以采用连续流方法(N–S 方程)描述,但必须考虑温度和速度在壁面处的跳跃。

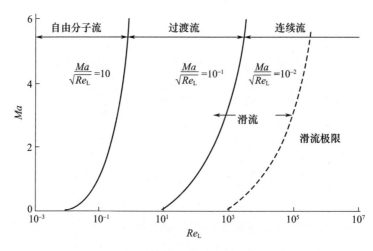

图 7.2　流动分区

在稀薄流条件下,如小雷诺数流情况,激波和黏性层都很厚(图 7.3 ~ 图 7.5)[2]。因此,分析流动和激波的经典气体动力学方法,如激波极性分析法或者一维流动假设,可能已经不再适合。飞行器周围的流动由强黏性激波—边界层相互作用主导。此外,稀薄流中可能出现的另一个问题是热非平衡效应。

从实验方面来看,尽管低密度风洞在运行模式上与常规高密度超声速风洞具有一些相似性,但它所采用的测试仪器大不相同。气体的稀薄性导致气动力、压力和质量密度均较小,因此需要专用的高灵敏度测量仪器。流体的分子特性使得基于光辐射的测量技术成为可能,如可通过电子束技术测量当地密度。

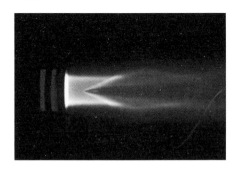

图 7.3　$Ma = 4, Re_L = 3000$ 时流
经尖劈的超声速稀薄流
(CNRS/奥尔良)(见彩图)

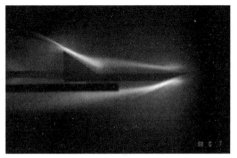

图 7.4　$Ma = 21.6, Re_L = 3900$ 时流
经斜面的超声速稀薄流
(DLR/哥廷根)(见彩图)

图 7.5　稀薄流条件下火箭羽流与外表面流场之间的相互作用(CNRS/奥尔良)(见彩图)

# 7.2 稀薄流的一般现象

## 7.2.1 流动分区

对于一般问题而言,需要根据其所在环境来选择适用的方法。选择的依据是所研究问题的物理量梯度相对于分子碰撞距离之间的关系。

在经典流体力学中,认为流体是流体粒子的集合,这些粒子遵守质量守恒、动量守恒和能量守恒等物理定律,并可由数学方程描述。这些方程既包含速度、温度等描述流动特性的物理量,又包含以输运系数形式出现在方程中的流动物理特性,如取决于局部流动条件的黏性系数、热导率。但这种方法只适用于局部流体分子数足够接近平衡态的情况。换句话说,该方法只适用于局部流动梯度幅值的变化 $dQ/Q$ 很小的情况($Q$ 为任意宏观流动参数)。

对于亚声速流,即 $Ma \ll 1$ 时,特征流速基本上就是分子随机热运动速度 $c$,则平均自由程 $L$ 可定义为热运动速度 $c$ 与碰撞频率 $\nu$ 的比值,$L = \dfrac{c}{\nu}$。热平衡的准则可由下式描述:

$$Kn_{local} = 1$$

式中:$Kn_{local}$ 为局部克努森数,且有

$$Kn_{local} = 1/cv$$

当流动达到超声速时,$Ma \gg 1$,特征速度则为流速 $c_0$,平均自由程 $L = \dfrac{c_0}{\nu}$。定义连续流区的判别依据可表述为

$$\left| \frac{dQ}{Q} \right| = \left| \frac{d\dot{Q}\,\dot{L}}{Q} \right| = \frac{|dQ|}{|Q|} \frac{c_0}{v} |\cos\theta|$$

引入克努森数和马赫数,该判据则可改写为

$$P = Kn_{local} Ma \sqrt{\frac{\gamma\pi}{8}} |\cos\theta| \ll 1$$

参数 $P$ 最早由 Bird 提出[3-4],他发现:$P = 0.02$ 时,平衡态不再满足。因此,连续流区的极限值为 $P \ll 0.02$。

此外,局部参数是相对于定常流而言的,但某些过程是可以不处于热力学平衡的。事实上,下面的例子是针对平动平衡而言的,其他过程,如转动、振动以及化学过程则需要更大量的碰撞频率才能达到热力学平衡。首先,引入参数 $Z = \tau/\tau_c$,其中,$\tau$ 为所考虑过程的弛豫时间,$\tau_c$ 为两次碰撞之间的特征时间。根据

该参数,流动区域可划分为以下三个分区:

(1) $P < 0.02/Z$,流动处于热力学平衡状态。

(2) $0.002/Z < P < 0.02$,流动处于热力学非平衡状态,但连续流方法依然适用。

(3) $P > 0.02$,流动为稀薄流,经典的力学定律不再适用。

稀薄气体的典型表现是气体中存在局部热力学非平衡状态。各种参量达到平衡状态需要的碰撞次数不尽相同。碰撞次数一般用 $Z$ 表示:对于平动和转动,其可以是几次,对于振动和化学反应,其可以是几千次。对于某过程,当 $P \ll 1/Z$ 时,可认为达到平衡。对于激波层,热力学条件需要采用局部稀薄气体参数衡量,而不能像自由射流那样采用全局参数衡量,而且局部参数与全局参数之间不存在简单关系式。然而,还可以讨论特定区域流动的稀薄参数,如在激波层内,稀薄度最高[5-6]。这也意味着,只有通过分子类型的数值方法才能模拟这个区域。流场的另一个特别区域是边界处,由于边界层内存在强梯度,因此边界层的稀薄程度也非常重要。从定性上看,当粒子与模型壁面碰撞后的运动距离远大于模型的特征长度时,激波区可视为分子区。该平均自由程与自由流的关系式与马赫数、壁温与自由流温度之比相关。对于分子区,简化后的式子为

$$\frac{Kn_\infty}{Ma_\infty} > 30$$

Hayes 和 Probstein[7] 提出了更加详细的流动划分方法,将稀薄流共划分出 7 个区。

### 7.2.2 激波厚度和脱体距离

1. 混合雷诺数

在空间飞行任务中,飞行器经历的流动可能变得非常稀薄,因此必须考虑黏性与稀薄的相互作用,这会导致边界层变厚,然后激波也变厚,当稀薄达到一定程度时,边界层和激波组成了一个很大的黏性可压缩流区。Lengrand[8] 提出了一个稀薄参数,可以划分为 5 个区域。他定义了一个基于混合雷诺数 $Re^*$ 的准则,该混合雷诺数对表征高超声速流过圆柱和球时的激波厚度和脱体距离具有重要意义。该混合雷诺数将其试验数据和公开文献中的结果联系起来,定义如下:

$$Re^* = \rho_1 U_1 R / \mu(T_w)$$

式中:密度 $\rho_1$ 和速度 $U_1$ 为激波前的自由流参数;$\mu$ 由壁面温度 $T_w$ 计算获得;$R$ 为圆柱横截面半径或者球的半径。

基于这个参数可以将流动划分如下：

边界层区域：$Re^* > 1400$

混合区：$30 < Re^* < 1400$

过渡层区：$3 < Re^* < 30$

第一碰撞区：$0.3 < Re^* < 3$

自由分子区：$Re^* < 0.3$

**2. 钝体前的激波脱体距离**

对于无黏情况，即黏性效应只集中在边界层内且激波未浸入边界层的情况，Ambrosio 和 Wortman[9] 提出了两个适用于比热比为 1.4 的理想气体的修正公式：

对于球体，有

$$\Delta_{nv} = 0.143 e^{3.24/M.M}$$

对于圆柱体，有

$$\Delta_{nv} = 0.386 e^{4.67/M.M}$$

对于球体，Lengrand 通过考查大量的试验结果发现，当 $Re^* < 2000$ 时，真实激波脱体距离 $\Delta$ 并不等于 Ambrosio 和 Wortman 公式给出的 $\Delta_{nv}$。而且，当 $Re^* = 10$ 时，$\Delta/\Delta_{nv} = 3$。

对于圆柱体，Lengrand 注意到，当 $Re^* = 100$ 时，真实激波脱体距离 $\Delta$ 与 Ambrosio 和 Wortman 公式给出的距离 $\Delta_{nv}$ 不同。而且，当 $Re^* = 5$ 时，$\Delta/\Delta_{nv} = 3$；当 $Re^* = 2$ 时，$\Delta/\Delta_{nv} = 6$。

Lengrand 发现，当 $\Delta/\Delta_{nv} \neq 1$ 时，圆柱体情况下的 $Re^*$ 值比球体时的值高出 20 倍。这意味着，圆柱体情况下的参考长度应该选择大于半径的值。

**3. 钝体前的激波厚度**

一般认为，激波厚度 $\delta$ 大约为自由流条件下分子平均自由程 $\lambda$ 的 5 倍[10]。当激波厚度小于激波脱体距离 10% $\Delta$ 时，即 $\delta/\Delta < 0.1$，Lengrand 认为此时激波厚度可以假设为无限小。此时，可认为激波是间断的。Lengrand 的研究表明，对于圆柱和球体，当 $Re^*$ 为 1000 ~ 2000 时上述假设是成立的。

上述结果是基于密度剖面得到的。基于其他参数剖面，$\delta/\Delta < 0.1$ 的条件也必须满足。他还认为，基于旋转温度 $T_r$ 的激波厚度为 $Z_r\lambda$ 量级，其中 $\lambda$ 为分子平均自由程；当 $T_r = 300K$ 时，$Z_r = 4$，当 $T_r = 100K$ 时，$Z_r = 10$，$T_r$ 为激波后的温度值。

对于圆球绕流，$\delta/\Delta < 0.1$ 的条件与 $\Delta/\Delta_{nv} = 1$ 的条件可以同时满足；但是对于圆柱绕流，尽管 $\Delta/\Delta_{nv} = 1$，但激波厚度不可忽略，这种情况下，尽管激波脱体距离未受稀薄性影响，但激波也会增厚。

**4. 平板前缘效应对激波脱体距离及激波厚度的影响**

随平板厚度增加,激波脱体距离及激波厚度逐渐增大。Santos[11]通过DM-SC方法数值定量研究了钝度对激波结构的影响。他分析了激波脱体距离与激波厚度随平板头部形状的变化。其模拟条件为航天器在70km高空飞行的流动条件。此时,流动处于过渡区,相应的混合雷诺数为 $3 \sim 30$,$Kn$ 为 $10^{-2}$ 及以上量级。

无量纲激波脱体距离 $\Delta/\lambda$($\lambda$ 为上游自由流分子平均自由程)与当地克努森数 $Kn_t = \lambda/t$($t$ 为尖前缘厚度)的关系如表 7.1 所列。表 7.1 中还给出了以自由流平均自由程 $\lambda$ 无量纲化的激波厚度 $\delta$。

表 7.1 脱体距离及激波厚度与克努森数的关系

| $Kn_t = \lambda/t$ | 无穷远 | 100 | 10 | 1 |
|---|---|---|---|---|
| $\Delta/\lambda$ | 0 | 0.096 | 0.209 | 0.614 |
| $\delta/\lambda$ | 0 | 0.385 | 0.528 | 1.342 |

对于最钝头部,相应的 $Kn_t = 1$,其激波厚度大约分别比 $Kn_t$ 为 100 和 10 时大 3.5 倍和 2.5 倍。

前面的例子中涉及的前缘从非常尖($Kn_t \rightarrow \infty$)到不太尖($Kn_t = 1$)的都有。对于相同流动条件,Santos 发现圆弧前缘的激波厚度最大($\delta/\lambda = 3.350$)。该值较表 7.1 中 $Kn_t$ 分别为 100、10 和 1 的情况大 8.7 倍、6.3 倍和 2.5 倍。

**5. 稀薄区平板激波特征**

为了刻画稀薄区的平板激波,人们测量了马赫数为 26.2、单位雷诺数为 $640\mathrm{cm}^{-1}$ 的平板流动的皮托管压力。图 7.6 为当地皮托管压力与来流皮托管压力的比值。图中含有不同流向 $x$ 位置的曲线值,可见随着流向位置的前移,稀薄参数增大,曲线上的最大值随之减小。当稀薄参数 $\bar{V} = \dfrac{Ma_\infty}{\sqrt{Re_\infty}}$ 为 1.13 时,流动处于浸入区,对应曲线没有最大值。图 7.7 为皮托管压力剖面曲线,并标出了沿着剖面曲线的一些特征点,这些特征点随流向的发展也在图中画出。"最大坡度"方法将激波厚度定义为点 2 和点 4 之间的间距。在稀薄情况下,由于激波的扩散结构,将点 1 和点 5 之间的距离定义为激波厚度更为合适,即皮托管压力沿法向向外第一个未受扰动的点和最大值点之间。沿平板 $(20 \sim 30)\lambda_\infty$ 的地方,激波厚度缓慢增大。

### 7.2.3 稀薄流条件下的热流量

对于自由分子区流动,可以通过 Bird 提出的分析方法确定壁面热流。首

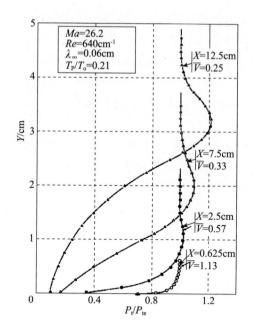

图 7.6 稀薄流区平板流动的皮托管压力剖面( $\overline{V}$ 为稀薄参数)

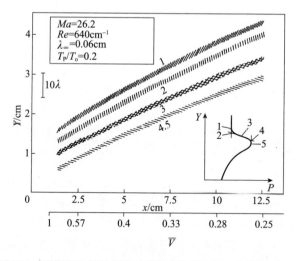

图 7.7 稀薄流区的平板激波特征(由皮托管压力数据刻画)

先,单位面积 $s$ 的热流量 $Q$ 通过下式计算获得:

$$q = \frac{\rho}{\beta^3} G_q(s, s')$$

式中

$$G_q(s,s') = \left[ \left( 2s^2 + \frac{\gamma+1}{\gamma-1}\exp(-s'^2) + 2\pi^{\frac{1}{2}}s'(s + \mathrm{erf}\ s') \right)\left( \frac{\gamma}{\gamma-1} + s^2 \right) \right]\frac{1}{8\pi^{\frac{1}{2}}}$$

$s' = s\cos\theta$（$\theta$ 为速度矢量与物面法向之间的夹角）。

$s = \dfrac{c_0}{\sqrt{2RT_{\mathrm{tr}}}}$（$c_0$ 为宏观尺度速度,$\beta = \dfrac{1}{\sqrt{2RT_{\mathrm{tr}}}}$）

考虑壁面入射和反射热流的平衡。

入射热流密度为

$$q_i = \rho_i RT_{\mathrm{tri}}c_{0i}\left( \frac{c_{0i}^2}{2RT_{\mathrm{tri}}} + \frac{\gamma}{\gamma+1} \right)$$

式中:角标 i 和 r 分别代表入射和反射。

反射的热流密度为

$$q_r = \frac{\rho_r}{\beta_r^3}G_q(s,s')$$

对于完全热适应、漫反射模型,有

$$T_{\mathrm{tri}} = T_{\mathrm{wall}}, \beta = \frac{1}{\sqrt{2RT_{\mathrm{wall}}}}, c_{0r} = 0$$

$$s_r = s'_r = \beta c_{0r}, \rho_r \neq \rho_i$$

净热流密度为

$$q_{\mathrm{exch}} = \rho_i \times RT_{\mathrm{tri}} \times c_{0i} \times \left( \frac{c_{0i}^2}{2RT_{\mathrm{tri}}} + \frac{\gamma}{\gamma+1} \right)$$

$$- \rho_i \times 2\sqrt{\pi} \times c_{0i} \times 2RT_{\mathrm{wall}}\frac{\gamma+1}{\gamma-1}\frac{1}{8\sqrt{\pi}}$$

### 7.2.4 超声速稀薄流中的前缘流动和黏性相互作用

激波—边界层相互作用是超声速和高超声速稀薄气体动力学中的主要问题之一。尖前缘平板流动可以很好地展示该问题。Lees 和 Probstein(1952)首次对前缘高超声速流动进行了分析。

如图 7.8 所示,超声速稀薄流中平行于来流布置的尖前缘平板流动呈现出不同的流动区域,且展示了高速稀薄流的许多方面:从前缘开始,首先出现的是长为几个平均自由程的自由分子区;其后是过渡区,之后由于发展激波与边界层融合形成了融合层;再往下游,激波与边界层分开发展。边界层和激波之间的区域为无黏势流区。该区的流动由常见的激波–边界层相互作用主导。首先,在强相互作用区,边界层位移快速增长,并影响激波曲率。反过来,诱导压力梯度又影响边界层的发展。在后续弱相互作用区,激波对边界层发展的影响可以忽略。图 7.8 为根据来流马赫数和基于当地位置的雷诺数划分的不同流区。从前缘到融合层这段区间,平板壁面处速度和温度出现跳跃,而下游壁面处速度和温度则为连续,这两个区分别称为滑移区和无滑移区。自由分子流为动能区,过渡流为混合区,下游的流动为连续流区。

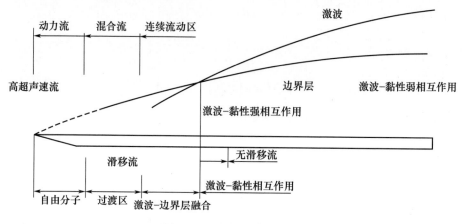

图 7.8　平板前缘流动分区

### 7.2.5 自由分子流区的壁面压力

自由分子超声速流中的平板壁面压力可由下式获得:

$$\frac{p}{p_1} = \frac{\gamma Ma_1^2}{2}\sin^2\alpha \left[\begin{array}{l} \left(\dfrac{1}{s\sqrt{\pi}} + \dfrac{1}{2s^2}\sqrt{\dfrac{T_w}{T_1}}\right)\exp(-s^2) + \\[2ex] \left(1 + \dfrac{1}{2s^2} + \dfrac{\sqrt{\pi}}{2s}\sqrt{\dfrac{T_w}{T_1}}\right)(1 + \mathrm{erf}\,s) \end{array}\right]$$

式中:$T_1$、$p_1$ 和 $Ma_1$ 分别为来流温度、压力和马赫数;$p$ 为壁面压力;$T_w$ 为壁面温度;$s$ 为

$$s = Ma_1\sqrt{\frac{\gamma}{2}}\sin\alpha$$

壁面假设为完全热适应、漫反射壁面。

# 7.3　试　　验

### 7.3.1 高超声速稀薄流风洞

为了在地面复现稀薄流,世界各地许多实验室都建造了稀薄流风洞,这些风

洞大部分建设于20世纪50年代和60年代。类似常规风洞,稀薄流风洞包含有气源系统、可将气体从存储条件膨胀加速至实验条件的收缩-扩张喷管、测试段和扩散段,其中扩散段与安装有高真空泵的排气系统相连。通常,这类风洞的质量流率较小,测试段压力很低。其马赫数范围从中等超声速一直到30,可模拟飞行器再入大气的流动条件。由于质量流率低,这类风洞所需的功率较常规高密度超声速、高超声速风洞小许多,因此可长时间运行。然而,为了模拟高焓条件,一般建设成下吹式风洞。此时需要在存储器中对气体进行加热,使气体积聚大量的热能,然后在短时间内将气体释放。有时,测试段也可以作为真空舱,以模拟卫星环境或射流-壁面相互作用。喷管可以是平面的,也可以是轴对称的,其出口直径为几厘米至1m量级。低密度气流使得雷诺数很小,因此流动中的边界层厚度和激波厚度均较大。在稀薄流风洞中,密度梯度比较平缓,纹影显示系统难以发挥作用,因此需要发展新的流动显示和测量技术。同理,由于风洞内壁面上存在很厚的边界层,大部分低密度风洞采用自由射流方式,并采用埃菲尔(Eiffel)型真空仓。低密度风洞可用于研究基本物理现象(激波-边界层相互作用、激波距离、化学反应、气体分子离解、等离子体……),也可用于研究模型的气体动力学行为。该类风洞的主要参数包含马赫数、雷诺数以及克努森数,其中克努森数是最重要的。克努森数是分子平均自由程与模型特征长度或者喷口出口截面尺寸之比。根据克努森数的大小,该风洞可以模拟从过渡区到自由分子区的流动。

以位于法国Orleans的CNRS-SR3风洞为例,该风洞是建设于20世纪60年代末,是典型低密度风洞。其运行时可通过调节喷管改变测试段马赫数,马赫数的变化范围为$0.6 \sim 22$。而雷诺数的范围为$10^2 \sim 10^5$。图7.9为该风洞示意图。其中,真空泵系统是该风洞的关键部分。根据流动条件及稀薄程度的需要,该风洞中采用了两套不同的泵组。在最高密度下运行时,采用由罗茨泵和两级旋转真空泵组成的泵组,运行功率约为1000kW。在最低密度下运行时,则采用三级泵组(图7.9),包括6个旋转真空泵、2个罗茨泵和2个油扩散真空泵。当压力为$10^{-4}$atm,整个泵的抽气能力可达40m³/s。该风洞的一大优势是几乎可以不间断运行,这样就不需要考虑测量仪器的响应时间,且使测试达到很好的稳定流动条件。

人们还建造了用于研究过渡区流动的风洞,如ONERA的R5CH,该风洞曾开展了大量的激波-激波、激波-边界层相互作用,流动区域过渡等研究。

### 7.3.2 低密度流中的激波-边界层相互作用

在高马赫数流动中,黏性作用现象非常重要,尤其是当边界层很厚,以致于

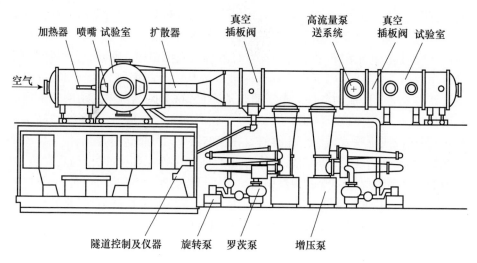

图 7.9　超声速低密度风洞示意图

改变了外部流场结构,使局部流动方向发生改变。这种改变影响了边界层的结构,增强了强黏性作用,以及激波 – 边界层相互作用。

在 ONERA 的 R5CH 低密度风洞中,研究者采用先进非侵入式探针方法研究了激波 – 边界层相互作用[14-15]。R5CH 是冷吹气式风洞,其滞止温度 $T_{st} \approx$ 1050K,正好可以防止气体膨胀至喷管时发生液化。滞止压力 $p_{st} = 2.5 \times 10^5 Pa$,名义马赫数 $Ma_0 = 9.92$ 时,单位雷诺数为 $168000 m^{-1}$。如此低的单位雷诺数可以保证相互作用区的流动处于层流状态。长的运行时间(90s)可以保证开展详细测量所需的时间。测试模型为一个空圆柱,其头部为尖前缘,其后逐渐扩大过渡至圆柱部分。

为了显示稀薄流流场,采用了电子束荧光(EBF)技术。该项技术基于以下原理:当高能电子束(通常为 25keV)穿过流体时,形成 $N_2^+$ 激发态电子,激发态快速转换至低能态,同时发出荧光,且其强度正比于光子密度。当光子密度很高时,会发生熄灭现象,使荧光强度减低,从而破坏了响应的线性。因此,EBF 技术的典型应用是通过电子束层析扫描产生平面图像。图 7.10 显示了高超声速流沿圆柱体纵向流动的流场,图中可清晰分辨出前缘附着激波以及分离激波,并且这两个激波在张开段的尾部交汇。

为了得到定量的密度,即使当熄灭现象发生时,也可以采用基于韧致辐射探测和 X 射线特点的改进测量方法[17]。当电子接近原子时,发生急剧减速,并发射出 X 射线。该方法的优点是其信号是瞬间发射的,且不会出现碰撞熄灭现象。测量点的 X 射线首先需要校准,然后采用配有前置放大器的 X 射线计数器进行检测。如图 7. 11 所示,电子束通过一个小管穿过模型,从而避免当电子束打到壁面处而产生强的 X 射线。

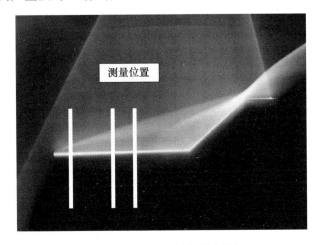

图 7.10 EBF 显示图(见彩图)

图 7.11 高超声速流沿圆柱体纵向流动($Ma$ =9.92)的 X 射线测量,
EBF 图像显示电子束穿过模型(见彩图)

采用基于电子束激发的 X 射线探测的方法测量了流向位置 $x/L$ 为 0.3、0.6 和 0.76(图 7.10)的密度剖面,其结果如图 7.12 所示,图中还展示了由两个 N－S 方程求解器(FLOW 和 NASCA)和一个 DSMC 求解器模拟获得的结果。

这些试验在检验数值求解器对连续流和过渡流的模拟能力方面非常有用。

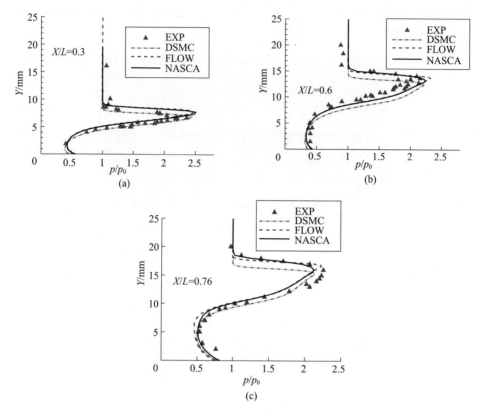

图 7.12 基于 X 射线探测方法测量的密度剖面(流向位置如图 7.10 所示)

(a)$X/L=0.3$;(b)$X/L=0.6$;(c)$X/L=0.76$。

### 7.3.3 低密度流中的激波－激波干扰

在高马赫数流动中,激波－激波相互作用产生的最重要影响是相互作用区物面冲击点附近形成压力和热流峰值。如第Ⅲ类激波－激波相互作用形成的剪切层,第Ⅳ类激波－激波相互作用形成的超声速射流。在稀薄流中,压力和热流峰值更加明显,相比于无激波－激波相互作用时的滞止点,其值可高出 20 倍。该问题对于未来高超声速飞行器进气口的设计是至关重要的。因此,如前所述,在 R5CH 风洞中开展了在深入的实验研究。实验中采用受激拉曼散射方法测量温度和密度。

实验中,采用一个 10°的楔形体来产生激波,实验模型为圆柱,圆柱直径为 16mm,轴线与来流垂直布置。图 7.13 为第Ⅳ类激波－激波相互作用的 EBF 图。由图可见,激波－激波相互作用点处形成了超声速射流。NASA 兰利研究中心采用 DSMC 方法对该实验进行了模拟。模拟所得的等密度线如图 7.14 所示。通过图中沿水平线的相干拉曼反斯托克斯相干光谱（CARS）可以揭示相互作用区。

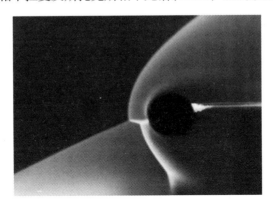

图 7.13　第Ⅳ类激波 – 激波相互作用的 EBF 图像（$Ma = 9.92$）（见彩图）

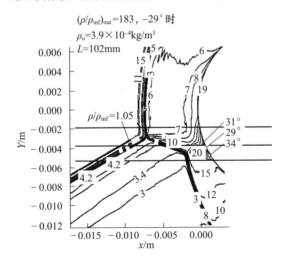

图 7.14　模拟所得的第Ⅳ类激波 – 激波相互作用等密度线，
以及 CARS 测量位置 NASA DSMC 模拟

CARS 方法的原理是基于光与物质之间的相互作用。通过拉曼效应，当光子撞击分子时，其一部分能量转移至分子中，使分子激发至较高的能态。当分子由激发态回到基态，将会释放一个比入射光子波长更长或能量更低的光子。本实验中散射是由其中一个激光器——泵激光器产生的。该试验系统还包括另外一个激光器——探针激光器，其频率需要调制至一定的条件，以保证与泵激光波长的差异，与分子的共振频率相匹配。相干反斯托克斯拉曼散射即采用这种方法，其测量则是基于反斯托克斯辐射[21]。CARS 有不同的种类，如双线 CARS，其采用四个电子束来激发研究的分子,使其产生两个能级的激发态,以便更直接测定的气体的密度和温度。

图 7.15 为所测结果,图中展示了沿图 7.14 中定义的三条线分别所测的旋转温度 $T_r$ 和密度 $\rho/\rho_{inf}$其中,$\rho_{inf}$ 为楔形体所产生第一道激波前的自由来流密度。该结果对于认识激波 – 激波相互作用的流动结构以及验证 DSMC 求解器非常有用。

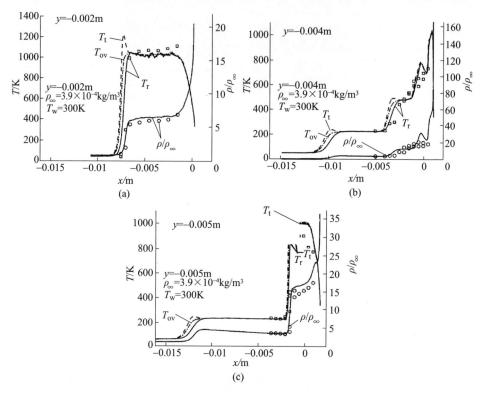

图 7.15　第Ⅳ类激波 – 激波相互作用区 CARS 测量的温度和密度同模拟结果的对比 NASA DSMC 模拟

### 7.3.4 稀薄流中的压力测量

1. 压力测量和孔径效应

由于稀薄流中压力非常低(可低至 0.01Pa),且其压力变化范围很大,因此需要发展特定的压力测量技术。当稀薄程度很高时,对测量结果的理解分析会出现一些困难。连接压力孔和传感器的管子中存在的分子热非平衡效应以及管径效应都必须考虑。此外,在密度测量前需要先对测量设备进行排气操作。低密度风洞的压力测量响应时间明显大于常规风洞,因此低密度风洞通常需要连续运行。为减小响应时间,传感器的感应元件需要贴在测量孔附近。此外,孔径可能与当地气体平均自由程处于同一个量级,所测量的压力与预期值或者真值不同。为校准孔效应,人们已经开展了大量的研究工作。

2. 皮托管压力测量

对于过渡区流动,仍然可以采用经过孔效应校正的皮托管探针(图7.16)测量滞止压力和流场马赫数。对于皮托压力测量,Bailly[22]引入了相关参数$Re_2$ $\sqrt{\dfrac{\rho_2}{\rho_\infty}}$,其中,$Re_2$为基于孔径及皮托管前正激波的波后流动参数所得的雷诺数。

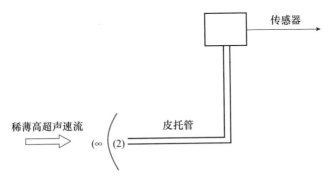

图 7.16　皮托管压力测量仪器

Bailly 指出,当相关参数超过 800 时,测得的结果与实际压力吻合。当相关参数为 15 ~ 800 时,测量值较理论值稍低。当相关参数低于 15 时,测量值与理论值偏差明显。Potter 等[23]也指出,当基于孔径和正激波波后参数所得的克努森数大于 0.2 时(图 7.17),皮托管测量的滞止压力明显偏离理论值。

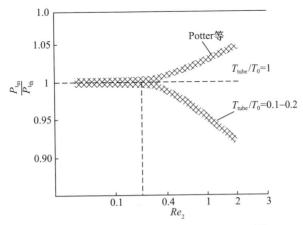

图 7.17　皮托管压力测量的克努森数效应[24]

上述条件与 Bailly 提出的参数低于 10 的条件相对应。Allègre 等[1] 则通过不同马赫数下的皮托管压力测量给予了证实(图 7.18)。

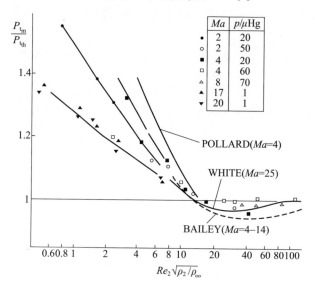

图 7.18  皮托管压力测量的稀薄效应[1]

### 3. 静压测量

考虑到外流(流场)与和内部气体(管内)之间存在非平衡效应,稀薄流中的壁面压力(静压)测量值可能与真实值存在偏离。

相比于绝热壁情况,冷却壁更需要考虑热非平衡效应。图 7.19 示出了不同孔径与当地气体平均自由程之比情况下,静压测量值与真实值之间的比值随参数 $K_w$ 的变化,$K_w$ 考虑了壁面热传递[24]。

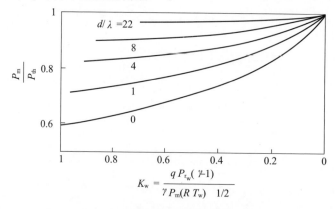

图 7.19  等温壁静压测量的稀薄效应[23]

对于绝热壁情况,Allègre 等人指出,在很宽的马赫数范围内,孔径对静压测量的影响非常小(图 7.20)。

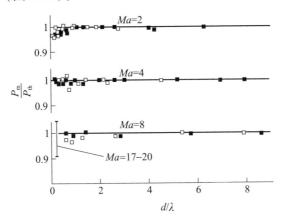

图 7.20　绝热壁静压测量的稀薄效应[23]

### 4. 压力传感器

对于低密度和高密度风洞中常用的压力传感器,其原理一般是基于电阻、磁阻和电容的变化。对于低密度风洞特定设计的压力传感器设备,还有以下几种:

(1) 皮拉尼计:由非常细的螺旋金属线组成,该金属线通过焦耳效应加热,并放置于测压管的中心线上。金属线周围气体的热传导率在一定程度上与压力和密度相关。因此,金属线处于平衡状态时的温度取决于气体的压力。根据这种关系可以测得压力。皮拉尼计压力测量范围为 0.1～50Pa。

(2) 热敏电阻:将敏感元件放置在压力孔口,以缩短反应时间。热敏电阻的原理类似于皮拉尼计。通过电加热,热敏电阻的平衡温度及其电阻是周围气体热导率的函数,因此也是压力的函数。热敏电阻应变计的压力测量范围为 0.1～100Pa。

(3) 潘宁计和液体压力计:通常用于测量小于 0.1Pa 的超高真空压力。该压力计由两个未加热的电极组成,两个电极之间可产生冷却放电。通过校准,放电电流与周围气体压力相关。当压力大于 0.1Pa 时,更高的气体密度使放电产生强烈的发光,此时潘宁计的测量结果与环境压力不相关。另外,潘宁计的测量精度也特别差。

(4) 麦克劳德计和液体压力计:用作校准设备,而不是作为直接的压力测量工具。该计的工作原理很简单:麦克劳德计测量时,首先取一定体积的待测量气体,然后将气体压缩到至某个特定的压力,并测量此时的体积。通过波义耳-马略特法可求得待测气体的压力。这种压力测量是非常精确的,而且与气体的性质无关。

### 7.3.5 热流量测量

空间飞行器的气动热力学包括传统空气动力学的科学和技术,而传统空气动力学研究内容包括高超声速流动中的物理和化学反应、离解等现象。空间飞行器气动热力学研究领域,包括航空航天飞行器周围的外流及飞行器推进系统的内部流动。外流方面,需要研究飞行器再入大气层时流动从高空自由分子流过渡到连续流的过程。其研究目的是获得气动载荷和动能加热速率,这是飞行器结构、热和飞行控制设计中必须考虑的。解决空气动力学设计问题并量化其影响的一个途径是开展风洞试验测量。风洞设备包括传统风洞、激波风洞、等离子体风洞等。

常规风洞中,其流体密度较高,气动热流测量可采用以下仪器和技术,如薄膜计、同轴表面热电偶、薄皮技术、红外热测量技术、相变型涂料技术、液晶和荧光热成像技术。稀薄流条件下,热流率的测量需要特别注意,可选择的现有技术变得十分有限[25-26]。薄皮技术是最准确、可靠的方法,但其使用受限于外形的复杂程度。

对于复杂外形模型,相变技术或液晶技术虽然可连续测量物面热流,但当对流传热率低于 $6kW/m^2$ 时,它们都变得不准确。此时,红外技术更合适,因为这种方法比相变漆更灵敏,尤其是适用于复杂模型[27-28]。红外热成像温度测量的主要困难是难以精确测量模型表面热辐射。比如,钢板表面上的石墨涂料可略微增加的表面辐射系数,但当层数较多时,辐射系数几乎保持不变。

因此,采用红外方法测量复杂模型前,需要先在一个简单模型上开展校准工作。红外热成像的测量原理与薄皮技术的测量原理是相同的。薄皮技术在Hermes 项目的风洞试验热测量中得到了广泛应用。SR3 风洞中也开展了大量的测试工作。SR3 风洞现在改名为 MARHy 风洞(可变马赫数高超声速稀薄流风洞),坐落于奥尔良州的 Icare 实验室[29]。该风洞为射流式风洞,可产生连续的低密度超声速和高超声速流动。由薄皮热平衡可知,薄皮温度 $T$ 的衰减与热流 $q$ 的关系写为

$$q = \rho c b \frac{\mathrm{d}T}{\mathrm{d}t}$$

式中:$\rho$、$c$ 分别为模型材料的密度和比热容;$b$ 为模型表面薄皮厚度。

推导上述关系式时,忽略了薄皮单元的热辐射和热传导的影响,且假设温度仅与对流热流 $q$ 相关。该模型的内弧面上布置了一组热电偶,如图 7.21 所示,通过热电偶及薄皮技术可以确定表面热流量。为了说明这一过程,参见图 7.21 的红外测量结果,明显看到 Hermes 模型的过热区域,其中测量条件为 $Ma = 20$,$Re = 824cm^{-1}$。

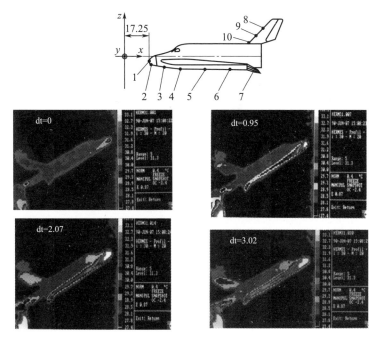

图 7.21 热流的红外测量结果(见彩图)

### 7.3.6 激波控制

近年来,弱等离子体在空气动力学方面的应用与日俱增。事实上,传统流动控制方法受到布置位置的限制且响应慢;而弱等离子体流动控制作为一种新的流动控制方法,得益于总电控制的优越性,其没有移动部件而且响应快,是一种具有极大应用前景的流动控制手段。事实上,这种电 – 流体动力学(EHD)技术已被认为是流动控制有效方法之一,它可以用于减少波阻、黏性阻力和热流量,减缓音爆,控制边界层、湍流转捩或激波。

在亚声速气流中,直流放电或介质阻挡放电(DBD)可产生"离子风"。在库仑力的作用下,离子从一个电极向另一个电极漂移,并通过与空气中的中性粒子碰撞,诱导形成二次流。这种"离子风"可用于改变空气流动。最早的等离子体边界层流动控制实验是在低速(最高达 $25\mathrm{m/s}$)下开展的,但现在其控制能力已经拓展至 $75\mathrm{m/s}$[30]。

在超声速气流中,面临的主要问题都与激波有关。激波导致飞行器结构的机械和热负荷增大,引起阻力急剧增加、冲压发动机效率降低。已有研究表明,气体放电等离子体可以影响激波的传播,减少空气阻力,增加升力,但效果不明显。对于该问题的讨论,从开始就出现了很多争议[31]。等离子体放电可引起气体加热,或者说不均匀的气体加热。这种加热使流体当地声速增大,气体密度减小,从而使流动发生改变。部分学者提出,由气体加热引起的当地压力增高,类似于以固体障碍物放置在流动中产生的压力局部增加。然而,一些实验观测结果是难以用加热效应来解释的。部分学者认为,等离子体的产生不能等同于传统的加热,因为等离子体结构是自持的,并且等离子体对流体的影响并没有产生明显的效果。当电极极性改变时,交流和直流放电的非对称效应对减阻的影响似乎可以支持上述非加热机制。在亚声速等离子体流控中,可以找到 VT 松弛(振动能量的释放)或类似的解释:离子通过静电力加速("离子风"),进而实现切向动量传递。此非加热机制可以解释这种现象。

不同的空气动力学条件下,不同类型的等离子激励器对阻力有影响。Leonov等[32]发现,在亚声速平板流动中,等离子体流动控制可使平板切向力减小。Bivolaru 等[33]发现,等离子体可改变圆锥形激波。由于密度小,开展等离子体对超声速稀薄流的流动控制实验具有极大的挑战性。低密度将导致无法使用PIV 或纹影方法来显示流场,只能采用皮托管来确定激波位置。皮托管压力测量中,首先需要考虑其材料,避免电干扰;其次由于来流为超声速,压力测量结果必须经过修正。

下面以具体实验为例展开介绍。实验模型是尖前缘有机玻璃平板(图 7.22)。它为厚 5mm、长 100mm、宽 80mm。实验中马赫数为 2、压力为 8Pa和温度为 167K。基于平板长度的克努森数为 0.0026。MARHy 风洞的试验马赫数(0.8~20)和雷诺数范围都非常宽,测试段直径约为 100mm[34]。在真空泵组的带动下,该风洞可产生连续的稀薄空气流,真空泵组的质量流量可达 4g/s。实验中,实验气体为空气,具体流动条件列于表 7.2 中。流场马赫数为 2,分子平均自由程为 0.375mm。

表 7.2　压力为 7.9Pa、马赫数为 2 的喷管流场条件

| 滞止状态 | 测试段流动状态 |
|---|---|
| $p_0 = 63\text{Pa}$ <br> $T_0 = 300\text{K}$ <br> $\rho_0 = 7.44 \times 10^{-4}\,\text{kg}\cdot\text{m}^{-3}$ | $P_e = 7.9\text{Pa}$ |
| | $T_e = 163\text{K}$ |
| | $\rho_e = 1.71 \times 10^{-4}\,\text{kg}\cdot\text{m}^{-3}$ |
| | $V_e = 511\,\text{m}\cdot\text{s}^{-1}$ |
| | $Ma_e = 2$ |
| | $\mu_e = 1.1 \times 10^{-5}\,\text{Pa}\cdot\text{s}$ |
| | $\lambda_e = 0.375\text{mm}$ |
| | $q_m = 3.34 \times 10^{-3}\,\text{kg}\cdot\text{s}^{-1}$ |

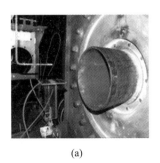

(a)

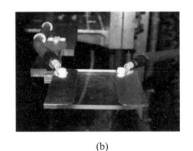

(b)

图 7.22　平板模型及其在试验段中的照片(见彩图)

实验采用电极放电产生等离子体,电极为平板上粘贴的两个厚 5mm 的铝条。两者展长均为 80mm,其中:一个的流向长为 60mm,粘贴在距离前缘 3mm 的地方;另一个流向长为 15mm,并粘贴在第一个铝条的下游 20mm 处。

实验中采用两个不同的电源:一个可提供连续的(直流)高达 20kV 电压和 400mA 电流的 Spellman 高压电源和一个 Trek 放大器。该装置能够将电源输入电压放大 1000 倍,使输出电压高达 20kV,电流达 40mA。因此,测试中可以采用不同类型的电源信号,如不同输入功率的直流信号、不同频率的正弦信号。接有源的电极为负电势(初步实验中为正电势,结果导致放电微弱)。

在典型的实验中,输入电压为 −1kV 时,电源流过的电流为 40mA,其中超过 80% 的电流集中在接地电极(33mA)。

实验中,自制了一个内径为 4mm 的玻璃皮托管,采用该皮托管测量了前缘开始不同流向位置处滞止压力的横向剖面。由图 7.23 可见,放电对该剖面具有一定影响。

图 7.23　平板超声速稀薄流中的直流放电(见彩图)

马赫数为2的低密度流动试验中,平板上表面获得了稳定的直流放电。实验中可以观察到,平板形状影响了板下方的激波,因为前缘处产生了一道弓形激波,然后才是斜激波。但是在板的上表面形成的是斜激波,且与边界层分开。由于激波上下不对称,下表面激波较上表面的强,因此即使没有任何放电,平板升力也不为零,而为正值。

实验中还可以观察到,皮托管周围形成了弓形激波,有源电极附近非常明亮,而无源电极附近区域则是暗的,这意味着无源电极附近不存在等离子体。因此,表面温度的贡献只来源于有源电极区域。图7.24为红外测试的表面温度分布。实验共开展了三个功率条件下的测试,有源电极表面的温度如图7.24所示。

加热效应是由离子轰击和重组导致的,且加热效应随电势增大而增强(图7.25)。皮托管探针测量结果表明,当上游电极为阴极时,等离子体放电使边界层增厚。但是这种效果非常弱,甚至当下游电极供电时,不存在这种现象。因此,人们可能会认为这种效果与加热效应直接相关。当平板上游部分被加热时,边界层更容易受到影响。

| 温度/K | 电极功率/W |
|---|---|
| 473 | 30 |
| 537 | 60 |
| 670 | 90 |

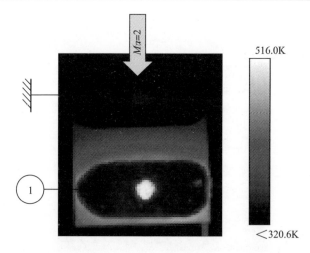

图7.24　平板上表面温度分布(下游电极加载 – 1.63kV 电压)(见彩图)

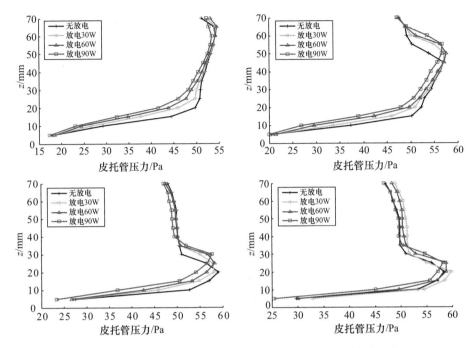

图 7.25　在下游(左)和上游(右)施加电位时,等离子体放电对上游电极上方测得的总压分布的影响(见彩图)

## 参考文献

[1] Allègre,J.:Problèmes d'interactions liées aux régimes d'écoulements supersoniques et hyper-soniques raréfiés,Ph. D. Thesis,Univ. Paris VI(1979).

[2] Allègre, J. , Raffin, M.:Experimental techniques in the field of low density aerodynamics, AGARD – AG –318(E)(April 1991).

[3] Bird,G. A.:Molecular Gas Dynamics and the Direct Simulation of Gas Flow. Clarendon Press, Oxford(1994).

[4] Bird,G. A.:AIAA J. AIAA J. 8,11,1998(1970).

[5] Boyd,I. D. ,Chen,G. ,Candler,G. V.:Phys. Fluids A. 1,210(1995).

[6] Boyd,I. D. , Chen,G. , Candler,G. V.:In:Proc. 23rd Intern. Symp. Rarefied Gas Dynamics, Whistler,Canada,July 20 –25(2002).

[7] Hayes,W. D. ,Probstein,R. F.:Hypersonic Flow Theory. Academic Press,New York(1959).

[8] Lengrand, J. C.:Le problème du corps émoussé dans un écoulement supersonique raréfié, Lab. Aérothermique,CNRS rapport 75,505(1975).

［9］ Ambrosoio,D. ,Wortman,A. :ARS J. 32,281(1962).

［10］ Candel,S. :Mécanique des Fluides,Dunod(1990).

［11］ Santos,W. :Flat－faced leading－edge effects on shock－detachment distance in hypersonic wedge－flow. Combustion and Propulsion Laboratory,Cachoiera Paulista,SP 12630－000 Brazil.

［12］ Délery,J. ,Chanetz,B. :Experimental Aspects of Code Verification/Validation:Application to Internal Aerodynamics,VKI Lecture Series 2000－08(2000).

［13］ Chanetz,B. ,Bur,R. ,Dussillols,L. ,Joly,V. ,Larigaldie,S. ,Lefèbvre,M. ,Marmignon,C. ,Mohamed,A. K. ,Oswald,J. ,Pot,T. ,Sagnier,P. ,Vérant,J. L. ,William,J. :Aerospace Science and Technology,vol. 4,5,p. 347(2000).

［14］ Mohamed,A. K. ,Pot,T. ,Chanetz,B. :In:16th Intern. Congress on Instrumentation in Aerospace Facilities,Dayton,OH(July 1995).

［15］ Gorchakova,N. ,Kuznetsov,L. ,Yarigin,V. ,Chanetz,B. ,Pot,T. ,Bur,R. ,Taran,J. － P. ,Pigache,D. ,Schulte,D. :J. Moss,AIAA J. 40,593(2002).

［16］ Chanetz,B. ,Benay,R. ,Bousquet,J. － M. ,Bur,R. ,Pot,T. ,Grasso,F. ,Moss,J. :Aerospace Science and Technology 3,205(1998).

［17］ Edney,B. :Aero. Research Institute of Sweden,Rep. 115,Stockholm(1968).

［18］ Moss,J. N. ,Pot,T. ,Chanetz,B. ,Lefebvre,M. :In:22nd Intern. Symp. on Shock－Waves,London,UK,Paper No. 3570(1999).

［19］ Lefebvre,M. ,Chanetz,B. ,Pot,T. ,Bouchardy,P. ,Varghese,P. :Aero. Research,1994－4,295(1994).

［20］ Bailly,A. :Further experiments on impact pressure probe in a low density hypervelocity flow,AEDC－TDR－62－208(1962).

［21］ Potter,J. ,Kinslow,M. ,Boylan,D. :In:7th RGD Symposium(1970).

［22］ Potter,J. ,Kinslow,M. :In:7th RGD Symp. (1970).

［23］ Délery,J. ,Chanetz,B. :Experimental aspects of code verification/validation:application to internal aerodynamics,VKI LS 2000－08(2000).

［24］ Matthews,R. :In:1st GAMNI－SMAI Meeting,Paris(1987).

［25］ Carlomagno,G. ,Luca,L. :In:4th Intern. Symp. on Flow Visualization,Paris(1986).

［26］ Luca,L. ,Carlomagno,G. ,Buresi,G. :Experiments in Fluids 9,121(1990).

［27］ Allégre,J. ,Dubreuilh,X. ,Raffin,M. :In:Rarefied Gas Dynamics. Progress in Astro. And Aero. ,vol. 117(1989).

［28］ Corke,T. C. ,Post,M. L. :AIAA Paper 2005－563(2005).

［29］ Menart,J. ,Shang,J. ,Atzbach,C. ,Magoteaux,C. ,Slagel,M. ,Bilheimer,C. :AIAA Paper 2005－947(2005).

［30］ Parisse,J. － D. ,Léger,L. ,Depussay,E. ,Lago,V. ,Burtschell,Y. :Phys. Fluids 21(2009).

［31］ Lago,V. ,Lengrand,J. － C. ,Menier,E. ,Elizarova,T. G. ,Khokholov,A. A. :In:Abe,T. (ed. )Rarefied Gas Dynamics,vol. 1084,p. 901(2009).

# 第8章

## 高焓非平衡激波层：实例介绍

## 8.1 引　言

　　空间飞行器在进入(或再入)地球或其他星球大气层时将面临周围流场极端环境的严峻考验。飞行器前端激波层中将产生离解、振动激发、电离、气体辐射等高温效应。因此,对于未来新型再入式飞行器,在其设计过程中采用的计算流体动力学(CFD)工具,必须考虑并合理模拟上述效应。验证用于模拟高温效应的物理化学模型成为 CFD 程序发展中的重要一环。通常采用地面实验或飞行试验所获得的数据来验证。经过验证后的 CFD 工具,既可用于地面数据向飞行数据的外推,也可用于飞行器自由飞行条件下进入(或再入)过程的流场模拟。

　　由于飞行器进入(或再入)大气过程中所观察到的物理和化学现象的复杂性,这种验证仅仅只能针对飞行轨迹的特定区间或地面实验的特定条件范围。即使这样,由于需要考虑各种物理化学现象及它们之间的相互作用,该物理－化学模型各个方面的验证也是非常困难的。考虑到飞行试验和地面实验测量技术的不断发展,将来人们对高焓流动的了解也会更深入和详细,因此 CFD 代码的验证不可能一蹴而就,更准确地说,实验与 CFD 模拟之间是相辅相成的。最终达到两个方面目的:一方面是更深入地了解飞行环境和设备性能;另一方面是增强物理化学模型的模拟能力。通过这两个方面的发展,最终降低流场预测的不确定性。

　　本章介绍两个研究示例:一是哥廷根高焓激波风洞(HEG)中开展的圆柱激波层中化学弛豫过程的研究;二是"惠更斯"号太空船进入"土卫"六大气层时辐射热流的数值预测。

## 8.2　高焓圆柱激波层中的化学弛豫现象

　　人们发现,有翼空间飞行器从近地轨道进入大气层的再入过程中,飞行器热载荷最严重时发生在大约在 70km 高度的连续流区。在该区域,飞行器的速度大约为 6km/s,飞行器周围的流场形成很强的激波,并导致产生高温,继而发生离解反应。这些高温效应引起的热和化学弛豫现象对外流气动问题(如压力分布、机翼效率、激波－激波和激波－边界层干扰)以及热载荷均有影响,其具体影响可以通过设计合理的简化实验来研究。此外,这些研究结果也非常适合于验证地面设备性能、测试技术和 CFD 代码。

为了研究激波层中的弛豫现象,德国航空航天中心在哥廷根高焓激波风洞(HEG)中开展了一项试验研究,其中激波层由轴线垂直于流场放置的圆柱产生[16]。之所以选择圆柱,是由于它产生的脱体激波的脱体距离大,从而方便采用光学测量技术对激波层中的气体特性进行研究。

### 8.2.1 哥廷根高焓激波风洞

哥廷根高焓激波风洞是一种自由活塞驱动激波风洞[9,11,13],它是在欧洲 HERMES 计划框架下,1989 年—1991 年研制并建造的。1991 年启用,成为当时世界上最大的同类型设备。此后,它被广泛地应用于大量的国内外空间项目和超声速飞行项目。

该激波风洞采用自由活塞驱动,而不是传统驱动方式。这种构想由 Stalker[31] 提出,图 8.1 给出了此类设备的原理图和波形图。

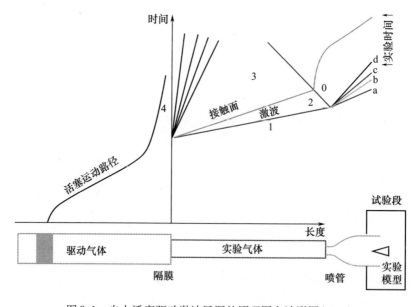

图 8.1 自由活塞驱动激波风洞的原理图和波形图($x - t$)

　　自由活塞驱动激波风洞由高压气罐、压缩管、激波管(压缩管和激波管通过主膜片隔开)、喷管、试验段和集气罐构成。图8.2和图8.3分别为HEG的示意图和实物照片。高压气罐中的空气用于加速重活塞,进而在压缩管内压缩轻驱动气体(通常是氦气或氦气和氩气的混合气体)。在这种准绝热压缩过程中,活塞达到的最大速度约为300m/s量级。驱动气体温度随着体积压缩比增大而上升。当气压达到一定程度(爆破压力)时,主膜片发生破裂,从而形成了与传统反射激波风洞相同的波传播过程(图8.1)。激波进入驱动段,膨胀波的头部进入高压区。图8.1的数字表示流场的不同区域:区域1为激波管内的实验气体,由于未受到扰动,其状态处于初始填充状态;区域4为经活塞压缩后的热的压缩驱动气体;区域2为经激波压缩后的实验气体;区域3为经不稳定膨胀波作用后的驱动气体。其中,实验气体和驱动气体由接触界面分开。

　　当入射激波运动至激波管的右端管壁时,便产生反射,之后实验气体被携带至0区。随后,反射激波穿透接触界面。根据当地条件的不同,这种穿透可以区分三种类型。由于区域0中的压缩热气体在后续反射激波风洞段被当成

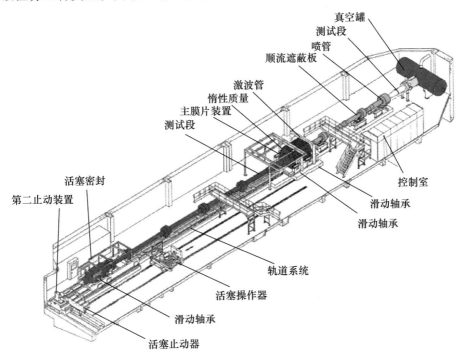

图8.2　哥廷根高熵激波风洞示意图

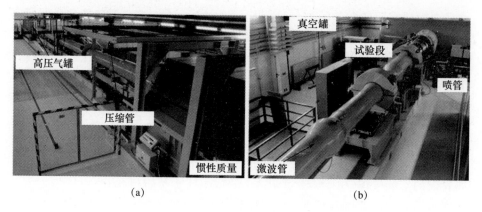

(a)                           (b)

图 8.3　哥廷根高焓激波风洞的实物(见彩图)

驱动气源,驱动喷管和试验段中气流运动,因此,激波管工作在缝合接触面模式是最理想的(见文献[12])。反射激波风洞的典型特征是激波管末端紧接着缩放型喷管。喷管入口处设计一个较薄的膜片,以便在运行前实现对喷管、试验段和集气罐的隔离。喷管入口直径需足够小,以使得入射激波几乎全部反射。区域0内的实验气体在激波反射作用后处于滞止状态,之后该滞止状态的气体通过超声速喷管膨胀加速。喷管开始工作后,在稳定流场建立之前首先出现一组波系(图8.1)。首先是入射激波a,之后是接触界面b、面向上游的二次激波c和不稳定膨胀波d。活塞运动轨迹的设计准则是,当主膜片破裂后,区域4内驱动气体的压力和温度几乎保持恒定。具体方法是通过选择膜片破裂时活塞速度来实现,以保证随后活塞的运动可以补偿驱动气体流入激波管的质量损耗。因此,相比于传统激波风洞的定容驱动,自由活塞驱动是一种定压驱动。由于自由活塞工作过程中产生很大的作用力,为消除其对设备引起的震动,压缩管、激波管、喷管等设备可在轴向自然后退。为减小后退距离,可以在压缩管和激波管连接处增加配重。试验段和真空罐保持固定。因此,在喷管和试验管段连接处需采用滑动密封。

　　哥廷根高焓激波风洞的总体长度为62m,总重为280t,其中配重约占1/3(图8.2和图8.3(a))。压缩管在主膜片处采用液压系统密封(快盘连接)。激波管与风洞喷管在下游闭合处连接,通过油压驱动闭合设备来密封风洞。压缩管长为33m,直径为0.55m。激波管长为17m,直径为0.15m。哥廷根高焓脉冲激波风洞设计状态的滞止总压为200MPa、总焓为23MJ/kg。对于实验气体,没有过多的限制。实验条件与采用的实验气体有关,本章涉及的实验采用氮气或二氧化碳作为实验气体。

起初,设计哥廷根高熵激波风洞的目的是研究高温效应(如化学弛豫和热弛豫现象)对空间飞行器气动热力学的影响。为了准确模拟再入空间飞行器弓形激波后产生的化学弛豫现象,地面实验必须保证同飞行条件具有相同的双尺度相似参数($\rho L$)。此外,对于高熵实验,流速也是必须复现的。因此,图8.4(a)以双尺度相似参数$\rho L$($L$为试验件的特征长度)和流速$u$为坐标给出了哥廷根高熵激波风洞的运行条件。除HEG的运行条件外,图8.4(a)还描述了在空间飞行器再入地球大气层时发生的最重要的流体力学和化学过程。另外,作为参照,图中还给出了几条典型的高超声速飞行轨迹,如升力体构型(ESA)中型试验机(IXV)从近地轨道再入的轨迹、"阿波罗"11再入的轨迹,以及两个高超声速飞行试验(DLR开展的SHEFEX Ⅰ和SHEFEX Ⅱ飞行测试)的轨迹。图8.4(b)给出了相应的飞行高度,以及大气温度、流动分区。克努森数同参考长度相关,因此随飞行器的改变而发生变化。此外,图中流动分区的界限只是象征性表示。事实上,不同区域间并不存在明确的分界线。图8.4中给出的克努森数表明,哥廷根高熵激波风洞的运行条件是在连续流区域内。空间飞行器再入过程中其周围空气受到急剧加热。随着激波后温度的升高,空气分子的振动自由度被激发,氧分子和氮分子有可能发生离解反应,甚至空气组分发生电离。这里描述的高温效应是由空气粒子随机运动的平动动能转化为其他形式的能量而引起的,其中空气粒子随机运动的能量与空气温度相关。由于这种能量转换是通过空气粒子碰撞来实现,因此转换过程需要一定的时间,重新达到平衡状态所需的时间由当地温度和密度来确定。因此,根据弛豫时间与流场特性时间尺度之比,化学和热弛豫过程既可能处于平衡状态,也可能处于非平衡状态。另外,雷诺数大小沿着再入轨道出现好几个数量级的变化。在高空中,再入空间飞行器的壁面边界层起始段为层流,当雷诺数超越临界雷诺数(图8.4中IXV轨迹)之后,边界处流动便发生由层流向湍流的转捩,从而可导致表面摩擦和壁面热流的增加。

哥廷根激波风洞的4个运行条件Ⅰ~Ⅳ均为高熵条件,总比熵范围为12~23MJ/kg。近年来,哥廷根高熵激波风洞的运行条件得到逐步扩展。本节主要关注的是风洞需模拟高超声速飞行器在大约为33km飞行高度、马赫数为6~10的飞行环境。相应的总比熵值范围为1.5~6MJ/kg,属于低熵环境。表8.1给出了HEG的高熵运行条件的具体参数,在这些条件下,实验时间达到约1ms。

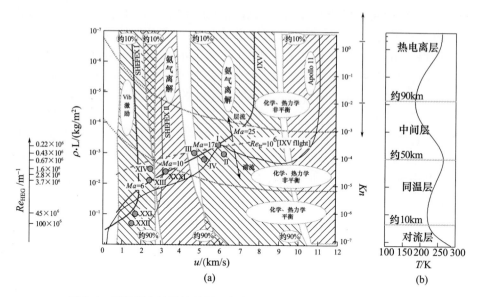

图 8.4　哥廷根高焓激波风洞运行条件(采用参数 $\rho L$ 和流速 $u$ 表示)

表 8.1　HEG 风洞的滞止参数和试验段流场参数

| 实验参数 | I | II | III | IV |
|---|---|---|---|---|
| $p_0/\text{MPa}$ | 35 | 85 | 44 | 90 |
| $T_0/\text{K}$ | 9100 | 9900 | 7000 | 8100 |
| $h_0/(\text{MJ/kg})$ | 22 | 23 | 12 | 15 |
| $Ma_\infty$ | 8.2 | 7.8 | 8.1 | 7.9 |
| $Re_\text{m}/(10^6\text{m}^{-1})$ | 0.2 | 0.42 | 0.39 | 0.67 |
| $p_\infty/\text{Pa}$ | 660 | 1700 | 790 | 1680 |
| $T_\infty/\text{K}$ | 1140 | 1450 | 800 | 1060 |
| $\rho_\infty/(\text{g/m}^3)$ | 1.7 | 3.5 | 3.3 | 5.3 |
| $u_\infty/(\text{m/s})$ | 5900 | 6200 | 4700 | 5200 |

在圆柱形诱导的激波层流场试验中,采用半锥角为 6.5° 的圆锥形喷管。喷管的总长度为 3.75m,喉道半径为 0.011m,出口半径为 0.44m。

## 8.2.2 分步全息干涉法

干涉法可以用来测量短时风洞试验段气流折射率的变化[12]。这些信息可反映流场的密度分布。特别地,全息干涉法不需要对试验段窗口、镜面和镜头进行高精度加工制造,原因是当采用两步全息法时,由这些组件的缺陷引起的误差会被抵消。因此，在短时风洞实验中，该技术已经取代了传统、费力的马赫-曾德尔干涉技术。接下来将简要介绍分步全息干涉技术，及其在 HEG 风洞实验中的设置方法。

光在真空中传播的绝对速度为 $c_0$，为常数。光在气体中的传播速度会比真空中低一些，记为 $c$。两者之比定义为折射率：

$$n(\rho) = \frac{c_0}{c} = 1 + K^\lambda \rho \tag{8.1}$$

由 Gladstone-Dale 关系式，单一组分气体介质的折射率只与密度 $\rho$ 和 Gladstone-Dale 常数 $K^\lambda$ 相关[20]。其中，$K^\lambda$ 与波长几乎无关，且对于每一组分，其值是一定的。因此，混合气体的折射率如下：

$$n(\rho) = 1 + \rho \sum_{i=1}^{s} K_i^\lambda \xi_i \tag{8.2}$$

式中：$K_i^\lambda$ 为第 $i$ 种组分气体的 Gladstone-Dale 系数；$\xi_i$ 为其质量分数；$S$ 为气体组分总数；$\lambda$ 为激光源的波长。

由式(8.2)可见，混合气体的 Gladstone-Dale 常数为各组分气体 Gladstone-Dale 常数的线性组合。该式不仅适用于空气和其他中性混合气体，而且在高温气体动力学中，还适用于分子处于不同激发态、离解甚至是电离的化学同质气体。

图8.5简要描述了干涉法的基本原理。两束相干光在 P 点产生干涉，且分别通过不同折射率的区域，由于光线在两个区域中传播速度不同，从而产生一个时间差：

$$\Delta t = \frac{L}{c_2} - \frac{L}{c_1} = \frac{L}{c_0}(n_2 - n_1) \tag{8.3}$$

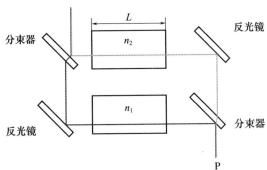

图 8.5  干涉实验原理图

如果最终导致的光程差等于波长，那么这两束光之间的相位差 $\phi = 2\pi$。因此，可推导出如下关系式：

$$\frac{\phi}{2\pi} = \frac{L}{\lambda}(n_2 - n_1) = \frac{K_\lambda L}{\lambda}(\rho_2 - \rho_1) \tag{8.4}$$

在 P 点测量的光强与相位差成正比,因此,P 点测量的光强或相位差与图 8.5 中区域 1 和区域 2 的密度差相关。

如果参考点的气体密度分布已知,采用马赫-曾德尔干涉仪(其原理图如图 8.6(a) 所示),就可以计算试验段中的气体密度。需要强调的是,任何能改变光路的缺陷都会干扰 F 平面处的干涉测量。为了避免该问题,可以分两步开展测量(图 8.6):一是让光束通过抽真空的试验段;二是让光束通过有气流的试验段。随后,重构这两种光束,并在测量平面 P 上产生干涉图样(图 8.6(b))。该技术的优点是光学装置的缺陷对两步光束的光程影响相同。因而,它们可以相互抵消,而不影响重构的干涉测量结果。为了存储和重构这两束光,必须采用全息存储技术。

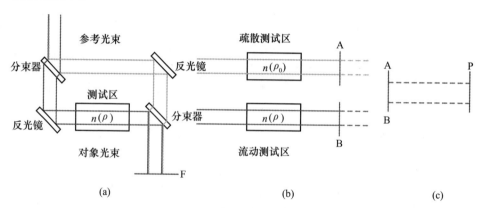

图 8.6  马赫-曾德尔干涉技术与全息干涉法的基本原理

图 8.7 给出了 HEG 的全息干涉系统原理图。目标光束通过试验段,并在全息底片上与参考光束之间产生干涉,形成干涉图。为了获得目标光束和参考光束间的良好干涉,激光光源的相干长度必须足够长。HEG 的全息干涉系统采用的光源是 Innolas 公司生产的 Nd∶YAG 激光器(型号为 Spitlight 300),发射的激光波长为 532nm,相干长度大于 1m。该设备的光程约为 15m,为了使该设备成功运行,需要将两个光束之间的光程差调整至光源的相干长度。具体测试中,在 HEG 运行前完成一束参考光在全息底片上的一次曝光,在试验过程中完成另一束参考光的曝光。在全息底片经过化学处理之后,在另一个重构单元中将产生两条重构波束,这两条波束就是在两次曝光中采用的参考波束。

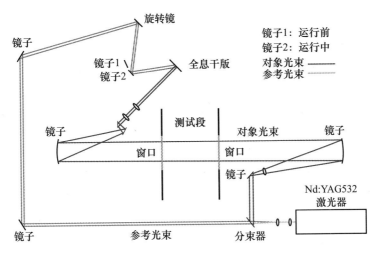

镜子1：运行前
镜子2：运行中
对象光束 ————
参考光束 —————

图 8.7　HEG 的全息干涉系统原理图

### 8.2.3 CFD 程序

文献[11]采用了 DLR 开发的 CEVATS – N 程序计算了稳态喷管流场和圆柱流场。该程序是基于结构化网格的三维有限体积 N – S 方程求解器,并采用残差平均多重网格、当地时间推进等技术来加速收敛至稳态。采用五组分气体模型来模拟实验气体,该模型将实验气体视为理想气体的化学反应混合物,并包含五种组分,即氮分子、氧分子、氮原子、氧原子和一氧化氮分子。反应速率模型则采用了 Park[25]、Dunn 和 Kang[5] 以及 Gupta 等[8] 建立的模型。而第三体效率设为1,不考虑离解反应,基于简谐振子假设确定分子振动能。采用 Landau – Teller 公式来计算振动能和平动能之间的转换,根据 Millikan、White 和 Park 关系式来获得振动弛豫时间[26],黏性通量中的扩散、剪应力和热通量的计算分别采用了 Fick、Stokes 和 Fourier 假设[1]。由 Blottner 等[3] 提出的曲线拟合获得各组分的黏度,由 Eucken 修正方法得到了各组分的热导率,并根据 Wilke 的准则计算混合物的黏度和热导率[1]。对于喷管入口的亚声速来流边界,速度分量由计算域外推获得,且由于该处流速低和密度高,可假定此处的流体处于化学平衡和热平衡状态。因此,喷管入口的气体状态可以根据总焓和熵值来计算。对于圆柱场模拟,来流为均匀自由流或根据喷管流场计算得到的空间变化的流动。而出口边界位于超声速/高超声速区,因此,所有的守恒变量均可外推获得。在固体壁面上,采用无滑移条件,并假定壁面是等温、完全催化壁。对于喷管流场的计算,湍流模型采用 Baldwin 和 Lomax 提出的代数模型[2]。

### 8.2.4 试验配置与结果

圆柱直径为 90mm、长度为 380mm,其表面布置 17 个测量表面压力分布的压力传感器和 17 个测量表面热流分布的热电偶。这些传感器按 6 行分布(图 8.8),分别位于对称面位置及左右分别距对称面 10mm、20mm 和 30mm 的位置。实验过程中,圆柱模型安装在喷管中心。

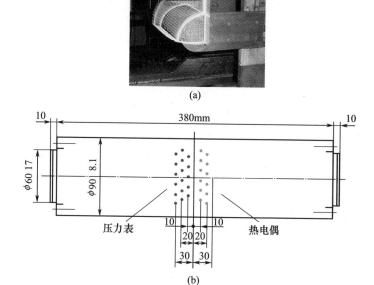

(a)

(b)

图 8.8　HEG 试验段中的圆柱模型(包括三维流场计算的网格和
模型尺寸、测量位置)(见彩图)

下面选择其中两组实验结果加以介绍,其实验条件为表 8.1 中的条件 Ⅲ($h_0 = 12\text{MJ/kg}$)和条件 I($h_0 = 22\text{MJ/kg}$)。

在假设层流、化学不平衡和热平衡的条件下,开展了圆柱绕流的二维和三维流场计算。三维模拟中采用的计算网格如图 8.8(a)所示,网格数为 $33 \times 81 \times 101$。为了避免由网格引起的差异,二维计算中的网格为三维网格的对称平面网格。

二维模拟中采用的反应速率模型分别为 Park[25]、Dunn 和 Kang[5] 以及 Gupta 等[8] 提出的模型。自由来流气流条件由喷管流场模拟获得,采用上述不同的反应速率模型,获得的来流条件也不一样。图 8.9 给出了采用不同模型模拟获得的激波脱体距离与实验值的差值。

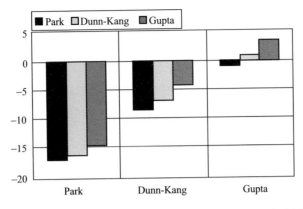

图 8.9 二维流场模拟的激波脱体距离与 HEG 中获得的实验结果之间的比较

由图 8.9 可见,采用 Gupta 等提出的修正反应速率模型计算的激波脱体距离与实验量之间的偏差最小。因此,在后续的二维和三维圆柱流场计算中也采用了该化学模型。为了研究圆柱边缘对模型中心部分流场的影响,开展了三维流场计算。图 8.10 给出了二维和三维模拟获得的驻点压力和热流沿展向的变化。其中,圆柱的中心平面位于 $z/R = 0$ 处。对于三维模拟,采用了两种不同的来流条件:第一种条件为"平行"条件,其入口条件为圆柱位置处来流的平均平行流;第二种条件为"圆锥形"条件,其入口条件的确定方法是首先通过圆锥形喷管流场的计算获得喷管扩散流动,然后通过差值获得圆柱绕流的入口条件。图 8.11 给出了两种来流条件模拟获得的中心平面表面压力和热流分布。

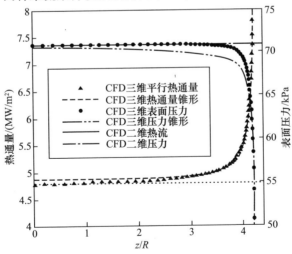

图 8.10 二维和三维模拟获得的驻点表面压力和热流沿展向的变化

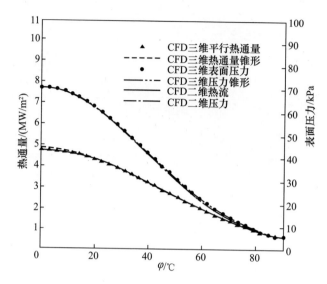

图 8.11    二维和三维模拟获得的中心平面表面压力和热流

由图 8.10 可见,三维模拟的驻点表面压力和热流与二维的模拟结果吻合较好。由三维计算获得的驻点热流和压力沿展向的分布可以看出圆柱边缘效应的影响。从中心平面到 $z/R = 2.5$ 处,边缘效应影响较小。从图 8.10 还可以看出,采用不同的来流条件("平行"条件与"圆锥形"条件)模拟获得的中心平面表面压力和热流差异微小。

图 8.12 给出了表面压力和热流的模拟值与测量值之间的比较,其中车次 627 和车次 619 实验分别对应的实验条件为条件 Ⅲ 和条件 Ⅰ。二维模拟的结果和测量值吻合较好(驻点压力偏差为 4%,驻点热偏差为 1%)。显然,CFD 模拟中物理 – 化学模型的选择对表面压力的影响不明显。因此,该量在代码验证中的作用较小。对于当前的流动和表面特性条件,物理化学模型的选择对表面热流的影响也不明显。然而,物理 – 化学模型的选择对激波脱体距离、激波层中的密度分布,以及静态自由流压力的影响很明显,因此考查这些量更适合程序验证。

通过二维和三维模拟结果的比较表明,圆柱对称平面处的流动可视为二维的。然而,三维效应对可视化光线的影响很重要。因此,需要采用文献[10]中描述的方法,对 CFD 模拟结果进行处理获得数值相移分布。同时采用了如图 8.13 所示的光线跟踪法计算数值相移,对于"平行"和"圆锥形"来流条件下的二维和三维模拟,均求解获得了数值相移值。图 8.14 给出了沿着滞止线的相移计算值和测量值之间的比较。可见,采用光线跟踪法求解的三维结果与二维结果明显不同。必须强调的是,这些差异仅仅是由圆柱边缘的外部气流作用的结果。在三维模拟中,

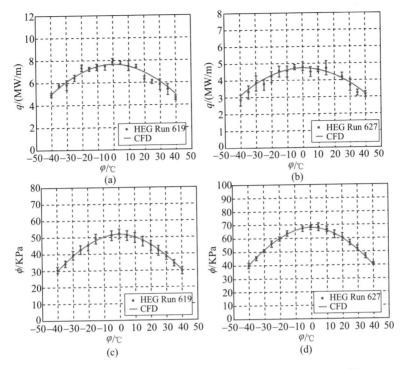

图 8.12 表面压力和表面热流的模拟值和测量值之间的比较

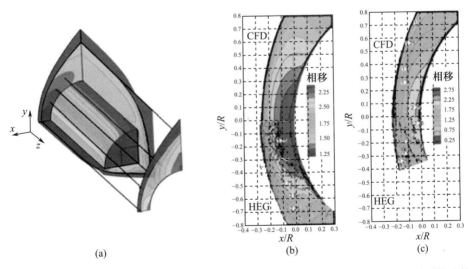

图 8.13 基于三维流场的可视化相移分布重构图以及相移分布模拟结果同实验结果的比较
(HEG 运行条件Ⅲ,车次 627 的实验和运行条件Ⅰ,车次 619 的实验)(见彩图)

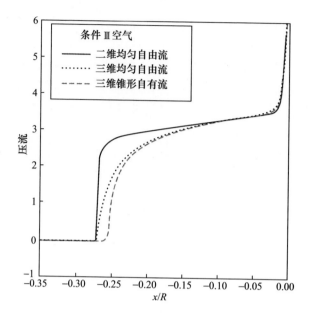

图 8.14 沿着滞止线的相移计算值之间的比较(相移值用 $2\pi$ 来归一化)

采用"圆锥形"自由流条件,获得的激波脱体距离减少了大约3%。

图 8.15 显示了沿着滞止流线相移分布的计算值和测量值。采用"圆锥形"自由流条件的三维计算结果,在两个条件下[19]均与实验测量的相移分布非常吻合。相应的二维相移分布如图 8.13(b)、(c)所示。

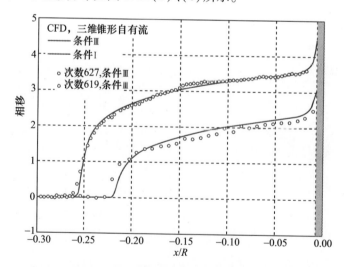

图 8.15 沿着滞止流线相移分布的计算值和测量值之间的比较

(运行条件Ⅲ和条件Ⅰ)[19](见彩图)

### 8.2.5 总结和结论

为了验证 CFD 方法,采用圆柱作为标准模型,在 HEG 开展了相关实验研究。采用该标准模型的好处是其流场具有较大的激波脱体距离,从而方便采用光学测量技术来研究激波层中的气体特性。HEG 运行条件 I 和条件 III 的实验非常适合于开展化学弛豫现象研究。其中,喷管流动以复合反应为主,试验段流动以离解反应为主,两者均具有强的化学非平衡效应。静压和相移的测量值适合于验证不同化学弛豫模型适用性。对光学测量方法(如全息干涉法)的解析,首先需要获得整个流场,以便量化三维效应。

总之,化学反应高超声速流动的工程数值分析仍然面临大量不确定性。可以利用目前可得的实验数据来修正化学模型,从而使数值模拟可以在一定的流动条件范围内能够较好地预测激波层中化学弛豫过程。对于完全催化和冷壁流动条件,表面热流和压力无法用于验证弛豫模型,而总焓和总压则可以用于模型的验证。

## 8.3　激波层中辐射现象的 CFD 建模

### 8.3.1 简介、定义和术语

对于未来空间探索飞行器,在其设计阶段,人们首先需要准确获得其进入/再入大气过程的气动热环境。可靠的热负荷和机械负荷预测,可为热防护系统设计和飞行器飞行特性预测奠定基础。从气动热力学角度来看,还必须考虑激波层中气体辐射的附加效应。典型的飞行器有月球和火星往返飞行器、一般的星团采样返回飞行器、土星探测器(如"伽利略"号),以及可形成强烈辐射分子的进入大气层(如"土卫"六大气层)飞行器。

辐射热的计算需要建立合理的模型,以模拟流场所有区域释放或吸收的能量,及其在激波层中和向飞行器表面的传输过程。由电磁波和光子引起的能量输运通常称为辐射传热或热辐射。很多文献都给出了热辐射的基础知识(如文献[21])。本节简要介绍基本方程和下面章节中用到的相关术语。所有物质都能通过降低或提高它们原子或分子能量激发态的方式连续发射和吸收辐射。辐射能量可看作由电磁波或无质量的能量粒子——光子组成。这些波和光子在气体中的传播速度为 $c$,它与光在真空中的传播速度 $c_0$ 之间的关系为 $c = c_0/n$,其中 $n$ 为折射系数。不同的波具有不同的频率 $v(1/s)$、波长 $\lambda(m)$、波数 $\eta(m^{-1})$ 和角频率 $\omega(rad/s)$。这四个量具有以下关系:

$$v = \frac{\omega}{2\pi} = \frac{c}{\lambda} = c\eta \qquad (8.5)$$

每个波或光子具有的能量为

$$E_{\text{photon}} = hv \qquad (8.6)$$

由于电磁波波长范围宽,且不同波长的电磁波携带的能量不同,因此它们的特性通常也大不相同。可将它们依据表8.2所列的大概边界分成不同类别。热辐射覆盖了从红外到紫外的整个区域。

表8.2 不同波长区域

| 类别 | 起始波长 | 终止波长 |
|---|---|---|
| 无线电波 | — | 1 m |
| 微波 | 1 m | 1 mm |
| 红外线 | 1 mm | 750 nm |
| 可见光 | 750 nm | 400 nm |
| 紫外线 | 400 nm | 1 nm |
| X 射线 | 1 nm | $10^{-12}$ m |
| 伽马射线 | $10^{-12}$ m | — |

每种物质都持续不断地向各个方向辐射能量,其功率取决于材料的温度和材料本身的性质。单位表面发射的总的热量称为辐射功率 $E$。

$$\text{光谱辐射照度} \quad E_\lambda(\text{W/m}^2/\text{m}) \quad \text{瓦/米}^2/\text{米}$$

$$\text{辐射照度} \quad E(\text{W/m}^2) \quad \text{瓦/米}^2$$

辐射照度能够描述物体表面辐射的热通量,但它不能描述辐射场的方向。尤其考虑到物质在吸收的同时也在发射。因此,类比于辐射照度,可以定义辐射亮度 $I$ 为在垂直于电磁辐射的单位面积上单位立体角内的热通量,单位为 W。同样,可以给出光谱辐射亮度和辐射亮度如下:

$$\text{光谱辐射亮度} \quad I_\lambda(\text{W/m}^2/\text{sr/m}) \quad \text{瓦/米}^2/\text{球面度/米}$$

$$\text{辐射亮度} \quad I(\text{W/m}^2/\text{sr}) \quad \text{瓦/米}^2/\text{球面度}$$

单位球(或半球)上立体角微元 $d\omega$ 的几何定义如图8.16所示。通常在极坐标系中采用方位角 $\theta$ 和俯仰角 $\phi$ 来描述方向矢量 $\boldsymbol{\Omega}$。

在 $y$ 方向上穿过位于 $x-z$ 平面上的面积元 $dA$ 的热通量可通过在整个球体所有方向上对辐射亮度场积分而得:

$$\dot{q}_y = \oint I(\phi,\theta) \underset{\text{projection}}{\sin\phi} \, dw = \int_0^{2\pi} \int_{-\pi/2}^{\pi/2} I(\phi,\theta) \sin\phi \cos\phi \, d\phi \, d\theta \qquad (8.7)$$

由辐射亮度定义,位于 $x-z$ 平面上的面积元 $dA$ 投影至与光线垂直方向,于是式(8.7)中出现了附加项 $\sin\phi$。

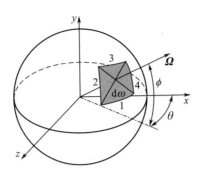

图 8.16 立体角 $d\omega$ 的定义

### 8.3.2 参与性介质中的辐射方程

为了描述具有参与性介质中的辐射场,还需要定义一些另外的参量。其中吸收系数 $\alpha_\lambda$ 为单位传播距离上光强的相对衰减量,单位为 $m^{-1}$。它是介质透光度的一种度量。功率密度 $e$ 为每单位体积和单位立体角发射的辐射功率。光谱功率密度和功率密度分别为

光谱功率密度 $\quad e_\lambda(W/m^3/sr/m)\quad$ W/米³/对面度/米

功率密度 $\quad e(W/m^3/sr)\quad$ W/米³/球面度

辐射传输方程式(8.8)描述了电磁辐射在介质中沿光路的传播强度:

$$\frac{dI_\lambda(s)}{ds} + \alpha_\lambda(s)I_\lambda(s) = e_\lambda\ (W/(m^3 \cdot sr^{-1})) \tag{8.8}$$

当初始强度为 $I_0$ 时,上述常微分方程的解为

$$I_\lambda(s) = \left(I_\lambda(0) + \int_0^s e_\lambda(\lambda)\,e^{\int_0^r \alpha(w)\,dw}\,dr\right)e^{-\int_0^s \alpha(r)\,dr} \tag{8.9}$$

为了计算三维区域内某一点处辐射热通量,利用式(8.8)来获得该点周围强度场,并通过式(8.7)在所有方向上积分,可获得热通量:

$$\begin{cases} \dot{q}_x = \int_{\lambda=0}^{\infty}\int_0^{4\pi}\left(I_\lambda(0)+\int_0^s e_\lambda(r)\,e^{\int_0^r \alpha(w)\,dw}\,dr\right)e^{-\int_0^s \alpha(r)\,dr}\cos\phi\cos\theta\,d\omega\,d\lambda \\[2mm] \dot{q}_y = \int_{\lambda=0}^{\infty}\int_0^{4\pi}\left(I_\lambda(0)+\int_0^s e_\lambda(r)\,e^{\int_0^r \alpha(w)\,dw}\,dr\right)e^{-\int_0^s \alpha(r)\,dr}\sin\phi\,d\omega\,d\lambda \\[2mm] \dot{q}_z = \int_{\lambda=0}^{\infty}\int_0^{4\pi}\left(I_\lambda(0)+\int_0^s e_\lambda(r)\,e^{\int_0^r \alpha(w)\,dw}\,dr\right)e^{-\int_0^s \alpha(r)\,dr}\cos\phi\sin\theta\,d\omega\,d\lambda \end{cases} \tag{8.10}$$

参数 $s$ 是球坐标中考查点的距离。后面几节将要介绍的各种数值模型的目的是找到式(8.9)和式(8.10)的近似解。

### 8.3.3 辐射方程的一维近似解

1. 无限大平板模型

无限大等温平板的热通量具有解析解。Lee[7]曾使用等温平板辐射能解析解的组合计算了任意特性介质的辐射通量。无限大等温平板边界上辐射能量为

$$\dot{q}_{i+1} = \dot{q}_i 2E_3(\kappa) + \sigma T_m^4(1 - 2E_3(\kappa)) \tag{8.11}$$

光学厚度 $\kappa$ 为吸收率 $\alpha$ 和平板高度 $y$ 之间的乘积,$\kappa = \alpha y$,如图 8.17 所示。

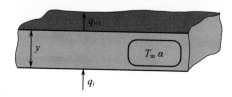

图 8.17　无限大平板盒的几何结构

$E_3$ 是指数积分函数,定义如下:

$$E_3(\kappa) = \int_0^1 \mu \exp(-\kappa/\mu)\,\mathrm{d}\mu \tag{8.12}$$

对于中等光学厚度 $\kappa$,式(8.13)能近似指数积分函数 $E_3$:

$$E_3(\kappa) \approx \frac{1}{2} - \kappa + \frac{1}{2}(0.9228 - \ln\kappa)\kappa^2 + \frac{\kappa^3}{3!} \tag{8.13}$$

图 8.18 给出了该近似值和 $E_3$ 准确值之间的比较。

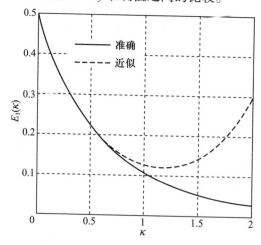

图 8.18　指数积分函数 $E_3$ 的近似值

如图 8.19 所示,由不同性质的介质分层组成的无限大平板的界面热通量可采用式(8.12)由各层无限大平板组合来计算。

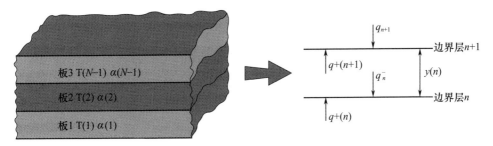

图 8.19 无限大多层平板模型

在单元边界 $n$ 上的净辐射热通量为

$$\dot{q}_n = q_n^+ - q_n^- \tag{8.14}$$

无限大平板模型是辐射传输方程式的一维近似,其计算效率非常高。对于返回舱模型,采用该方法计算的辐射热流同三维辐射方程的解相比(包括回流区),最大误差约为 30%[22-23]。

2. 无限长圆柱模型

Sakai、Sawada 和 Mitsuda 给出了轴对称外形热辐射的解析解[23]。该解析解适用于无限长圆柱体的一维辐射热通量计算。式(8.15)适用于不向外辐射的黑体边界:

$$\begin{cases} q^+(r) = 4\int_0^{\pi/2} \Big[ \int_0^{r\cos\gamma} \alpha(r')e(r')D_2\Big(\int_y^{r\cos\gamma}\alpha(r'')\,\mathrm{d}y'\Big)\mathrm{d}y \\ \qquad\quad + \int_0^{\sqrt{R^2-r^2\sin^2\gamma}}\alpha(r')e(r')D_2\Big(\int_0^{r\cos\gamma}\alpha(r'')\,\mathrm{d}y' + \int_0^y\alpha(r'')\,\mathrm{d}y'\Big)\mathrm{d}y\Big]\cos\gamma\,\mathrm{d}\gamma \\ q^-(r) = 4\int_0^{\pi/2}\Big[\int_{r\cos\gamma}^{\sqrt{R^2-r^2\sin^2\gamma}}\alpha(r')e(r')D_2\Big(\int_{r\cos\gamma}^y\alpha(r'')\,\mathrm{d}y'\Big)\Big]\cos\gamma\,\mathrm{d}\gamma \\ y = \sqrt{r'^2 - r^2\sin^2\gamma},\, y' = \sqrt{r''^2 - r^2\sin^2\gamma},\, D_2(z) = \int_0^1\frac{\mu}{\sqrt{1-\mu^2}}\exp\Big(-\frac{z}{\mu}\Big)\mathrm{d}\mu \end{cases}$$

$$\tag{8.15}$$

通过式(8.15)中的正项和负项相加,可以获得径向总热通量:

$$q_{\mathrm{rad}}(r) = q^+(r) + q^-(r) \tag{8.16}$$

上述方程组的解为不同辐射位置 $r$ 上的热通量 $q_{\mathrm{rad}}$,如图 8.20 所示。

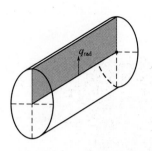

图 8.20 无限长圆柱体一维辐射热量的示意图

### 8.3.4 三维辐射方程式的近似解法

1. 离散传递模型

离散传递法是一种流行的三维辐射传热求解方法,由 Shah 在 1979 年首次提出[29]。Gregory 和 Cinnella[7] 提出了改进,并用于高超声速气动热力学问题分析。该模型需要在所研究区域内叠加一套辐射亚网格,并对几何参数(角度和长度)实施二重积分(简单起见,CFD 网格也可以作为辐射网格使用)。对于每个辐射单元,需要考虑角度积分中的所有光线(式(8.10))。在每一条光线上,还需考虑沿着光线上每个点的积分(式(8.8))。图 8.21 给出了二维平面内辐射亚网格(非常粗糙)的典型示例。

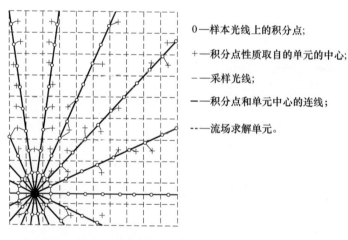

0—样本光线上的积分点;

+—积分点性质取自的单元的中心;

——采样光线;

——积分点和单元中心的连线;

---—流场求解单元。

图 8.21 二维平面内离散传递模型的辐射网格和样本光线分布

每个单元上辐射热通量的计算分为 5 个步骤:

(1) 构造一系列起始于单元中心、终结于区域边界的样本光线(或采样方向)。

（2）在样本光线上生成积分点,以便沿着每一条光线进行辐射方程积分。

（3）计算每个积分点的发射和吸收特性(光线跟踪算法)。

（4）沿着每条光线进行辐射方程的积分。

（5）通过对各个方向的贡献做求和运算以实现角度积分,各方向上的权重由光线的立体角决定。

为了计算流场内某点辐射热通量矢量,必须给定该点周围的样本光线分布。其中一种方法是将方位角和俯仰角等间距划分。这将产生如图8.22(a)所示的分布。这种方法的缺点很明显,靠近"赤道"的光线占有较大的立体角,然而,靠近"北极"或"南极"的光线的作用微乎其微。由于每条光线需要花费的计算资源相同,因此比较好的做法是依据立体角均匀分配光线,这样每条光线的贡献都相等。具体地,可以以20面体作为基础来分布光线(图8.22(b))。一个20面体含有20个大小相等的等边三角形。这些三角形能进一步分成更多的等边三角形。通过这些三角形角点的光线近似占有相同比例的立体角。

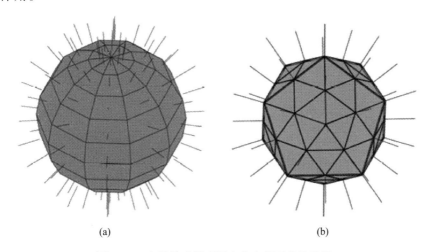

(a)　　　　　　　　　　(b)

图8.22　离散传递模型样本方向的可能性选择

离散传递法的主要缺点是难以详述样本光线最大积分长度(尤其是必须考虑(多重)表面反射时)。另外,设计可以排除对辐射传输影响不大的区域的自适应算法,通常是非常困难的。

2. 基于蒙特卡罗法的辐射方程式求解

蒙特卡罗法直接模拟辐射热传输的物理过程[36]。它追踪和收集大量从系统中每个点发射的互不相关的辐射能量粒子(光子)的吸收和散射行为。因此,辐射能量不是作为一个连续可变的整体,而是看作具有一定能量的光子的分布式集合。

蒙特卡罗模型的主要优点有用于复杂几何外形、算法的高度适应性(如大多数光子产生于热区域,少部分是来自其他区域)以及对表面散射和反射的处理也易于实现;缺点是数值结果中存在统计噪声。

蒙特卡罗解法的求解步骤如下:

(1) 将每个控制体积内的总发射辐射功率密度分配给指定数量的虚拟"光子";

(2) 随机赋予每个光子一个运动方向;

(3) 在计算区域,追踪光子路径;

(4) 对光程求积分,$L = \int \alpha \mathrm{d}s$ ;

(5) 如果光程超过了随机吸收极限,则将虚拟光子携带的能量分配给对应的控制体积元。

下面对上述 5 步给出更详细的描述:

第一步:在每个控制体积内分配"光子",可以选择均匀分布方式(每个控制体积元内有相同数量的光子)或自适应分布方式(根据发射能量分配光子数量)。对于自适应分布,须给定从每单元发出粒子的最大数量 $N_{max}$。然后,该值被赋予发射能量最大的体积单元,其他体积单元上的粒子数则根据发射能量加权获得:

$$Q_{max}^{sent} = \frac{\max(e_i V_i)}{N_{max}} \qquad (8.17)$$

式中:$e_i$ 为体积单元 $i$ 的发射功率密度;$V_i$ 为单元的体积。

每格单元发射光子的数量为

$$N_i = \mathrm{int}\left(\frac{e_i V_i}{Q_{max}^{sent}}\right) \qquad (8.18)$$

对于均匀分布方式,从每个单元发出的光子数量相同,但能量不同;对于自适应分布方式,从每个单元发出的光子数量不同,而能量相同。

第二步:当第一步中已经确定了发射光子的数量及每个光子携带的能量之后,在所有单元上连续随机给所有光子赋予发射方向。对于体积辐射,不需要考虑方向权重。根据下式,由 3 个均匀分布随机数 $R_1 \sim R_3$ 计算得出方向矢量:

$$\boldsymbol{d}_1 = \begin{bmatrix} -1 + 2R_1 \\ -1 + 2R_2 \\ -1 + 2R_3 \end{bmatrix} \quad \boldsymbol{d} = \frac{\boldsymbol{d}_1}{|\boldsymbol{d}_1|} \qquad (8.19)$$

根据朗伯(Lambert)余弦定律计算表面发射的权重。如果分别代表俯仰 $R_\theta$ 和方位 $R_\phi$ 是均匀分布的随机数,则可根据下式计算发射光子方向:

$$\phi = 2\pi R_\phi , \theta = \arccos \sqrt{1 - R_\theta} \tag{8.20}$$

第三步和第四步:一旦指定了光子运动的起始点(对应计算单元的质心)及其方向 $(d)$ ,接下来就是在整个计算域中跟踪光子的轨迹。可以采用 Widhalm[34] 和 Löhner[18] 介绍的光线追踪法实现。光线追踪算法的选取主要取决于网络的拓扑结构,光线追踪算法是影响蒙特卡罗方法计算效率的最重要响因素。

在表面单元上,光子要么消失(自由流边界),要么被反射或吸收(固壁)。对于具有给定吸收率 $\alpha_w$ 的壁面,采用了两种不同的壁面边界处理方法:

(1)漫反射:一部分光子被吸收,被壁面吸收的能量为 $Q_P$ ;另一部分光子从壁面以随机方向(由式(8.19)确定)发射,其携带能量为 $Q_P(1 - \alpha_w)$ 。

(2)概率反射:光子的吸收概率为 $\alpha_w$ (与均匀分布的随机数相比),如果其被吸收,则其全部能量都被壁面吸收。如果光子没有被吸收(概率为 $1 - \alpha_w$ ),那它就是被反射了。

第五步:正如在前面所描述的,在蒙特卡罗方法中,辐射能量可视为一个分布式变量。假设,在通过一定光学距离 $\int \alpha(s) ds$ 后,粒子的所有能量终将被气体分子吸收;在运动过程中,光子所携带的能量保持不变。这与"真实"光子辐射能量的物理传输过程是相同的。当光子在计算区域内某处被吸收时,它的能量全部被传递给相应计算单元,然后光子消失。为了确定光子在一定飞行距离后是否被吸收,需要为每个光子分配一个均匀分布的随机数 $R_s$ 。由此,吸收准则如下:

$$\int \alpha(s) ds \geqslant -\ln(1 - R_s) \tag{8.21}$$

式(8.21)的左边部分由上面描述的光线追踪算法给出;右边部分将均匀分布随机数 $R_s$ 变换为比尔定律,即

$$I(s) = I_0 \exp\left(-\int \alpha(s) ds\right) \tag{8.22}$$

对于纯吸收过程,图8.23比较了采用蒙特卡罗法(式(8.21))计算得到的沿单一光线上的辐射强度分布,及采用比尔定律(式(8.22))计算的结果,其中初始辐射强度为 $I_0$ 。在图8.23(b)中,显示了蒙特卡罗法结果与精确值之间的均方差。显然,随着光子数量的增大,蒙特卡罗法结果逐渐收敛于精确解,其收敛速率同粒子或光子数呈一阶关系。

3. 等温圆柱体

采用具有固定吸收率的等温无限长圆柱,来测试蒙特卡罗方法。其中解析

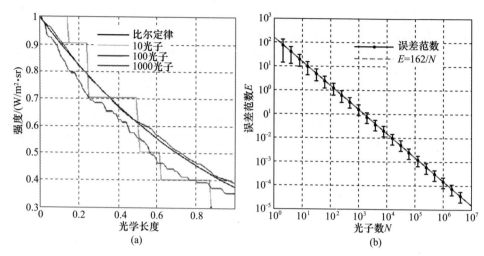

图 8.23　采用比尔定律计算得到的沿光线上的辐射强度分布
（初始辐射强度为 $I_0$；误差带为蒙特卡罗法 1000 次计算的标准差）（见彩图）

解由式（8.15）和式（8.16）给出。等温壁和固定吸收率的假设，可以使解析解得到简化，以避免烦琐的数值积分过程。表 8.3 给出了具体的测试条件。

表 8.3　等温圆柱体测试实例的参数和边界条件

| 测试实例 | 等温圆柱体,恒定吸收系数 |
| --- | --- |
| 几何 | 半径 $R = 1.0\mathrm{m}$ |
| 参数 | 温度 $T = 10000\mathrm{K}$,灰体辐射<br>吸收系数: $\alpha = 1.0\mathrm{m}^{-1}$<br>发射能量密度: $e = \alpha \sigma T^4 / \pi$ |
| 离散化 | 结构化 CFD 网格,数量为 $n \times n$,其中 $n = 8$、16、32、64、32、64、128 或 256 个发射光子/单元<br>CFD 圆柱体长度 $L = 10\mathrm{m}$,边界位置 $L = 0\mathrm{m}$ 和 $L = 10\mathrm{m}$ 采用反射边界 |

图 8.24 给出了二维轴对称问题的求解步骤。由初始二维 CFD 网格沿着对称轴旋转,可获得三维圆环面（面上的网格与二维网格相对应）。根据二维网格,确定轴向网格数（分别为 8、16、32 和 64）。在三维网格上开展蒙特卡罗仿真后,在每个圆环面上对吸收和发射的能量粒子（光子）进行求和,并分配给初始二维网格单元。因此,所有的信息都被统计在内。

图 8.25 和图 8.26 给出了蒙特卡罗法模拟结果（径向辐射热通量及其散度）与式（8.15）计算得到的精确值之间的比较。图中的误差条表示轴上不同位置,但径向相同位置处的辐射热通量散度的标准差（理论结果只依赖于半径）。

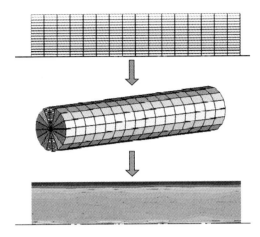

图 8.24　采用蒙特卡罗法求解轴对称辐射传热问题的解法步骤(见彩图)

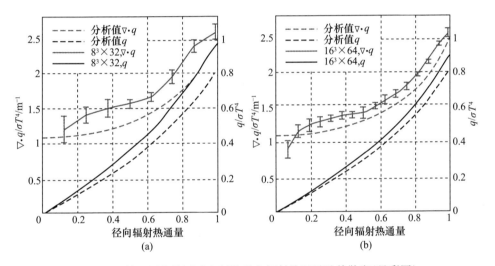

图 8.25　等温圆柱体测试实例的径向辐射热通量及其散度(见彩图)

(a) 计算网格大小 8×8 单元,周向分为 8 片,每单元有 32 个发射光子;

(b)计算网格大小 16×16 单元,周向分为 16 片,每单元 64 个发射光子。

表 8.4 给出了蒙特卡罗计算结果之间的定量比较。CPU 时间是在 AMD Opteron 2.4GHz 的个人计算机(PC)上测量的。通过分析可以得到的如下结论:

(1) 随着网格数的增大,分辨率的提高,蒙特卡罗结果逐渐收敛于解析解。

(2) CPU 计算时间大约与网格数[2,5]成比例,收敛速率与离散单元尺寸 $\Delta x$ 呈一阶关系,这表明,要使数值模型误差减半,CPU 计算时间则需要增加 32 倍。

(3) 上述系数与一阶收敛速率和 $n^2$ 复杂度吻合:4(单元数)×4(每个单元

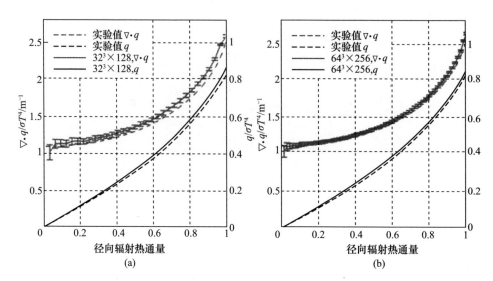

图 8.26　等温圆柱体测试实例的径向辐射热通量及其散度(见彩图)
　　(a)计算网格大小 $32 \times 32$ 单元,周向分为 32 片,每单元有 128 个发射光子;
　　(b)计算网格大小 $64 \times 64$ 单元,周向分为 64 片,每单元有 256 个发射光子。

的光线数)×2(光线上的单元数)=32

　　(4) CPU 计算时间与光子数的比值可以显示光线跟踪的效率。该值与光线上的平均单元数呈线性比例。

表 8.4　等温圆柱体测试实例中蒙特卡罗解法的一些静态值

| 配置 | 总 CPU 时间/秒 | CPU 时间 (跟踪光子)/s | $R=1\mathrm{m}$ 时总热通量误差/% | $R=1\mathrm{m}$ 时辐射源项标准偏差/% |
|---|---|---|---|---|
| $8^3$ 个点 ×32 条光线 | 0.25 | $1.5 \times 10^{-5}$ | 18.8 | 4.1 |
| $16^3$ 个点 ×64 条光线 | 6.7 | $2.5 \times 10^{-5}$ | 10.1 | 1.4 |
| $32^3$ 个点 ×128 条光线 | 204 | $4.9 \times 10^{-5}$ | 4.9 | 0.8 |
| $64^3$ 个点 ×256 条光线 | 6280 | $9.4 \times 10^{-5}$ | 2.4 | 0.6 |

### 8.3.5 "惠更斯"号进入"土卫"六大气过程中的热流峰值预测

　　采用蒙特卡罗法来研究"惠更斯"号探测器[14]进入"土卫"六大气层时峰值加热条件下的气动热力学问题。文献[24,33,35]采用不同 CFD 工具开展了气动热环境的全面参数研究。基于 DLR TAU 程序[27]的结果,选取飞行轨迹中峰值加热点。

　　流向和法向的网格数分别为 $120 \times 80$,且网格密度分布同弓形激波相适应。热化学模型采用的是 Gökcen[6]提出的 13 组分化学非平衡模型,并假设气体处于热平衡状态。表8.5给出了峰值加热点的自由流条件。壁面边界采用黏性边界条件,且假设为完全催化的(局部化学平衡)辐射平衡边界,壁面发射率设为0.9。假设整个流动处于层流状态。

表8.5 "惠更斯"号峰值加热点自由流条件

| 密度 $\rho_\infty /(g/m^3)$ | 0.296 |
| --- | --- |
| 温度 $T_\infty /K$ | 176.6 |
| 速度 $u_\infty /(m/s)$ | 5126.3 |
| $CH_4$ 摩尔分数/% | 2.3 |

图8.27和图8.28给出了CFD计算网格及模拟结果(未考虑辐射效应)。图中结果表明,激波层中的流场受到化学非平衡的影响。激波层中驻点流线上的温度从激波后的9000K下降到边界层边缘的6000K。对于在激波层中组分浓度分布,模拟结果与文献[24]的数据吻合很好。

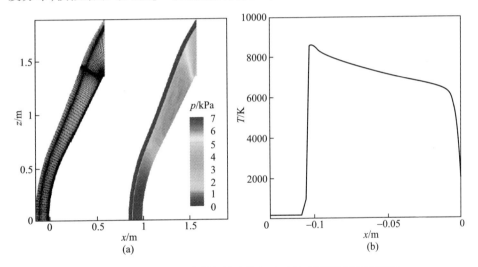

图8.27 "惠更斯"号峰值加热点的初步CFD模拟结果(见彩图)
(a)计算网格和压力云图;(b)沿着驻点流线上的温度分布。

基于该初步CFD结果,在驻点流线上,采用PARADE—维辐射传热软件[30]初步研究了光谱模型参数对驻点辐射热通量的影响。研究中仅考虑CN分子的辐射。图8.29给出了驻点处非耦合辐射热通量谱。

图8.30显示了积分光谱范围对驻点辐射热流的影响。可见,波长300nm以下的辐射热量可以忽略。波长300~1500nm的光谱积分能量占总辐射热流量的98%,因此,后续分析只考虑该区间光谱。

图8.30(a)为光谱离散点数对结果的影响。可见,频率等间距(df = 为常

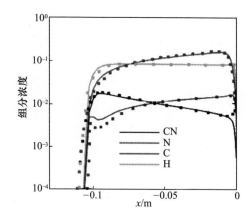

图 8.28 沿驻点流线上的组分浓度分布(见彩图)

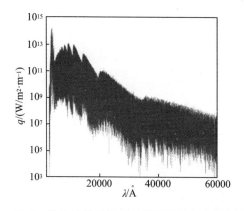

图 8.29 基于一维分析得到的"惠更斯"号驻点的辐射热通量谱

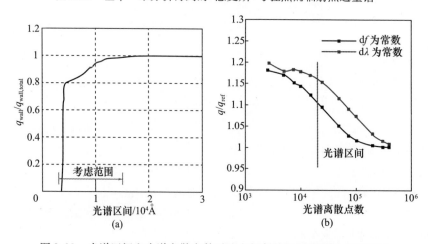

图 8.30 光谱区间和光谱离散点数对驻点辐射热通量的影响(见彩图)

数)情况的误差明显较小,其原因是离散点数更多地布置在高频区。当离散点数为 400000 个时,辐射热流收敛于参考值。在后续研究中,采用 20000 个离散点,且依据频率等间距分布离散点,此选择所带来的误差大约为 10%。

由于蒙特卡罗法的计算复杂度非常高,其求解所需要的 CPU 时间随网格数的增加显著增加。因此,蒙特卡罗法中采用较粗的辐射亚网格,同时在流场求解网格和蒙特卡罗网格之间,采用逆距离插值算法传递数据。

为了评估和优化蒙特卡罗法,开展了参数影响研究,具体工况如表 8.6 所列。在单个 2.5GHz 英特尔四核处理器上测量了 CPU 时间(h)。计算单元中光子的数量采用自适用性方法给定。单个单元的最大光子数 $N_{max}$ 可以是常数,也可以是波长的函数。然后,根据式(8.18)确定其他单元上的光子数。

表8.6 蒙特卡罗算法的数值参数

| 实例 | 次网格 | 样本光子/单元 | CPU 时间/h |
|---|---|---|---|
| 非自适应性 | $30 \times 20$ | $N_{max} = 2000$ | 296 |
| 自适应性,少量光子 | $30 \times 20$ | $N_{max} = 1 \sim 4000$(取决于波长) | 34 |
| 自适应性,标准子网格 | $30 \times 20$ | $N_{max} = 2 \sim 8000$(取决于波长) | 68 |
| 自适应性,精细子网格 | $60 \times 40$ | $N_{max} = 1 \sim 4000$(取决于波长) | 290 |

在表 8.6 中,"自适应"是指额外的光谱自适应。$N_{max}$ 由驻点光谱辐射热通量分布(图 8.29)给出。

$$N_{max} = \text{int}\left[ \bar{N}_{max} \sqrt{\frac{q(\lambda)}{\max[q(\lambda)]}} + 1 \right] \qquad (8.23)$$

计算中采用两套辐射亚网格(图 8.31(a))。基准网格和精细网格的网格数分别为 $30 \times 20$ 和 $60 \times 40$(流向网格数×法向网格数)。这两套网格都是由流场求解网格生成的,且在激波层附近和边界层内进行了加密。对于非耦合情况,辐射源项的典型分布如图 8.31(b)所示。图 8.32 显示了在不同数值参数设置条件下,驻点流线上的表面热流量和辐射源项分布情况。

根据图 8.32 和表 8.6 可以得出以下结论:
(1)光谱自适应和非自适应的计算结果是相同的;
(2)光子数量已经多到足够模拟流场中的发射和自吸收现象;
(3)光谱自适应性的引入可显著降低 CPU 计算时间;
(4)对于辐射传热问题,模拟结果表明已经达到了合理的网格收敛。

基于上述结论,在后续耦合模拟均选择"自适应"方法。在每一步耦合中,采用当前流场的辐射源项分布(保持恒定),耦合至流场计算,直至流场完全收

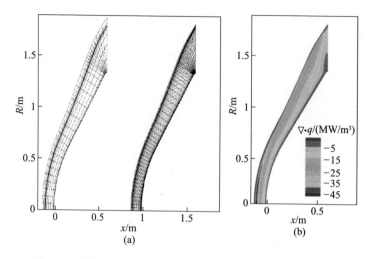

图 8.31　辐射子网格和非耦合辐射源项的典型分布(见彩图)

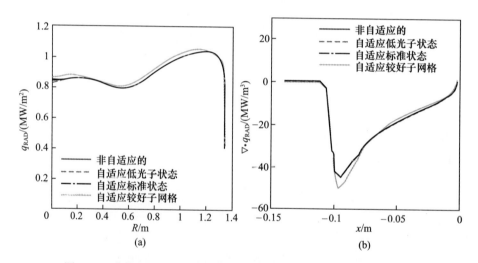

图 8.32　蒙特卡罗法中不同的辐射子网格和数值参数条件下的非耦合
辐射表面热通量和沿驻点流线的辐射源项分布(见彩图)

敛,然后更新 CFD 结果;之后,利用更新的 CFD 解,重新计算辐射传热进行下一步耦合。为了增强这种耦合方法的收敛,对初始耦合步骤采用了欠弛豫源项,弛豫系数为 0.7。后续耦合步中弛豫系数都设定为 1。经过 4 步耦合迭代,程序达到收敛。图 8.33 显示了收敛曲线。

　　耦合模拟和非耦合模拟得到的表面热量分布如图 8.34 所示。辐射表面热通量考虑壁面吸收,吸收率 $\alpha_{wall} = 0.9$。可见,结果与文献[24]的结果非常吻合。

由于流场 – 辐射耦合的冷却作用,相比于非耦合情况,耦合计算的驻点辐射热通量下降22% ,对流热通量下降23% 。

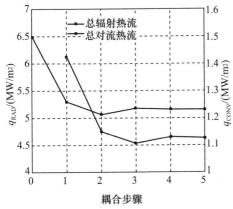

图8.33 在"惠更斯"峰值加热工况中,
采用辐射 – 流场耦合法,得到的
对流热和辐射热的收敛
曲线(见彩图)

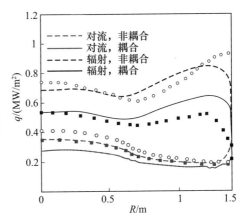

图8.34 耦合模拟和非耦合模拟的表面热
通量分布同文献[24]数据的对比(空心
符号对应非耦合模拟,实心符号对应
耦合模拟)(见彩图)

流场 – 辐射耦合对辐射源项的影响只出现在激波附近(图8.36),辐射壁面热通量的降低主要由此导致,其原因是激波层内静温的降低(图8.35(b))。CN组分密度的增加可以补偿静温的减低(图8.35(a))。

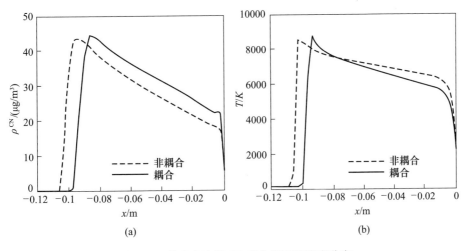

(a)

(b)

图8.35 沿驻点流线 CN 组分密度和温度分布

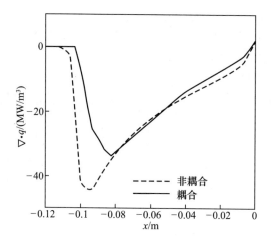

图 8.36　沿着驻点流线辐射源项分布

## 8.4　总结与结论

　　辐射热传输是高焓激波层中一种重要的能量传输机制。当空气流场温度高于 10000K,或流场中含有类似 CN 的强辐射组分时,必须考虑辐射效应。气体辐射的数值模拟,首先需要准确模拟激波层内气动热化学现象,该现象具有化学效应和热非平衡效应,这些效应对流体介质的发射和吸收特性具有显著影响。弓形激波下游的弛豫区具有强辐射特点,而非平衡效应对弓形激波影响强烈。然后,需要发展光谱吸收和发射的计算模型,该模型可以由当地流场特性近似计算获得当地光谱的吸收和发射。在获得流场辐射特性的当地光谱分布之后,下一步就是数值求解辐射传输方程,以计算辐射热通量分布。鉴于辐射传输方程的数学性质,该求解消耗的计算代价很大。由于没有光谱属性平均的通用方法,对于光谱中大量的不同波长的波,只能采用逐个求解的方法,这使数值求解过程变得更加复杂。对于光学薄(Planck 平均)或厚(Rosseland 平均)的情况,可以采用平均的当地吸收和发射率。另外,对于中等光学厚度的情况,也可以采用不同的近似平均方法,如涂带或多箱模型。求解辐射传输方程之后,即可获得辐射热通量的散度,将其耦合到 CFD 求解器的能量方程中,便可以获得流场中的局部加热(吸收)或冷却(发射)效应。由于辐射传输求解的计算复杂度巨大,通常采用弱耦合;在获得了流场的收敛解之后,计算辐射场,将辐射源项耦合至能量守恒方程,以获得下一步的 CFD 解。耦合步骤中的第一步,对辐射源项采用欠弛豫方法,能明显提高耦合方法的收敛特性。

## 参考文献

[1] Anderson,J. D. :Hypersonic and High Temperature Gas Dynamics. McGraw – Hill(1989).

[2] Baldwin,B. S. ,Lomax,H. :AIAA Paper 78 – 257(1978).

[3] Bottner, F. G. ,Johnson,M. ,Ellis,M. :Chemically reacting viscous flow program for multi – component gas mixtures. Sandia Laboratories,SC – RR – 9 – 745(1971).

[4] Bruck,S. ,Radespiel,R. ,Longo,J. M. A. :AIAA Paper 97 – 0257(1997).

[5] Dunn, M. G. ,KANG, S. W. :Theoretical and experimental studies of reentry plasmas, NASA CR – 2232(1973).

[6] Gokcen, T. :AIAA Paper 2004 – 2469(2004).

[7] Gregory,J. E. ,Cinella,p. :Computers and Fluids 24(5),523(1995).

[8] Gupta,R. N. ,Yos,J. M. :Thompson,R. A. ,Lee,K. P. :A Review of Reaction Rates and Thermodynamic and Transport Proertes for an 11 – Species Air Model for Chemical and Thermal Non – Equilibrium Calculations to 30000K. In: NASA Reference Pubication, vol. ( 1232 ) (1990).

[9] Hannemann,K. ,Schnieder,M. ,Reimann,B. ,Martinez Schramm,J. :AIAA Paper 2000 – 2593 (2000).

[10] Hannemann, K. ,Martinez Schramm, J. ,Karl,S. ,Beck,W. H. :AIAA Paper 2000 – 2913 (2002).

[11] Hannemann,K. :AIAA Paper 2003 – 0978(2003).

[12] Hannemann, K. ,Martinez Schramm,J. :High Enthalpy,High Pressure Short Duration Testing of Hypersonic Flows. In:Tropea,C. ,Foss,J. ,Yarin,A. ( eds. )Springer Handbook of Experimental Fluid Mechancies,vol. 1081. Springer,Heidelberg(2007).

[13] Hannemann, K. ,Martinez Schramm, J. ,Karl,S. :Recent extensions to the High Enthalpy Shock Tunnel Gottingen( HEG). In:Proceedings of the 2nd International ARA Days Ten Years after ARD,Arcachon,France(2008).

[14] Harland,D,M. :Mission to Saturn:Cassini and the Huygens Probe,1st edn. Springer,Berlin (2002).

[15] Jarms,K. :Chemical non – equilibrium boundary layer flow including radiation,Stagiare report 1991 – 18/AR,VKI(1991).

[16] Karl,S. ,Martinez Schramm,J. ,Hannemann,K. :High enthalpy shock tunnel flow past a cylinder. In:A basis for CFD validation New Results in Numerical and Experimental Fluid Mechanics,IV,vol. 87. Springer,Heidelberg(2004).

[17] Lee, H. ,Buckius, R. O. :International Journal of Heat and Mass Transfer 26 ( 7 ),1005 (1983).

[18] Lohner,R. ,Ambrosiano,J. :Journal of Computational Physics 91(1990).

［19］ Martinez Schramm,J. : Aerothermodynamische Untersuchung einer Wiedereintrittskofiguration und ihrer Komponenten in einem implsbetriebenen Hochenthalpie – StoBkanal, Dissertation Universitat Gottingen(2008).

［20］ Merzkirch,W. : Flow Visualization. Academic Press(1974).

［21］ Modest,M. F. : Radiative Heat Transfer. McGraw Hill(1992).

［22］ Olejniczak,J. ,Grinstead,J. ,Bose,D. : An Overview of Radiation Modeling Work for Shock Heated Gas for RTO AVT – 136. In: 6$^{th}$ European Symposium on Aerothermodynamics for Space Vehicles, Versailles(2008).

［23］ Osawa,H. ,Matsuam,S. ,Ohnishi,N. ,Sawada,K. : AIAA Paper 2006 – 3772(2006).

［24］ Osawa,H. ,Matsuam,S. ,Ohnishi,N. ,Furudate,M. ,Sawada,K. : J. Thermophysics and Heat Transfer 22(2)(2008).

［25］ Park,C. : AIAA Paper 85 – 0247(1985).

［26］ Park, C. : Nonequilibrium Hypersonic Aerothermodynamics. John Wiley&Sons, New York (1989).

［27］ Reimann,B. ,Johnson,I. ,Hannemann,V. : The DLR TAU – Code for High Enthalpy Flows, Notes on Num. Fluid Mech. and Multidisc. Design, vol. 87. Springer, Heidelberg(2004).

［28］ Sawada,K. ,Sakai,T. ,Mitsuda,M. : AIAA Paper 98 – 0861(1998).

［29］ Shah,N. G. : New Mthod of Computation of Radiation Heat transfer in Combustion Chambers, PhD Thesis, London Imperial College of Sience and Technology(1979).

［30］ Smith,A. J. : Plasma Radiation Database Parade, Final Report I3, ESA TR28/96(2006).

［31］ Stalker,R. J. : AIAA Journal 5,12(1967).

［32］ Tecplot360 User Manual, Teccplot Inc. (2010).

［33］ Walpot,L. , Caillault, L. , Molina, R. C. , Laux, C. O. , Blanquaert, T. : J. Thermophysics Heat Transfer20(4)(2006).

［34］ Widhalm,M. ,Bartels,C. ,Meyer,J. ,Kroll,N. : AIAA Paper2008 – 472(2008).

［35］ Wright, M. J. , Oleiniczak, J. , Walpot, L. , Raynaud, E. , Magin, T. , Caillault, L. , Hollis, B. R. : AIAA Paper 2006 – 382(2006).

［36］ Yang, W. J. , Taniguchi, H. , Kudo, K. : Radiative Heat Transfer by the Monte Carlo Method. In: Advances in Heat Transfer, vol. 27. Academic Press(1995).

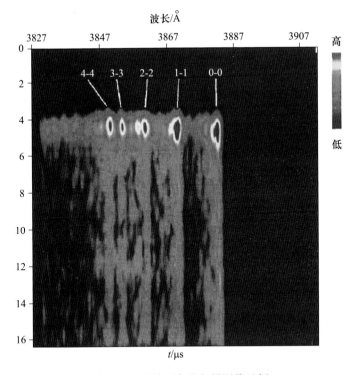

图 10  正激波后条纹扫描图像示例

($\Delta v = 0$,Titan 混合气体 $CH_4/N_2/Ar$ 的 CN 谱段)$U_s = 5560m/s$,$p_1 = 220Pa$

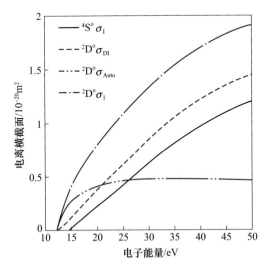

图 4.3  $^4S^o$ 和 $^2D^o$ 状态下 N 原子的电离横截面

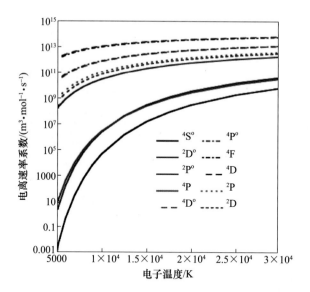

图 4.4　N 原子的 10 种状态下电离速率系数与电子温度的关系

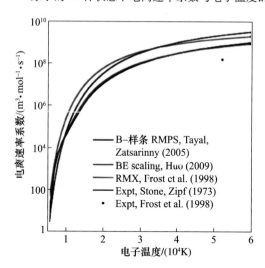

图 4.6　对于 $^4S^o - 2s^2 2p^2(^3p)3s^4P$ 的转变电子冲击激发速度因素在
氮原子中起到电子温度的作用

注:理论上的曲线来自 Tayal,Zatsarinny[38] 计算出的 B 样条 RMPS,Frost 等[48] 计算出的 33 能
级 $R$ 矩阵和 BE 缩放法。Stone,Zipf[49] 的实验曲线是由他们的多次被 Doering 和 Goembel[50]
校正过的跨区段数据算得的。根据 Frost 等[48] 同样能够得到弧室测量的数据点。

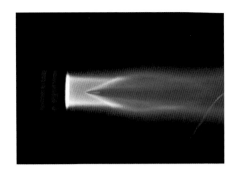

图 7.3 $Ma = 4, Re_L = 3000$ 时流
经尖劈的超声速稀薄流
（CNRS／奥尔良）

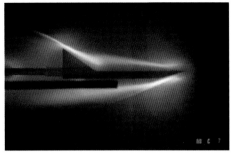

图 7.4 $Ma = 21.6, Re_L = 3900$ 时流
经斜面的超声速稀薄流
（DLR／哥廷根）

图 7.5 稀薄流条件下火箭羽流与外表面流场之间的相互作用（CNRS／奥尔良）

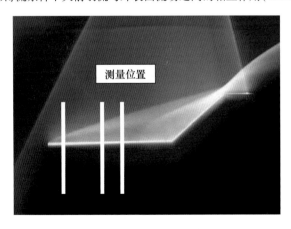

图 7.10 EBF 显示图

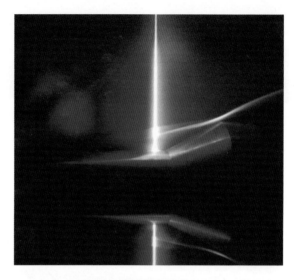

图 7.11　高超声速流沿圆柱体纵向流动($Ma = 9.92$)的 X 射线测量，
EBF 图像显示电子束穿过模型

图 7.13　第Ⅳ类激波 – 激波相互作用的 EBF 图像($Ma = 9.92$)

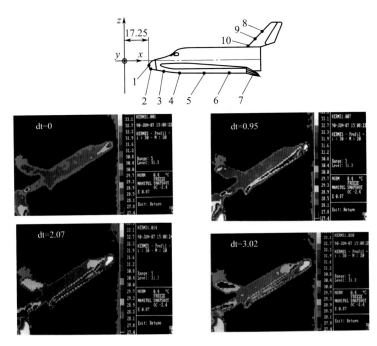

图 7.21　热流的红外测量结果

(a)　　　　　　　　　　　　　　　(b)

图 7.22　平板模型及其在试验段中的照片

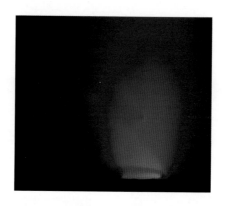

图 7.23 平板超声速稀薄流中的直流放电

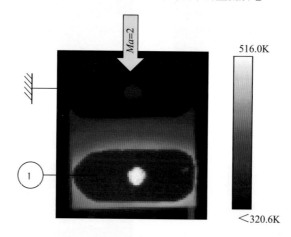

图 7.24 平板上表面温度分布(下游电极加载 −1.63kV 电压)

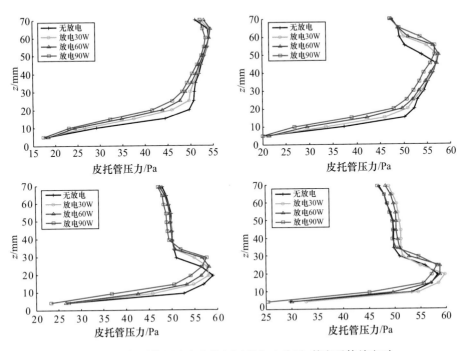

图 7.25 在下游(左)和上游(右)施加电位时,等离子体放电对
上游电极上方测得的总压分布的影响

图 8.3 哥廷根高焓激波风洞的实物

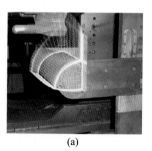

(a)

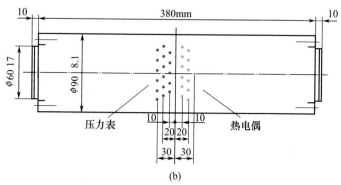

(b)

图 8.8　HEG 试验段中的圆柱模型(包括三维流场计算的网格和
模型尺寸、测量位置)

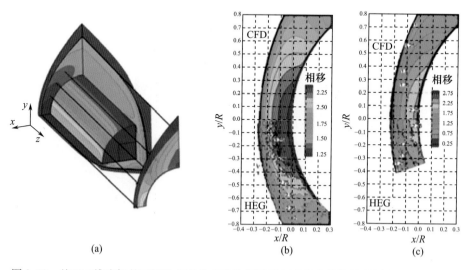

(a)　　　　　　　(b)　　　　　　　(c)

图 8.13　基于三维流场的可视化相移分布重构图以及相移分布模拟结果同实验结果的比较
(HEG 运行条件Ⅲ,车次 627 的实验和运行条件Ⅰ,车次 619 的实验)

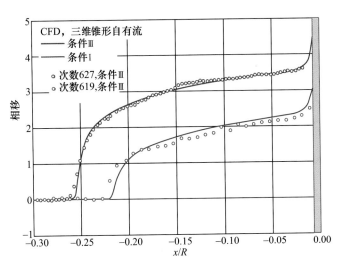

图 8.15 沿着滞止流线相移分布的计算值和测量值之间的比较

（运行条件Ⅲ和条件Ⅰ）[19]

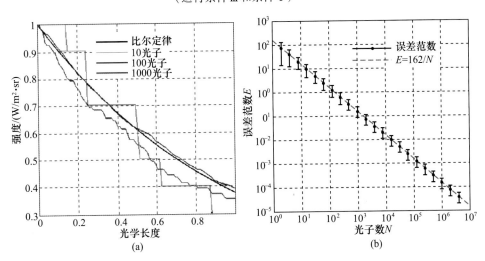

图 8.23 采用比尔定律计算得到的沿光线上的辐射强度分布

（初始辐射强度为 $I_0$；误差带为蒙特卡罗法 1000 次计算的标准差）

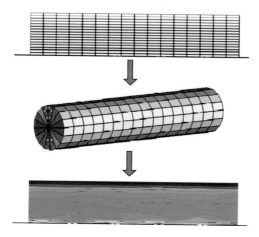

图 8.24　采用蒙特卡罗法求解轴对称辐射传热问题的解法步骤

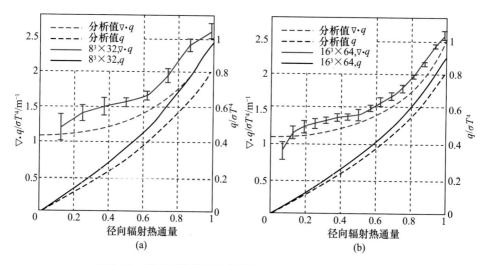

图 8.25　等温圆柱体测试实例的径向辐射热通量及其散度

（a）计算网格大小 $8×8$ 单元，周向分为 8 片，每单元有 32 个发射光子；

（b）计算网格大小 $16×16$ 单元，周向分为 16 片，每单元 64 个发射光子。

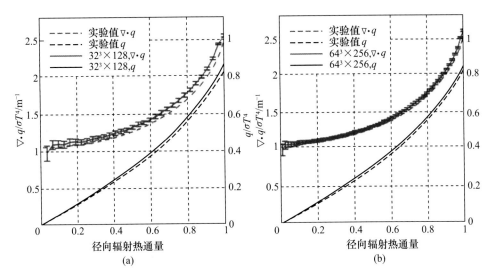

图 8.26 等温圆柱体测试实例的径向辐射热通量及其散度

(a)计算网格大小 32×32 单元,周向分为 32 片,每单元有 128 个发射光子;

(b)计算网格大小 64×64 单元,周向分为 64 片,每单元有 256 个发射光子。

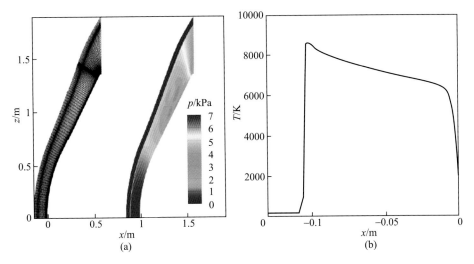

图 8.27 "惠更斯"号峰值加热点的初步 CFD 模拟结果

(a)计算网格和压力云图;(b)沿着驻点流线上的温度分布。

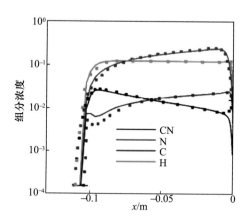

图 8.28 沿驻点流线上的组分浓度分布

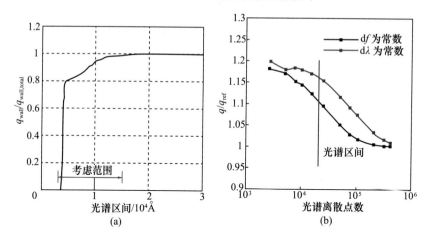

图 8.30 光谱区间和光谱离散点数对驻点辐射热通量的影响

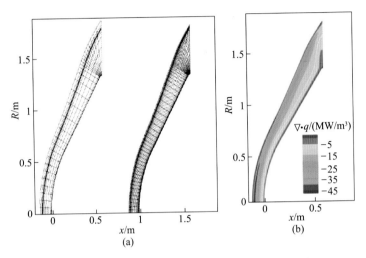

图 8.31　辐射子网格和非耦合辐射源项的典型分布

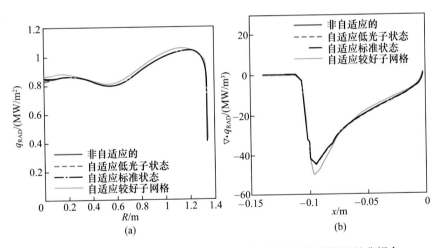

图 8.32　蒙特卡罗法中不同的辐射子网格和数值参数条件下的非耦合
辐射表面热通量和沿驻点流线的辐射源项分布

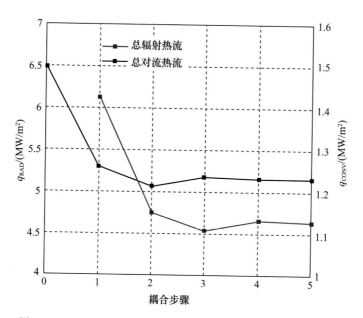

图 8.33　在"惠更斯"峰值加热工况中,采用辐射 – 流场耦合法,
得到的对流热和辐射热的收敛曲线

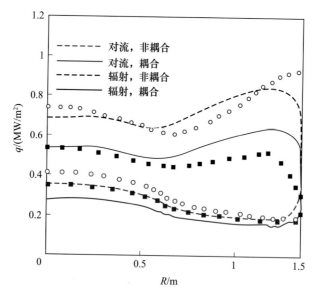

图 8.34　耦合模拟和非耦合模拟的表面热通量分布同文献[24]数据的对比
(空心符号对应非耦合模拟,实心符号对应耦合模拟)